SI 단위

기본단위			유도단위			
양	단위의 명칭	단위기호	양	단위의 명칭	단위기호	정의
길이	미터	m	힘	뉴턴	N	$kg \cdot m/s^2$
질량	킬로그램	kg	압력	파스칼	Pa	N/m^2
시간	초	s	에너지, 일	줄	J	$N \cdot m$
온도	켈빈	K	일률, 전력	와트	W	J/s
광도	칸델라	cd	섭씨온도	섭씨도	℃	K−273.15
전류	암페어	A	광선속	루멘	lm	$cd \cdot sr$
물질량	몰	mol	전위차, 기전력	볼트	V	J/C

단위환산표

질량 mass	kg	1t=1000kg 1lb=0.45kg
길이 length	m	1in=2.54cm 1ft=0.30m 1mi=1.61km
시간 time	s	1min=60s 1h=3600s
온도 temperature	K ℃	K=℃+273.15 ℃=5/9(℉−32)
면적 area	m^2	$1ft^2=0.0929m^2$ $1acre=4050m^2$ $1ha=10000m^2$
부피 volume	m^3	$1m^3=1000ℓ$ 1gal=3.79ℓ (1ℓ=0.26gal)
힘 force	N	$1N=1kg \cdot m/s^2$ $1kgf=1kg \times 9.8m/s^2=9.8kg \cdot m/s^2=9.8N$
압력 pressure	Pa	$1Pa=1N/m^2=1kg/m \cdot s^2$ $1kgf/cm^2=98069Pa=98kPa \approx 100kPa$ $1kgf/cm^2=10mAq$ $(1mAq=0.1kgf/cm^2)$ 1Pa=0.1mmAq (1mmAq=9.8Pa≈10Pa) 1kPa=0.1mAq (1mAq=9.8kPa≈10kPa)

에너지, 일 energy, work	J	1cal=4.187J 1kcal=4.187kJ=3.968BTU 1J=0.239cal 1kJ=0.239kcal=0.948BTU
동력, 일률 power	W	1W=1J/s=3.6kJ/h 1kW=3600kJ/h 1W=0.86kcal/h 1kW=860kcal/h 1hp=0.75kW
비열 specific heat	kJ/kg · K	1kJ/kg · K = 0.24kcal/kg · ℃
열전도율 thermal conductivity	W/m · K	1W/m · K=3.6kJ/m · h · ℃ =0.86kcal/m · h · ℃
열관류율 heat transfer coefficient	W/m² · K	1W/m² · K=3.6kJ/m² · h · ℃ =0.86kcal/m² · h · ℃
조도 illumination	lx	1lx=1lm/m² 1fc=10.76lx

주 요 물 성 치

물 water	밀도 density	1kg/ℓ 1000kg/m³ (4℃)
	비열 specific heat	4.187kJ/kg · K 1kcal/kg · ℃
	증발잠열(100℃) latent heat of vaporization	2257kJ/kg 539kcal/kg
	증발잠열(0℃) latent heat of vaporization	2501kJ/kg 597kcal/kg
	융해잠열 latent heat of fusion	335kJ/kg 80kcal/kg
공기 air	밀도 density	1.20kg/m³ (20℃, 1013hPa)
	비열 specific heat	1.00kJ/kg · K 0.24kcal/kg · ℃
	대기압 standard atmosphere	1atm=101325Pa=101.325kPa =760mmHg=1.0332kg/cm²=10.332mAq

건축설비

BUILDING SERVICES ENGINEERING

임 정 명 저

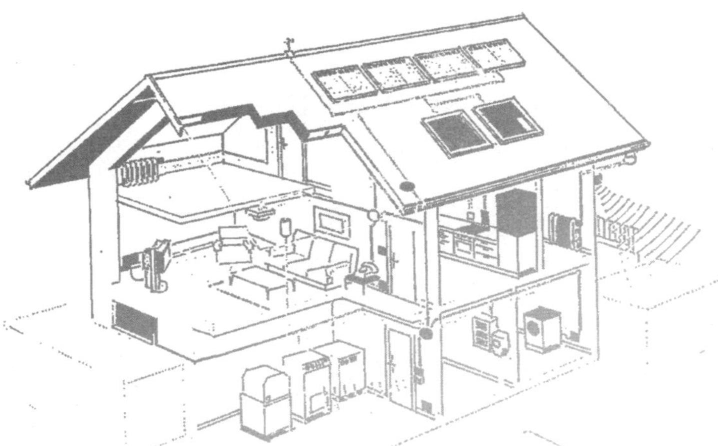

기 문 당

머리말

오늘날 건축물에 건축설비의 중요성은 아무리 강조해도 도를 지나치지 않는다. 건축가는 건축계획 단계에서부터 건축설비를 고려해야만 경제적으로 쾌적하고 위생적인 실내공간을 창조할 수 있다.

최근 건축설비기술의 발전으로 어떤 형태, 어떤 용도, 어떤 규모의 건물이라도 건축가의 의도대로 건축설비가 뒷받침해줄 수 있다는 건축가들의 생각은 공학의 의미를 무시한 것이라고 볼 수밖에 없다. 특히 산업계 전반의 기술발달은 건축가들이 과학적 사고를 한층 더 요구하고 있는 실정이다. 어떤 면에서 건축설비기술은 기계, 전기, 전자공학에서의 관심 분야를 벗어난 사각지대에 처해 있으므로 우수한 전문인들의 연구대상 밖의 분야라 하겠다. 그러한 만큼 건축가들은 직접적으로 이 분야에 대한 종합적인 이해가 더욱더 필요하다고 하겠다.

이러한 의미에서 이 책은 대학과정의 학생들이 건축설비 전반에 대해 이해할 수 있도록 하여 필요시 직접 설비계획, 설계도 할 수 있는 능력과 의욕, 자신감을 가질 수 있도록 하는데 주력하였다. 40여년 전 교단에 섰을 때 외국의 설비기술, 특히 공조기술 수준이 우리와 별 차이 없다며 자부하던 때와 최근의 상황을 비교할 때 이 분야를 담당하고 있는 한 사람으로서 책무를 다하지 못한 것 같아 미안하고 부끄러운 생각이 든다. 퇴임을 앞두고 그 동안 교단에서 강의하고 실무에 참여했던 부분을 주로 모아 저술한 것으로 의욕에 비해 그 내용이 너무 초라하다는 생각을 지울 수 없다.

이 책이 완성될 때까지 어려움을 같이 한 양산대학 김용판 교수와 울산과학대학 우세진 교수, 부산대학교 건축환경설비연구실의 문성호, 이종원, 황혜영, 김훈의 협력이 없었다면 이 책의 발간이 어려웠을 것이다. 또한, 우리나라 건축설비 역사에 대한 자료수집을 도와준 오랜 지인이자 동역자인 김영호 선배의 끊임없는 격려와 후원에 깊이 감사드린다.

저자

contents

차 례

contents

contents

우리나라 건축설비의 역사

1 —— 개화기

(1) 난방설비

우리나라에서 겨울철 주거용 건물의 난방방식으로 이용되어 온 온돌은 고구려시대 한반도 북부지역부터 사용되었으며, 중부지역인 서울에서는 임진왜란 이후에 사용되었다는 것이 정설로 받아들여져 왔으나 그 사용연대를 삼국시대 초기로 추정하는 학자들도 있다.

온돌난방은 방바닥에 배연통로를 두고 그 위에 주로 화강석 구들장을 덮고 흙으로 마감한 구조로서, 아궁이에서 목재연료를 연소시켜 연소가스가 배연통로를 통하여 굴뚝으로 배연되는 과정에서 배연가스의 열이 구들장, 바닥, 마감흙으로 전달 축열되며 이 열이 전도 및 복사의 형태로 방바닥에서 방열되는 것을 난방에 이용한 것이다.

겨울철 저온저습한 우리나라 기후환경에 복사열로 난방하므로 실내공기가 건조되지 않고 낮은 기온에서도 난방효과를 거둘 수 있다는 점에서 기후와 건축관련 전문서적에서 우리나라 온돌의 우수성을 거론하지 않은 것이 없다.

현재와 같은 난방방식은 구한말 개화기에 서양문화가 들어오면서 도입되었다. 러시아 공사 웨베르(wäber)가 한국에 데리고 온 손탁양은 1895년 고종황제로부터 정동에 있는 가옥 한 채를 하사받아 1902년 그곳에 증기난방시설을 갖춘 손탁호텔을 신축하였고, 같은 해 서울 정동에 러시아 공사의 가족들이 증기난방설비를 갖춘 큰 양옥을 짓기도 하였다. 인천시 성북동의 제임스 존스턴(James Jahnston)의 별장(1903~1905)은 연건평 453평의 4층 석조주택으로 증기난방설비와 급수설비를 갖춘 건물이었다. 이와 때를 같이하여 1900년에 착공, 1910년에 준공된 덕수궁 내의 석조전은 증기난방시설을 갖춘 건물로서 난방시설은 런던의 크리틀사가 시공하였다. 1907년에 착공, 1908년에 준공된 중앙기독교 청년회관(YMCA)은 벽돌조 3층 연건평 600평의 건물로 지하실에 영국산 주철제 섹셔널보일러를 설치하고 각 방에는 꽃무늬 대형 2세주 주철제 방열기를 설치하여 자연순환 2관식 저압증기 난방방식을 채용하였다. 그 후 1925년 2차 공사시 영국인의 설계감독하에 체육관 등을 증축하였는데 증축부분에는 게와니형 강판제 보일러를 설치하고 유연탄을 연료로 사용하였다.

이와 같이 개화기 난방설비는 주로 우리나라에 들어온 외국인들에 의해 시설되었다.

(2) 급수설비

1896년 5월 2일자 독립신문에는 그 당시의 비위생적인 상수시설을 지적하고 이에 대한 대안을 제시하는 다음과 같은 논설이 실린 바 있다.

> 지금 서울 속에 있는 큰 우물물을 분석을 하여 보게 되면 그 물이 물이 아니라 거름을 거른 것이니 이런 물을 먹는 까닭에 여름이면 설사로 하여금 죽는 사람이 많이 있어 열병과 학질이 많이 다니니.. 중략.. 남의 나라모양으로 수역소를 배설하여 정한산에서 내려오는 물을 보를 막아 물저축하는 처소를 북산 뒤나 한강 위에 같은데 만들어 그 물을 집집마다 쇠통으로 대되 이 일이 그리 어렵지 않은 일이니..
>
> - 독립신문 1896년 5월 2일

위 신문 논설에서 알 수 있듯이 19세기까지 우리나라의 상수시설은 아직 현대적인 모습을 갖추지 못한 상태였고 그러던 것이 개화기 외국인들이 국내로 들어오면서 수도, 급수설비가 등장하기 시작했다고 볼 수 있다. 1903년 미국인 프스토위크와 골불안이 수도사업의 특허를 받아 1906년 뚝섬 정수사업소를 착공하고 1908년에 1일 12500톤의 상수를 공급하기 시작했다. 덕수궁 내의 전용수도는 그 이전인 1905년에 한국인 권동수가 통수하였는데 일본에서 그 자재를 구입하여 시설한 것이었다. 1876년 부산항이 개항한 후 일본인의 조차구역이 설정되면서 1880년에 보수천 상류의 물을 대나무로 도수관을 시설하여 물문제를 해결하였으며, 1887년 이를 관리하는 법을 일본 영사가 공포한 이래 1894년 우리나라 최초로 영주동 배수지와 1902년 구덕산 수원지를 축조하였다.

한편 1883년 현 경운동 수운회관 앞의 일본공사관(1883)이나 용산 함벽정에 신축된 천주교신학교(1891~1892), 명동천주교성당(1892~1898) 등은 프랑스 신부 고스트에 의하여 설계감리되었으며, 이들 건물들의 건축설비관계에 대한 내용은 알려진 바가 없으나 1897년에 준공된 프랑스 공사관은 처음으로 옥상에 수조를 설치하여 급수시설을 완비한 건물로 기록되어 있다.

(3) 전기설비

우리나라 최초의 전기는 1887년 경복궁 건청궁에서 점등하는데 사용되었고, 이후 1894년에 경복궁내 병기창에 제2전등소를 준공하였다. 본격적인 전기사업은 이근배와 김두승이 최초로 서울의 전차, 전등, 전화시설권을 청원하여 1898년 한성전기회사를 설립하면서 시작되었다. 1899년 서울시내 동대문과 신문로 사이를 운전하는 전차가 개통되었고 이는 일본경도전철의 설계자 마키(眞木平一郎)에게 위탁하였다고 한다. 당시의 전철규모는 궤도 5마일의 단선로에 전차(40인승) 5대로 75kW의 발전소를 동대문 근처에 설치하였다. 1900년에는 서울 종로에 가로등이 점등되었고, 1905년에는 인천에 거주하는 일본인들이 중심이 되어 인천전기(주)가 설립되었으며, 최초의 수력발전소로 청천강 지류 구룡강댐이 준공되었다.

2 —— 일제시대(1909–1945)

우리나라의 초기 건축설비는 서양인들에 의해 시작되었으나 일제의 식민지 정책이 본격화되면서 일본인이 주도하기 시작했다. 1914년에 준공된 지하 1층 지상 3층 연건평 2500평규모의 한국은행 건물에는 건축난방설비로 저압 게와니보일러(연관식 2.5t/h, 2대), 급수펌프(워싱턴 펌프 2대), 방열기(2세주, 5세주)가 설치되어 증기난방 2관식으로 배관되었으며 지하금고에는 환기설비가 갖춰졌다. 1913~1914년에 건축된 조선호텔은 독일인 게에데 타만테가 설계한 것으로 온수난방방식을 채택한 유일한 건물이었으며, 1926년에 준공된 조선총독부 건물(정부청사)에는 증기난방방식과 기계환기방식이 채택되었고, 화장실에는 수세식 양변기가 설치되었다. 이 무렵 설비시설도 널리 보급되었는데 그 대표적인 것으로 동양척식회사(1911), 경성우체국(1915), 경성일보(1920), 경성역(1925), 경성의학부(1928), 경성제국대학(1929) 등이 있다.

1930년대에 들어서면서 그동안 외국인의 손에만 의존해 오던 건축설비 기술이 일본인 기술자의 밑에서 조수 또는 기능공으로 일했던 한국인 기술자들에게 전수되면서 한국인 기술자들도 총독부, 철도국, 지방관서, 일본업체 등에서 본격적으로 활동하기 시작했다.

한국인 건축가가 단독으로 설계하여 1933년 착공, 1934년 9월에 준공된 보성전문학교(현 고려대의 전신), 1935년의 조선일보사옥 등은 신축건물에 대한 난방시설이 특기할 만한 것이며(건축설계:박동진, 설비설계:임창영) 1937년에 준공된 화신백화점 건물도 한국인 기술자(설계:박길동)들이 세운 업적 중의 하나이다. 임창영은 우리나라 설비업계의 선구자로서 1936년에 스기야마제작소 기술부에 입사하여 설비설계와 시공기술을 습득하였으며 해방 후에는 금화공업사를 설립하여 설비설계와 시공에 전력하였다.

한일합방 초기에는 총독부 청사를 중심으로 각 관공서, 은행 등이 건립되고 일본의 대륙진출을 위한 철도시설이나 관련건물들이 건축되었으며 그 이후 일본의 대재벌들이 참여하여 상가와 사무소 건축물이 건축되었다. 그러나 난방, 위생, 전기용 설비 기자재들의 생산공장은 일본에만 있었기 때문에 보일러류, 강관, 가단주철제 관이음쇠류, 밸브류 등은 대부분 일본에서 수입하여 사용하였다. 그러다 1930년대 이후 급수용 연관, 트랩류, 철판제품관지지 철물과 같은 일부 부품들을 현장 가공하고 소구경의 밸브류, 니플, 플러그, 플랜지 등은 국내에서 직접 생산하여 조달하게 되었다.

3 —— 해방후(1946–1953)

해방 직후에는 미군들이 들어오면서 난방, 위생, 전기설비가 완비된 일본인 소유건물을 인수하여 위생설비를 개량하고 입식생활 양식으로 개보수하는 공사가 주류를 이루었다.

이 시기에 설비공사가 시행된 대표적인 건물로는 내자아파트(구 삼국아파트), 비전독호텔(소공동), 풍전아파트(서대문), 산업은행사택(안국동) 등이 있었다. 또, 지금의 용산 일본군 병영을 미군의 병사로 대체하는 설비공사가 대규모로 시행되었는데, 이 공사는 고려토건(강윤)이 일괄 도급하고 설비공사는 금화공업사(임창영)가 하청을 받아 시공하였다.

대한민국 정부가 수립되어 정부에서 발주한 첫 공사는 서울공대(현 서울산업대) 제2호관의 난방위생 및 실험설비공사였다. 이 시기에는 설비기술진들이 작성한 설계도면을 현장 숙련

공들이 정정하는 경우가 많아 시방서 첫머리에 "설계도는 설비의 대략을 표시한 것으로 실제 시공 시에는 현장 형편에 따라 현장감독의 승인 하에 변경 시공할 수 있다."는 단서가 붙어 있었다. 또한 이때는 공사를 도급하기 위해 재고품 명세서를 제출하고 기업실사를 받아야 공사에 입찰할 수 있는 시기이기도 하였다. 1948년 우리나라 최초로 설비종사자들이 모여 "대한난방위생기술협회"를 설립하고 회장으로 이휴선 씨를 선출하였으나 한국전쟁 발발로 무산되고 말았다.

4 — 한국전쟁 이후

1953년 휴전이 되고 정부는 서울로 환도하면서 각부 청사의 복구사업에 착수하였고 미국의 50만 불 원조로 전쟁복구용 강관, 관이음쇠류, 방열기밸브, 트랩, 위생기구 등의 설비자재를 확보할 수 있었다. 중앙청 복구공사도 1959년에 설계에 착수하여 보일러는 게와니형으로 교체하고 냉동기, 냉각탑, 공조기 등의 공조설비를 갖추었다. 방열기는 원형대로 동진주물의 제품을 일부 보완함으로써 국산 방열기의 본격적인 생산을 시작하였다.

한편 1957년 보사부에서는 스칸디나비아 4개국의 원조로 국립의료원을 건립하였다. 스칸디나비아 측에서 설계하고 설비자재(동관, 방열기 및 부속품)는 원조품으로 시공하였으나 특기할 것은 전관에 온수난방을 시설하고 배관재로 동관을 처음 사용하였다는 점이다. 당시 강제순환 온수공급방식으로 관경을 최소화하였는데 우리나라 온수난방 설계 및 시공발전에 좋은 선례가 되었다. 전쟁피해 복구를 시행하면서 이승만 대통령은 공병감실로 하여금 그랜드호텔(남대문 태평로 소재) 신축, 반도호텔(현 롯데호텔)을 보수하게 하였으며 민간사업으로는 명동 메트로호텔, 우이동 그린파크호텔을 신축하였는데 이 사업의 설비설계는 이남설비에서, 시공은 삼일공사가 집행하였으며 주철제 섹셔널보일러를 설치하고 급탕과 난방을 겸용한 것이 특기할 점이다.

1960년대 초기 설비기자재 중 강관과 관이음쇠류는 국내에서 생산되지 않았고 주철제 보일러와 5세주 방열기는 국내 생산이 가능하였다. 동진주물과 한양공업이 이들을 제작하였으며 고압보일러는 대한보일러와 한신보일러에서 생산하기 시작하였다. 주철제 보일러에 이어 1964년 대한보일러, 한신보일러를 시작으로 동광보일러, 한국보일러, 대원보일러 등 많은 강판제 고압 보일러 생산공장이 설립되었다.

한편 위생도기도 출현하기 시작하였는데 계림도기가 처음으로 출시하였다. 이 시기 복구공사는 주로 미국의 원조에 의하여 이루어졌으며 원조에 수반된 미국의 기술이 한국에 전파되기 시작한 시기였다. 군에는 기술고문단이 파견되어 기술을 지도하였으며 민간에서는 UNKRA 등에서 미국기술자와 한국기술진이 함께 근무하면서 미군부대 시설공사를 통하여 우리나라 시공 분야에 많은 기술이전이 이루어져 오늘날 해외공사를 하는 데 큰 도움이 되었다.

1962년 대한주택공사가 창립되면서 주택건설 분야가 활기를 띠기 시작하였다. 1963년 장

위동에 8~15평의 단독주택 108세대를 건립하였으며 난방설비는 초기에 중앙집중식 난방방식을 채택하였다가 전력사정과 입주자 부담이 크다는 이유로 개별 연탄보일러 난방방식으로 변경하였다. 1970년대 대한주택공사는 한강맨션, 한강외인아파트 등에 중앙집중식 중온수난방방식을 채택하였으며, 1972년 반포 1단지 아파트에 고온수 지역난방설비가 국내 기술진(삼신설비연구소 설계, 현대건설 시공)에 의해 설계, 시공되었으며 1989년에는 신도시에 건설되는 아파트 단지에 열병합발전방식이 채택되었다.

5 —— 공기조화설비

공기조화설비를 갖춘 최초의 건물은 1935년 7월에 준공된 저축은행 본점(남대문 소재 제일은행 제일지점) 건물이다. 이 건물에는 엘리베이터실 후면과 계단실 사이에 덕트 샤프트를 배치하고 사무실과 영업부에는 급기 레지스터를, 카운터 아래와 벽에는 환기그릴을 설치하여 공조를 실시하였다. 증기분사식 냉동기는 지하실에 두고 냉각탑은 옥상에 설치하였으며, 지하실과 옥상에 각각 2대, 1대의 공기조화기를 배치하였다. 또, 덕트 보온을 위해 2인치 코르크판을 아스팔트로 붙여 시공하였다.

1958년 미국의 원조사업으로 건립된 건물이 지금의 경제기획원 및 USOM청사(세종로 소재)이다. 이 건물은 전관 공조설비를 갖춘 최초의 관공서 건물로 설계는 미국의 퍼시픽(Pacific)사에서, 시공은 미국의 빈넬(Vinnel)사에서 담당하였다. 이 공사는 추후 우리나라 설비업계의 설계 및 시공기술 발전에 기여한 바가 매우 크며, 옥상 전체에 물을 저장하여 냉난방부하를 줄인 것은 그 당시 사람들을 놀라게 하기에 충분하였다. 1959년에 설계에 착수, 1963년에 준공된 중앙청 복구공사의 냉방설비를 용이하게 할 수 있었던 것도 여기에서 얻은 경험 덕분이었다. 이 무렵 시민회관(1961년 준공 현 세종문화회관)에 전관 공조설비가 도입되었는데 공공집회소로 국내 최대 규모의 시설이었다.

1962년 준공된 워커힐호텔은 전관 냉난방된 최초의 호텔 건물이었으며 설계는 현대설비연구소에서 담당하였다. 순수 우리나라 기술진에 의해 전관공기조화가 시행된 최초의 건물이다. 현대설비연구소는 김효경 교수가 자문으로 있고 실무는 유용호 씨가 담당한 우리나라 최초의 공조설비설계사무실이었다. 그 이후 현대설비연구소에서는 1962년 한일 나일론공장의 공조설비 설계, 1963년 신탄진 연초제조공장의 공조설비 설계 등 수많은 업적을 남겼다. 한편 미국에서 돌아와 냉방기의 무역업무에 종사하던 유동열 씨는 1962년 삼신설비연구소를 설립하여 1962년 한국은행 별관, 1963년 조흥은행 본점, 1969년 국회의사당, 1969년 코스모스백화점 등 많은 건물의 설비설계를 담당하였다. 1960년대 채택된 공기조화방식으로 외주부는 팬코일유닛방식, 내주부는 AHU를 사용한 유닛과 덕트 병용식이 대부분이었으며 40여 년이 지난 지금도 주로 이 방식이 채용되고 있다.

지방에서도 공조설비시설이 도입되기 시작하였는데 1966년 뉴포트관광호텔(부산 남포동 소재), 1967년 경남섬유(부산 장전동 소재), 1968년 동양관광호텔(부산 광복동 소재) 등 방

직공장과 호텔 등이 필자를 중심으로 부산대학팀에 의해 설계되었다.

제작회사로는 1966년에 홍진산업이 위용호, 김영호 씨의 주도로 흡수식 냉동기를 처음으로 제작 시판하였으며 천양사, 동흥전기 등도 냉방기기 제조업체로 각종 냉방기기를 제작하였다. 또한 공조기기 제작회사로 경원기계공업과 범양 냉방공업이 터보냉동기, 공기조화기, 송풍기, 팬코일 유닛 등을 제작하였다.

한편 학계에서는 각 대학을 중심으로 건축학과에서 건축설비 과목이 개설되었으나 전공교수의 부족으로 개강되지 못하다가 1958년 서울공대에서 처음으로 공조냉동 과목이 김효경 교수에 의해 개설되어 강의가 시작되었다. 냉동에 관한 교육은 1945년 직후부터 부산 수산대(현 부경대) 제조과에서 조권옥 교수에 의해 시작되었으며, 1978년 수산대에 정원 40명의 냉동공학과가 신설되었다. 1968년 고려대 민만기 교수가 공기조화 냉동공학을, 1967년 한일기술연구소 최상홍 씨가 홍익대 건축공학과에서, 1969년 박용한 씨가 단국대학 건축공학과에서 공기조화 과목을 강의하였다. 필자도 1965년 부산대 건축공학과에서 건축설비를, 기계공학과에서 공기조화 과목을 강의하기 시작하였으며 그 해 한국해양대에서 김원영 교수가 냉동공조 강좌를 개설하였다.

1970년대 사회적으로 건축설비에 대한 수요가 급증하여 1979년 경원전문대와 순천공업전문대에 건축설비과가 설립된 것을 비롯하여 전국 각지의 대학에 건축설비과와 열냉동과가 개설되어 전문기술자 양성이 활발해지기 시작하였다.

6 —— 건축설비의 내일

1973년 석유위기는 설비업계에도 큰 변화를 가지고 왔다. 인류가 사용하는 화석연료인 석유의 위기는 해마다 그 정도가 심해지고 있으며 여기에 수반되는 에너지절약 문제는 건축설비업계에도 엄격한 대응을 요구하고 있다. 앞으로 설비업계의 기술적 발전은 태양열 이용, 보온재의 유효 이용, 전산기 제어, 변풍량 방식, 전열 교환기의 응용과 같은 에너지 절약을 목표로 하는 방향으로 이루어진다고 해도 과언이 아니다.

그러나 무엇보다도 자연환경, 즉 빛, 물, 열, 기후조건 등을 잘 이용하여 건축을 계획하는 것이 자원절약과 에너지절약에 가장 확실하고 빠른 길임은 재론할 여지가 없다. 즉 건축설비는 건축물의 실내환경을 쾌적하게 유지하기 위한 보조수단이지 주된 방법은 아니라는 전제하에 건축계획과 설비계획이 조화롭게 이루어져야 한다.

위생, 난방, 전기에 관한 기본사항과 제품은 종전에는 모두 외국, 특히 미국에서 개발되어 왔었다. 설비방식, 설비의 원리, 각종 재료, 여기에 수반되는 기기의 개발은 외국에서 비롯되었고 우리는 기술이나 제품을 수입하여 응용하고 있었으나 이제 우리도 기술적으로 이들을 하나씩 소화해 가고 있다. 앞으로 현재의 설비기술에서 벗어나 우리 자원과 기후 특성에 알맞은 독자적인 기초 자료를 개발 · 확립해야 설비기술의 진정한 발전이 있을 수 있다.

제1장

위생설비

1.1 — 위생설비의 역사

고대 물이용 시설은 이집트의 인공우물, 바빌론의 공중정원, 인더스강 유역의 모헨조다로 하라파, 크레타섬 등의 도시 유적에 남아 있다. 이들 유적에는 우물, 테라코타제의 배관, 동관, 연관, 수세식 화장실, 욕조, 대중목욕탕, 배수관, 상수도, 하수도 등이 있었다. 또 B.C. 2700년경에는 이란에 콰나트가 건설되었고, B.C. 500년경의 폼페이우스 도시에도 위와 같은 유적이 그대로 남아 있다.

중국에서는 B.C. 2500년경 대나무관을 이용하여 송수하였고, B.C. 700년경 고대 이스라엘 에수로가 건설되었음이 성경에 기록되어 있으며 B.C. 400년경 그리스 의학자 히포크라테스는 상수도장연관이 인체에 해롭다고 발표하였다. 로마인들은 B.C. 312년에서 B.C. 305년 사이에 수로를 축조하여 하루에 백만 톤의 물을 송수한 것으로 전해지고 있다.

1347~1351년에는 유럽 전역에 페스트가 유행하여 인구가 격감하였지만, 1167년 비교적 위생적인 급배수설비를 완비했던 영국 캔터베리의 크라이스트 처치 수도원에는 페스트의 피해가 없었다고 한다. 이를 계기로 1388년 영국에서는 도시위생법이 생겨 오물이나 먼지를 개천, 강, 바다에 버리는 것을 금지시켰고 독일에서는 1531년 하수도를 건설하였으나 하천오염으로 농업용수를 사용하였다. 1606년 파리에 최초의 하수주간선이 설치되었으며 1728년 베르사유 궁전에 최초의 수세식 변소가 설치되었다.

근대적인 급수설비가 등장한 것은 18세기 중엽부터였다. 영국에서는 1847년 상수도시설에 관한 조례, 1848년 공중위생에 관한 조례가 공포되어 근대 급수시설에 관한 기초가 만들어졌다. 덴마크에서는 1853년 이후 펌프를 이용한 양수장치와 철관에 의한 급수시설이 완성되었으며, 핀란드 헬싱키에는 1876년 상수도시설이 설치되었다. 한편 독일에는 1770년 당시 이미 간선급수에 의한 상수도시설이 있었으나 근대적인 급수시설은 1876년 이후에 설치되었다. 미국에서는 1728년 뉴욕에 처음으로 공공상수도가 만들어졌고, 1842년 뉴욕시의 대화재를 경험하면서 가압된 공공상수도 시설을 완성하였다.

1.2 — 위생설비의 개요

건축물 내에 소요되는 물을 적정 수질로 필요량 만큼 적정 압력으로 공급하고 사용한 물은 다른 곳에 영향을 주지 않도록 배수하는 설비를 급배수위생설비라 한다.

위생설비는 공기조화설비, 전기설비와 함께 건축설비의 중요 분야에 해당하는 설비로 크게 **급수설비**, **배수설비**, **위생기구설비**로 분류할 수 있다. 또, 이와 함께 물에 열을 가하여 공급하는 **급탕설비**, 오수 또는 일반배수를 처리한 후 공공하수도에 방류시키기 위한 **정화조**

설비, 대표적 열원인 **가스설비**, 화재대책을 위한 **소방설비**도 위생설비에 포함시킬 수 있어 건축설비에서 광범위한 분야를 점하고 있다.

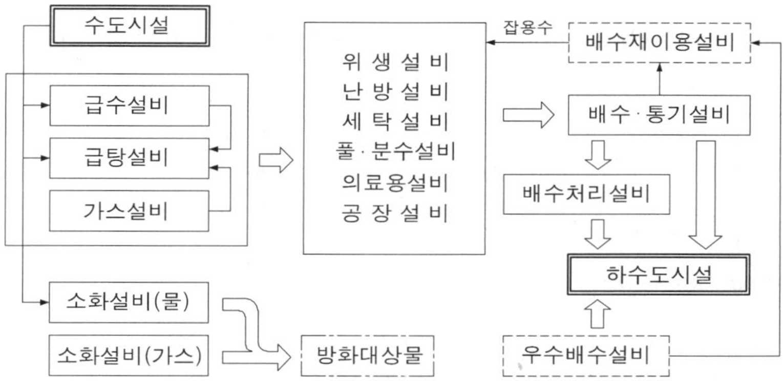

그림 1-1 위생설비 흐름도

1.3 — 물의 일반적 성질

1.3.1 단위계

우리나라의 계량 단위는 법적으로 국제표준단위계(SI단위계)를 채택하고 있다. 우리나라 법에서는 7개의 기본단위를 정의하고 기타의 유도단위는 이 7개의 단위 조합으로 정의된다. (표지 단위표 참조)

SI단위는 기본단위에 나타난 것과 같이 질량을 기본으로 하는데 설비 분야에서 오랫동안 써온 공학단위계는 중량을 기본으로 하고 있다. 실제 중량의 단위는 1kgf이지만 공학단위계에서는 흔히 중량과 질량의 단위를 혼용하여 kg으로 써왔다.

SI단위로 새로 쓴 본서는 SI단위를 기본으로 하지만 아직까지 실무에 많이 쓰이고 있는 공학단위를 병용하여 표기하였다. 이때 공학단위계의 중량단위는 kgf[1)]이지만 통상 중량단위도 kg으로 사용하고 있으므로 본서에서도 중량의 단위를 kg으로 표기하였다. 이하 공학단위계에서 kg은 모두 kgf를 의미한다. 단, 국제단위계의 질량단위 kg과 구분이 필요할 때는 kgf로 표기한다.

1) $1\text{kgf} = 1\text{kg} \times 9.8\text{m/s}^2 = 9.8\text{kg} \cdot \text{m/s}^2 = 9.8\text{N}$

1.3.2 물리적 성질

1 —— 물의 팽창과 수축

유체의 단위체적당 질량을 **밀도**(ρ, density), 단위질량당 체적을 **비체적**(v, specific volume), 단위체적당 중량을 **비중량**(γ, specific weight)이라 할 때 밀도, 비체적, 비중량은 각각 다음과 같은 관계를 가진다.

$$\rho = \frac{M}{V}\ [\mathrm{kg/m^3}]\ ,\quad v = \frac{V}{M}\ [\mathrm{m^3/kg}]\ ,\quad v = \frac{1}{\rho} \tag{1.1}$$

$$\gamma = \frac{G}{V}\ [\mathrm{kgf/m^3}]\ ,\quad v = \frac{V}{G}\ [\mathrm{m^3/kgf}]\ ,\quad v = \frac{1}{\gamma} \tag{1.2}$$

$$\gamma = \rho g\ \ [\mathrm{kg \cdot m/s^2}] \tag{1.3}$$

M : 질량 [kg]　　　　V : 체적 [$\mathrm{m^3}$]

G : 중량 [kgf]　　　　g : 중력가속도 [9.8$\mathrm{m/s^2}$]

표 1-1 물의 밀도와 비체적

온도 [℃]	밀도 ρ [kg/ℓ]	비체적 v [ℓ/kg]
0	0.99984	1.00016
10	0.99970	1.00030
20	0.99820	1.00180
30	0.99564	1.00438
40	0.99221	1.00785
50	0.99804	1.01210
60	0.98321	1.01708
70	0.97778	1.02272
80	0.97180	1.02902
90	0.96531	1.03594
100	0.9583	1.04351
110	0.951	1.0515
120	0.943	1.0604
130	0.935	1.0695
140	0.926	1.0799
150	0.917	1.0905
160	0.908	1.1013
170	0.898	1.1135
180	0.887	1.1273
190	0.876	1.1415
200	0.865	1.1560

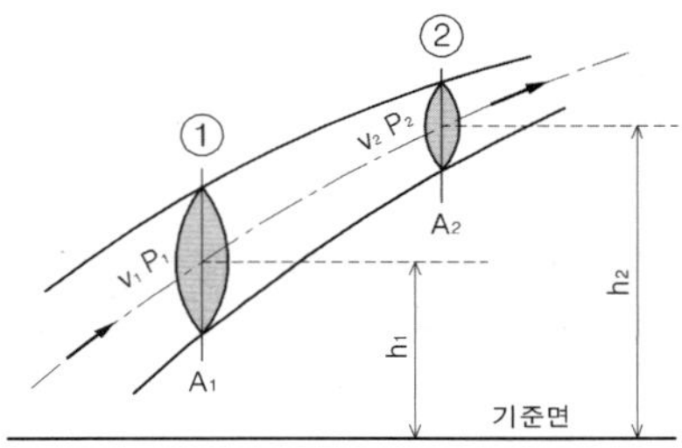

그림 1-2 **베르누이 정리**

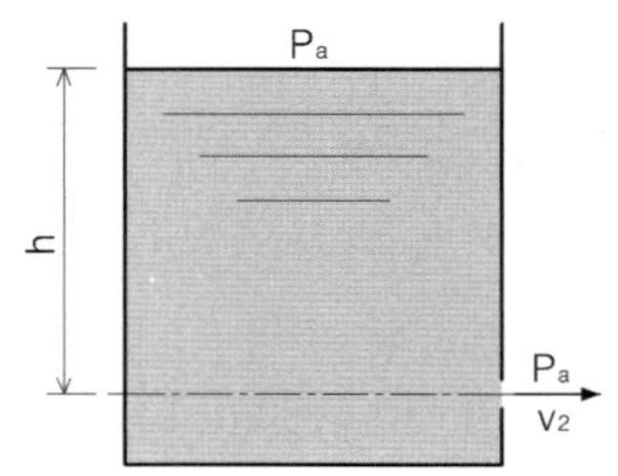

그림 1-3 **토리첼리 정리**

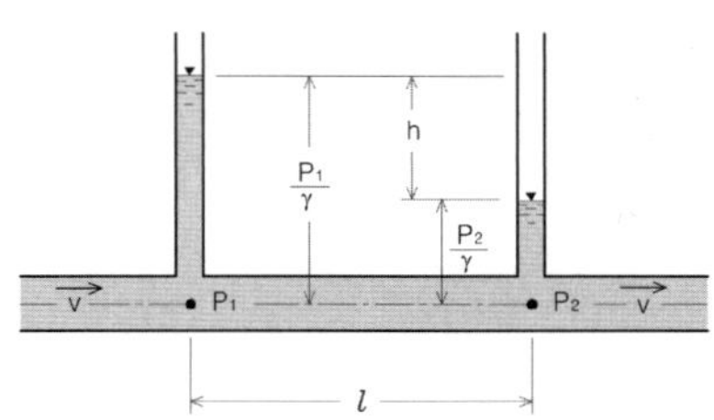

그림 1-4 **관의 마찰저항**

이상과 같이 질량을 기본으로 하는 SI단위계에서는 밀도를 단위체적당 질량으로 그 역수인 비체적은 단위질량당 체적으로 정의하고 있다. 그러나 중량을 기본으로 하는 공학단위계에서는 밀도 대신 단위체적당 중량을 의미하는 비중량을 써왔고 그 역수인 비체적도 단위중량당 체적으로 정의하였다. 따라서 비체적은 SI단위계에서는 밀도의 역수로 공학단위계에서는 비중량의 역수로 쓰이고 있다.

물의 밀도는 1기압 4℃에서 1000kg/㎥로 최대가 되고, 표 1-1과 같이 온도가 올라갈수록 그 값이 작아진다. 물이 담긴 용기를 가열하면 온도가 높아진 아래쪽 물이 밀도가 작아지면서 가벼워져 위로 올라가게 되고 위쪽의 찬물은 상대적으로 밀도가 커 용기 아래쪽으로 내려오게 되는 자연순환력이 생긴다.

이와 반대로 물의 비체적은 1기압 4℃에서 최소가 되고 온도가 올라갈수록 그 값이 커진다. 0℃ 물이 0℃ 얼음이 되면서 약 9%의 체적팽창을 하고 100℃ 물이 100℃ 수증기가 되면서 약 1700배 체적팽창을 한다. 따라서 밀폐용기에 든 물을 가열하게 되면 팽창을 할 수 없어 압력이 상승하게 된다.

건축설비에서 온수난방, 증기난방의 자연순환방식은 이와 같은 물의 **자연순환력**과 증기의 **팽창원리**를 이용한 것이다.

2 —— 수압(水壓)과 수두(水頭)

유체 내에서 또는 유체가 고체에 힘을 가할 때, 면에 수직으로 작용하는 단위면적당 힘을 압력이라고 한다. 수심이 H이고 물의 밀도(비중량)가 1000kg/㎥일 때, 수압 P와 수두 H는 다음과 같은 관계를 갖는다.

$$P = \gamma H = 1000H\ [\text{kg/m}^2] = 0.1H\ [\text{kg/cm}^2] \tag{1.4}$$

$$P = \rho g H = 9800H\ [\text{Pa}] = 9.8H\ [\text{kPa}] \tag{1.4SI}$$

이때 수심 H가 10m인 경우 수압과 수두는 다음과 같은 관계를 갖는다.

$$10\text{mAq} = 1\text{kg/cm}^2,\ 1\text{mAq} = 0.1\text{kg/cm}^2 \tag{1.5}$$

$$10\text{mAq} = 98\text{kPa} \approx 100\text{kPa},\ 1\text{mAq} \approx 10\text{kPa} \tag{1.5SI}$$

공업상 가장 기본적으로 사용되는 압력단위인 kg/㎠는 위 (1.5)식과 같이 1kg/㎠이 수두 10mAq에 상당하는 관계를 가져 수압을 수두[mAq 또는 mH_2O]로 표현하는 경우도 많다. SI단위계에서는 압력단위로 Pa(=N/㎡)을 사용하고 수두 10mAq는 대략 100kPa, 즉 1mAq는 10kPa과 같은 압력을 나타낸다.

압력의 세기를 측정하는 계측기인 압력계가 지시하는 압력은 **게이지압력**이라 하고, 게이지압(atg)에 대기압(atm)을 더한 압력을 **절대압력**(ata)이라 한다.

3 —— 베르누이(Bernoulli) 정리

관속의 유체가 정상 연속흐름을 한다고 가정할 때, 유체중의 임의의 두 점 ①, ②에서의 운동에너지, 위치에너지, 압력에너지의 합은 일정하다는 것이 베르누이 정리이다.

그림 1-2의 임의의 수직단면 ①, ②의 속도를 각각 v_1, v_2, 압력을 P_1, P_2, 수직높이를 h_1, h_2라 하면 다음과 같은 베르누이 방정식이 성립한다.

$$\frac{v_1^2}{2g}+\frac{P_1}{\gamma}+h_1=\frac{v_2^2}{2g}+\frac{P_2}{\gamma}+h_2=K(\text{일정}) \quad (1.6)$$

$$\frac{v_1^2}{2}+\frac{P_1}{\rho}+gh_1=\frac{v_2^2}{2}+\frac{P_2}{\rho}+gh_2=K(\text{일정}) \quad (1.6\text{SI})$$

그림 1-3과 같이 액체를 채운 용기의 옆에 구멍을 뚫었을 때, 구멍에서 유출되는 액체의 속도 v_2를 베르누이 정리를 응용하여 구할 수 있다. 대기압 P_a가 수면에 가해질 때, 수면의 강하속도는 무시하고 구멍의 높이를 기준높이로 하면, $v_1=0$, $h_1=h$, $h_2=0$, $P_1=P_2=P_a$가 되고, 이 때 액체의 유출속도 v_2는 다음 식으로 구할 수 있다.

$$v_2=\sqrt{2gh}\ \text{[m/s]} \quad (1.7)$$

이를 **토리첼리(Torricelli) 정리**라 한다.

4 —— 마찰손실수두(frictional head loss)

유체가 운동할 때 유체와 유체 사이의 점성과 유체와 고체 사이의 마찰 때문에 발생하는 응력을 유체마찰이라 하고, 물이 직관 내를 흐를 때 유체와 관내면의 마찰로 인하여 생기는 저항을 **마찰저항**이라고 한다.

그림 1-4에서 내경이 d, 길이가 l인 관내를 밀도 ρ(비중량 γ)인 유체가 평균유속 v로 흐르고 있는 경우, 마찰저항에 의한 압력손실 ΔP_f는 다음과 같이 **다르시-와이스바하**(Darcy-Weisbach) 식으로 나타낼 수 있다.

$$\Delta P_f=P_1-P_2=\lambda\frac{l}{d}\frac{v^2}{2g}\gamma\ [\text{kg/m}^2] \quad (1.8)$$

$$\Delta P_f=P_1-P_2=\lambda\frac{l}{d}\frac{\rho v^2}{2}\ [\text{Pa}] \quad (1.8\text{SI})$$

λ : 마찰손실계수 [-]
d : 관경 [m]
l : 관의 길이 [m]
v : 유속 [m/s]
γ : 비중량 [kgf/m³] (=ρg)
ρ : 밀도 [kg/m³]

위의 식을 마찰손실수두 H_f로 나타내면 다음과 같다.

$$H_f = \frac{\Delta P_f}{\gamma} = \frac{\Delta P_f}{\rho g} \text{이므로}$$

$$H_f = \lambda \frac{l}{d} \frac{v^2}{2g} \quad [\text{mAq}] \tag{1.9}$$

여기에서 λ는 **마찰계수**로, 관경과 거칠기의 비인 상대조도(相對粗度)와 유체 흐름을 판정하는 레이놀즈수에 따라 그 값이 결정된다. 레이놀즈수 Re는 단위가 없는 무차원수로 다음 식과 같다.

$$Re = \frac{vd}{\nu} \quad [-] \tag{1.10}$$

v : 유속 [m/s]
d : 관의 내경 [m]
ν : 유체의 동점성계수 [m²/s]

(1.10)식에서 $Re < 2230$이면 층을 형성하면서 규칙적인 흐름을 보여주는 층류(層流), $Re > 4 \times 10^3$인 경우에는 불규칙적 흐름인 난류(亂流), $Re = 2230 \sim 4000$인 경우는 흐름이 불안정한 임계역(臨界域)으로 판정한다.

실제 배관에서는 직관부의 마찰저항뿐만 아니라 관경이 변화하는 부분이나 곡부, 분기부, 밸브 등 관의 부속부분에서 관내 흐름이 흐트러지는 것 등에 의해서도 저항이 발생하는데 이를 **국부저항**이라 한다.

5 —— 수격현상(水擊現像, water hammer)

관내를 흐르던 물이 급히 정지하면 물의 운동에너지가 순식간에 압력에너지로 변환되면서 압력(동압)이 급격히 상승한다. 수격현상은 이 급상승된 수압이 배관 내에서 균등해지기 위해 압력파를 형성하여 관내 일정거리를 왕복하게 되는 현상을 말한다. 이 압력파는 큰 에너지를 보유하고 있어 관 자체의 진동과 접속하는 기기에 소음을 발생시키고 관과 기기류를 손상시키는 원인이 된다. 이와는 반대로 급수전 등을 급히 열어 정지중인 배관 내의 물을 급격히 유동시키는 경우에도 수격현상이 발생한다.

수격현상을 방지하기 위해서는 급수전을 천천히 개폐하는 것이 중요하며 배관 내에 과대한 수압이 작용하거나 적정치 못한 유속으로 유체가 흐르지 않도록 해야 한다. 또, 배관 설계시 굴곡부가 많지 않도록 주의하고 잘못된 시공부분이 없도록 해야 한다. 고양정 양수배관에는 양수관 하부의 충격을 완화시키기 위해 스프링 리턴식 **역지밸브**(逆止, check valve)나 관 말단부에 **에어챔버장치**를 설치하기도 한다.

1.3.3 화학적 성질

1 —— 수질(水質)

물은 화학적으로 H_2O로 표시하고 있으나 여러 가지 물질이 함유되어 있다. 음료용수에 사용되는 물은 표 1-2의 환경부령 〈먹는물 수질기준 및 검사 등에 관한 규칙〉에서 정한 수질기준을 만족해야 한다.

(1) pH — 수소이온지수 농도로 물의 산성이나 알칼리성 정도를 나타내는 수치이다. 중성인 물은 H^+, OH^- 수가 같고, $H^+ = OH^- = 10^{-7}$ 그램이온일 때 pH는 7이다. 표 1-2에 따르면 먹는물의 수소이온농도는 pH 5.8 이상 pH8.5 이하이어야 한다.

(2) 물의 경도(硬度, hardness) — 물속에 용해되어 있는 **칼슘이온**과 **마그네슘이온**의 양을 이에 대응하는 탄산칼슘의 양으로 환산하여 ppm 단위로 나타낸 것을 **ppm경도**라 한다. 경도가 높은 물을 **경수**(hard water), 낮은 물을 **연수**(soft water)라 한다. 경수는 비누세탁이나 공업용수로 부적당하고 보일러용수로 사용하면 그 내면에 탄산칼슘 스케일이 생겨 전열효율이 감소되고 불균일팽창이 일어나 보일러 수명이 단축된다. 표 1-2에 따르면 먹는물의 경도는 1000mg/ℓ을 넘어서는 안 되고 수돗물의 경우 300mg/ℓ 이하이어야 한다.

표 1-2 먹는물의 수질기준(환경부령, 「먹는물 수질기준 및 검사 등에 관한 규칙」 중 [별표1])

기준	항목	기준치
1. 미생물에 관한 기준	(1) 일반세균	100CFU 이하
	(2) 총대장균군 100mℓ에서 검출되지 않을 것.	
	(3) 대장균 · 분원성 대장균군 100mℓ에서 검출되지 않을 것.	
	(4) 분원성 연쇄상구균 · 녹농균 · 살모넬라 · 쉬겔라는 250mℓ에서 검출되지 않을 것.	
	(5) 아황산환원혐기성포자형성균은 50mℓ에서 검출되지 않을 것.	
	(6) 여시니아균은 2L에서 검출되지 않을 것.	
2. 건강상 유해영향 무기물질에 관한 기준	(1) 납	0.01mg/L 이하
	(2) 불소	1.5mg/L 이하
	(3) 비소	0.01mg/L 이하
	(4) 셀레늄	0.01mg/L 이하
	(5) 수은	0.001mg/L 이하
	(6) 시안	0.01mg/L 이하
	(7) 크롬	0.05mg/L 이하
	(8) 암모니아성 질소	0.5mg/L 이하
	(9) 질산성 질소	10mg/L 이하
	(10) 카드뮴	0.005mg/L 이하
	(11) 보론	1.0mg/L 이하
	(12) 브론산염	0.01mg/L 이하
	(13) 스트론튬	4mg/L 이하

3. 건강상 유해영향 유기물질에 관한 기준	(1) 페놀	0.005mg/L 이하
	(2) 다이아지논	0.02mg/L 이하
	(3) 파라티온	0.06mg/L 이하
	(4) 페니트로티온	0.04mg/L 이하
	(5) 카바릴	0.07mg/L 이하
	(6) 1,1,1-트리클로로에탄	0.1mg/L 이하
	(7) 테트라클로로에틸론	0.01mg/L 이하
	(8) 트리클로로에틸론	0.03mg/L 이하
	(9) 디클로로메탄	0.02mg/L 이하
	(10) 벤젠	0.01mg/L 이하
	(11) 톨루엔	0.7mg/L 이하
	(12) 에틸벤젠	0.3mg/L 이하
	(13) 크실렌	0.5mg/L 이하
	(14) 1,1-디클로로에틸렌	0.03mg/L 이하
	(15) 사염화탄소	0.002mg/L 이하
	(16) 1,2-디브로모-3-클로로프로판	0.003mg/L 이하
	(17) 1,4-다이옥산	0.05mg/L 이하
4. 소독제 및 소독부산물질에 관한 기준	(1) 잔류염소	4.0mg/L 이하
	(2) 총트리할로메탄	0.1mg/L 이하
	(3) 클로로포름	0.08mg/L 이하
	(4) 브로모디클로로메탄	0.03mg/L 이하
	(5) 디브로모클로로메탄	0.1mg/L 이하
	(6) 클로랄하이드레이트	0.03mg/L 이하
	(7) 디브로모아세토니트릴	0.1mg/L 이하
	(8) 디클로로아세토니트릴	0.09mg/L 이하
	(9) 트리클로로아세토니트릴	0.004mg/L 이하
	(10) 할로아세틱에시드	0.1mg/L 이하
	(11) 포름알데히드	0.5mg/L 이하
5. 심미적 영향물질에 관한 기준	(1) 경도	1000mg/L 이하 (수돗물은 300mg/L 이하)
	(2) 과망간산칼륨 소비량	10mg/L 이하
	(3) 소독으로 인한 냄새와 맛 이외의 냄새와 맛은 없을 것.	
	(4) 동	1mg/L 이하
	(5) 색도	5도 이하
	(6) 세제	0.5mg/L 이하
	(7) 수소이온농도	pH5.8~pH8.5
	(8) 아연	3mg/L 이하
	(9) 염소이온	250mg/L 이하
	(10) 증발잔류물	500mg/L 이하
	(11) 철	0.3mg/L 이하
	(12) 망간	0.3mg/L 이하
	(13) 탁도	1NTU 이하
	(14) 황산이온	200mg/L 이하
	(15) 알루미늄	0.2mg/L 이하
6. 방사능에 관한 기준(염지하수의 경우에만 적용)	(1) 세슘(Cs-137)	4.0mBq/L 이하
	(2) 스트론튬(Sr-90)	3.0mBq/L 이하
	(3) 삼중수소	6.0Bq/L 이하

2 —— 오탁도(汚濁度, water pollution load factor)

배수의 수질을 나타내는 지표에는 다음과 같은 종류가 있다.

(1) BOD(biochemical oxygen demand) — **생물화학적 산소요구량(生物化學的 酸素要求量)**의 약자로 수중의 미생물이 부패성 유기물을 무기성 산화물과 가스로 분해하는 과정에서 흡수 소비하는 산소량을 5일간 20℃ 상태에서 시료를 방치하여 측정한 값이다. 농도는 mg/ℓ[1](ppm)[2]로 나타낸다.

$$\text{BOD의 제거율} = \frac{\text{유입수 BOD} - \text{유출수 BOD}}{\text{유입수 BOD}} \times 100 \ [\%] \tag{1.11}$$

(2) COD(chemical oxygen demand) — **화학적 산소요구량**으로 수중의 오탁물질을 산화제로 산화시킬 때 소비되는 산소량을 말하며 mg/ℓ로 표시한다.

이외 오수 중에 용해되어 있는 산소량을 ppm으로 나타내는 DO[3]와 오수 중에 함유되어 있는 입경 2mm 이하의 불용성 부유물질을 ppm으로 나타내는 SS[4]가 배수수질을 나타내는 지표로 사용된다.

1.4 — 급수설비

1.4.1 수원(水源, source of water)

수원은 크게 **지하수**와 **지표수**로 나눌 수 있다. 지표수(地表水)는 하천수, 호수, 저수지의 물과 같이 빗물이 지표면으로 흘러들어가 형성된 것으로, 동 · 식물 등 불순물이 용해되어 깨끗하지 못한 경우가 많지만 가장 싼 가격으로 얻을 수 있다. 하천수(河川水)는 수량이 많아 주수원으로 이용되고 있지만, 비가 많이 올 때 탁도(濁度)가 높고 불순물이 많으며 상류에 도시가 있는 경우 특히 수질이 나빠진다. 호수는 하천수에 비해 계절적으로 미생물이 많이 발생하지만 수질이 양호한 편이고 수량도 비교적 풍부하다. 지하수를 수원으로 이용하는 경우 연중 16℃ 전후의 일정 온도의 물을 공급할 수 있으나 지층의 성질에 따라 모래나 기타 고형물, 철분 등 불순물이 섞여 있어 상수(上水)로 이용하기에 부적당한 경우가 많다. 지표수를 상수로 이용하는 경우 수처리 과정을 거쳐 위생적인 수질과 적당한 압력으로 물을 공

---

1) 1mg/ℓ=1g/m³=1ppm이 된다.
2) ppm : parts per million
3) 용존산소량(DO) : dissolved oxygen의 약자. 물의 오염상태를 나타내는 지표 중 하나로 물에 녹아 있는 산소량
4) 부유물질(SS) : suspended solids의 약자. 물에 용해되지 않은 물질로 수질오탁의 원인이며 하천에 오니상을 형성하거나 이것이 부패하여 물 속에 녹아 있는 산소를 소비시킨다.

급해야 하므로 용수비(用水費)는 지하수를 이용하는 것보다 높은 편이다.

연면적이 대략 3000㎡ 이상인 건물에서 화장실 세정용이나 위생상 지장이 없는 개소에는 상수와 잡용수(雜用水)를 별도로 공급하는 경우가 늘고 있다. 상수와 하수의 중간단계인 중수(中水)를 잡용수로 이용하는 경우 하수 재이용설비를 위한 설비비와 유지비가 많이 드는 단점이 있지만 최근에는 수자원 보호를 위해 지역단위나 대규모 건축물의 배수(排水)를 회수한 후, 정화 재생하여 이를 잡용수로 재이용하도록 권장하고 있다. 중수를 잡용수로 사용하고 있는 중수배관시 타 배관과 직접연결 불가, 타 배관과 식별 가능한 색채, 타 배관과 일정간격 유지, 중수탱크 별도 설치, 전용위생기구 설치, 역류방지조치 등 중수배관방법을 엄격하게 규정하고 있다. 또한 최근에는 건축물의 지붕에 떨어지는 빗물을 여과, 염소살균 정도로 간단히 처리한 후 잡용수로 이용하는 방법도 시행중이다.

표 1-3 **상수와 잡용수의 급수개소**

구분						
상 수	음료용	주방용	세면용	수세용	욕조용	세탁용
	보일러 급수	냉각탑보급수*, 소화용수, 세차용수				
잡용수	화장실 세정수	청소용	살수	분수		
	냉각탑보급수*, 소화용수, 세차용수					

* 잡용수의 수질에 따라 결정된다.

표 1-4 **상수와 잡용수의 비율**

구 분	상수[%]	잡용수[%]
일반건축	30~40	70~60
주 택	65~80	35~20
병 원	60~66	40~34
백화점	45	55
학 교	40~50	60~50

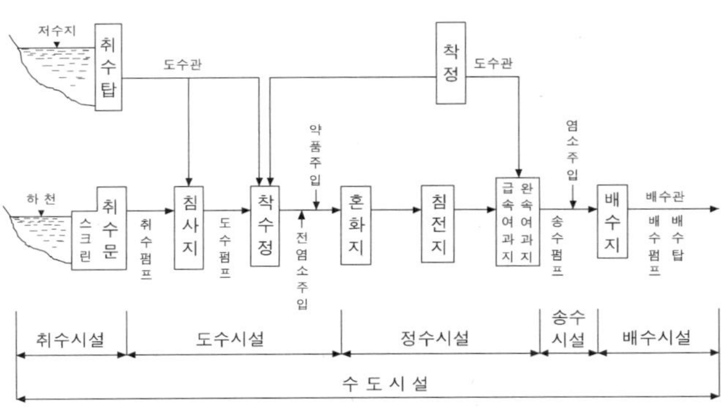

그림 1-5 **수도시설**

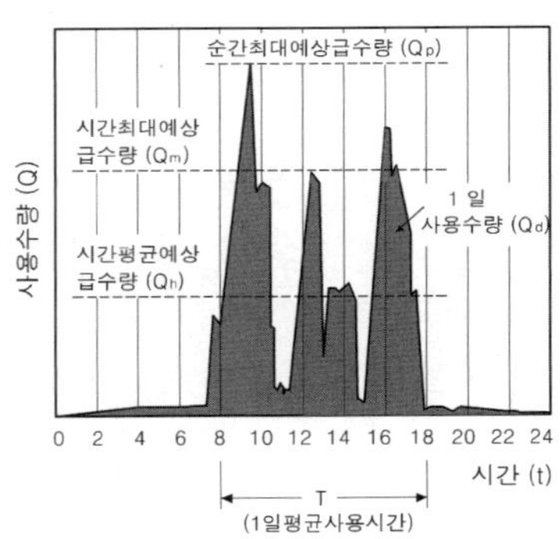

그림 1-6 **사용수량의 시간변화**

1.4.2 사용수량과 필요압력

1 —— 사용수량(使用水量)

건축물의 사용수량은 생활습관, 건물종류, 계절, 요일, 기상, 시각에 따라 변화하며 그림 1-6은 건축물의 시간대별 사용수량 변화를 나타낸 것이다. 표 1-5는 건물 용도별 사용수량을 나타낸 것으로 인원수를 기준으로 해당 건축물의 사용수량이 산정되면 이를 토대로 저수조, 펌프 등 각종 기기의 용량과 배관경이 산출된다.

표 1-5 건물 용도별 사용수량

건물종류	용 도	급수량 [ℓ/d · 인]	사용시간 [h]	유효면적당 인원 [인/m²]	$\frac{\text{유효면적}}{\text{연면적}}$ [%]	비 고
사 무 소	통근	100~120	8	0.2	55~57(임대 60)	
은행 · 관청	통근	100~120	8	0.2	사무소와 같음	
병 원	1베드당	고급 1000 이상 중급 500 이상 기타 250 이상	10	3.8인/bed	45~48	1병상당 외래객 8ℓ 간호원 160ℓ 직원 120ℓ
교회 · 사원	손님	10	2			
극 장	손님	30	5		53~55	
영 화 관	손님	10	3	1.5인/객석		
백 화 점	손님	3	8	1.0	55~60	점원 100ℓ
점 포	통근	100	7	0.16		상주 160ℓ
소매시장	손님	40	6	1.0		
대중식당	손님	15	7	1.0		
요 리 점	손님	30	5	1.0		
주 택	주거	200~250	8~10	0.16	50~53	
아 파 트	주거	200~250	8~10	0.16	45~50	독신 100ℓ
기 숙 사	주거	120	8	0.2		
호 텔	손님	250~300	10	0.17		
여 관	손님	200	10	0.24		
초 · 중학교	학생	40~50	5~6	0.25~0.14	58~60	교사 100ℓ
고등학교 이상	학생	80	6	0.1		교사 100ℓ
연 구 소	직원	100~120	8	0.06		
도 서 관	열람자	25	6	0.4		
공 장	공원	60~140	8	0.1-0.3		남자 80ℓ 여자 100ℓ

표 1-6 주택의 용도별 사용수량 비율

용 도	비 율 [%]
음료용, 취사	15~30
목 욕	20~30
세면, 수세	5~15
세 탁	20~30
화장실	10~20
청 소	5~10
세차, 살수	2~5

급수설비계획에서 1일 급수량을 Q_d, 이를 1일 평균사용시간 T로 나눈 시간당 평균예상급수량을 Q_h, 1일 중 물을 가장 많이 사용하는 1시간 동안의 사용수량, 즉 시간최대예상급수량을 Q_m, 순간최대예상급수량을 Q_p라 할 때, 각각 다음 식으로 나타낸다.

$$Q_h = \frac{Q_d}{T} \ [\ell/\mathrm{h}] \tag{1.12}$$

$$Q_m = (1.5 \sim 2.0) \times Q_h \ [\ell/\mathrm{h}] \tag{1.13}$$

$$Q_p = \frac{(3 \sim 4) \times Q_h}{60} \ [\ell/\mathrm{min}] \tag{1.14}$$

급수량 산정은 위의 인원수를 기준으로 하는 것 이외 물사용시간율과 기구급수단위를 이용하는 방법도 있다.

우리가 사용하는 물은 **취수**(取水), **도수**(導水), **정수**(淨水), **송수**(送水)과정에서 건물 내의 급수설비에 이르기까지 다량의 에너지가 사용되고, 사용 후에도 하수처리 및 방출과정에서 많은 에너지가 필요하므로 자원과 에너지를 효율적으로 이용하기 위해 급수량은 적정하게 산정하여 배관경 및 각종 기기 용량을 결정해야 한다.

예제 1 —— 연면적 5000㎡인 임대사무소의 급수량을 산정하라.

풀이 표 1-5에 의하면 임대사무소의 경우 유효면적은 연면적 대비 60%이고 유효면적당 인원은 0.2인, 1인당 1일 급수량은 100ℓ, 1일 사용시간은 8시간이다.

① 사용인원

$(5000 \times 0.6)\mathrm{m^2} \times 0.2\text{인}/\mathrm{m^2} = 600\text{명}$

② 1일예상급수량

$Q_d = 600 \times 100 = 60000 \ [\ell/\mathrm{d}]$

③ 시간평균예상급수량

$Q_h = \frac{60000}{8} = 7500 \ [\ell/\mathrm{h}]$

④ 시간최대예상급수량

$$Q_m = 1.5 \times 7500 = 11250 \ [\ell/h]$$

⑤ 순간최대예상급수량

$$Q_p = \frac{3 \times 7500}{60} = 375 \ [\ell/min]$$

2 ── 필요압력과 최소 필요수량

급수기구에는 사용목적에 맞는 적정수압으로 물이 공급되어야 한다. 수압이 높은 경우에는 수격현상으로 인해 소음과 진동이 발생하고 기구와 배관이 손상된다. 또, 필요 이상의 물이 흘러 물의 낭비가 심해지고 물이 강하게 토출되어 사용상의 불편도 초래한다. 반면, 수압이 낮은 경우에는 가스온수기가 착화되지 않거나 변기의 세척밸브(flush valve)가 작동되지 않고 샤워기가 제 기능을 발휘할 수 없는 상황이 발생한다.

급수기구의 최대압력은 일상생활이 이루어지는 곳이나 이와 비슷한 장소에서는 300~500kPa(3~5kg/㎠) 정도가 되도록 하는 것이 바람직하고, 최저 필요압력은 표 1-7과 같다. 기구별 최대압력은 세척밸브가 400kPa(4kg/㎠), 보통밸브가 500kPa(5kg/㎠) 이상이 되지 않도록 하고 그 이상인 경우에는 급수계통내 감압밸브로 수압을 낮춰 사용하는 것이 좋다.

표 1-7 급수기구의 최저 필요압력과 최소 필요유량

급 수 기 구		최저 필요압력		최소 필요유량[ℓ/min]
		kPa	kg/㎠	
일반수전	세면기 싱크(13㎜)	30	0.3	8.0~9.0 7.8~8.5
세척탱크형	대변기 소변기	30	0.3	10 8
세척밸브형 (플러시밸브)	대변기 소변기	70 70	0.7 0.7	105 30
샤 워 기		70	0.7	8.5~12.0
가스순간온수기 4-5호 7-16호 22-30호		 40 50 80	 0.4 0.5 0.8	–

1.4.3 급수방식(給水方式, water supply system)

건물 내의 급수방식으로는 수도관에 직접 연결하여 급수하는 **직결급수방식**과 일단 저수조에 저수한 후 급수하는 **간접급수방식**이 있다. 직결급수방식에는 그림 1-7(a)와 같이 수도관의 수압으로 필요개소에 급수하는 **수도직결방식**이 있고, 간접급수방식에는 저수조에 저수한 물을 고가수조에 양수하여 중력으로 급수하는 **고가수조방식**, 압력수조에서 가압하여 급수하는 **압력수조방식**, 수조 없이 펌프를 이용하여 급수하는 **펌프직송방식** 등이 있다. 급수방식은 건물용도, 급수규모, 층수, 높이, 급수기구의 종류와 수에 따라 결정된다.

1 —— 수도직결방식(水道直結方式, street pressure water supply system)

도로에 있는 수도본관에서 수도인입관을 연결하여 건물 내의 필요개소에 직접 급수하는 방식으로 주택 등 2층 정도의 소규모 건물에 주로 이용된다. 건물 내의 오염된 물이 수도관으로 역류되지 않도록 역류방지장치를 부착해야 하고 배관재와 급수기구는 수돗물을 오염시키지 않는 구조와 재질이어야 한다.

수도직결방식은 설비비가 적게 들고 정전으로 인한 단수는 없지만, 수도본관이 단수될 때는 급수가 불가능하고 수도본관의 영향을 그대로 받아 수압변동이 심하며 고층으로의 급수가 어려운 점이 있다.

수도직결방식으로 최고위 기구까지 급수하기 위한 수도본관 내의 필요압력 P는 다음과 같다.

$$P \geq P_1 + P_2 + P_3 \ \text{[kPa], [kg/cm}^2\text{]} \tag{1.15}$$

P_1 : 수도본관에서 최고위 기구까지의 수직높이에 상당하는 압력 [kPa], [kg/cm²]

P_2 : 최고위 기구의 필요압력 [kPa], [kg/cm²]

P_3 : 수도본관에서 최고위 기구까지의 마찰저항 합계 [kPa], [kg/cm²]

예제 2 —— **수도본관으로부터 10m 높이에 설치된 샤워기에 수도직결급수를 하는 경우, 수도본관 내의 최소필요압력은 얼마인가? 단, 수도본관으로부터 세면기까지의 저항은 40kPa이다.**

풀이 | P_1은 문제조건인 10m를 압력값으로 변환하면 (1.5SI)식에 따라 100kPa이 되고 P_2는 표 1-7의 샤워기의 최소필요압력에 따라 70kPa이고, P_3은 문제조건에 따라 40kPa이 된다. 이를 (1.15)식에 대입하면,

$$P \geq 100 + 70 + 40 = 210\,\text{kPa}$$

이므로 수도본관의 압력이 210kPa(2.1kg/cm²) 이상되어야 수도직결식 급수방식을 이용할 수 있다.

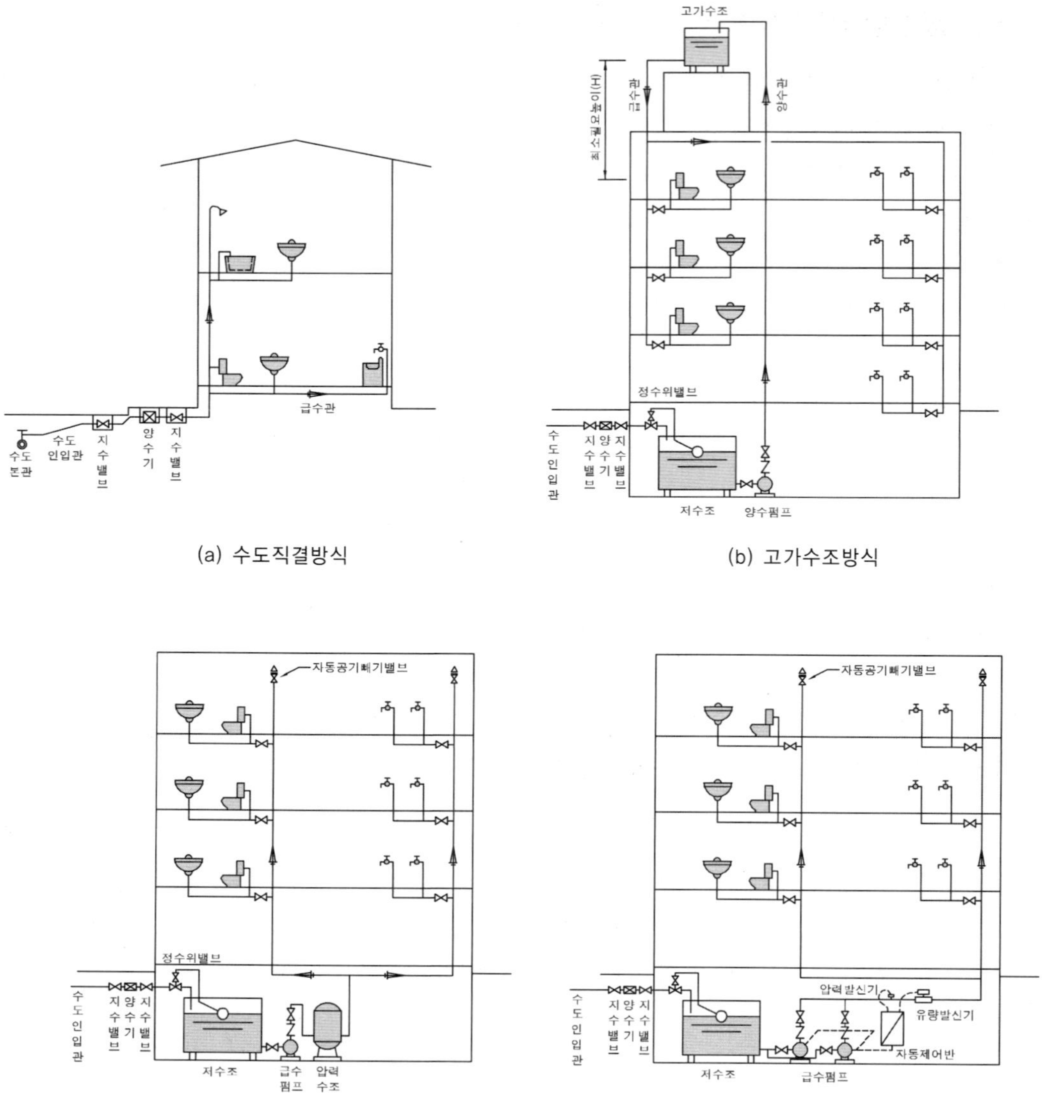

(a) 수도직결방식

(b) 고가수조방식

(c) 압력수조방식

(d) 펌프직송방식

그림 1-7 **급수방식의 종류**

2 ── 고가수조방식(高架水槽方式, high tank water supply system)

수도본관에서 인입된 수돗물이나 지하수 등 기타 수원의 물을 저수조에 저장한 후 펌프로 건물 옥상 또는 고가수조(high tank)에 양수하고, 여기에서 급수관(feed water pipe)을 통해 건물의 필요개소에 급수하는 방식을 말한다. 대규모 급수수요에 쉽게 대응할 수 있고 급수압력이 일정하며 단수시 수조의 용량만큼은 급수가 가능하고 비상발전시설이 있는 경우 정전시에도 급수가 가능하다. 그러나 물탱크에서 물이 오염될 우려가 있고 초기투자비가 비싸며 건물 외관을 손상시킬 수 있다.

저수조(water storage tank)를 상수용으로 사용할 때는 넘침관(overflow pipe)과 배수관을 탱크내 수돗물이 오염되지 않도록 **간접배수방식**[1]으로 배관해야 한다. 수도본관과 지하저수조의 고저차가 큰 경우에는 사이펀 작용의 흡입에 의해 다량의 물이 탱크 내로 유입되어 수도본관의 압력저하가 일어나지 않도록 정수위(定水位) 밸브를 설치할 필요가 있다.

저수조의 용량은 단수시를 대비하는 동시에 장시간 저수로 인한 잔류염소 농도의 저하 등으로 저장된 물이 오염되지 않도록 최대 1일 사용량 이내로 한다. 고가수조의 용량은 시간최대급수량과 같게 하거나 시간평균예상급수량의 1~3시간분으로 한다.

고가수조의 설치높이가 최고위 기구보다 충분히 높지 않을 경우 고층부의 급수압력이 부족한 경우가 자주 발생한다. 따라서 고가수조는 그림 1-8(b)와 같이 최고위 기구로부터 H 이상 높이에 설치하여야 하며, 필요높이 H는 다음과 같다.

$$H \geq H_1 + H_2 \ [\text{m}] \tag{1.16}$$

H_1 : 최고위 급수전의 필요압력에 상당하는 높이 [m] (일반수전 3m, 세척밸브 7m)

H_2 : 고가수조에서 최고위 수전까지의 마찰저항에 상당하는 높이 [m]

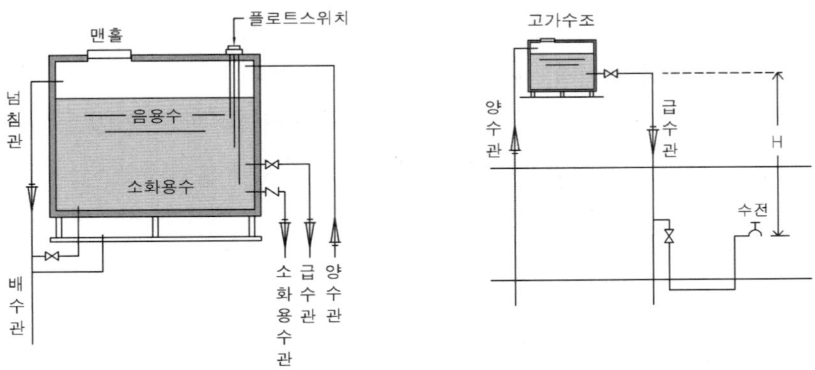

(a) 고가수조 배관 (b) 고가수조의 최소필요높이

그림 1-8 **고가수조의 배관**

3 — 압력수조방식(壓力水槽方式, pressure tank water supply system)

수도인입관에서 받은 저수조의 물을 밀폐탱크 내부에 펌프로 압입하면 탱크에 있던 공기가 압축되어 물에 압력이 가해진다. 이 압축공기의 압력으로 급수하는 방식을 압력탱크방식이라

1) 간접배수방식(間接排水方式, indirect water system) : 오염방지를 목적으로 급수탱크, 냉장고, 의료기기, 공기조화기 등의 배수관을 일반배수계통에 직접 연결시키지 않고 사이에 공간을 둔 채로 일반배수계통에 접속하는 방식

하고, 어느 특정 부위에 고압이 필요할 때 적합한 방식이다. 탱크내 물이 감소하면 수압이 점차 감소하므로 필요수압을 유지하기 위해서는 압력탱크 안에 일정량 이상의 공기가 있어야 하며, 물에 흡수된 공기는 공기압축기와 같은 공기보급장치로 보충해 주어야 한다[그림 1-7(c)참조].

압력수조방식은 건물 상부에 고가수조가 없어 외관상 좋고 건축구조물의 보강이 필요 없으나 공기압축기 등의 시설비와 관리비가 많이 소요되고 고장률이 높다. 또, 단전이나 고장시에 단수가 되고 수전 사용시 압력변화가 심한 단점이 있다. 저수량이 적어 주로 중규모 이하의 건물이나 체육관, 경기장과 같이 사용빈도가 낮고 물탱크의 설치가 어려운 건축물에 주로 채용된다.

압력탱크의 필요압력은 (1.17)식과 같다.

$$P \geq P_1 + P_2 + P_3 \ \ [\text{kPa}],\ [\text{kg/cm}^2] \tag{1.17}$$

P_1 : 압력탱크에서 최고위 기구까지의 수직높이에 상당하는 압력 [kPa], [kg/㎠]

P_2 : 최고위 기구의 필요압력 [kPa], [kg/㎠]

P_3 : 압력탱크에서 최고위 기구까지의 마찰저항 합계 [kPa], [kg/㎠]

4 —— 펌프직송방식(tankless buster system)

수도본관에서 인입한 물을 일단 저수조에 저장한 후 급수펌프로 상향급수하는 방식으로 부스터펌프 여러 대를 병렬로 연결, 배관 내의 압력을 감지하여 운전한다[그림 1-7(d) 참조].

사용수량에 따라 **대수제어, 회전수제어** 운전이 가능하나 급수밸브를 열 때마다 펌프가 가동하게 되어 펌프의 on-off가 빈번하다. 이와 같은 문제점을 보완하기 위해 최근에는 압력탱크가 있는 부스터 방식의 사용이 늘고 있다.

펌프직송방식은 고가수조식과 달리 건물 상부에 고가수조가 없어 외관상 좋고 건축구조물의 보강이 필요 없으며 고가수조에서의 수질 오염을 피할 수 있어 최근 고가수조식을 대신해 많이 쓰이고 있다. 또한 펌프의 자동제어를 제대로 할 경우 운전비가 절감되며 에너지를 절약할 수 있는 장점이 있으나 자동제어설비 비용이 많이 드는 단점이 있다.

5 —— 초고층 건축물의 급수방식

초고층 건축의 하층부는 급수압력이 과대하여 수격현상이 자주 발생하고 급수전, 밸브 등의 마모가 심해 수명이 단축된다. 따라서 급수압력이 400~500kPa(4.0~5.0kg/㎠) 이하가 되도록 급수계통을 그림 1-9와 같이 중간수조나 감압밸브 등을 이용하여 수직방향으로 조닝해 주어야 한다.

수직조닝방법에는 고가수조 외에 중간수조를 추가로 설치하는 방법과 배관에 감압밸브를 설치하는 방법, 중간수조와 감압밸브 설치를 병용하는 방법이 있다. 각각의 특징은 표 1-9와 같다.

표 1-8 **급수방식의 비교**

조 건 \ 급수방식	수도직결방식	고가수조방식	압력탱크방식	펌프직송방식
급수방향	상향식	하향식	상향식	상향식
단수시 급수	불가능	저수조와 고가수조에 남아 있는 수량 이용 가능	저수조에 남아 있는 수량 이용 가능	저수조에 남아 있는 수량 이용 가능
정전시 급수	가능	고가수조에 남아 있는 수량이용 가능	압력탱크 내의 압력범위 내에서 이용 가능	불가능
최하층 기계실 면적	불필요	1	3	2
고가수조용 면적	불필요	필요	불필요	불필요
급수압 변화	수도본관 압력변화에 따라 변화	일정	수압변화가 큼 (압력탱크의 토출관측에 압력조정밸브를 설치할 경우 양호)	거의 일정 (펌프의 가동/정지시 변동 있음)
설 비 비	1	3	2	4
유지관리비	1	2	4	3
수 질	1	3	2	2

주) 숫자는 유리한 순서임

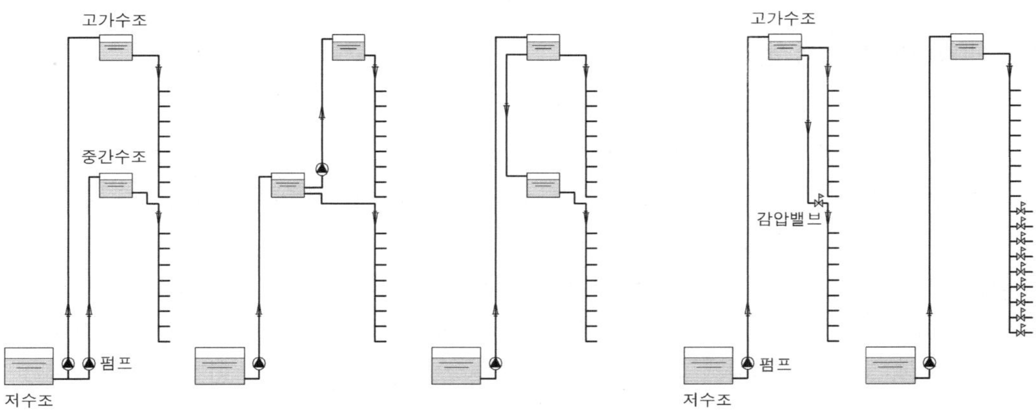

(a) 중간수조를 이용한 조닝 (b) 감압밸브를 이용한 조닝

그림 1-9 **초고층 건물의 급수조닝방법**

표 1-9 **초고층 건물의 조닝방식에 따른 특징**

	중간수조식	감압밸브식	중간수조+감압밸브 병용식
장 점	• 수압 일정 • 감압밸브방식에 비해 에너지 절약적	• 수조실, 펌프 등이 불필요하므로 스페이스와 설비비를 절약 • 각층 감압밸브식의 경우 정밀조닝 가능	• 정밀조닝 가능 • 감압밸브 고장 시에도 최고 압력 조절 가능
단 점	• 중간수조실, 양수펌프 필요 • 정밀한 조닝은 곤란	• 감압밸브 고장시 고압이 기구에 직접 작용 • 감압밸브의 유지관리 필요	• 감압밸브 관리 필요
적용 건물 및 방 식	• 사무실, 호텔 • 세퍼레이터 방식	• 사무실 등 일반건물 – 주관감압밸브방식 • 아파트-각호 감압밸브방식	• 아파트 등

표 1-10 **펌프의 종류**

형식	종류	소분류
터보형	원심식(遠心式) 펌프 사류식(射流式) 펌프 축류식(軸流式) 펌프	볼류트(volute) 펌프 터빈(turbine) 펌프
용적형	회전식(回轉式) 펌프 왕복식(往復式) 펌프	치차(gear)펌프
특수형	와류(渦流)펌프, 수봉식(水封式) 진공펌프	

1.4.4 급수펌프

1 —— 펌프의 분류와 원심식 펌프

펌프는 전기모터의 에너지로 물을 높은 곳으로 공급하거나 높은 압력을 가하는 기계장치이다. 용도별로는 물을 높은 곳으로 공급하는 **양수펌프**, 급탕설비나 공조설비에서 열운반 등을 목적으로 하는 **순환펌프**, 급수설비에 이용되는 **급수펌프**, 오수를 배출하기 위한 **오수펌프** 등이 있다.

작동원리에 따라 분류하면 **터보형**, **용적형**, **특수형**으로 나눌 수 있고, 건축설비에서 사용되는 순환펌프나 급수펌프는 주로 터보형 펌프가 이용된다. 터보형 펌프는 베인(vane)이 달린 임펠러(impeller)의 회전에 의해 물에 에너지를 부여하는 펌프의 총칭으로 **원심식 펌프**, **축류식 펌프**, **사류식 펌프**가 있고 이 중에 원심식 펌프가 주로 이용된다.

원심식 펌프는 임펠러의 고속회전에 의한 원심력으로 물에 에너지를 부여해 속도를 압력으로 변환하여 펌핑하는 것으로 임펠러의 가이드베인(guide vane) 유무에 따라 **볼류트펌프**와 **터빈펌프**(디퓨저펌프)로 구분한다. 가이드베인이 없는 볼류트펌프는 외관과 내부의 물운동이

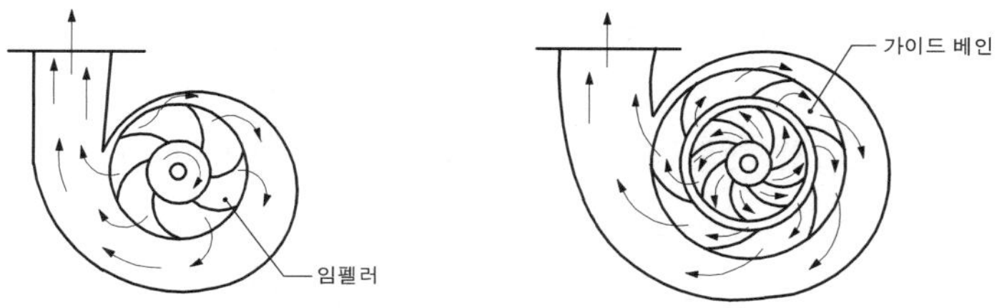

(a) 볼류트펌프 (a) 터빈펌프

그림 1-10 **원심식 펌프 단면**

(a) 볼류트펌프(단단식) (b) 터빈펌프(다단식) (c) 라인펌프

그림 1-11 **원심식 펌프**

표 1-11 온도기압에 따른 펌프의 흡상높이

(a) 고도와 기압에 따른 이론상의 흡상높이 [m]

해발고도	0	100	200	300	400	500	1000	5000
기압 [Hg]	0.76	0.751	0.742	0.733	0.724	0.716	0.674	0.634
이론상 흡상높이 [Hs]	10.33	10.20	10.08	9.97	9.83	9.70	9.00	8.66

(b) 온도와 흡상높이 [m]

수온 [℃]	0	10	20	30	40	50	60	70	80	90	100
이론상 흡상높이 [Hs]	10.3	–	9.7	–	–	9.0	7.9	7.2	5.6	2.9	0
실제 흡상높이 [Hs] *	7.5	7.0	6.3	5.0	3.8	2.5	1.4	0	−1.1	−2.3	−3.5

* 이 값은 펌프의 횡주관이 매우 짧은 경우에 해당한다.
펌프의 ReNPSH[1]이 특히 큰 경우에는 이 값보다 작아진다.

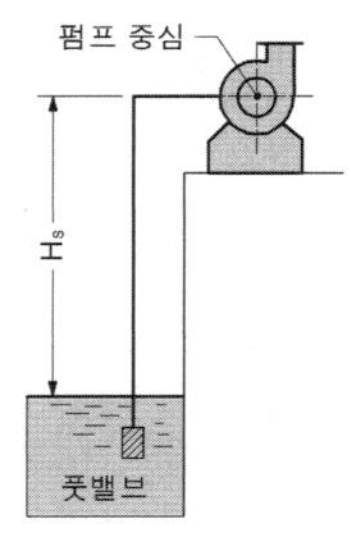

그림 1-12
원심식 펌프

1) NPSH : net positive suction head의 약자로 유효흡입양정이라고 한다.

모두 소용돌이 상태이고 양정(揚程)이 10~60mAq로 비교적 낮지만 대량의 양수가 가능하다. 일반적으로 20mAq(200kPa, 2kg/㎠) 이하의 순환펌프로 많이 사용된다. 터빈펌프는 유선형의 고정 가이드베인이 설치되어 있어 물속도가 효과적으로 압력으로 변환되어 높은 양정의 고압수에 적당하다. 고압수를 얻기 위해 임펠러를 동일축에 여러 개를 설치해 가압을 반복함으로써 필요한 양정(고압)을 얻을 수 있어 50mAq(500kPa, 5kg/㎠) 이상의 고양정 펌프로 사용되며 수량은 볼류트펌프에 비해 적다. 주로 고가수조방식의 양수펌프, 소화펌프, 보일러 급수펌프로 많이 이용된다.

공조설비와 급탕설비의 온수순환용으로 많이 사용되는 볼류트펌프는 전동기에 플랜지접속으로 직결하여 사용하는 형식과 전동기와 펌프를 일체화한 라인펌프(line pump)가 있다.

대기압 하에서 상온의 물은 이론적으로 10m 높이까지 흡입할 수 있지만, 실제는 흡입관의 마찰저항 등에 의해 5~6m 정도의 흡입양정 범위 내에서 사용한다. 또, 수온이 높아져 물이 쉽게 증발되거나 대기압이 낮아지면 물을 퍼올리지 못하거나 **캐비테이션 현상**[1)]을 일으키게 된다.

2 ── 펌프의 특성곡선

펌프의 성능 또는 특징을 나타내기 위해 가로축의 **유량**, 세로축의 **양정**, **축동력**, **효율**의 관계를 선도로 표시한 것을 펌프의 특성곡선이라 한다.

그림 1-13에서 A점은 최대효율로 운전하고 있을 때의 양정으로 이를 **상용양정(常用揚程)**이라 하고, 펌프 제조회사에서 제공하는 카탈로그에는 보통 상용양정이 제시되어 있다. 펌프는 A점에 대응하는 양수량에서 최대효율이 되므로 이보다 양수량이 증감할 경우 효율은 급격히 떨어지게 된다. 즉 A점보다 양수량이 증대할 경우 양정은 상용양정보다 낮아지고 펌프의 축동력은 증대(동력의 과소비)하게 된다.

펌프의 회전수가 바뀌면 펌프의 특성도 바뀌는데 전동기의 수전전압이 떨어졌거나 주파수가 감소하여 전동기의 회전수가 감소할 경우 **양수량**은 펌프의 회전수에 비례하여 감소하고 **전양정**은 회전수의 제곱에 비례하여 감소하며 **축동력**은 회전수의 세제곱에 비례하여 감소한다. 회전수 N을 N'로 바꿀 경우, 회전수와 양수량 Q, 전양정 H, 축동력 W의 관계는 각각 다음 식과 같다.

$$\frac{Q'}{Q} = \frac{N'}{N}, \quad \therefore\ Q' = Q\left(\frac{N'}{N}\right) \tag{1.18}$$

$$\frac{H'}{H} = \left(\frac{N'}{N}\right)^2, \quad \therefore\ H' = H\left(\frac{N'}{N}\right)^2 \tag{1.19}$$

---

1) 캐비테이션(cavitation) 현상 : 공동현상이라고도 하며, 펌프나 배관 내에서 정압이 해당 수온에 상당하는 포화증기압 이하로 되었을 때 국부적으로 기포가 생기는 현상으로 이상한 소음이 발생하거나 침식작용이 일어난다.

$$\frac{W'}{W} = (\frac{N'}{N})^3, \ \therefore \ W' = W(\frac{N'}{N})^3 \quad (1.20)$$

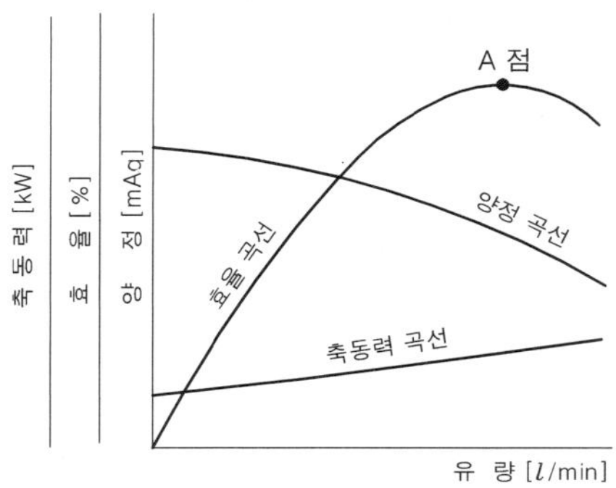

그림 1-13 **펌프의 특성곡선**

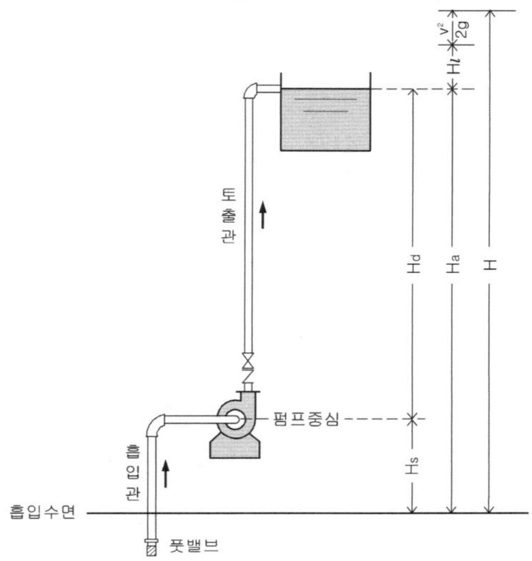

그림 1-14 **펌프의 양정**

3 ── 펌프의 양수량과 양정

저수조에서 고가수조로 물을 보내는 양수펌프는 **양수량**(토출량), **펌프구경, 전양정, 소요동력** 등으로 성능을 표시한다. 양수량은 보통 순간최대예상급수량 Q_p(시간최대예상급수량 Q_m의 2배)로 하고, 펌프흡입관의 관경은 관내유속 0.5~1.0m/s, 토출관의 관경은 관내유속 1.5~2.0m/s로 하여 정한다.

펌프의 양정은 그림 1-14에서와 같이 흡입양정과 토출양정의 합계인 **실양정**에 배관내 마찰손실수두를 더한 **전양정** H로 표기한다.

$$H = H_s + H_d + H_f = H_a + H_f \ \ [\mathrm{m}] \quad (1.21)$$

H_s : 흡입양정 [m]

H_d : 토출양정 [m]

H_a : 실양정

H_f : 마찰손실수두 [m]

4 ── 펌프의 축동력

펌프의 축동력 W는 다음 식으로 계산한다.

$$W = \frac{\gamma QH}{6,120\eta} \text{ [kW]} \tag{1.22}$$

Q : 펌프의 양수량 [m³/min]
H : 펌프의 전양정 [m]
γ : 물의 비중량 [1,000kg/m³]
η : 펌프의 기계효율 (표 1-13 참조)

$$W = \frac{QH}{60\eta} \text{ [kW]} \quad (1.22\text{SI})$$

Q : 펌프의 양수량 [m³/min]
H : 펌프의 전양정 [kPa]

표 1-12 펌프구경에 따른 토출수량

소형 원심펌프의 흡입구경에 따른 토출수량 [m³/min]

흡입구경 [mm]		40	50	65	80	100	125	150
토출수량 범위	50 Hz	0.20 이하	0.16~0.32	0.25~0.50	0.40~0.80	0.63~1.25	1.00~2.00	1.60~3.15
	60 Hz	0.22 이하	0.18~0.36	0.28~0.56	0.45~0.90	0.71~1.40	1.12~2.24	1.80~3.55

주) 주문자와 제조업자의 협의사항에 따라, 토출량은 표의 최소토출량의 63%, 최대토출량의 125%까지 범위를 확장해도 좋다.

표 1-13 펌프구경에 따른 효율

구경 [mm]	50	70	80	100	130	160	180	200
효율 [%]	45	50	55	60	65	70	72	73

펌프의 구경은 다음과 같은 과정을 통해 유도할 수 있다.

$$Q = Av = \frac{\pi d^2}{4} \cdot v \text{ [m}^3\text{/s]}$$

$$\therefore d = \sqrt{\frac{4Q}{\pi v}} \fallingdotseq 1.13\sqrt{\frac{Q}{v}} \text{ [m]} \tag{1.23}$$

Q : 유량 [m³/s]
v : 유속 [m/s]
A : 관의 단면적 [m²]

예제 3 —— **시간최대예상급수량이 12000ℓ/h일 때, 고가수조에 양수하는 펌프의 성능을 구하라. 단, 실양정 50m, 양수관내 마찰손실은 실양정의 10%, 배관내 평균유속은 1.7m/s이다.**

풀이

① 양수량 Q

펌프의 양수량을 순간최대예상급수량 Q_p로 하면 시간최대예상급수량 12000ℓ/h의 2배가 된다. 따라서 펌프의 양수량 Q는

$$Q = 24000ℓ/h = \frac{24000 \times 10^{-3}}{3600} = 0.0067㎥/s = 0.402㎥/min$$

② 전양정 H

전양정 H는 (1.21)식에 의하여

실양정 H_a가 50m, 마찰손실수두 $H_f = 50 \times 0.1 = 5$m이므로

$$H = 50 + 5 = 55\ [m] = 550\ [kPa]$$

③ 펌프구경 d

펌프구경 d는 (1.23)식에 의하여

$$d = 1.13\sqrt{\frac{0.0067}{1.7}} = 0.07 = 70\ [㎜]$$

④ 축동력 W

표 1-13에서 구경 70㎜ 펌프의 효율은 50%이므로 펌프의 축동력 W는 (1.22SI)식에 의하여

$$W = \frac{0.402 \times 550}{60 \times 0.5} = 7.7\ [kW]$$

1.4.5 급수배관의 관경결정법

급수관과 직접 연결하는 관은 표 1-14의 접속관경 이상의 배관을 사용하면 되지만, 위생기구가 많고 3층 이상 건물의 급수지관의 관경은 관경균등표(管徑均等表)에 의한 약산법을 이용하고, 대규모 건물의 급수입관, 횡주관, 주관의 관경은 마찰저항선도(摩擦抵抗線圖)를 이용하여 산정하는 것이 일반적이다.

표 1-14 각종 위생기구의 접속관경

위 생 기 구	1회당 사용량[ℓ]	순간최대유량[ℓ/min]	접속관경[㎜]
대변기(플러시밸브)	15	110	25
대변기(세척탱크)	15	15	15
소변기(플러시밸브)	5	30	20
소변기(세척탱크)	4.5	8	15
세면기	10	15	15
싱크(13㎜수전)	15	15	15
싱크(15㎜수전)	25	25	20
양식욕조	125	30	20
샤 워	24~60	12	15~20
욕실조합용 기구	–	–	40

1 —— 균등표에 의한 관경결정방법

관경균등표는 주로 **분지관(分枝管)**이나 **지관(枝管)** 등 소규모 급수관의 관경을 결정할 때 사용된다.

균등표는 관 내에 동일한 마찰손실로 물이 흐를 때, 관경이 큰 관을 통해 작은 관경에 흐르는 물의 몇 배가 흐를 수 있는지 숫자로 표시한 것이다. 예를 들어, 표 1-15에서 세로축의 32A와 가로축의 15A가 만나는 지점의 7.2는 관경이 32A인 관을 통해 관경이 15A인 관에 흐르는 물의 7.2배가 흐를 수 있다는 것을 의미한다.

관경균등표에 의한 관경은 마찰저항선도에 의한 관경보다 다소 크게 산정되는 경향이 있다.

표 1-15 급수관의 균등표

관경[A]	15	20	25	32	40	50	65	80	100
15	1								
20	2	1							
25	3.7	1.8	1						
32	7.2	3.6	2.0	1					
40	11	5.3	2.9	1.5	1				
50	20	10.0	5.5	2.8	1.9	1			
65	31	15.5	8.5	4.3	2.9	1.6	1		
80	54	27	15	7.0	5	2.7	1.7	1	
100	107	53	29	15	9.9	5.3	3.4	2.0	1

표 1-16 기구의 동시사용률

기 구 수	2	3	4	5	10	15	20	30	50	100
동시사용률 [%]	100	80	75	70	53	48	44	40	36	33

균등표를 이용하여 급수관의 관경을 결정하는 순서는 다음과 같다.

① 각 기구접속관의 관경을 표 1-14에서 찾는다.

② 균등표에서 접속관경을 15A관에 상당하는 개수로 환산한다.

③ 급수기구 끝에서부터 각 구간마다 15A관 상당개수를 누계한 각각의 값에 표 1-16의 동시사용률을 곱해서 동시사용개수를 정한다.

④ 균등표에서 동시사용개수로 15A관 상당개수의 관경을 다시 찾는다.

예제 4 —— **그림과 같은 배관계통도 각 구간의 관경을 구하라.**

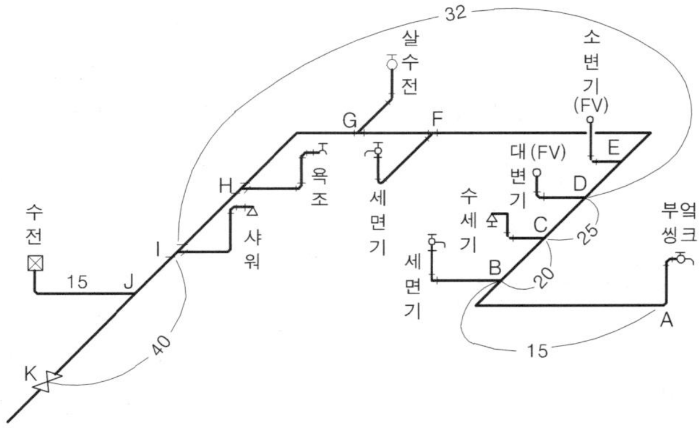

그림 1-15 **[예제 4]-균등표를 이용한 급수관경 산정**

풀이

표 1-17 **예제 4의 풀이**

구 간	기구명	접속관경[A]	15A상당수(a)	동시사용률(b)	(a)×(b)	관경[A]
AB	부엌싱크	15	1 = 1	100	1	15
BC	세면기	15	1+1 = 2	100	2	20
CD	수세기	15	2+1 = 3	80	2.4	25
DE	대변기(F.V)	25	3+3.7 = 6.7	75	5.0	32
EF	소변기(F.V)	20	6.7+2 = 8.7	70	6.1	32
FG	세면기	15	8.7+1 = 9.7	66.6	6.5	32
GH	살수전	15	9.7+1 = 10.7	63.2	6.7	32
HI	욕조	20	10.7+2 = 12.7	59.8	7.5	40
IJ	샤워	15	12.7+1 = 13.7	56.4	7.7	40
JK	수전	15	13.7+1 = 14.7	53	7.8	40

2 —— 마찰저항선도에 의한 방법

이 방법은 대규모 건물의 **급수주관(給水主管)**, **횡주관(橫主管)**의 관경 결정에 이용되는 방법으로, 주관에 흐르는 수량과 물이 배관 내를 흐를 때 생기는 마찰손실수두로 구성된 마찰저항선도를 이용하여 관경을 구한다.

관경 결정 순서는 다음과 같다.

① 급수관의 배관경로를 결정한 후 표 1-18에서 각 배관의 기구급수부하단위를 구한다.

② 그림 1-16에서 동시사용유량을 구한다.

③ (1.24)식에서 허용마찰손실을 계산한다.

④ 동시사용유량과 허용마찰손실수두로 마찰저항선도(그림 1-17)에서 관경과 유속을 구한다.

(1) 기구급수부하단위(器具給水負荷單位, fu : fixture unit)

로이 헌터(Roy B.Hunter)에 의해 개발된 확률법으로 사용빈도와 사용시간을 고려하여 각 기구별 토수량을 숫자화한 것이다. 헌터는 물사용량이 많은 공중용의 세척밸브식 대변기, 세척탱크식 대변기 및 욕조를 대상으로 상대적인 부하 효과를 비교 평가하여 세척밸브식 대변기의 부하를 10으로 가정하면 세척탱크식 대변기의 부하는 5, 욕조는 4에 해당하는 비율을 얻어냈다. 이를 기준으로 공중용과 개인용의 각종 기구에 1~10까지의 숫자를 부여한 것이 기구급수부하단위이다.

(2) 동시사용유량 계산(同時使用流量 計算)

기구급수부하단위표(표 1-18)에서 배관 각 부분의 기구급수부하 단위의 합계를 구한 후, 그림 1-16 동시사용유량 곡선에서 배관 각부의 유량을 구한다.

표 1-18 **기구급수부하단위**

기구명	수전	기구급수부하단위		기구명	수전	기구급수부하단위	
		공중용	개인용			공중용	개인용
대변기	세척밸브	10	6	샤 워	혼합밸브	4	2
대변기	세척탱크	5	3	욕실일체형	대변기(세척밸브)		8
소변기	세척밸브	5			대변기(세척탱크)		6
소변기	세척탱크	3		음수기	음수용 수전	2	
세면기	급수전	2	1	청소싱크	급수전	4	3
수세기	급수전	1	0.5	살수·세차	급수전	5	
욕 조	급수전	4	2	순간온수기	볼탭	2	

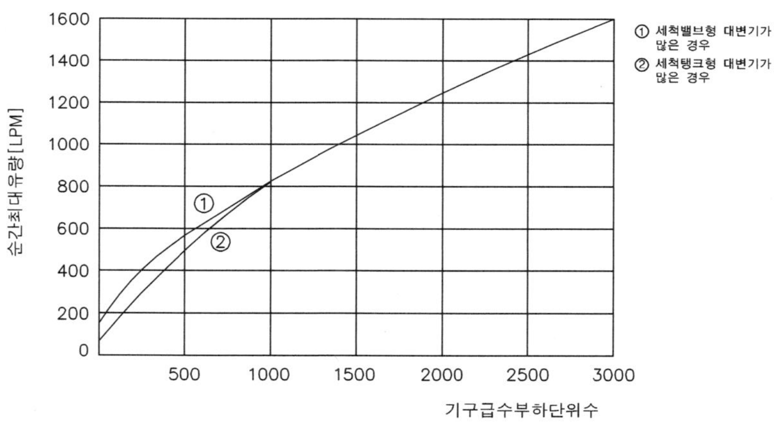

그림 1-16 **동시사용유량 곡선**

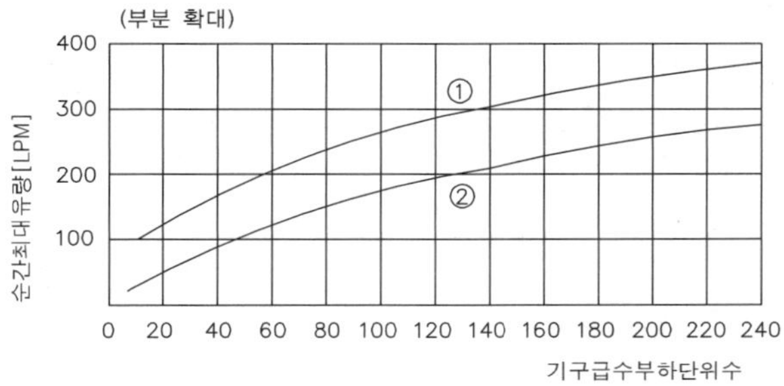

그림 1-16 **동시사용유량 곡선(계속)**

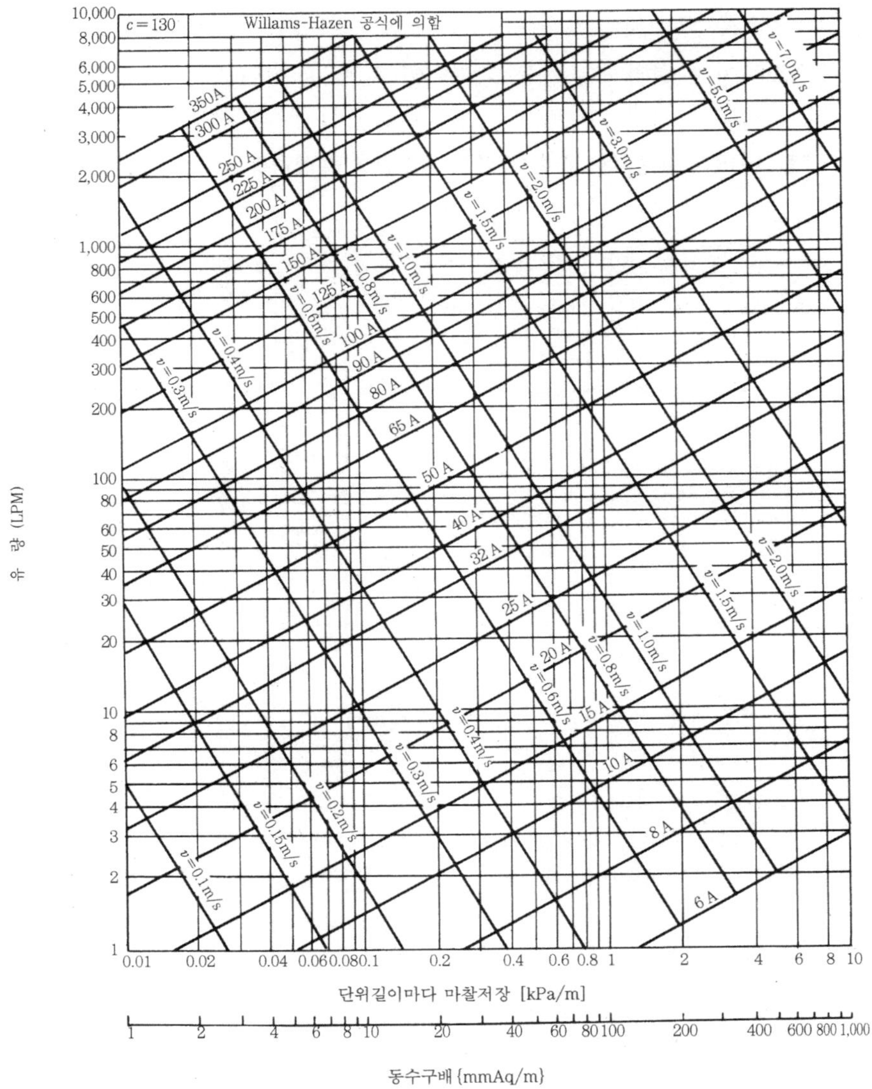

그림 1-17 **마찰저항선도**

(3) 허용마찰손실수두(許容摩擦損失水頭, allowable head of friction load)

허용마찰손실수두 R은 단위길이에 대한 값으로 각 기구 수전이 기능을 다할 수 있는 범위에서 허용된 급수관 내의 마찰손실을 말한다.

$$R = \frac{H_1 - H_2}{l(1+k)} \times 1{,}000 \ \text{[mmAq/m]} \tag{1.24}$$

- H_1 : 고가수조에서 각층 기구까지의 수직높이 [m]
- H_2 : 각층 급수기구의 최저필요압력에 해당하는 수두 [m]
- l : 고가수조에서 가장 멀리 있는 급수전까지의 거리 [m]
- k : 직관에 대한 연결부속품의 국부저항비율 (0.5~1.0)

유속은 유수소음이나 워터해머 등을 고려하여 2.0m/s 이내로 한다.

예제 5 —— 그림 1-18과 같은 4층 건물 각부의 급수관을 설계하라.

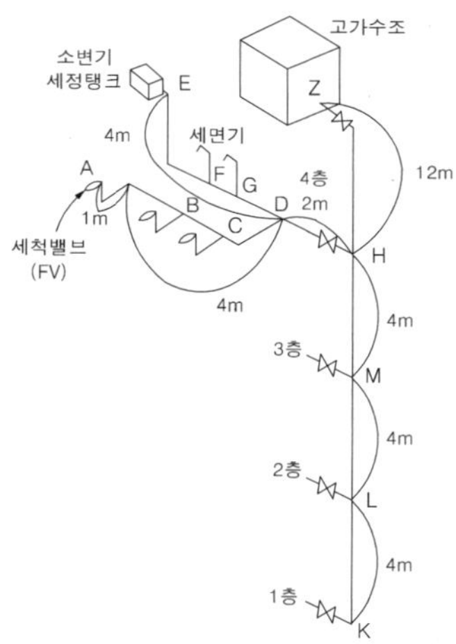

그림 1-18 **예제 5**

풀이

① 기구급수부하단위(I)

소변기세척탱크, 세면기, 대변기(세척밸브)의 기구급수부하단위는 표 1-18에서 각각 3, 2, 10이므로 배관 각 부분이 담당하는 기구부하단위의 합계는 표 1-19의 I 과 같다.

② 동시사용유량(II)

그림 1-16 동시사용유량곡선에서 I 의 기구급수부하단위에 해당하는 유량을 구하면 표 1-19의 II와 같다.

③ 허용마찰손실수두(III)

4층 H점에서 고가수조까지의 높이가 10m(총길이 12m)이고 세척밸브는 바닥에서

0.4m 위에 설치된 경우 H_1은 9.6m이고 H_2는 7m(세척밸브 필요압 70kPa)이다. 고가수조 Z에서 4층 최말단 A지점까지의 배관길이 $l=12+2+4+1=19$m이고, 직관에 대한 국부저항비율 k를 1로 볼 때, (1.24)식에 의해 4층 부분의 허용마찰손실수두를 구하면 다음과 같다.

$$R_4 = \frac{9.6-7}{19(1+1)} \times 1000 = 68.4 \ [\text{mmAq/m}]$$

이와 마찬가지로 1, 2, 3층 부분의 마찰손실수두를 구하면 각각 다음과 같다.

$$R_3 = \frac{13.6-7}{23(1+1)} \times 1000 = 143.5$$

$$R_2 = \frac{17.6-7}{27(1+1)} \times 1000 = 196.3$$

$$R_1 = \frac{21.6-7}{31(1+1)} \times 1000 = 235.5$$

④ 관경(Ⅳ)

그림 1-17 마찰저항선도에서 Ⅱ의 동시사용유량과 Ⅲ의 허용마찰손실수두에 해당하는 값을 찾아 급수관의 관경을 결정한다.

표 1-19 예제 5 풀이

	구 간	AB	BC	CD	EF	FG	GD	DH	KL	LM	MH	HZ
Ⅰ	기구급수 부하단위	10	20	30	3	5	7	37	37	74	111	148
Ⅱ	유량 [ℓ/min]	95	140	160	40	60	75	180	180	240	290	320
Ⅲ	허용마찰손실수두 [mmAq/m]	68.4	68.4	68.4	68.4	68.4	68.4	68.4	235.5	196.3	143.5	68.4
Ⅳ	관경 [mm]	40	50	50	32	32	40	50	40	50	50	65

1.4.6 급수배관시 주의사항

1 —— 배관의 구배(勾配)

급수배관은 고장수리, 관내 공기빼기, 겨울철 동파방지를 위해 관속의 물을 완전히 빼낼 수 있도록 1/150~1/250 정도의 구배로 시공해야 한다. 고가수조식 급수배관에 있어서 하향배관의 횡주관은 **선하향구배**, 각층의 횡지관은 **수평** 내지 **선상향구배**로 한다. 또, 횡관 도중에 건축구조물 등 장애물이 있어 배관에 높은 부위가 생겼을 때는 가벼운 공기가 모여 물이 흐르는데 지장을 주지 않도록 공기배제밸브(공기빼기밸브)를 설치해야 한다.

2 —— 지수(止水)밸브와 슬리브

급수관의 수평수직분기점, 집단기구의 분기점마다 **게이트밸브**를 설치하여 수리를 할 때나 수압, 수량을 조절할 때 사용하고 관의 최하부나 말단에도 밸브를 설치하여 관 내의 이물질 청소나 부분적인 배수에 대처하도록 해야 한다.

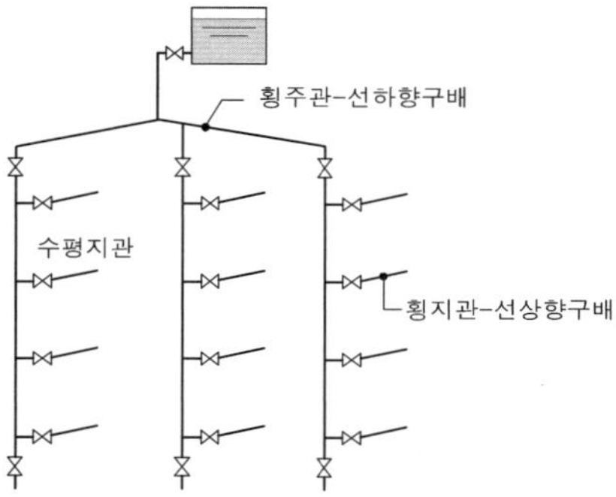

그림 1-19 **급수배관의 구배**

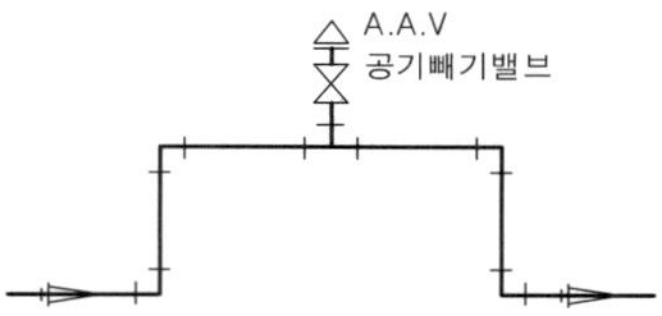

그림 1-20 **공기빼기밸브**

표 1-20 **수압시험압력과 만수시험**

계통	최소압력	1.72[MPa]	실제 받는 압력의 2배	설계도서 기재 펌프양정의 2배	만수시험
	최소지속시간	60분	60분	60분	24시간
급수 급탕	수도직결	○			
	고가수조 이하		○*		
	양수관			○*	
	탱크류				○

* 최소압력은 0.74MPa로 한다.

벽, 바닥 등 건축물의 중요부재를 관통하는 배관에는 슬리브를 구조물 시공 전에 매설하여 배관의 신축과 팽창을 흡수하고 배관교체를 쉽게 할 수 있도록 해야 한다.

3 —— 수압시험(水壓試驗, hydraulic test)

배관공사 후 접합부나 기타 부분의 누수 유무, 수압에 대한 저항 등 시공의 불량 여부를 파악하기 위해 표 1-20과 같이 수압시험과 만수시험을 실시해야 한다.

4 —— 배관피복(配管被覆)

고온다습한 여름철의 결로(結露)발생이나 겨울철의 동파(凍破)발생을 방지하기 위하여 급수관을 보온재로 피복해야 한다. 지하수 등 수온이 낮은 물이 지나가는 급수배관의 결로방지는 필수적이며 난방이 필요 없는 방의 급수배관은 25㎜ 단열재로 피복해야 한다.

5 —— 역류(逆流, back flow) 및 크로스 커넥션(cross connection)

역류는 단수시 급수관 내가 일시적으로 부압(負壓)상태가 될 때 위생기구나 용기 속에 담겨져 있던 물이나 이물질이 역사이펀 작용에 의해 급수관으로 흘러들어가는 현상을 말한다. 배수와의 접점인 급수기구에서는 배수되어야 할 물이 역류될 위험이 따르므로 급수전의 토수구(吐水口)와 배수구(排水口) 사이에 일정공간을 두거나 역류방지기(逆流防止器)를 부착해야 한다.

크로스 커넥션이란 수돗물과 수돗물 이외의 물질이 혼합되어 오염되는 현상으로 이와 같은 현상은 역류가 발생하는 지점이나 저수조, 고가수조 등에서 일어난다.

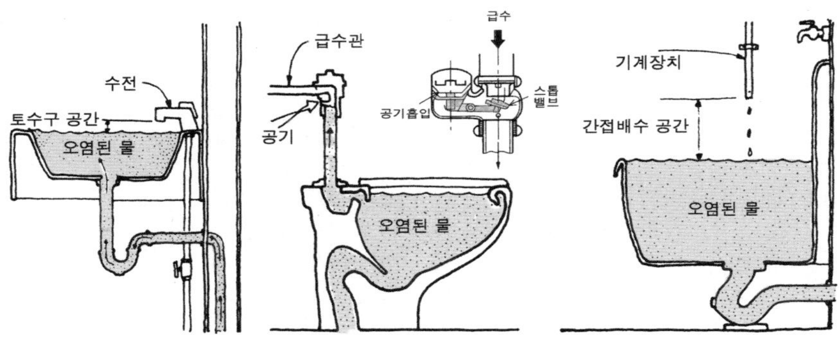

(a) 공간두기　　(b) 역류방지기(버큠 브레이커)　　(c) 간접배수

그림 1-21 **역류방지 예**

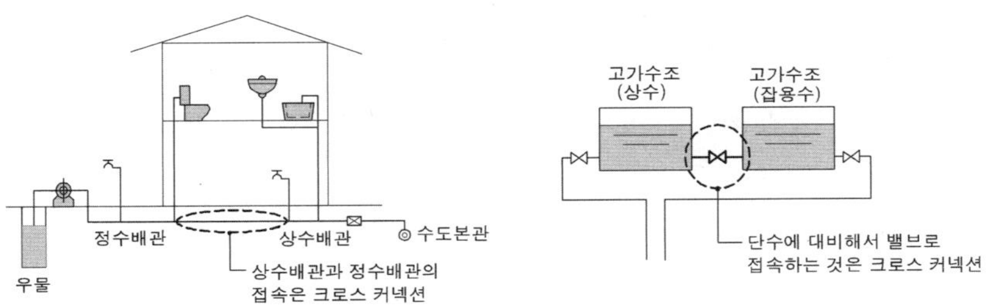

(a) 상수배관과 정수배관　　(b) 상수와 잡용수

그림 1-22 **크로스 커넥션 예**

1.5 — 급탕설비

1.5.1 급탕온도와 급탕량

1 —— 사용온도(使用溫度)

가스, 전기, 석유 등을 열원으로 하는 가열장치를 이용하여 가열된 물(탕, 湯)을 필요한 곳에 공급하는 장치를 급탕설비라 하며 **음료용, 목욕용, 세정용, 소독용** 등으로 분류된다.

급탕온도는 표 1-21과 같이 사용목적에 따라 다르며 급탕온도를 높이면 급탕량 및 저탕용량이 작아지고 급탕온도를 낮추면 저탕용량이 커지고 물의 낭비가 심해진다. 보통은 사용온도보다 높은 탕을 공급하여 사용개소에서 물과 혼합하여 사용한다. 음료용은 최근 다른 용도와는 별도로 개별식 탕비기를 필요개소에 설치하여 70~80℃ 정도로 사용하는 방법이 이용되고 있다.

표준급탕온도를 60℃로 하고 0~5℃의 물 1ℓ를 급탕할 경우 가열량은 251kJ(60kcal)이므로 급탕부하 산정시 **251kJ/ℓ(60kcal/ℓ)**를 표준으로 한다.

표 1-21 용도별 사용온도

용 도	사용온도[℃]	용 도	사용온도[℃]
음 료	50~55 *	주방일반	45
목욕(성인)	42~45	접시세척 세정	45
목욕(소인)	40~42	접시세척 헹굼	70~80
샤 워	43	비단 · 모직물 세탁	33~37
세면 · 수세	40~42	면직물 세탁	49~52
면 도	46~52	풀(pool)	21~27
		세 차	24~30

* 탕비기 시설이 있는 경우에는 50~55℃가 적당하지만, 병원 등 위생이 강조되는 곳은 80~90℃의 급탕을 공급한다.

표 1-22 건물별 급탕량

건물의 종류	1인1일당 급탕량 (ℓ/c · d)	1일 사용량에 대한 시간 최대급탕량의 비율	하루 사용량에 대한 저탕용량의 비율	하루 사용량에 대한 가열용량의 비율	peak load의 계속 시간 (h)
	q_d	q_h	v	r	h
주택 · 아파트 · 호텔	75~150	1/7	1/5	1/7	4
사 무 실	7.5~11.5	1/5	1/5	1/6	2
공 장	20	1/3	2/5	1/8	1
레 스 토 랑	—	—	1/10	1/10	—
레스토랑 (3식/1일)	—	1/10	1/5	1/10	3

주) 표준급탕온도 60℃ 기준

2 —— 급탕량(給湯量)

급탕량은 건물의 종류, 사용목적, 기구수, 사용시간 등에 따라 변동하나 1일 급수량의 2/3 정도가 되게 가열장치와 저탕조의 용량을 결정한다.

건물의 급탕량을 산정하는 방법으로는 **인원수에 의한 방법**과 **기구수에 의한 방법**이 있으며 인원수에 의한 방법이 보다 정확하나 급탕량이 일시에 집중되는 건물에서는 기구수에 의한 방법이 자주 이용된다.

(1) 인원수에 의한 방법

건물사용 인원수와 표 1-22의 1인 1일당 급탕량을 이용하여 1일 예상급탕량과 시간최대 예상급탕량을 다음 식에서 구한다.

$$Q_d = N \cdot q_d \tag{1.25}$$

$$Q_h = Q_d \cdot q_h \tag{1.26}$$

Q_d : 1일 예상급탕량 [ℓ/d]
Q_h : 시간 최대예상급탕량 [ℓ/h]
q_d : 1인 1일당 급탕량 [ℓ/c · d]
q_h : 1일 사용량에 대한 시간최대급탕량의 비율
N : 사용인원수

(2) 기구수에 의한 방법

건물의 종류에 따른 기구 1개당의 급탕량을 표 1-23에서 구하여 이를 기구수와 동시사용률을 곱하여 구하는 방법과 기구 1회당 급탕량에 시간당 사용횟수, 동시사용률을 곱하여 구하는 방법이 있다.

표 1-23 건물종류별 위생기구당 소요급탕량 [ℓ/h · 개], 60℃ 기준

기구 \ 건물	아파트	클럽	체육관	병원	호텔	공 장	사무실	주택	학교	청년회관
세면기(개인용)	7.5	7.5	7.5	7.5	7.5	7.5	7.5	7.5	7.5	7.5
세면기(공중용)	15	22	30	22	45	22	—	57	57	30
양식욕조	75	75	100	75	—	—	75	—	—	110
주방싱크	38	75	—	75	75	75	38	75	75	75
세탁싱크	75	106	—	106	—	—	75	—	—	106
배선싱크	19	38	—	38	—	38	19	38	38	38
샤 워	110	570	850	280	850	110	110	850	850	850
청소싱크	75	75	—	75	110	75	57	57	75	75
동시사용률	0.30	0.30	0.40	0.25	0.25	0.40	0.30	0.30	0.40	0.40
저탕용량계수	1.25	0.90	1.00	0.60	0.80	1.00	2.00	0.70	1.00	1.00

주) 저탕용량계수란, 시간최대급탕량에 대한 저탕탱크용량의 비율을 말한다.

기구수를 이용한 시간최대예상급탕량(時間最大豫想給湯量)을 구하는 식은 다음과 같다.

$$Q_h = e \cdot q_e \cdot F \tag{1.27}$$

e : 동시사용률 (30~40%)

q_e : 건물별 기구의 급탕량 [ℓ/h · 개]

F : 위생기구수

3 —— 저탕용량, 가열기 능력의 산정

저탕용량 V와 가열기 능력 H는 다음과 같이 구할 수 있다.

$$V = Q_d \cdot v \ [\ell] \tag{1.28}$$

$$H = (Q_d \cdot r) \cdot C \cdot (t_h - t_c) \ [\mathrm{kJ/h}],\ [\mathrm{kcal/h}] \tag{1.29}$$

v : 1일 사용량에 대한 저탕비율 [−]

r : 1일 사용량에 대한 가열용량의 비율 [−]

t_h : 탕온도 [℃]

t_c : 급수온도 [℃]

C : 탕의 비열 [4.19kJ/kg·℃],[1kcal/kg·℃]

예제 6 —— 80세대 아파트의 각 세대에 세면기, 샤워기, 주방싱크, 세탁기가 설치되어 있다. 중앙식 급탕방식인 경우 시간최대예상급탕량, 저탕용량, 가열기 용량을 구하라. 1세대당 거주인원은 4인으로 한다.

풀이

(1) 인원수에 의한 방법(표 1–22)

① 인원수

$N = 4 \times 80 = 320$ [인]

② 1일 예상급탕량

표 1–22에서 아파트의 1인 1일당 급탕량이 150ℓ/c · d이므로 (1.25)식에 의하면,

$Q_d = 320 \times 150 = 48000$ [ℓ/d]

③ 시간최대예상급탕량

표 1–22에서 1일 사용에 대한 1시간 최대치의 비율이 1/7이므로 (1.26)식에 의하면,

$$Q_h = 48000 \times \frac{1}{7} = 6857 \ [\ell/h]$$

④ 저탕용량

표 1–22에서 1일사용량에 대한 저탕용량의 비율이 1/5이므로 (1.28)식에 의하면,

$$V = 48000 \times \frac{1}{5} = 9600 \ [\ell]$$

⑤ 가열기용량

표 1-22에서 1일사용량에 대한 가열용량의 비율이 1/7, 탕의 온도를 60℃, 물의 온도를 5℃라 할 때 (1.29)식에 의하면,

$$H = 48000 \times \frac{1}{7} \times 4.19 \times (60-5) = 1580229 \ [\text{kJ/h}] = 439 \ [\text{kW}]$$

(2) 기구수에 의한 방법(표 1-23)

① 1세대당 급탕량

세면기는 7.5, 샤워는 110, 주방싱크는 38, 세탁기는 75이므로 1세대당 예상급탕량은 230.5ℓ/h이다.

② 시간최대예상급탕량

총 80세대이고 동시사용률이 0.3이므로 시간최대급탕량은

$$Q_h = 80 \times 230.5 \times 0.3 = 5532 \ [\ell/\text{h}]$$

③ 저탕용량

표 1-23에서 시간최대급탕량에 대한 저탕용량계수는 1.25이므로

$$V = 5532 \times 1.25 = 6915 \ [\ell]$$

④ 가열기용량

$$H = 5532 \times 4.19 \times (60-5) = 1274849 \ [\text{kJ/h}] = 354 \ [\text{kW}]$$

1.5.2 급탕방식(給湯方式)

1 —— 개별식 급탕방식(local domestic hot water supply system)

급탕이 필요한 개소마다 가열장치를 설치하는 방식으로 주택이나 사무소와 같이 급탕개소가 작은 소규모 건축물에 적합하며 열원으로는 가스와 전기가 사용된다. 급탕배관이 짧아 배관도중의 열손실이 적고 설비비도 적게 들며 유지관리가 용이하나, 급탕개소가 많을 경우에는 가열장치의 수가 증가하여 설비비가 많이 들고 유지관리가 어렵다.

2 —— 중앙식 급탕방식(central domestic hot water supply system)

가열장치, 저탕조, 순환펌프 등의 기기를 지하보일러실 등 한 곳에 설치하고 건물내 급탕을 필요로 하는 개소에 배관을 통해 더운물을 공급하는 방식이다. 열원으로 석유, 중유 등 비교적 값싼 연료를 사용할 수 있으며, 장치가 대규모이므로 효율이 좋고 다른 설비기기류와 함께 한 장소에 설치하므로 유지관리가 편리하다. 그러나 급탕개소가 적은 경우에는 배관도중의 열손실이 많고 설비비가 많이 들어 비경제적이다. 즉 초기투자비는 많이 들지만 경상비가 적게 되므로 호텔, 병원 등 급탕개소가 많은 대규모 건축물에 유리한 방식이다.

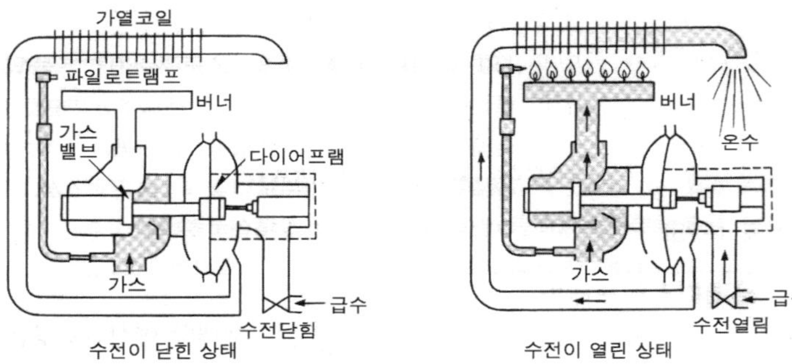

그림 1-23 **순간식 가스온수기**

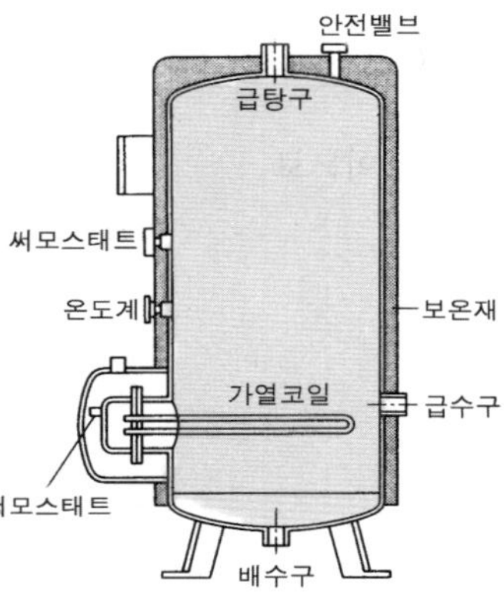

그림 1-24 **저탕용 전기온수기**

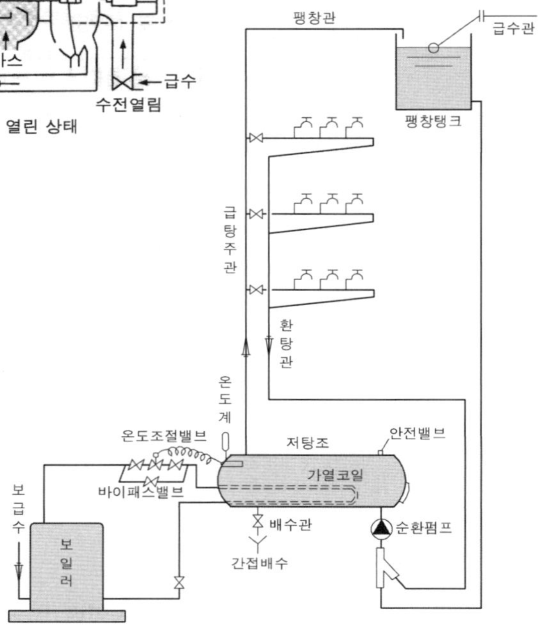

그림 1-25 **간접가열급탕방식**

중앙식 급탕방식에는 가열방법에 따라 **직접가열식**과 **간접가열식**이 있다. 직접가열식은 급탕을 주로 이용하는 공중목욕탕에 이용되나 보일러의 부식 및 스케일 등으로 물이 깨끗하지 못하고 수명이 짧아 현재는 간접가열방식이 주로 이용된다.

3 —— 간접가열방식(間接加熱方式, indirect water storage heater)

그림 1-25와 같이 **저탕조** 내에 가열코일을 설치하고 코일에 증기 또는 온수를 통과시켜 저탕조의 물을 가열하는 방식이다. 탕의 사용상태가 변동될 때 유연하게 대처할 수 있고, 난방용 보일러에서 얻은 증기나 온수를 이용할 수 있는 방식으로 가열코일 이외에 **자동온도조절밸브**, **압력계**, **팽창관**, **안전밸브** 등이 포함된다.

1.5.3 급탕배관법(給湯配管法)

급탕배관은 배관방식, 공급방식, 순환방식에 따라 분류하며 이 방식들을 단독으로 혹은 조합하여 사용하기도 한다.

1 —— 배관방식(配管方式)

급탕관의 배관방식으로는 **단관식(單管式)**과 **복관식(複管式)**이 있다. 단관식은 공급관만 있고 환탕관(環湯管)이 없어 처음 사용할 때 온도가 낮은 물이 나와 사용이 불편하므로 가열기에서 기구까지의 거리를 9m 이내로 하는 것이 바람직하다. 급탕관경이 크면 물의 낭비가 심하지만 관경이 작으면 물의 온도가 쉽게 낮아지고 사용기간이 지나면서 스케일 부착으로 관경이 축소되므로 최소 20A로 규제하는 나라가 많다. 복관식은 급탕전(給湯栓)을 여는 순간 필요온도를 얻을 수 있도록 급탕관과 환탕관이 따로 있어 관내의 물을 순환시키므로 시설비는 비싸나 물 낭비가 적고 편리하다. 아파트, 사무실, 호텔, 병원 등 중앙식 급탕방식에 이용되는 방식이다.

2 —— 공급방식(供給方式)

급수공급방식과 같이 **상향공급방식(上向供給方式, up-feed system)**, **하향공급방식(下向供給方式, down-feed system)**, **상하향조합공급방식**이 있다.

상향공급방식은 급탕기기를 배관계통의 하부에 설치하여 공급관 내의 물흐름을 상향으로 하여 공급하는 방식으로[그림 1-26(a)], 호텔, 병원, 아파트 등을 제외한 일반건축물에서 가장 많이 이용되는 방식이다.

하향공급방식은 저탕탱크에서 시작되는 급탕주관을 최상층까지 올려 최상층 천장에서 수평으로 배관하고 수평배관에서 아래로 향한 수직관을 통해 공급하는 방식[그림 1-26(b)]이다.

배관계통이 대규모일 때는 각 급탕지관의 온수 온도를 균일하게 해주는 것이 중요하므로 급탕관과 환탕관의 합계 길이가 같아지도록 하는 리버스 리턴(reverse return)방식[그림 1-26(c)]이 채용되고 있으며, 각 계통의 순환유량과 온도를 균일하게 하기 위하여 급탕관과 환탕관의 접속 부분에 정유량밸브를 설치하기도 한다. 특히 그림 1-26(b)의 방식은 아파트, 호텔 객실, 병원 입원실 등의 급탕 배관계통에 주로 이용되고 있는 방식으로 배관비가 적게 들고 마찰저항이 작아 순환펌프의 동력비를 절감할 수 있다.

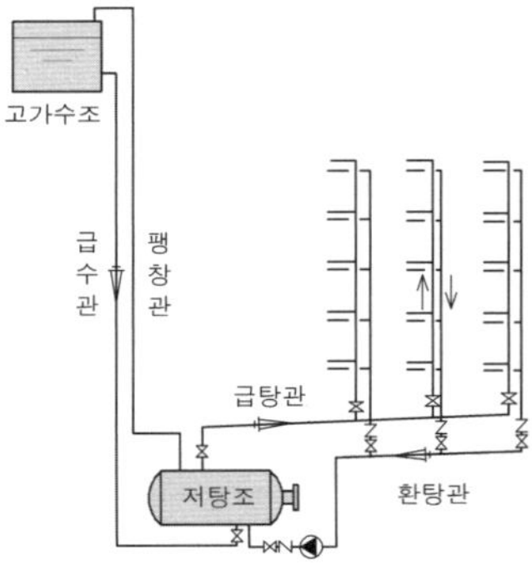

(a) 상향배관방식의 예

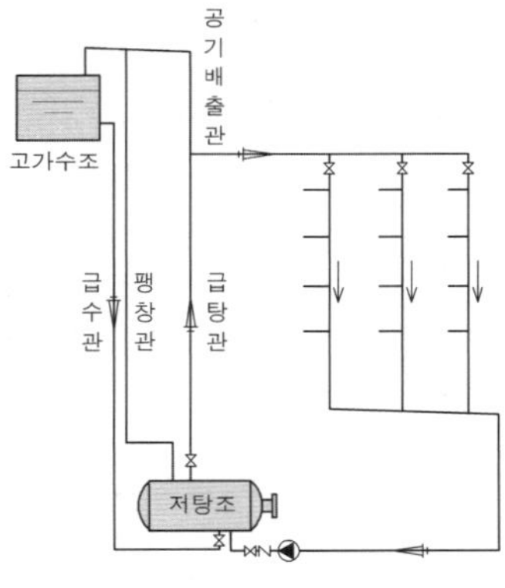

(b) 하향배관방식의 예

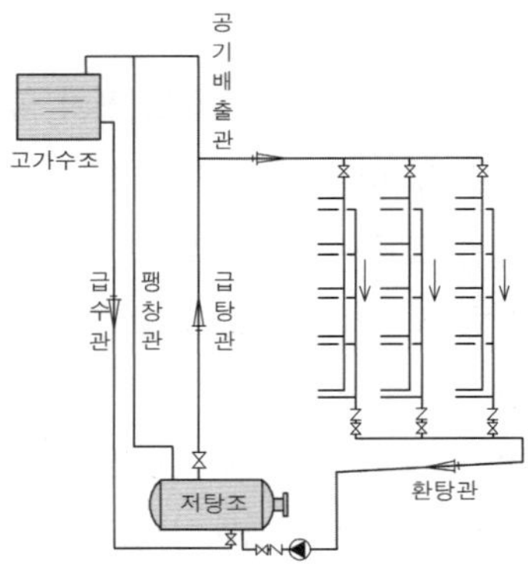

(c) 하향배관방식 리버스리턴의 예

그림 1-26 **급탕공급방식**

3 —— 순환방식(循環方式)

온수를 순환시키는 방식에는 급탕관과 환탕관의 온도 차이에 의해 생기는 자연순환력을 이용하는 **자연순환방식**과 저탕조 유입구 앞에 순환펌프를 설치하여 순환시키는 **강제순환방식**이 있다. 강제순환방식의 순환펌프는 배관계의 마찰저항수두보다 큰 양정만 되면 순환이 되므로 양정이 0.5~2.0m 정도로 낮아도 된다. 보통은 **축류식 펌프**를 사용하나 대규모 급탕계통에는 **볼류트펌프**를 사용한다.

4 —— 순환펌프(循環펌프, circulation pump)

급탕순환펌프는 강제순환방식의 환탕주관에 설치한다. 펌프의 양정 H(m)는 급탕관과 환탕관의 순환수량으로부터 마찰손실을 산출하여 다음 식에 의하여 구한다(이외 방법은 1.12 위생설비 설계 예 참조).

$$H = 0.01\left(L + \frac{l}{2}\right)\ [\mathrm{m}] \tag{1.30}$$

L : 급탕주관길이 [m]
l : 환탕주관길이 [m]

순환펌프의 순환수량 W는 다음 식을 이용하여 계산한다.

$$W = \frac{Q}{C \cdot \Delta t}\ [\ell/\mathrm{h}] \tag{1.31}$$

Q : 배관 계통내 열손실 [kJ/h], [kcal/h]
C : 탕의 비열 [4.19kJ/kg · ℃], [1kcal/kg · ℃]
Δt : 공급수와 환수의 온도차 (5~10℃)

순환펌프의 관경은 (1.23)식을 이용하여 구하고, 이 때 관내의 유속은 0.7~1.0m/s 가 되도록 한다.

5 —— 저탕조(貯湯槽, hot water storage tank)

저탕조 내부에는 가열코일이 있어 증기 혹은 고온수가 코일 내부를 통과하면서 저탕조 내의 물을 가열한다. 이 코일의 입구측에는 온도조절밸브가 설치되어 있어 저탕조 내의 수온에 따라 자동적으로 열매의 통로를 개폐하므로 필요 온도(60℃ 전후)를 유지할 수 있다. 가열코일의 배관접속방식은 그림 1-27과 같다.

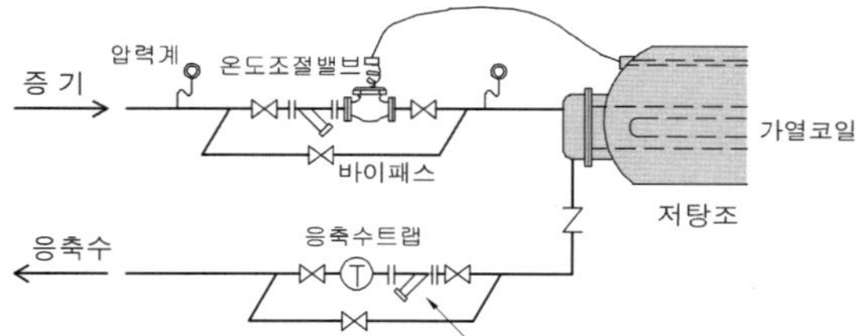

그림 1-27 **가열코일과 배관접속방식**

6 —— 연료소모량 산정

가열장치에 쓰이는 열원인 가스, 전기의 소모량은 각각 (1.33)식, (1.34)식에 의해, 증기를 열원으로 하는 가열코일 내측의 표면적은 (1.35)식, 증기소모량은 (1.36)식에 의해 구한다.

$$G = \frac{W \cdot C \cdot (t_h - t_c)}{F \cdot E} \quad [\text{m}^3/\text{h}] \tag{1.32}$$

G : 가스소비량 [m³/h]
W : 급탕량 [ℓ/h]
C : 탕의 비열 [4.19kJ/kg · ℃], [1kcal/kg · ℃]
t_h, t_c : 급탕, 급수온도 [℃]
F : 가스의 발열량 [kJ/m³], [kcal/m³]
E : 전열효율 [%]

$$H_e = \frac{W \cdot C \cdot (t_h - t_c)}{K \cdot E} \quad [\text{kWh}] \tag{1.33}$$

H_e : 전력소모량 [kWh]
K : 전력 1kW의 발열량 (3600kJ/h, 860kcal/h)

$$S = \frac{W \cdot C \cdot (t_h - t_c)}{\lambda \left\{ t_s - \dfrac{(t_h + t_c)}{2} \right\}} \quad [\text{m}^2] \tag{1.34}$$

S : 가열코일의 표면적 [m²]
λ : 가열코일의 전열계수 [W/m² · ℃], [kcal/m² · h · ℃]
t_s : 증기온도 [℃]

$$Q_s = \frac{H}{h_f \cdot \eta} \quad [\text{kg/h}] \tag{1.35}$$

H : 가열기능력 [kJ/h], [kcal/h]
Q_s : 증기소모량 [kg/h]
h_f : 증기의 잠열 [2257kJ/kg], [539kcal/kg]
η : 가열기의 효율 [%]

예제 7 —— 주택에서 300ℓ/h의 탕을 필요로 하는 경우, 급수온도 5℃, 급탕온도 60℃로 하고 연료는 도시가스와 전기를 사용했을 때 각각의 소비량을 구하라. 단, 도시가스 발열량은 40MJ/m³(9550kcal/m³), 가스탕비기 효율은 70%, 전기온수기 효율은 80%이다.

풀이

① 도시가스의 경우 (1.32)식에 의해,

$$G = \frac{300 \cdot 4.19 \cdot (60 - 5)}{40000 \times 0.7} = 2.5 \quad [\text{m}^3/\text{h}]$$

② 전기의 경우 (1.33)식에 의해,

$$H_e = \frac{300 \cdot 4.19 \cdot (60-5)}{3600 \times 0.8} = 24 \ [\text{kWh}]$$

예제 8 —— **예제 6에 필요한 급탕량을 증기코일을 내장한 저탕기에서 가열하는 경우 동관 25㎜의 코일길이와 증기의 소비량을 구하라. 단, 동관의 전열계수는 1360W/㎡ · ℃, 증기의 온도는 104℃, 가열기의 효율은 95%이다.**

풀이

① 증기코일의 표면적(동관)

$$S = \frac{6875 \times 4.19 \times 10^3 \times (60-5)}{1360 \times 3600 \times (104 - \frac{60+5}{2})} = 4.5 \ [\text{m}^2]$$

② 25㎜ 동관의 길이

$$l = \frac{A}{\pi d} = \frac{4.5}{\pi \times 0.025} = 57.3 \ [\text{m}]$$

③ 증기소모량은 (1.35)식에 의해,

$$Q_s = \frac{1580229}{2257 \times 0.95} = 737.0 \ [\text{kg/h}]$$

1.5.4 급탕배관의 관경

1 —— 급탕관(給湯管, domestic hot water supply pipe)

급탕관의 관경은 급수관의 관경결정방법 중 **마찰저항선도**에 의한 방법과 동일한 방법으로 구하되, 말단급수기구의 급수압(給水壓)과 급탕압(給湯壓)이 같도록 하며 배관내 유속은 1.0m/s 정도가 되도록 결정한다. 환탕관 관경은 배관계통의 보온을 통한 열손실과 급탕온도와 환탕온도의 차이에 의해 결정되지만 계산이 매우 복잡하여 표 1-24에 의해 구하는 것이 보통이다.

표 1-24 **환탕관경**

급탕관경[㎜]	20	25	32	40	50	65	80
환탕관경[㎜]	20	20	20	25	32	40	40

급탕관은 건축설비배관 중 가장 부식되기가 쉬워 내용연한(耐用年限)이 짧은 점과 관내 탕의 온도저하 방지, 스케일(scale) 부착으로 인한 관경 축소에 대비할 수 있도록 최소관경은 급수관경보다 한 치수 큰 20㎜ 이상으로 하는 것이 바람직하다.

예제 9 —— **그림 1-28 급탕설비배관 각부의 관경을 구하라. 단, 각층은 세면기 10개에 급탕하고, 배관재료는 강관으로 한다.**

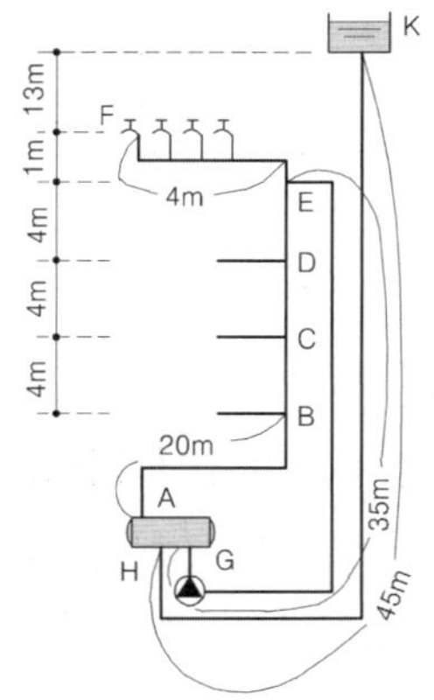

그림 1-28 **예제 9 문제**

풀이

① 기구부하단위(I)

위생기구의 급탕부하단위를 세면기의 급수부하단위인 2의 2/3로 계산하면 2×2/3 ×10개=13으로 각층 합계를 구하여 표 1-25의 I 에 나타내었다.

② 동시사용 유량(II)

그림 1-16의 동시사용유량 곡선에서 I 의 기구부하단위에 해당하는 유량을 구하면 표 1-25의 II 와 같다.

③ 허용마찰손실수두(III)

최고층 수전에서 고가수조까지의 높이는 (13+1)m이고, 세면기가 바닥에서 1m 높이에 설치된 경우, H_1은 13m이 되고, H_2는 3m(일반수전 필요압 30kPa)이다.

고가수조에서 급탕전까지의 거리는 KH+AB+BF이므로, $l = 45+20+4\times4 = 81\,\text{m}$ 이고, 국부저항비율 k를 0.5로 할 때, (1.24)식에 의해 각층의 허용마찰손실수두를 구하면 다음과 같다.

$$R_4 = \frac{13-3}{81(1+0.5)} \times 1000 = 82 \ \text{[mmAq/m]}$$

$$R_3 = \frac{17-3}{77(1+0.5)} \times 1000 = 121 \ \text{[mmAq/m]}$$

$$R_2 = \frac{21-3}{73(1+0.5)} \times 1000 = 164 \ \text{[mmAq/m]}$$

$$R_1 = \frac{25-3}{69(1+0.5)} \times 1000 = 213 \ \text{[mmAq/m]}$$

④ 관경(IV)

그림 1-17 마찰저항선도에서 II 의 동시사용유량과 III의 허용마찰손실수두에 해당하는 값을 찾아 급탕관의 관경을 결정한다.

표 1-25 **예제 9의 풀이**

	구간	AB	BC	CD	DE
Ⅰ	기구부하단위	52	39	26	13
Ⅱ	유량[ℓ/min]	110	80	70	35
Ⅲ	허용마찰손실수두 [mmAq/m]	213	164	121	82
Ⅳ	관경 [㎜]	32	32	32	25

2 —— 팽창관(膨脹管, expansion pipe)과 팽창탱크(膨脹水槽, expansion tank)

밀폐용기 내의 물을 가열하면 물이 팽창하지 못해 압력이 상승하면서 위험하게 된다. 이를 방지하기 위해 팽창관을 설치하고 팽창한 물은 팽창탱크에 모이도록 하고 있다(그림 1-29).

이외 팽창탱크는 급탕용 급수의 역할과 배관계통 내 공기빼기 역할을 겸하고 있다.

(1) 팽창관의 관경 및 높이

팽창관의 관경은 보일러 구조 규격에 따라 규정되어 있고, 겨울철 관내 물이 동결하는 것을 방지하기 위하여 25㎜ 이상으로 하는 것이 바람직하다.

표 1-26 **팽창관의 관경**

전열면적 [㎡]	10 미만	10 이상 15 미만	15 이상 20 미만	20 이상
팽창관의 내경[㎜]	25 이상	30 이상	40 이상	50 이상

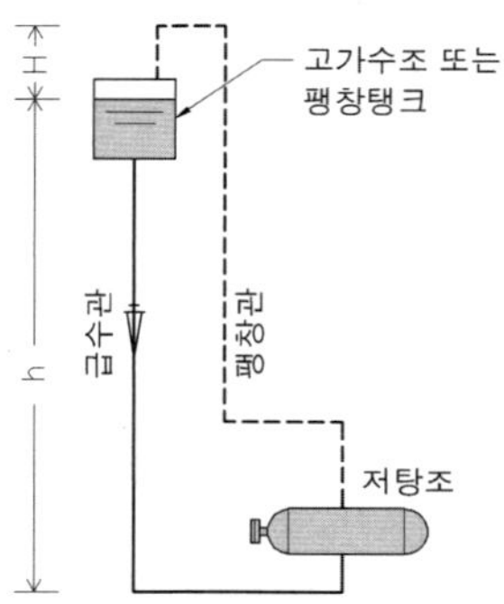

그림 1-29 **팽창관과 팽창탱크**

그림 1-29에서 팽창탱크의 수면으로부터 팽창관까지의 높이 H는 다음 식에 의한다.

$$H > h\left(\frac{\rho_1}{\rho_2}\right)\ [\mathrm{m}] \tag{1.36}$$

h : 팽창관의 높이 [m]

ρ_1 : 가열전 물의 밀도 [kg/m³]

ρ_2 : 가열후 물의 밀도 [kg/m³]

(2) 팽창탱크의 크기

(a) 개방식 팽창탱크

$$\Delta v = \left(\frac{1}{\rho_2} - \frac{1}{\rho_1}\right) v \tag{1.37}$$

Δv : 팽창량 [ℓ]

(b) 밀폐식 팽창탱크의 용량 V

$$V = \left\{\frac{P_1 P_2}{(P_2 - P_1) P_0}\right\} \cdot \Delta v \ [\ell] \tag{1.38}$$

P_1 : 팽창탱크 위치에서 가열전 절대압 [kPa], [kg/㎠]

P_2 : 장치의 허용최대절대압 [kPa], [kg/㎠]

P_0 : 밀폐식 팽창탱크의 봉입 절대압 [kPa], [kg/㎠]

1.5.5 급탕배관시공

1 —— 배관의 구배

급탕배관 중 급탕횡주관과 지관은 **선상향구배**로 하고, 환탕관은 **선하향구배**로 시공한다. 이는 물을 가열할 때 물속에 용해되어 있던 공기가 분리되면서 관내 물 흐름에 지장을 주는 것을 방지하기 위해 관내 유입공기를 건물 최상부 팽창탱크에 모아 외부로 빼내기 위해서이다. 또, 배관시공에서 부득이하게 굴곡배관을 해야 하는 경우 공기빼기밸브(그림 1-20)를 설치해야 하고, 배관 도중의 글로브밸브는 공기가 체류하기 쉬우므로 게이트밸브를 사용하는 것이 좋다(그림 1-55 참조).

급탕배관이 중력순환식인 경우에는 1/150, 강제순환식인 경우에는 1/200 이상의 구배를 주는 것이 바람직하다.

2 —— 배관의 신축이음

관내 수온변화에 따른 배관계의 팽창과 신축 방지를 위하여 그림 1-30과 같은 신축이음쇠를 설치해야 한다.

스위블 조인트(swivel joint)는 일반적으로 많이 사용되고 있지만 누수의 우려가 있으므로 설치장소에 유의해야 한다. **신축곡관**(expansion loop)은 고압대의 옥외배관이나 건축물 천장에, **슬리브형**과 **벨로즈형**은 파이프피트나 샤프트 등 좁은 공간에 주로 설치된다. 슬리브형은 배관의 고장이나 건축물의 손상을 방지하나, 이 역시 누수가 되기 쉬워 보수하기 쉬운 벽이나 바닥용의 관통배관에 주로 사용된다. 신축이음은 직선배관인 경우 20~30m마다 1개소씩 설치한다.

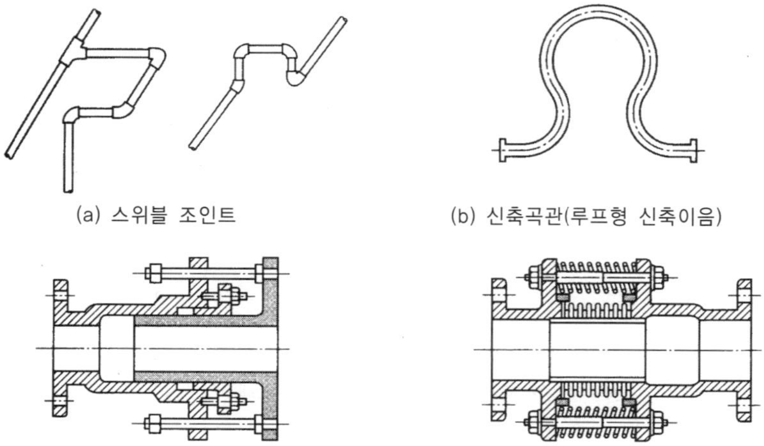

(a) 스위블 조인트 (b) 신축곡관(루프형 신축이음) (c) 슬리브형 신축이음 (d) 벨로즈형 신축이음

그림 1-30 **각종 신축이음쇠**

3 —— 보온 및 보온마무리 재료

배관에 있어서 보온재를 선택할 때는 다음과 같은 점을 고려해야 한다.

① 안전사용 온도범위 ② 열전도율
③ 물리적 · 화학적 강도 ④ 내용연수(耐用年數)
⑤ 단위 중량당 가격 ⑥ 구입의 용이성
⑦ 공사현장에서의 적용성 ⑧ 불연성

1.6 — 배수통기설비

1.6.1 배수(排水, drain)의 종류

건물 및 그 부지 내에서 발생하는 오수, 잡배수, 특수배수 등 건물 밖으로 버리는 물의 총칭을 배수라 하고, 이들 각 배수를 단독으로 또는 합류하여 배출하는 관을 배수관이라 한다. 배수는 대소변기, 비데 등에서 나오는 **오수**(汚水, soil water)와 오수를 제외한 부엌, 욕실, 세면기, 세탁기 등에서 나오는 생활배수인 **잡배수**(雜排水, waste water), 빗물과 건축물 지하실에 침투되는 용수(湧水)를 포함한 오염되지 않은 **우수**(雨水)등 세 가지의 **일반배수**로 분류되고 이외 중금속, 병원균, 방사능 등 공장, 연구소, 병원에서 나오는 **특수배수**가 있다. 특수배수는 해당사업소에서 정화처리하여 하수도로 방류하도록 되어 있다.

옥외에서는 오수, 잡배수, 우수 및 정화처리한 특수배수를 총칭하여 하수(下水)라고 하고 이 설비의 총체를 **하수도**라 한다. 공공하수도의 끝에 종말처리장이 있는 지역을 **처리구역** 또는 **방류하수지역(放流下水地域)**이라 하고 이 구역 내의 하수를 **방류하수**라 한다. 처리구역 내에서는 오수, 잡배수 등을 직접 방류하므로 오수정화조가 별도로 필요하지 않다.

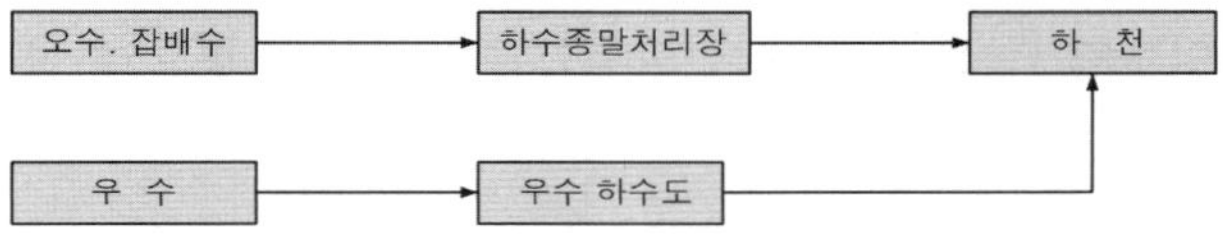

(a) 합류배수방식

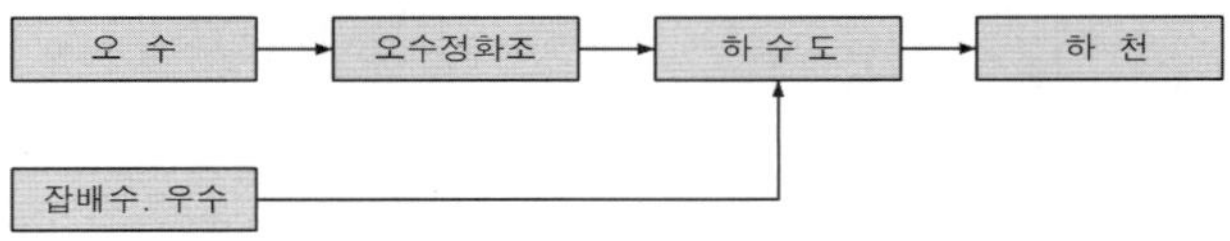

(b) 분류배수방식

그림 1-31 **하수처리방식**

공공하수처리시설이 완비된 방류하수지역 내에서는 그림 1-31(a)와 같이 오수와 잡배수는 옥내에서 합류하고, 우수는 옥외에서 합류하는 **합류배수방식**이 쓰이며, 공공하수처리시설이 완비되지 않은 지역에서는 그림 1-31(b)와 같이 오수만 오수정화조에서 처리한 후 우수와 함께 방류하거나 오수와 잡배수를 **합병처리조(合併處理槽)**에서 처리한 후 우수와 함께 방류하는 **분류배수방식(分流排水方式)**이 쓰인다. 이때, 건물 외벽으로부터 1m 떨어진 곳을 기준으로 옥내배수와 옥외배수를 구분한다.

건물 내의 배수를 옥외로 배출할 때 지상층과 같이 공공하수관보다 높은 위치에 있는 배수를 자연유하시키는 방식을 **중력배수방식**, 지하실의 배수와 같이 공공하수관보다 낮은 위치에 있는 배수를 펌프로 양수하여 배출하는 방식을 **기계배수방식**이라 한다.

1.6.2 옥내배수설비

1 —— 옥내배수배관(屋內排水配管)

옥내배수배관은 그림 1-32와 같이 배관하고 각 위생기구에서 사용된 물은 옥외로 배출한다. 배수횡주관이 제기능을 다하기 위해서는 적절한 관경과 구배로 시공되어야 하는데 구배가 너무 급하면 물과 물속의 이물질이 분리되면서 관 내부에 고형물이 부착되어 배수 흐름에 장애가 발생하게 되지만 구배가 너무 완만해도 물속의 이물질이 물이 흐르는 도중에 침전되면서 같은 문제가 발생하게 된다. 이와 같은 문제로 미국에서는 배관구경을 인치(inch)단위로 환산하여 $\frac{1}{\text{관경} \times 9}$의 구배로 시공할 것을 권장하고 있다. 관내유속은 관경이 250㎜ 이상인 경우에는 최소 0.6m/s가 되도록 하고, 일반배수관의 경우에는 0.6~1.2m/s 정도의 유속으로 한다. 배수배관 각 부분은 기구배수관(器具排水管), 배수횡지관(排水横枝管), 배수입관(排水立管), 배수횡주관(排水横主管)으로 나누어진다.

각 기구의 배수트랩에서 다른 배수관으로 접속하는 배관을 **기구배수관**, 기구배수관들을 연결하는 배관을 **배수횡지관**, 배수횡지관들을 받아 배수횡주관까지 접속하는 수직배수관을 **배수입관**, 배수계통의 가장 낮은 부분에서 배수입관을 모아 수평으로 연결한 배관을 **배수횡주관**이라 한다.

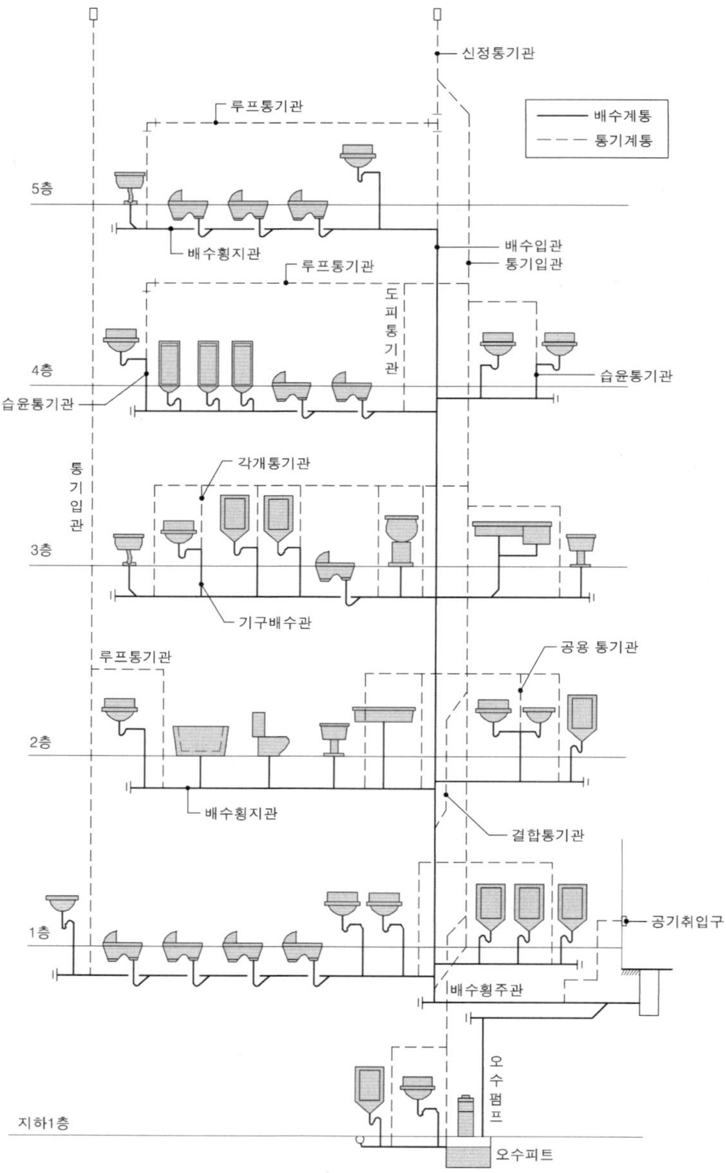

그림 1-32 **배수 및 통기관 계통도**

세면기나 욕조, 변기 등의 기구배수관을 직접 배수관에 연결하는 것을 **직접배수**라 하는데 배수관이 막히거나 기구트랩이 파열될 때 배수관의 배수나 하수가스가 기구 쪽으로 역류하는 경우가 있어 보건위생상 문제가 된다. 특히, 식품취급 기구류나 의료용 기기 등에는 이를 엄격히 예방해야 하므로 기구배수관을 직접 배수관에 연결하지 않고 일단 사이 공간을 띄운 후 일반배수관으로 배수하는 **간접배수방식**을 채택하고 있다. 배수구공간은 배수관경의 2배 이상으로 하고, 음용수용 저수조 등의 간접배수관의 배수구공간은 최소 150㎜로 한다. 그 외 간접배수를 필요로 하는 기구나 배수관은 냉장고, 식기세척기, 멸균기, 소독기, 급수펌프, 공조기, 주방용 조리기기의 싱크대, 수영장의 배수관 등이다.

2 ── 트랩(trap)

배수트랩은 각종 위생기구에 접속하여 하수본관이나 옥내배수관에서 발생한 악취, 해충류가 실내로 역류하는 것을 방지하는 장치이다. 트랩 내부의 물이 이와 같은 역할을 하는데 이 물을 **트랩 봉수**(封水, water seal)라고 한다. 트랩이 제 기능을 발휘하기 위해서는 구조가 간단하면서 조립에 의해 봉수를 형성시키지 않는 구조여야 하고 유수면은 평활하여 오수가 정체되지 않으면서 봉수가 없어지지 않는 내식성, 내구성이 있는 재료로 만들어져야 한다.

(1) 트랩의 구조 및 종류

트랩은 그 형상에 따라 그림 1-33과 같은 종류가 있다. **S트랩, P트랩, U트랩**은 관을 휘어서 만든 형상이라 관트랩이라 하고 사이펀 현상으로 자기세척 작용을 하는 형식이므로 사이펀식 트랩이라고도 한다. 트랩의 봉수는 수심이 너무 얕으면 손실되기 쉽고 너무 깊으면 자정작용이 없어지므로 유효봉수 깊이를 50~100㎜ 정도로 하는 것이 좋다.

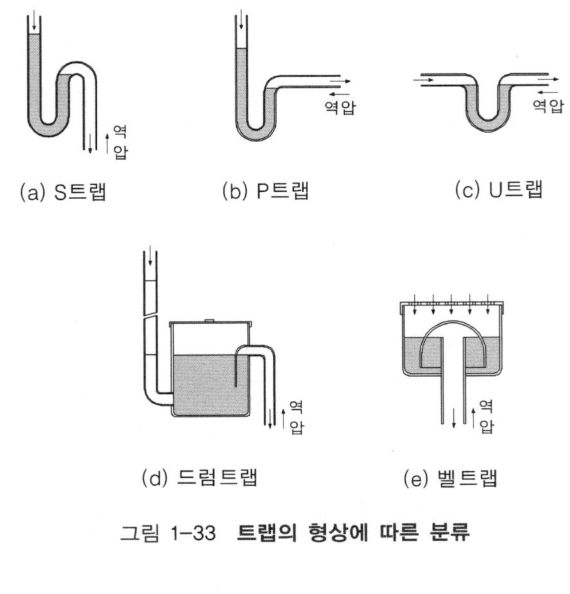

(a) S트랩 (b) P트랩 (c) U트랩

(d) 드럼트랩 (e) 벨트랩

그림 1-33 **트랩의 형상에 따른 분류**

비사이펀식 트랩은 용기내 물을 고이게 하여 봉수를 만든 형식으로 **드럼트랩**과 **벨트랩**이 이에 해당된다. 드럼트랩은 봉수가 파괴될 염려는 없지만 침전물이 정체되기 쉽고 벨트랩은 욕실 등의 바닥배수에 이용되나 봉수가 쉽게 증발된다.

(2) 봉수파괴 원인

배수트랩 내의 봉수가 감소되거나 소실되면 배수관 내의 악취가 실내로 역류하여 들어오고 해충 등의 침입경로가 된다.

봉수파괴의 원인으로는

① 트랩의 오버플로우관 내부에 머리카락, 실, 헝겊 등이 걸려 있으면 모세관 작용으로 봉수가 서서히 흘러내려 감소되거나 소실된다.

② 바닥배수 등에 사용되는 벨트랩(bell trap) 등은 봉수가 서서히 증발하여 없어지거나 봉수심이 얕아지기 쉽다.

③ 트랩을 통과한 물이 배수관 내에서 만수상태로 급하게 흐를 때, 사이펀 작용이 일어나 남아 있는 봉수를 흡입한다.

④ 배수입관에 지관이 많이 연결되어 있을 때(고층건물), 수직관 가까이 기구가 있으면 수직관 위에서부터 일시에 다량의 물이 낙하할 경우 피스톤 작용에 의해 배수관 내의 공기가 압축되어 하류측 트랩봉수는 기구 밖으로 흡출되고 상부측 트랩봉수는 흡입되어 배수관 내로 유입된다.

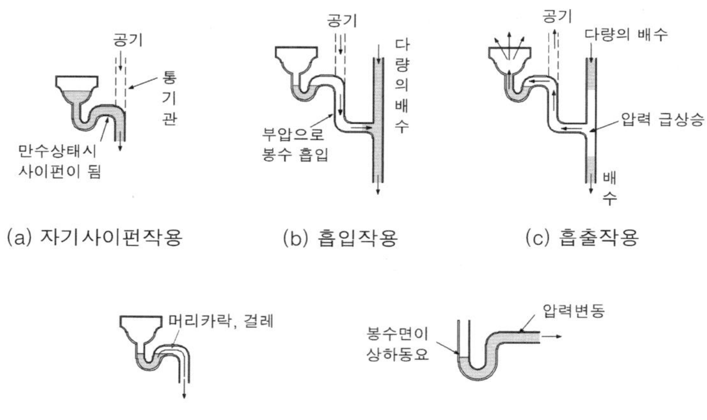

(a) 자기사이펀작용 (b) 흡입작용 (c) 흡출작용

(d) 모세관 현상 (e) 운동량에 의한 관성

그림 1-34 **봉수 파괴 원인**

3 —— 저집기(貯集器, interceptor)

배수 중에 유입된 유해물질과 불순물을 저지 분리수집하고 트랩의 역할을 하는 동시에 관내의 물을 원활히 배수하는 기구 혹은 장치이다. 영업용 주방배수에서 유지를 회수하는 **그리**

스저집기(grease interceptor), 자동차 수리공장, 주유소, 세차장 등에서 나오는 배수 중 경유류를 저지 수집하는 **오일저집기**(oil interceptor), 토사, 시멘트 등을 저지 수집하는 **모래저집기**(sand interceptor), 치과 기공실, 외과 기브스실 등에서 나오는 배수중에 함유된 석고, 귀금속류를 저지회수하는 **석고저집기**(plaster interceptor), 미용실, 이발소, 풀장, 공중목욕탕의 배수에 함유된 머리카락이나 미용약제 등을 저지회수하는 **모발저집기**(hair interceptor), 세탁소 배수로에 설치하여 세탁불순물을 거르는 **세탁장저집기**(laundry interceptor) 등이 있다.

4 —— 통기배관(通氣配管, vent pipe system)

통기배관은 배수관내 공기의 유출입 통로로 관내를 대기압과 같은 조건으로 유지하여 트랩봉수 파괴의 원인인 배수관내 압력변동을 완화시켜주며, 배수관 내의 배수흐름을 원활히 하고 배수관내 환기를 도모하기 위한 배관계통으로 그 종류는 다음과 같다(그림 1-32).

(1) 각개통기관(各個通氣管, individual vent pipe)

위생기구의 트랩 가까운 지점에 있는 배수관에 각각 통기관을 수직으로 배관하는 방법이다. 각개통기관을 연결하는 수평지관은 만수면보다 15㎝ 이상의 높이에서 통기입관과 연결해야 하며, 배수관과의 접속점은 기구의 최고수면과 배수관이 배수입관에 접속되는 점을 연결한 **동수구배선**보다 높은 곳에 배관하는 것이 바람직하다[그림 1-35(a)]. 건물의 기능상 원활한 배수가 필요하고 사용빈도가 높은 대규모 건물에 요구되는 통기방식이다.

(2) 루프통기관(loop vent pipe)

2~8개까지의 트랩봉수를 보호할 목적으로 최상류의 기구배수관을 배수횡지관에 연결한 다음, 그 바로 하류측에 수직통기관을 천장 속까지 세우고 거기서 파이프샤프트 내의 통기입관에 접속하기까지의 통기관을 말한다.

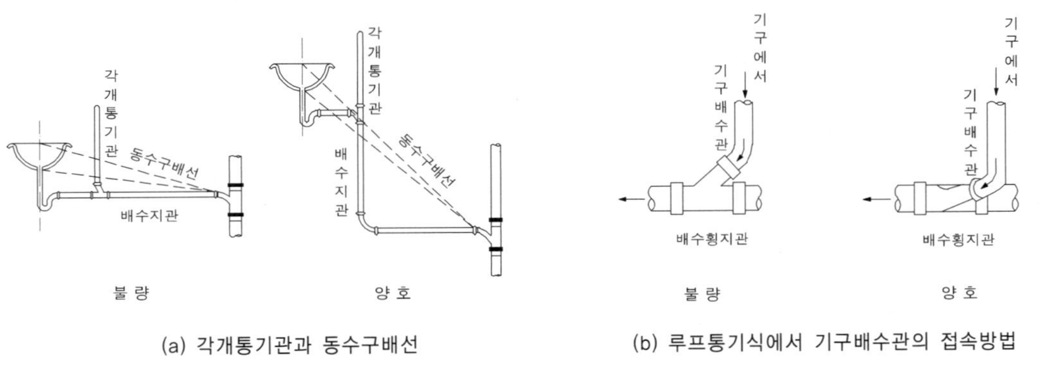

(a) 각개통기관과 동수구배선 (b) 루프통기식에서 기구배수관의 접속방법

그림 1-35 **통기관과 배수관의 접속법**

배관연장은 7.5m 이내로 하고 그 이상인 경우에는 통기수직관을 추가로 설치해야 하며 이를 **도피통기관**이라 한다. 배수횡지관이 통기관의 역할도 하므로 배수횡지관에 기구배수관이나 다른 배수횡지관을 연결하는 경우에는 그림 1-35(b)와 같이 횡주관 옆면에 Y자로 접속하여 배수관 상부의 공기를 차단하지 않도록 한다.

(3) 신정통기관(伸頂通氣管, stack vent pipe)

각개통기관 방식과 루프통기관 방식에서 통기관을 배수입관에 접속시키고 배수입관의 상부에서 관경을 축소하지 않은 채 그대로 연장하여 대기중에 개방하는 방식이다. 배수횡지관과 기구배수관이 배수횡주관에 연결되는 길이가 1.5m 이내인 기구수가 적은 경우에는 통기입관 없이 신정통기관만 사용해도 된다.

(4) 도피통기관(逃避通氣管, relief vent pipe)

루프통기관 방식에서 2개 이상의 배수관 내의 물이 마주치거나 통기관의 길이가 길어 공기의 순환이 방해되면서 트랩봉수가 파괴되는 경우가 있다. 이를 방지하기 위해 배수횡지관 최하단 기구배수관 접속점 하류에 통기관을 설치, 통기입관과 연결하는 배관으로 통기관의 관경은 배수관 관경의 1/2 이상, 최소 32㎜ 이상으로 한다.

(5) 결합통기관(結合通氣管, yoke vent pipe)

고층건물에서 배수입관의 길이가 긴 경우 최상층으로부터 10층 정도 아래에서 배수입관과 통기입관을 연결하는 관을 말하며, 통기능률을 향상시킨다.

5 —— 통기배관시 주의사항

① 바닥 아래의 통기배관은 금지해야 한다. 우리나라의 대부분 일반건물에서는 공사비 절감과 시공 편의를 위해 통기관을 바닥 아래에 배수관과 평행하게 설치하고 있는 실정이나 이런 경우 배수관 내의 물이 통기관으로 흘러들어가 통기관의 기능이 저하될 우려가 있다.

② 오물정화조, 잡배수 및 오수피트의 통기관은 단독으로 대기에 개방해야 한다.

③ 통기관은 실내환기용 덕트에 연결해서는 안 된다. 통기관의 개구부는 출입구, 창, 환기구의 상단에서 6m 이상 높은 위치로 하거나 수평으로 3m 이상 띄워 설치한다.

④ 통기관 개구부가 동결에 의해 폐쇄될 우려가 있는 경우 개구부경을 75㎜ 이상으로 한다.

6 —— 특수통기방식

신정통기관 이외의 통기관 없이 통기와 배수를 겸하는 방식이다.

(1) 소벤트 방식(sovent system)

스위스인 Fritz Sommer에 의해 1961년 개발된 방식으로 수직관 하나, 즉 신정통기관만으로 배수와 통기를 겸하는 방식이다. 공기혼합이음(aerator fitting)과 공기분리이음(deaerator fitting)을 사용하여 배관내 배수의 유속을 조절한다. 공기혼합이음은 수직관내에서 배수와 공기를 제어하고 배수횡지관에서 유입되는 배수와 공기를 수직관중에서 효과적으로 혼합시킨다.

(2) 섹스티아 방식(sextia system)

1967년 프랑스의 Roger Legg, G. Richard, M. Louve 등이 개발한 방식이다. 배수입관과 배수횡지관의 접합부분에 설치하는 섹스티아 이음쇠와 배수입관과 배수횡주관의 접속부분에 설치하는 섹스티아 밴드관을 이용하여 횡지관 내에서의 물흐름에 선회력을 주어 수직관의 내벽으로 밀어붙여 얇은 수막층을 형성시키고 수직관 중심부에서는 공기코어를 확보하여 이 공기코어가 도중에 끊기지 않고 수직관 상부는 신정통기관에, 하부는 횡주관에 연결하는 방법이다. 배수 및 통기 계통이 간단하고 배수관경을 줄일 수 있으며 배수소음도 적어 우리나라도 공동주택에서 통기관 대신 많이 사용하고 있다.

1.6.3 배수 및 통기관의 관경 결정

1 —— 배수관의 관경

배수관의 관경결정법은 ASA(American Standard Association)에서 채택된 NPC(National Plumbing Code)에 의한 **기구배수부하단위법**을 소개한다.

배수는 배수관 트랩, 기구배수관, 배수횡지관, 배수입관, 배수횡주관의 순서로 흐르는데, 이 순서에 따라 관경이 커지게 된다(어떠한 경우라도 관경이 축소되어서는 안 된다).

배수관 종류에 따른 최소관경은 표 1-27과 같다.

표 1-27 **배수관의 최소관경**

구 분	최소관경(mm)
일반 배수관	30
고형물용 잡배수관	50
고형물용 오수관	75
매설배수관	50

(1) 관경결정 순서

① 설치되어 있는 기구의 기구배수부하단위를 표 1-28 및 표 1-29에서 구한다.

표 1-28 **기구배수부하단위**

기 구 명 칭		트랩의 최소구경 [mm]	기구배수관의 최소구경[mm]	fuD
대 변 기	세척탱크	75	75	4
	세척밸브(f.v)			8
소 변 기	벽걸이형	40	40	4
	스톨형, 벽걸이스톨형	50	50	4

표 1-28 (계속)

기 구 명 칭		트랩의 최소구경 [mm]	기구배수관의 최소구경[mm]	fuD
세 면 기		32	32~40	1
수세기	보통형	32	32	1
	소형	25	25	1
욕 조	양식	40	40~50	2
	일식	50	50	3
	주택용	40	40~50	2
	공중용	50~80	50~80	4~6
샤 워(주택용)		50	32	2
비 데		32	65~80	3
청소용 싱크		65~80	65~80	2.5~3
세탁용 싱크		40	40	2
부엌싱크(주택용)		40~50	40~50	2~4
전기세탁기(주택용)		40	40	2
바닥배수		40~80	40~80	0.5~2
배수펌프 · 이젝터 토출량 3.8ℓ/min				2

표 1-29 기구 이외의 기구배수부하단위

기구배수관 또는 트랩의 구경[mm]	fuD	기구배수관 또는 트랩의 구경[mm]	fuD
32	1	65	4
40	2	75	5
50	3	100	6

표 1-30 배수횡지관 및 입관의 허용최대배수단위

관경 [mm]	허용최대배수단위수			
	(a) 배수횡지관	(b) 3층건물 또는 지관간격* 3까지의 배수입관	3층을 넘는 배수입관	
			(c) 1개 입관의 합계	(d) 1층분 또는 1지관간격분의 합계
30	1	2	2	1
40	3	4	8	2
50	6	10	24	6
65	12	20	42	9
75	20*1	30	60*3	16*3
100	160	240*2	500	90
125	360	540	1100	200
150	620	960	1900	350
200	1400	2200	3600	600

* 지관간격이란 입관에 접속되는 지관 또는 횡주관 사이의 수직거리가 2.5m를 넘는 입관 구간을 말한다.

*1. 배수횡주관에 접속된 횡지관은 포함하지 않는다.

*2. 대변기 6개 이내

*3. 대변기 2개 이내

표 1-31 배수횡주관 및 부지배수관의 허용최대배수단위

관경 [mm]	배수횡주관 및 부지배수관에 접속가능한 허용최대배수부하단위수 (배수횡주관의 지관 포함)			
	구 배			
	1/192	1/96	1/48	1/24
50			21	26
65			24	31
75		20*	27*	36*
100		180	216	250
125		390	480	570
150		700	840	1000
200	1400	1600	1920	2300

* 대변기 2개 이내

② 해당 관의 기구배수부하단위 누계를 산출한 후 표 1-30을 이용하여 배수횡지관, 배수입관의 관경을 결정한다.

③ 표 1-31를 이용하여 배수횡주관, 부지배수관(敷地排水管)의 관경을 결정한다.

(2) 기구배수부하단위(fuD : fixture unit for drainage)

세면기 최대배수시 배수량 28.5ℓ/min을 기준으로 각 기구 최대배수유량을 표시한 것을 말한다.

배수관경 결정시 주의사항은 다음과 같다.

① 동일 배수횡지관의 관경은 같은 관경이어야 한다.

② 배수횡지관에 접속되는 기구배수관의 관경이 배수횡지관보다 클 때에는 배수횡지관의 관경을 수정하여 크게 해야 한다.

③ 배수횡지관의 최소관경은 32mm 이상으로 한다.

④ 대변기가 접속될 경우 1개는 75mm 이상, 2개 이상이면 100mm 이상의 관경을 확보해야 한다.

예제 10 —— 6층 사무실 한 개층의 배수횡지관에 그림 1-36과 같은 위생기구가 설치되어 있다. 옥내 배수관의 관경을 결정하라.

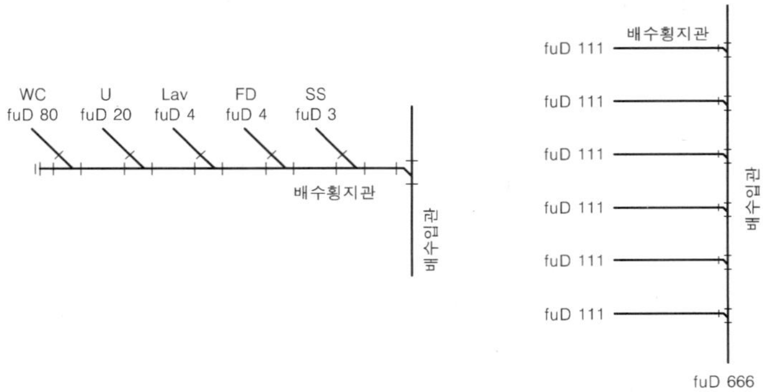

그림 1-36 **예제 10**

풀이

① **배수횡지관 관경**

표 1-28에서 기구배수부하단위를 구한다.

총배수부하단위가 111이므로 표 1-30(a)에서 160에 해당하는 100㎜관으로 결정한다.

② **배수입관의 관경**

배수부하단위의 총계 111×6=666이므로, 표 1-30(c)에서 배수부하단위 1100에 해당하는 125㎜관으로 결정한다.

③ **배수횡주관의 관경**

총배수부하단위 666,

구배 $\frac{1}{5'' \times 9} = \frac{1}{45} \fallingdotseq \frac{1}{50}$ 로 하면,

표 1-31에서 150㎜관으로 결정된다.

④ **부지하수관**

표 1-31에 의해 부지하수관도 동일 관경으로 한다.

표 1-32 예제 10 풀이

기 구 명	fuD
대변기	8×10=80
소변기	4×5=20
세면기	1×4=4
바닥배수구	2×2=4
청소싱크	3×1=3
합 계	111

2 —— 통기관의 관경

통기관의 관경은 표 1-28, 표 1-34에서 배수부하단위와 통기관의 길이로 구한다.

통기관경 결정시 주의사항은

① 신정통기관의 관경은 배수입관과 동일관경으로 한다.

② 통기관의 관경은 대상 일반배수관 관경의 1/2 이상으로 한다.

③ 통기관의 최소관경은 32㎜ 이상으로 한다.

④ 배수조 등의 통기관 관경은 최소 50㎜ 이상으로 하며 간접배수의 통기관은 신정통기관과 접속하지 말고 단독으로 설치한다.

표 1-33 루프통기관의 관경

배수관의 관경[㎜]	기구배수 부하단위수	필요한 루프통기관의 관경[㎜]					
		40	50	65	75	100	125
		최장 수평거리[m]					
40	10	6					
50	12	4.5	12				
50	20	3	9				
75	10		6	12	30		
75	30			12	30		
75	60			4.8	24		
100	100		2.1	6	15.6	60	
100	200		1.8	5.4	15	54	
100	500			4.2	10.8	42	
125	200				4.8	21	60
125	1100				3	12	42

표 1-34 통기입관의 관경과 배관길이

배수관의 관경[mm]	기구배수 부하단위수	필요한 통기관의 관경(mm)								
		30	40	50	65	75	100	125	150	200
		허 용 최 대 배 관 길 이(m)								
32	2	9								
40	8	15	45							
	10	9	30							
50	12	9	23	60						
	20	8	15	45						
65	42		9	30	90					
75	10		8	30	60	180				
	30			18	60	150				
	60			15	24	120				
100	100			10	30	78	300			
	200			9	27	75	270			
	500			6	21	54	210			
125	200				10.5	24	105	300		
	500				9	21	90	270		
	1100				6	15	60	210		
150	350				7.5	15	60	120	390	
	620				4.5	9	38	90	330	
	960					7.3	30	75	300	
	1900					6	21	60	210	
200	600						15	45	150	390
	1400						12	30	120	360
	2200						9	24	105	330
	3600						7.5	18	76	240
250	1000							23	38	200
	2500							15	30	150
	3800							9	24	100
	5600							7.5	18	75

예제 11 —— **그림 1-32 배수 및 통기관 계통도에서 배수횡지관의 관경을 결정하라.**

풀이

표 1-35 예제 11의 풀이 - 좌측 배수횡지관

층수	기구명 및 개수	통기방식	개수×fuD		배수횡지관 관경 [mm]
5층	청소싱크 1 대변기 3 세면기 1	루프	1×3=3 3×8=24 1×1=1	28	100
4층	세면기 1 소변기 3 대변기 2	루프	1×1=1 3×4=12 2×8=16	29	100
3층	청소싱크 1 세면기 1 소변기 2 대변기 2	각개	1×3=3 1×1=1 2×4=8 2×8=16	28	100
2층	세면기 1 욕조 1 대변기 1 세탁수채 1 주방싱크 1	루프	1×1=1 1×3=3 1×8=8 1×2=2 1×2=2	16	100
1층	세면기 2 대변기 4 수세기 1	루프	2×1=2 4×8=32 1×0.5=0.5	34.5	100
	합 계		135.5		

표 1-36 예제 11의 풀이 - 우측 배수횡지관

층수	기구명 및 개수	통기방식	개수×fuD		배수횡지관 관경 [mm]
4층	세면기 2	루프	2×1=2	2	40
3층	연합수채 1 세탁수채 1	루프	1×4=4 1×2=2	6	50
2층	세면기 1 수세기 1 소변기 1	각개	1×1=1 1×0.5=0.5 1×4=4	5.5	50
1층	소변기 3	루프	3×4=12	12	65
	합 계		25.5		
지하층	소변기 1 세면기 1 바닥배수구 1	루프	1×4=4 1×1=1 1×2=2	7	65

예제 12 —— **예제 11의 5층 좌측 루프통기관의 관경 및 통기입관의 관경을 구하라. 단, 통기관의 총길이는 20m이다.**

풀이

① 5층 좌측의 배수부하단위 fuD의 합계는 표 1-35에서 28이고, 그림 1-32에서 통기입관이 없는 것으로 보아 통기관의 길이가 7.5m 이내이므로 표 1-33에서 루프통기관의 관경이 65mm이다. 이는 배수관 관경 100mm의 1/2 이상이므로 적절하다.

② 총배수부하단위는 표 1-35, 36에서 135.5+25.5=161이고, 통기관 길이는 20m이므로 표 1-34에서 65mm로 결정하면 된다. 65mm 통기관은 예제 11의 배수횡주관의 관경 100mm의 1/2 이상이므로 통기입관의 관경으로 적절하다.

1.6.4 배수통기관 배관시 주의사항

1 —— 청소구(淸掃口, C.O : clean out)

배수배관은 관이 막혔을 때 이를 점검수리하기 위해 배관 굴곡부나 분기점에 반드시 청소구를 설치하여야 한다. 청소구 설치장소는 다음과 같다.

① 가옥배수관과 부지하수관이 접속되는 곳(맹홀 설치시 제외)
② 배수입관의 최하단부
③ 횡지관의 최상단부
④ 배관이 45도 이상의 각도로 구부러지는 곳
⑤ 횡주관이나 횡지관(관경 100mm 미만)의 직선거리 15m 이내마다, 150mm 이상의 관에서는 30m 이내마다
⑥ 각종 트랩 및 기타 배관상 특히 필요한 곳

2 —— 배관의 이음쇠

배수에는 여러 가지 고형물이나 불순물이 섞여 있어 배관 내에 돌출부가 있으면 찌꺼기가 걸려 관이 막히게 되므로 반드시 **배수용 이음쇠**를 이용하여 접속해야 한다.

지관과 주관을 접속할 때는 Y관 또는 90° Y관, 상향수직관에는 90° 곡관을 사용하고 청소구를 설치하도록 한다. 수평지관을 배수수직관에 접속할 때는 YT관을 이용하고 수평관에 구배를 준다.

3 —— 배관의 피복

배수관은 방로와 방음을 목적으로 피복해야 한다.

(1) 방로(防露)

배수의 경우에도 관내를 흐르는 물의 온도가 주위 공기의 노점온도보다 낮을 때에는 관 표면에 물방울이 맺히므로 방로를 위해 피복해야 한다.

(2) 방음(防音)

배수관 내를 흐르는 유수음에 의한 소음이 상당히 크므로 특히 PVC 배수관에는 방음을 위해 피복해야 한다.

4 —— 배수 및 통기배관시험

배수통기계통의 배관공사가 완료되면 트랩이나 각 접속부의 수밀, 기밀상태를 시험해 보아야 한다.

(1) 수압시험(水壓試驗)

배관계통의 최상단 개구부를 제외한 모든 개구부를 밀폐하고 최고 개구부까지 물을 가득 채운 후 3m 이상의 수두에 상당하는 수압을 가하여 30분 이상 압력저하가 없어야 한다.

(2) 기압시험(氣壓試驗)

다른 모든 개구부는 밀폐하고 공기압축기로 한 개구부를 통해 공기를 압입하여 0.35kg/㎠ (34kPa)게이지압이 될 때까지 압력을 올렸을 때 15분 이상 그 압력이 유지되는지 시험한다.

(3) 기밀시험(氣密試驗)

연기시험과 박하시험이 있다. 연기시험은 배관계통에 연기를 불어넣은 후 개구부를 막고 15분 이상 연기가 새는 곳이 있는지를 살펴봄으로써 배수배관계통의 기밀성을 시험하고, 박하시험은 57g의 박하유를 주입한 다음 약 3.8ℓ의 온수를 부어 그 독특한 냄새로 누설되는 곳이 있는지 확인하는 방식이다.

1.6.5 배수의 재이용

1 —— 배수의 종류와 원수(原水, raw water)

건물에서 배출되는 배수를 수질별로 살펴보면 오염 정도가 가장 적은 **우수**(雨水), 오염도는 적지만 전도도가 높은 **냉각수**, pH가 높은 **보일러 배수**, 오염 정도가 적은 세면기, 욕실 등에서 배출되는 **생활잡배수**, 오염 정도가 높고 지방분이 많은 **주방배수**, 병원성 미생물로 오염될 우려가 있는 **수세화장실 배수** 등이 있다.

원수는 오염되고 줄어드는 반면, 물의 사용량은 계속 늘어나면서 물부족 현상에 대한 대안으로 건물에서 사용한 물을 재처리하여 사용하는 **중수도**(中水道) 시설이 등장하여 우리나라에서도 대형건물에서부터 배수 재이용시설의 채택을 권장하고 있다.

배수를 처리해서 잡용수로 이용하기 위해서는 병원균과 유해물질에 대한 안전성이 확보되어야 하고, 수처리에 소요되는 초기투자비와 운전관리비가 저렴해야 한다. 이 때문에 재이용원수로는 주방배수와 오수 이외의 배수를 그 대상으로 하고, 잡배수만으로 중수 필요량을 얻을 수 없는 경우에는 주방배수를 추가하고 상수를 보급받는 방식을 채택하고 있다.

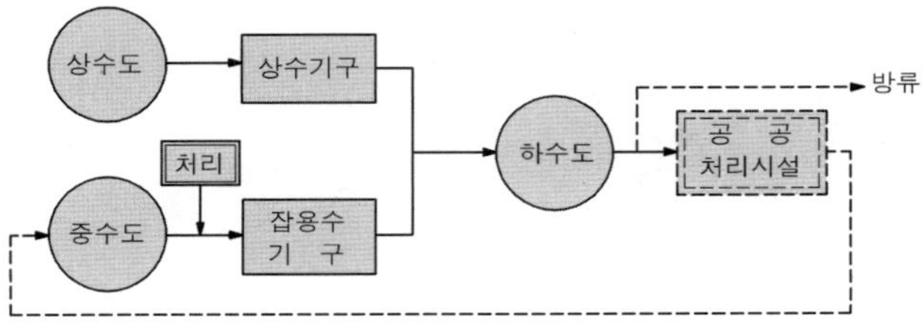

(a) 광역적 패턴

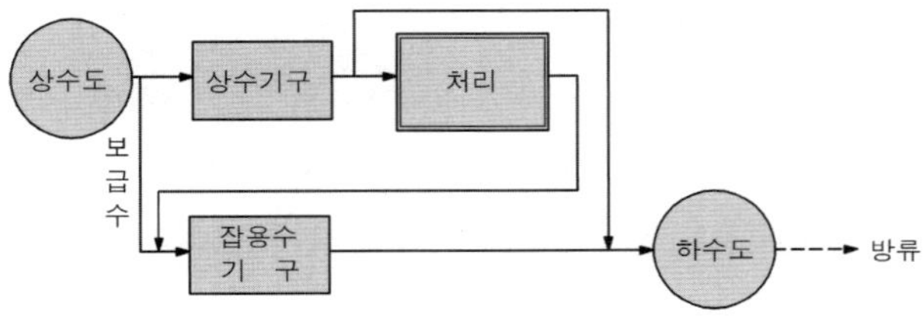

(b) 상수기구 배수의 재이용

그림 1-37 **배수 재이용 흐름도**

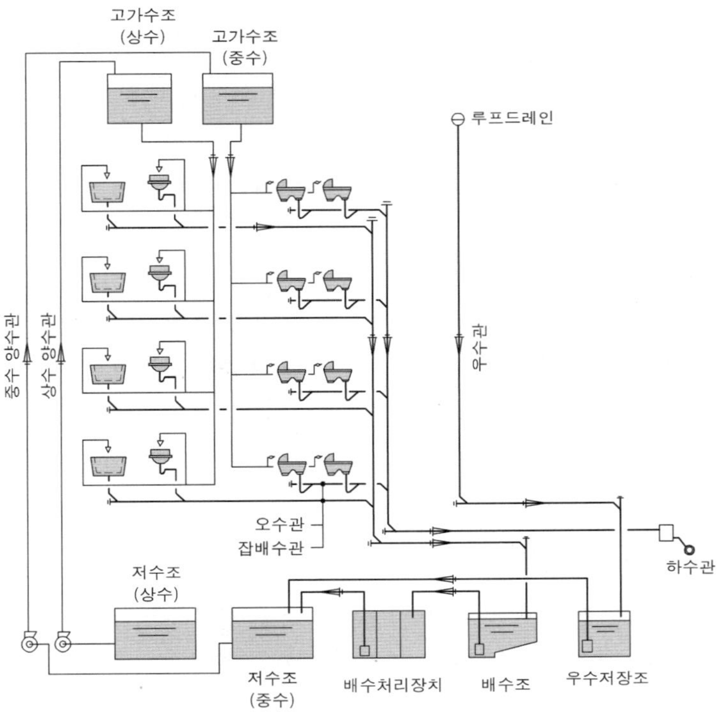

그림 1-38 **중수도시설계획 예**

2 —— 중수의 수질

중수의 수질은 병원성 미생물에 대해 위생상 안전하고 불쾌감이 없어야 하고 기구와 배관에 악영향을 주지 않으며 수질이 항상 안정되어 있어야 한다.

3 —— 중수의 용도

1.4.1에서 기술한 바와 같이 중수는 마실 가능성이 없고 인체에 접촉할 위험이 적으며 위생상 문제를 일으키지 않은 개소를 선택하여 사용해야 한다. 현재 중수는 수세화장실 세척용수, 살수 · 수경용수, 소화용수 등으로 사용하고 있다. 배관의 위치, 종류, 시공방법은 완성 후의 관리를 고려해서 계획하고 잘못 사용되지 않도록 눈에 띄기 쉬운 위치에 중수임을 표시해야 하며, 급수전의 색깔이나 형상을 구분할 수 있도록 해야 한다.

중수는 상수에 비해 염류가 많아 배관을 잘 부식시키기 때문에 배관재로 주철관, 경질염화비닐관, 스테인리스강관을 사용한다.

1.7 — 위생기구

1.7.1 위생기구의 종류

위생기구는 사용자가 공급된 물과 탕을 사용하고 사용된 물은 배출시키는 기구의 총칭이다. 위생기구에는 세면기 등의 물과 탕을 받는 **기구**, 수전류 등의 **급수금속물**, 배수관과 접속하는 **배수금속물**, 여기에 부속되는 **부속금속물** 등 네 가지가 있다.

1 —— 세면기(洗面器, LAV : lavatory)

세면기는 벽부형, 스탠드형, 카운터형이 있고 각각 다양한 종류가 있다. 급수전은 우측의 것은 물(C), 좌측의 것은 탕(H)으로 분리된 것과 급수, 급탕전이 혼합된 것이 있다. 배수금속물은 P트랩과 S트랩 두 종류가 있으며 고무마개 혹은 pop-up식의 부속물 등이 있다.

2 —— 대변기(大便器, WC : water closet)

(1) 대변기 세척방식에 의한 분류

대변기는 수면은 넓고 건조 면은 좁아야 냄새가 적고 청결하며, 트랩은 오물이 완전히 제거되도록 흐름이 원활해야 하고 세정시 소음이 적어야 한다.

세척방식에 따라 세락식(洗落式, wash down type), 세출식(洗出式, wash out type), 사이펀식, 사이펀제트식과 그 변형방식이 있다.

세락식은 오물을 직접 트랩물 중에 떨어뜨리는 방식으로 냄새는 세출식보다 적지만 건조면이 넓어 변기가 더러워지고 냄새가 많이 나며 소음도 크다.

세출식은 오물을 얕은 수면에 받아 주변과 후면부에서 강하게 흘러내리는 세정수로 오물을 트랩쪽으로 밀어내어 세척하는 방식으로 현재는 거의 사용하지 않는 방식이다.

사이펀식은 트랩의 굴곡을 많이 하여 유속을 둔화시켜 배수로 물을 만수상태로 만들어 사용시 사이펀 작용이 확실히 일어나 사용수를 흡인하도록 하는 방식이다.

사이펀제트식은 사이펀 작용을 신속하고 강력하게 하기 위해 트랩 내에 분사구를 설치, 세척후 일부를 분사구로 뿜어내도록 한 방식이다. 저수위가 넓어 냄새 발산이 적고 배수소음도 적은 편이지만 세척수량이 많이 필요하다.

사이펀볼텍스식은 세척수를 단시간에 뿜어내어 와류작용과 흡입작용을 일으켜 오물을 배출하는 방식으로 저수위가 가장 넓어 냄새 발산과 오물 부착이 적고 공기혼합이 적어 배수소음이 매우 작다. 다른 방식에 비해 로탱크 위치를 낮게 할 수 있어 변기와 로탱크를 하나로 성형한 원피스대변기로 만들 수 있으며 최근 우리나라 아파트 등에 적용하는 예가 증가하고 있다. 이외 블로아웃 방식이 있으나 세척수 급수압으로 98kPa(1kg/㎠)이 필요하여 저수압이나 로탱크에서는 사용할 수 없고 소음이 매우 크다.

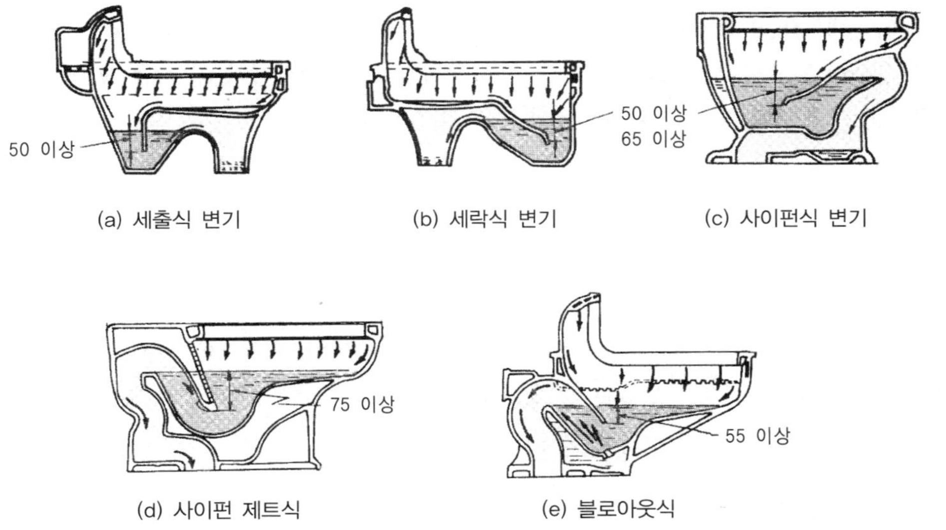

그림 1-39 대변기의 세척방식에 의한 분류

(2) 대변기 세정급수장치에 의한 분류

표 1-37 **대변기의 세정급수장치에 의한 분류**

세정급수방식		탱크위치	필요 급수압 [kPa] [괄호안은 kg/㎠]	세정시 소음*	1회사용 시간[초]	탱크 용량 [ℓ]	최소 급수관 [㎜]	설치 면적	고장 수리	설치 장소
세척탱크	로탱크	변기뒷면 부착	30 (0.3)	소	90	10~18	15	대	쉬움	주택, 호텔, 병원
세척탱크	하이탱크	변기로부터 1.6m 이상 상단부착	30 (0.3)	대	90	10~15	15	중	어려움	공공 건축물
세척밸브 (플러시밸브)		변기로부터 1.0m 이내 사용 편리한 곳	70 (0.7)	대	12~16	13~15	25	소	중간	학교, 사무실, 영화관

* 소음은 세척방식에 따라 다를 수 있음

3 —— 소변기(小便器, UR : urinal)

소변기에는 **벽걸이형(壁付形)**, **스톨형**(stall type), **하프스톨형**이 있다. 벽걸이형은 가격은 싸지만 격판이 필요하고, 스톨형은 바닥을 더립히기 쉬운 단점이 있어 이를 보완할 수 있는 **반벽걸이형 스톨형**(하프 스톨형)이 많이 사용되고 있다.

소변기 세정급수장치로는 수도꼭지식, 플러시밸브식, 하이탱크식, 적외선감지식, 광량감지식 등이 있다. 철도역사, 버스터미널 등 다수의 소변기를 한 곳에 설치하고 24시간 사용하는 경우에는 천장 부근에 용량 15ℓ 정도의 하이탱크를 설치해두고 일정시간에 만수가 되면 내부에 있는 사이펀 장치에 의해 자동적으로 물이 유출되는 하이탱크식(세척탱크식)을 사용하는 것이 좋다. 최근에는 다중 사용 소변기에 절수형인 적외선감지식 및 광량감지식을 많이 채용하고 있다.

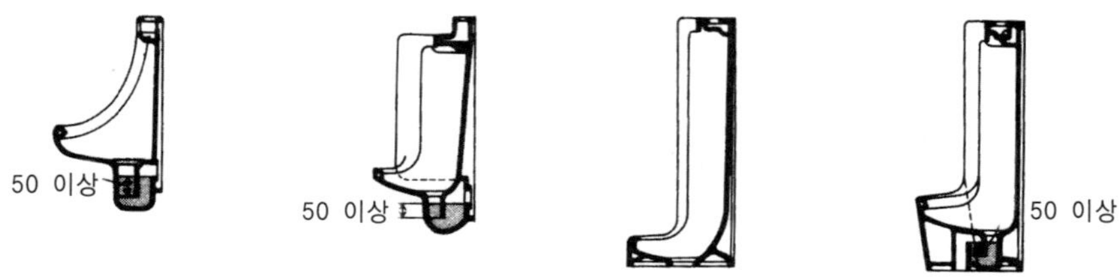

(a) 벽걸이소변기 (b) 하프스톨형 소변기 (c) 스톨소변기 (d) 트랩부착스톨소변기

그림 1-40 **소변기의 종류**

4 —— 위생설비의 유닛

화장실 내의 위생기구 및 타일 등을 각기 설치 시공하려면 시간적 · 경제적 손실이 크고 누수의 염려도 많아 시공 정도(施工精度)의 향상에도 도움이 되지 않는다. 따라서 화장실 등 내부의 위생설비를 공장에서 미리 제작하여 현장에서 조립 부착할 수 있도록 유닛화한 것이 UBR(unit bath room), UTZ(unit toilet zone)라는 이름으로 생산되고 있다. 화장실이나 욕실을 유닛화하기 위해서는 다음과 같은 조건이 충족되어야 한다.

① 경량이며 내구적일 것
② 방수마무리가 완전하고 현장조립이 용이할 것
③ 본관과의 배관접속이 간단하고 수리가 용이하며 유닛내 배관도 단순화할 것
④ 대량생산이 가능하고 현장작업이 단순할 것

1.7.2 재 질(材質)

위생기구는 다음과 같은 조건을 만족하는 재질로 되어 있어야 한다.

① 흡수성이 적고 내식성, 내마모성이 우수할 것
② 표면이 매끄러워 항상 청결을 유지하며 위생적일 것
③ 음료수에 접하는 재질은 인체에 유해한 성분이 용출되지 않을 것
④ 제조가 용이하고 미관이 좋을 것

현재 위생제품 재질로 많이 사용되는 것은 도석과 장석(규조토)을 혼합하여 규석을 첨가한 **도기제품**으로 흡수율이 낮아 대변기, 소변기, 세면기의 재질로 쓰인다. **법랑철기**는 철판이나 주철에 법랑유약을 입혀 950℃까지 가열소성한 것으로 욕조, 세면기, 싱크 등에 많이 사용되고 있다. **스테인리스 강판**은 크롬, 니켈, 철의 합금으로 단단하고 취급이 편하고 부식이 되지 않아 싱크대 제조에 많이 쓰인다. 플라스틱은 약 50년 동안 사용되어 오면서 많이 개량되어 현재 수백 종류가 실용화되었지만 위생도구로 사용할 수 있는 종류는 한정되어 있다.

현재 욕조에 주로 사용되고 있는 FRP(유리섬유강화 폴리에스테르, fiber glass reinforced plastic)는 플라스틱 중에서 뛰어난 강도를 가진 ABS수지, 폴리에틸렌, 염화비닐 등이 주원료이며 5㎜ 이상 두께가 확보되어야 한다.

플라스틱 제품의 특징은 다음과 같다.

① 경량이며 운반설치가 매우 편리하다.
② 보온성이 있고 촉감이 부드럽다.
③ 색상과 디자인 연출이 자유롭다.
④ 알칼리 이외의 화학성에 강하며 내구성이 좋다.
⑤ 유기물이어서 재질의 피로퇴색이 있다.

⑥ 흠집이 생기기 쉽다.
⑦ 열에 약하다.

동합금은 급수, 배수기구, 부속품에 사용되며 압축강도가 큰 기구는 청동주물, 적은 부분에서 황동주물 제품을 쓴다.

1.8 — 배수처리시설

1.8.1 개요

배수처리란 배수 중의 오탁물질을 물과 분리하여 제거하는 것을 말한다.

배수처리시설 중의 하나인 오물정화조(汚物淨化槽, septic tank)는 대·소변기에서 배출되는 오물을 종말처리장이 있는 공공하수도 이외(비방류 하수지역)로 방류하는 경우에 설치하는 정화처리장치이다. 수세변기의 오수만을 정화처리하는 오물정화조를 단독처리 오물정화조라 하고, 주방, 욕실, 세탁 등의 잡배수를 포함하여 처리하는 오물정화조를 **합병처리정화조**라고 한다. 오물정화조에 의한 악취, 소음, 해충의 발생 등에 대해 충분한 대책이 없으면 공해의 발생원인이 될 수 있다.

1 —— 정화조의 기능

오탁물질과 물을 분리하는 정화조는 오물을 침전부상시키는 **물리적 처리조작법**과 미생물을 활성화하거나 일정장치에 흡착시킨 후 오수와 접촉시켜 부패산화시키는 **생화학적처리법** 및 이들을 조합하여 처리하는 방법이 있다.

부패(腐敗)란 산소가 없는 곳에서 활성화하여 배수 중의 녹말, 지방, 단백질 등 유기물을 분해, 탄산가스, 질소가스 등으로 무기물화시키는 **혐기성(嫌氣性) 미생물**에 의한 소화작용(消化作用)을 말하며, **산화(酸化)**란 산소가 공급되는 곳에서 활성화하는 **호기성(好氣性) 미생물**에 의해 유기물을 분해하는 산화작용으로 산소화합물이 먼저 분해되고 그 다음 질소화합물이 분해되는 두 단계를 거친다.

2 —— 오수처리시설의 설치기준

오수처리시설 계획 시에는 관련법을 검토해야 한다. 우리나라에서 방류수의 수질기준은 하수도법에서 규정하고 있으며 개인하수처리시설의 경우 방류수수질기준은 표 1-38과 같다.

표 1-38 오수처리시설 및 정화조의 방류수 수질기준(환경부령, 하수도법 시행규칙 [별표3])

시설구분	1일 처리용량	지역	성 능	
			항목	방류수 수질기준
오수처리시설	50m³ 미만	수변구역	생물화학적산소요구량(BOD)	10mg/ℓ 이하
			부유물질(SS)	10mg/ℓ 이하
		특정지역 및 기타 지역	생물화학적산소요구량(BOD)	20mg/ℓ 이하
			부유물질(SS)	20mg/ℓ 이하
	50m³ 이상	모든 지역	생물화학적산소요구량(BOD)	10mg/ℓ 이하
			부유물질(SS)	10mg/ℓ 이하
			총질소	20mg/ℓ 이하
			총인	2mg/ℓ 이하
			총대장균군수	3000개/mℓ 이하
정화조	11인용 이상	수변구역 및 특정지역	생물화학적산소요구량(BOD) 제거율	65% 이상
			생물화학적산소요구량(BOD)	100mg/ℓ 이하
		기타 지역	생물화학적산소요구량(BOD) 제거율	50% 이상

토양침투처리방법에 따른 정화조의 방류수 수질기준
가. 1차 처리장치에 의한 부유물질 50% 이상 제거
나. 1차 처리장치를 거쳐 토양침투시킬 때의 방류수의 부유물질 250mg/ℓ 이하

골프장, 스키장의 오수처리시설은 BOD 10mg/ℓ 이하, SS 10mg/ℓ 이하로 한다. 단, 숙박시설이 있는 골프장의 경우 BOD 5mg/ℓ 이하, SS 5mg/ℓ 이하로 한다.

오수처리시설 계획시 가장 중요한 것은 오수처리시설 대상인원, 즉 오수량을 예측하는 것이다. 1인 1일 오수배출량은 1.0~1.3ℓ 정도이며, 수세식 화장실의 오수배출량은 40~60ℓ/d · 인 정도가 된다.

정화성능은 BOD제거율(%)이나 SS제거율, 정화조에서 나오는 방류수의 BOD에 의해 결정된다. BOD 제거율은 다음과 같다.

$$\text{BOD제거율} = \frac{\text{유입수의 BOD} - \text{방류수의 BOD}}{\text{유입수의BOD}} \times 100 \ [\%] \tag{1.39}$$

3 —— 정화조

정화조의 성능은 방류수 BOD 90mg/ℓ 이하, BOD 제거율 65% 이상이다.

예를 들어, 성인 1인이 1일간 배출하는 배설량을 1ℓ로 보면 BOD는 약 13000mg/ℓ(ppm)이다. 1인 1일 용변 후의 세척수가 50ℓ라 하면, 배설물과 혼합된 오수의 BOD는 13000mg÷50ℓ = 260mg/ℓ로, 이 값이 정화조로 유입되는 오수의 BOD가 된다. 이것을 정화처리하여 BOD 100mg/ℓ로 방류한다면 이 정화조의 제거율은 (1.36)식에 의하여 $\frac{260-90}{260} \times 100 = 65.4\%$가 되고, 이 값이 정화조의 기준이 된다.

정화조의 처리과정은 오물을 침전부상시키면서 혐기성균을 배양, 소화작용을 하는 1차 처리와 호기성균에 의한 소화작용으로 무기물화시키는 2차 처리를 거치게 되며, 이 두 과정을

잘 조합하면 좋은 효과를 얻을 수 있다.

(1) 1차 처리장치

혐기성균을 배양하는 과정이므로 공기가 유입되는 것을 막아야 한다. 오수는 부패조에서 10~16℃ 상태로 48시간 정도 머무르는 것이 좋다. 1차 처리장치에는 다실형 부패탱크실(그림 1-42), 2중 탱크형[그림 1-41(a)], 변형 2중 탱크형[그림 1-41(b)]이 있다.

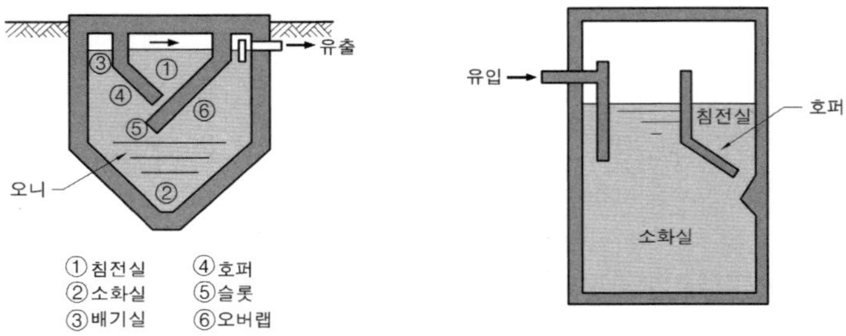

(a) 이중탱크형 (b) 변형이중탱크형

그림 1-41 **1차 처리장치-2중 탱크형**

(2) 2차 처리장치

부패조에서 1차 처리된 오수를 호기성균으로 산화시키는 일을 담당하는 장치로 산화를 촉진시키기 위해 공기의 유통이 원활히 이루어져야 한다. 대표적인 2차 처리장치로 **살수여상형, 활성오니법, 평면형** 등이 있다.

(3) 소독실

2차 처리된 오수라 하더라도 다량의 세균이 포함되어 있으므로 약물을 주입하여 멸균소독한다.

4 —— 부패탱크방식

단독처리방식의 오물정화조 중 우리나라에서 많이 사용되고 있는 부패탱크방식은 부패탱크식과 살수여상식을 조합한 정화조로 오물은 부패조, 산화조, 소독조의 순서를 거치면서 정화되어 시하수도로 방류된다.

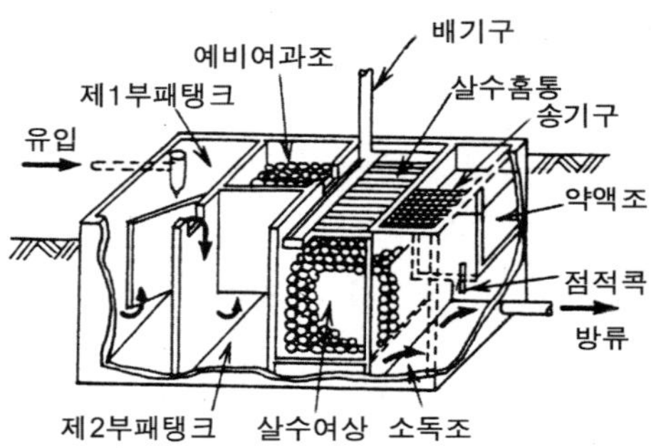

그림 1-42 **부패탱크식 정화조**
(다실형 부패탱크+살수여상법)

(1) 구조

① 오물정화조는 **부패조, 산화조, 소독조**의 순서로 조합한 구조로 할 것

② 오물정화조의 천장, 바닥, 주벽, 간벽은 내수재료로 하고 방수모르타르를 바르거나 기타 이와 유사한 방수재료로 누수가 없도록 할 것

③ **부패조, 산화조, 소독조**에는 각각 내경 40㎝ 이상의 맨홀을 설치하여 여기에 밀폐 가능한 내수재료 또는 주철제 뚜껑을 덮을 것

④ **부패조는 침전분리조, 예비여과조**를 조합한 구조로 할 것

⑤ 부패조의 오수 저유부의 깊이는 1~3m로 하고 사용인원수에 따라 용적을 증가시킬 것

⑥ **산화조는 살수여상식**으로 하고 배기관 및 송기구를 설치하여 통기설비를 할 것

⑦ 산화조의 살수홈통 밑면과 **쇄석층** 윗면과의 거리는 10㎝ 이상, 쇄석층의 두께는 90㎝ 이상, **쇄석층**의 체적은 부패조 오수 저유부 용적의 1/2 이상, 쇄석받이 밑면과 정화조 바닥과의 간격은 10㎝ 이상으로 할 것

(2) 기능

1차 처리장치(부패조)는 **침전분리조** 및 **예비여과조**로 구성되어 있고 혐기성균을 배양하여 유기물을 부패시켜 분해하는 소화작용이 일어나는 실이다. 유기물을 부패시키므로 그 과정에서 발생하는 열과 영양분이 혐기성균의 생육요소가 된다. 그러므로 모든 구조는 오물과 공기의 접촉면을 최소화하고 있다.

2차처리장치는 **산화조**라고도 하며 **호기성균**을 배양, 활성화하는 실로서 미생물막이 부착 형성되어 있는 장치(살수여상) 위에 오수를 균등히 방울방울 떨어뜨림으로써 부착해 있는 호기성균의 작용으로 산화작용이 일어나 유기물이 무기물화된다. 필요한 공기(산소)는 10㎝ 이상 바닥에서 올려진 공간을 통해 공급되며 탄산가스와 질소가스는 배기구(직경 50㎜ 이상, 높이 4m 이상)를 통해 대기중으로 확산된다. 소독조에는 염소농도가 일정하게 유지되도록 소독액을 방울방울 떨어뜨리는 장치나 다이어프램 펌프가 설치된다.

(3) 정화조의 용량 산정

① 부패조 용량

- 5인까지 $V = 1.5$ [m³] (1.37)
- 5~500인 $V = 1.5 + 0.1(n-5)$ [m³] (1.38)
- 500인 이상 $V = 51 + 0.075(n-500)$ [m³] (1.39)

② 산화조 용량

$$V_1 = \frac{V}{2} \tag{1.40}$$

③ 제1부패조, 제2부패조, 제3부패조(예비여과조)의 부피비율은 4 : 2 : 1이다.

예제 13 —— **20세대가 거주하는 공동주택의 오수발생량을 산정하라. 단 각 세대의 거실은 3개씩이다.**

풀이

① 처리대상인원

표 1-39에서 공동주택의 경우

$N=2.7+(3-2)\times0.5=3.2$인

전체 20세대이므로 인원은 모두 64인

② 1일 오수발생량

64인×200ℓ/인=12800ℓ=12.8m³

5 —— 합병처리정화조(合併處理淨化槽)

오수와 잡배수를 합하여 처리하는 방식으로 중요 처리방식은 다음과 같다.

(1) 활성오니법(活性汚泥法)

오수와 활성오니의 양자를 폭기조(爆氣槽) 내로 보내고 용존산소의 존재 아래 폭기각란하여 정화하고, 이것을 침전조로 보내어 활성이뇨를 침전분리시켜 처리하는 방식이다. 침전조에서 침전한 활성오니의 대부분은 새로 폭기조로 유입하는 오수의 정화를 위해 폭기조 입구로 반송하게 된다. 이 방법에는 **장시간 폭기방식, 표준활성오니방식**이 있다.

(2) 살수여상방식(撒水濾床方式)

오수 속에 부유하고 있는 미생물을 이용하지 않고 고정된 장치에 호기성 미생물을 접촉시켜 생성된 미생물막을 오수와 접촉시켜 정화처리하는 방식이다. 단독처리 오물정화조의 부패탱크방식의 2차 처리과정도 이 방식을 조합한 것이다.

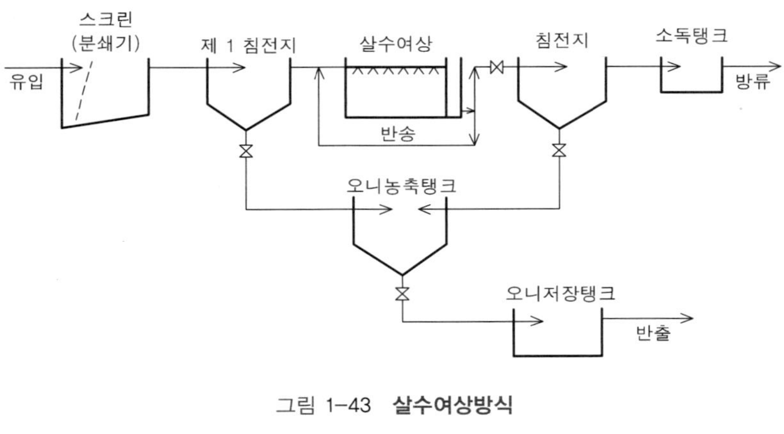

그림 1-43 **살수여상방식**

(3) 장시간 폭기방식(長時間 爆氣方式)

폭기조의 용량을 키워 활성오니가 체류하는 일수를 길게 하여 사멸된 미생물에 산소를 보내면 산화하면서 탄산가스와 물로 분해되므로 이뇨의 발생량을 줄이게 된다. 수처리 과정의 화학방정식은 다음과 같다.

$$C_5H_7NO_2 + 5O_2 \rightarrow 5CO_2 + 2H_2O + NH_3 - OH$$

표 1-39 건축물의 용도별 오수발생량 및 정화조 처리대상인원 산정기준(환경부고시)

분류	건축물 용도			오수발생량			정화조 처리대상인원	
				1일 오수 발생량	BOD 농도 (mg/ℓ)	비고	인원산정식	비고
1	주거시설	단독주택, 농업인주택, 공관		200ℓ/인	200	농업인주택과 읍면지역의 1일 오수발생량은 170ℓ/인을 적용한다.	N=2.0+(R−2)×0.5	−
		공동주택	아파트, 연립주택, 다세대주택, 다가구주택	200ℓ/인	200		N=2.7+(R−2)×0.5	1호가 1거실로 구성되어 있을 때는 2인으로 한다.
		기숙사, 다중주택(원룸)[2], 고시원		7.5ℓ/m²	200		N=0.038A, 연면적[3] N=P (정원이 명확한 경우)	−
7	업무시설	일반사무소	사무소, 신문사, 상담소, 부동산중개업소, 소개소, 출판사, 소방서, 매매장, 통신용시설	15ℓ/m²	100	−	N=0.075A	−
		방문객 많은 사무소	외국공관, 공공청사, 금융업소, 파출소, 동사무소, 우체국, 전신전화국, 방송국, 지역건강보험조합, 지역자치센터, 지구대	15ℓ/m²	100	−	N=0.150A	−
		오피스텔		10ℓ/m²	200	−	N=0.050A	−

* 여기에서, N은 처리대상인원, A는 연면적[m²], R은 거실수[개]이다.

* 위 고시에서 건축물 용도는 주거시설, 문화및집회시설외 판매및영업시설, 의료시설, 교육연구및복지시설, 운동시설, 업무시설, 숙박시설, 위락시설, 공업시설, 자동차관련시설, 공공용시설, 묘지관련시설, 관광휴게시설로 모두 14개 용도로 구분하고 있으나 본서에서는 지면관계상 주거시설과 업무시설 기준만 실었다.

1.9 — 소방설비

1.9.1 개요

1 —— 소화원리

연소란 급격히 일어나는 산화작용으로, 급격한 산화작용 시에는 발생열이 크고 강한 빛과 음을 수반하며 충격적인 압력을 발생하여 폭발하기도 한다. 연소가 일어나기 위해서는 산화하기 쉬운 물질과 산소원(공기)의 공급이 있어야 하고 산화작용에 필요한 열이 있어야 한다. 이 세 가지 중 하나만 없어도 연소는 일어나지 않는다.

화재에 이르는 연소는 **보통화재**(A급 화재)로 목재, 종이, 섬유류 등 일반가연물 화재, **석유류, 가스**(B급 화재) 등의 화재, 전기가 흐르고 있어 감전위험이 높은 변전실, 개폐기 등의 **전기화재**(C급 화재) 등으로 분류한다.

이상 연소의 3요소와 화재의 종류를 고려한 소화법은 다음과 같다.

① 질식소화법(窒息消火法) : 산소의 공급을 차단하는 방법으로 불연성의 무거운 기체나 기름보다 가벼운 불연성 포말 혹은 액체로 연소물을 덮는 방법

② 희석소화법(稀釋消火法) : 가연성 수용성 액체에 물을 뿌려 희석시키는 방법과 폭풍을 이용하여 산소농도를 순간적으로 희석시키는 방법

③ 냉각소화법(冷却消火法) : 가장 일반적인 방법으로 열용량이 큰 물로 연소열을 흡수, 물이 수증기로 변화하는 잠열로 연소물질의 온도를 낮추는 방법

④ 억제소화법(抑制消火法) : 가연물질의 연쇄적인 산화작용을 억제하는 방법

2 —— 소방시설의 종류

소방시설 설치 · 유지 및 안전관리에 관한 법률에서 정하는 소방시설에는 **소화설비, 경보설비, 피난설비, 소화용수설비**, 그 밖에 **소화활동설비**가 있다. 위생설비에서는 일반적으로 취급하는 소화설비(소화기, 간이 소화용구설비 제외)와 소화활동설비 가운데 연결송수관과 연결살수설비에 대하여 기술하고 있다.

1.9.2 수소화설비(水消火設備, fire hydrant equipment)

1 —— 옥내소화전 설비(屋內消火栓 設備)

건축물 내에 화재가 발생할 때 초기 소화를 목적으로 실시하는 **냉각소화법**이다. 옥내소화전은 건축물의 복도벽, 화장실벽, 또는 계단실 등 접근과 발견이 용이한 곳에 설치하고, 소화전함 내에는 **호스**(구경 40㎜, 길이 15m×2개)와 **방수구**(40㎜ 노즐), **소화전 개폐밸브** 등이 내장되어 있다. 소화전함 상부에는 화재경보기와 연동되어 있거나 단독으로 소방펌프와 연결되어 있는 버튼이 **경보등**과 함께 설치되어 있다. 옥내소화전은 수평거리 25m 이내마다

설치해야 하고, 개폐밸브는 바닥에서 1.5m 이내에 설치해야 한다. 옥내소화전설비의 수원은 그 저수량이 옥내소화전의 설치개수가 가장 많은 층의 설치개수(5개 이상 설치된 경우에는 5개)에 2.6m³(방수량 130ℓ/min×20min)를 곱한 양 이상이 되도록 해야 한다.

$$\text{옥내소화전 저수량} = \text{동시사용개수(최대 5개)} \times 2.6\text{m}^3 \tag{1.41}$$

옥내소화전용 노즐 끝의 방수압력은 0.17MPa(1.7kg/㎠) 이상이 되어야 하고 방수압력이 0.7MPa(7kg/㎠)을 초과하는 경우에는 감압장치를 설치해야 한다.

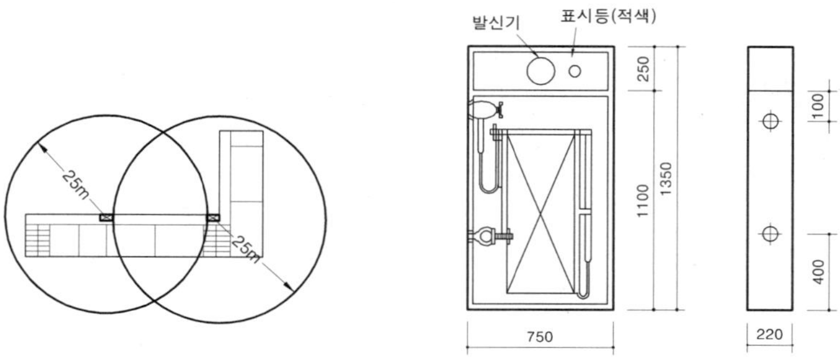

(a) 옥내소화전 설치반경 (b) 옥내소화전

그림 1-44 **옥내소화전**

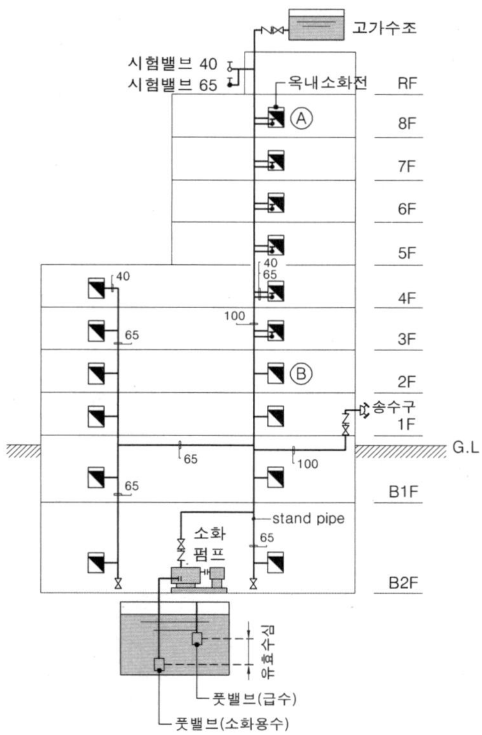

그림 1-45 **옥내소화전 계통도**

표 1-40 특정소방대상물(소방시설 설치 · 유지 및 안전관리에 관한 법률 시행령 [별표 2])

용도별	비 고	용 도 별	비 고
1. 공동주택	아파트, 기숙사	16. 창고시설	창고, 하역장, 물류터미널, 집배송시설
2. 근린생활시설	슈퍼마켓, 소매점, 음식점, 제과점, 이용원, 의원, 탁구장, 공연장, 금융업소, 사무소, 제조업소, 게임제공업시설, 사진관, 학원, 의약품 판매소 등	17. 위험물 저장 및 처리 시설	위험물 제조소 등, 가스시설
3. 문화 및 집회 시설	공연장, 집회장, 관람장, 전시장, 동·식물원	18. 항공기 및 자동차 관련 시설	항공기격납고, 주차용 건축물, 세차장, 폐차장, 자동차검사장, 자동차매매장, 자동차정비공장, 운전학원 · 정비학원, 주차장, 차고 및 주기장
4. 종교시설	종교집회장, 봉안당		
5. 판매시설	도매시장, 소매시장, 상점	19. 동물 및 식물 관련시설	축사, 가축시설, 도축장, 도계장, 작물재배사, 종묘배양시설, 화초 및 분재 등의 온실,
6. 운수시설	여객자동차터미널, 철도 및 도시철도시설, 공항시설, 항만시설 및 종합여객시설	20. 분뇨 및 쓰레기 처리시설	분뇨처리시설, 고물상, 폐기물처리시설, 폐기물감량화시설
7. 의료시설	병원, 격리병원, 정신의료기관, 장애인 의료재활시설	21. 교정 및 군사 시설	보호감호소, 교도소, 구치소, 보호관찰소, 갱생보호시설, 소년원 및 소년분류심사원, 보호시설, 유치장, 국방·군사시설
8. 교육연구시설	학교, 교육원(연수원), 직업훈련소, 학원, 연구소, 도서관	22. 방송통신시설	방송국, 전신전화국, 촬영소, 통신용시설
9. 노유자시설	노인관련시설, 아동관련시설, 장애인관련시설, 정신질환자관련시설, 노숙인관련시설	23. 발전시설	원자력발전소, 화력발전소, 수력발전소, 풍력발전소
10. 수련시설	생활권 수련시설, 자연권 수련시설	24. 묘지관련시설	화장시설, 봉안동, 묘지와 자연장지에 부수되는 건축물
11. 운동시설	각종운동시설, 체육관, 운동장	25. 관광 휴게시설	야외음악당, 야외극장, 어린이회관, 관망탑, 휴게소
12. 업무시설	공공업무시설, 일반업무시설, 주민자치센터, 마을회관, 변전소 등	26. 장례식장	
		27. 지하가	지하상가, 터널
13. 숙박시설	일반형 숙박시설, 생활형 숙박시설, 고시원	28. 지하구	
14. 위락시설	단란주점, 유흥주점, 무도장, 카지노영업소	29. 문화재	
15. 공장		30. 복합건축물	

표 1-41 옥내소화전, 옥외소화전, 연결송수관설비 적용기준

소방시설	특정소방대상물 적용기준	비고
옥내소화전 설비	(가) 연면적 3000㎡ 이상(터널 제외)이거나 지하층 · 무창층 또는 층수가 4층 이상인 것 중 바닥면적이 600㎡ 이상인 층이 있는 것은 전층	가스시설 및 지하구 제외
	(나) 지하가 중 터널로서 길이 1000m 이상인 터널	
	(다) (가)에 해당하지 않는 근린생활시설 · 위락시설 · 판매시설 및 영업시설 · 숙박시설 · 노유자시설 · 의료시설 · 업무시설 · 통신촬영시설 · 공장 · 창고시설 · 운수자동차시설 또는 복합건축물로서 연면적 1500㎡ 이상이거나 지하층 · 무창층 또는 층수가 4층 이상인 층 중 바닥면적이 300㎡ 이상인 층이 있는 것은 전층	
	(라) 건축물 옥상에 설치된 차고 또는 주차장으로서 차고 또는 주차장의 용도로 사용되는 부분의 면적이 200㎡ 이상인 것	
	(마) (가), (다)에 해당하지 않는 공장 또는 창고로서 소방기본법시행령 별표3에서 정하는 수량의 750배 이상의 특수가연물을 저장 · 취급하는 것	
옥외소화전 설비	(가) 지상 1층 및 2층의 바닥면적의 합계가 9000㎡ 이상인 것. 이 경우 동일구내 2 이상의 특정소방대상물이 연소우려가 있는 구조인 경우에는 이를 하나의 특정소방대상물로 본다.	가스시설 및 지하구 제외
	(나) 국보 또는 보물로 지정된 목조건축물	
	(다) (가)에 해당하지 않는 공장 또는 창고로서 소방기본법시행령 별표3에서 정하는 수량의 750배 이상의 특수가연물을 저장 · 취급하는 것	
연결송수관 설비	(가) 층수가 5층 이상으로서 연면적 6000㎡ 이상인 것	가스시설 및 지하구 제외
	(나) (가)에 해당하지 않는 특정소방대상물로서 지하층을 포함한 층수가 7층 이상인 것	
	(다) (가), (나)에 해당하지 않는 특정소방대상물로서 지하층의 층수가 3개층 이상이고 지하층의 바닥면적 합계가 1000㎡ 이상인 것	
	(라) 지하가 중 터널로서 길이가 1000m 이상인 것	

2 —— 옥외소화전 설비(屋外消火栓 設備)

건축물 1, 2층의 화재를 옥외에서 진압하는 것을 주목적으로 하는 소화설비이다. 옥외소화전용 법정저수량으로 화재시 2개의 옥외소화전을 20분간 방류할 수 있는 수량이 확보되어야 한다. **표준방수압력**은 0.25MPa(2.5kg/㎠), **표준방수량**은 350ℓ/min 이상, 호스구경은 65㎜, 길이는 15m×2개이며 옥외에 설치하므로 **지하식, 스탠드식, 옥외소화전 상자설치법**이 있다. 공장이나 창고 등과 같이 부지내 다수의 건축물이 있는 곳에 필요하며 겨울철 동결되지 않도록 시공상 주의가 필요하다.

3 —— 연결송수관 설비(連結送水管 設備, siamese connection)

소화활동설비로 송수구와 옥내소화전 방수구를 연결송수관에 결합하는 장치이다. 소방차보

다 높은 압력의 소방수를 고층건물이나 무창건물 등에 보내 효과적인 소화활동을 할 수 있도록 하는데 쓰인다. 일반적으로는 배관 내에 물이 차 있는 **습식 배관법**을 채용하지만, 겨울철 동결의 위험이 있는 장소에는 **건식 배관법**으로 설치한다.

7층 이상(연면적 6000㎡ 이상은 5층 이상)의 층이나 지하층의 층수가 3개층 이상이고 지하층의 바닥면적의 합계가 1000㎡ 이상인 경우 화재 현장까지 소방차 호스를 연결하기가 어려우므로 연결송수관을 이용하여 옥내소화전 방수구(放水口)까지 물을 공급한다. 송수구는 쌍구형(그림 1-46)으로 건물외벽 지상 0.5~1.0m 높이에 설치하고 방수구는 3층 이상 층의 주계단에서 5m 이내에 있는 옥내소화전함 안에 수평거리 50m 이내마다 설치한다. 11층 이상에 설치하는 방수구는 쌍구형으로 하고 호스는 20m 4개 이상 노즐 2개 이상이 준비되어 있어야 한다.

그림 1-46 **쌍구형 송수구**
(siamese connection)

수소화설비 옥내배관은 주관 100㎜, 방수구까지의 분지관은 65㎜, 방수압력은 0.35MPa (3.5kg/㎠) 이상, 1개의 방수량은 450ℓ/min 이상이 되어야 한다.

4 ── 호스 및 송수관의 마찰손실수두

호스의 유량에 따른 손실수두 및 송수관의 마찰손실수두는 표 1-42, 표 1-43과 같다.

표 1-42 **호스 100m당 마찰손실수두 [m]**

유량 [ℓ/min]	호스의 호칭지름		
	40($1\frac{1}{2}$)	50(2)	65($2\frac{1}{2}$)
130	26	7	−
350	−	38	6
450	−	−	19

표 1-43 **직관의 마찰손실수두 [mmAq]**

유량 [ℓ/min]		관의 호칭지름						
		40($1\frac{1}{2}$)	50(2)	65($2\frac{1}{2}$)	80(3)	100(4)	125(5)	150(6)
		마찰손실수두						
옥내소화전	130	14.7	5.10	1.72	0.17	0.17	0.059	0.024
	260	53.0	18.4	6.20	2.57	0.63	0.212	0.086
	390		39.2	13.2	5.47	1.35	0.453	0.184
	520			22.3	9.20	2.28	0.760	0.31
	650				14.20	3.41	1.15	0.47
옥외소화전	350			9.29	3.38	1.14	0.38	0.16
	700				16.2	4.12	1.40	0.57
방 수 구	450			16.3	6.8	1.65	0.561	0.23
	900			59.0	24.3	6.0	2.01	0.83

5 —— 소화용 펌프

(1) 펌프의 전양정

$$H=(h_1+h_2+h_3+h_4+h_5)\times 1.1\sim 1.2\ \text{[m]} \qquad (1.42)$$

h_1 : 흡입관 양정(저수조 바닥에서 펌프까지) [m]

h_2 : 토출관 양정(펌프에서 최고위 소화전까지) [m]

h_3 : 배관의 마찰손실수두 [m]

h_4 : 호스의 마찰손실수두 [m]

h_5 : 노즐의 소요수압에 해당하는 수두 [m]

(2) 펌프의 수량

$$Q=\text{표준방수량}\times\text{동시개구수}\times 1.2 \qquad (1.43)$$

예제 13 —— 그림 1-45의 사무소건물 배관계통도에서 소화펌프의 양수량, 전양정, 축마력을 구하라. 단, 지상층의 높이는 각 3.8m이고 지하층 높이는 각 4m이다. 지하2층에서 지상 4층까지는 평면 50m×20m, 5층 이상은 평면 30m×20m이다.

풀이 연면적 (50×20×6층)+(30×20×4층)=8400㎡이므로, 표 1-41에서 옥내소화전설비 (가)에 해당하고 연결송수관설비 (가)에 해당하므로 옥내소화전 및 연결송수관 설비가 필요하다. 그림 1-45에서 A는 방수구를 포함한 옥내소화전함이고, B는 일반 옥내소화전함이다.

(1) 옥내소화전

① 펌프의 전양정

- h_1 : 펌프의 흡입양정(지하2층 바닥에서 소화수 탱크까지의 높이) : 1m
- h_2 : 지하2층에서 지상8층 소화전까지의 높이
  : (4×2)+(3.8×8)+1=39.4m
- h_3 : 배관의 마찰저항(실양정의 20%로 가정) : 40.4m×0.2=8.1m
- h_4 : 호스의 마찰저항, 표 1-42에서 100m당 26m이므로 30m당 7.8m
- h_5 : 노즐의 방수압에 상당하는 수두 : 0.17MPa(1.7kg/㎠)이므로 17m

$H=1+39.4+8.1+7.8+17=73.3\fallingdotseq 75\ \text{[m]}=750\ \text{[kPa]}$

② 펌프의 양수량

한 개층의 동시사용 소화전이 최대 2개이므로

$Q=130\ \ell/\text{min}\times 2\text{개}\times 1.2\fallingdotseq 300\ [\ell/\text{min}]=0.3\ [\text{m}^3/\text{min}]$

③ 펌프의 축동력

펌프의 효율을 55%로 보고, (1.22SI)식에 의하여

$$W = \frac{0.3 \times 750}{60 \times 0.55} = 6.82 \fallingdotseq 7.5 \ \ [\text{kW}]$$

따라서 **옥내소화전용 펌프의 사양은 300ℓ/min×75m×7.5kW**이다.

④ 옥내소화전설비의 수원

$$Q = 2\text{개} \times 2.6\text{m}^3 = 5.2 \ \ [\text{m}^3]$$

(2) 연결송수관

① 펌프의 전양정

- h_1 : 송수구에서 지상8층 방수구까지의 수직높이 : (3.8×8)+1−1=30.4m
- h_2 : 배관의 마찰저항(실양정의 20%로 가정) : 40.4m×0.2=6.1m
- h_3 : 호스의 마찰저항, 표 1−42에서 100m당 19m이므로 80m당 15.2m
- h_4 : 방수구의 방수압에 해당하는 수두 : 0.35MPa(3.5kg/㎠)이므로 35m

$$H = 30.4 + 6.1 + 15.2 + 35 = 86.7 \fallingdotseq 90 \ \ [\text{m}] = 900 \ \ [\text{kPa}]$$

② 보조펌프

보통 소방차의 송수압력이 0.7MPa(7kg/㎠)이므로, 해당 수두를 만족하지 못한다. 따라서 필요양정이 70m를 넘는 건축물에는 반드시 연결송수관용 보조펌프를 설치할 필요가 있다. 보조펌프는 직렬로 연결하여 가동한다.

- 보조펌프의 양정 : $H = 90 - 70 = 20 \ \ [\text{m}] = 200 \ \ [\text{kPa}]$
- 펌프의 양수량 : $Q = 450\ \ell/\text{min} \times 2\text{개} \times 1.2 = 1080 \fallingdotseq 1{,}100\ [\ell/\text{min}] = 1.1\ [\text{m}^3/\text{min}]$

펌프의 축동력 : $W = \frac{1.1 \times 200}{60 \times 0.55} = 6.67 \fallingdotseq 7.5 \ \ [\text{kW}]$

따라서 **연결송수관용 보조펌프의 사양은 1100ℓ/min×20m×7.5kW**이다.

6 ── 스프링클러설비(sprinkler system)

스프링클러설비는 야간이나 휴일 등 사람이 없을 때에도 화재가 발생하면 자동적으로 살수하는 소화설비이다. 형식상 **폐쇄형**과 **개방형**이 있으며 폐쇄형은 항상 배관 내에 만수가압(滿水加壓)해 두는 **습식방식**과 배관 내에 압축공기를 채워두고 스프링클러헤드의 감지에 의해 배관 내의 공기를 빼고 통수방수하는 **건식방식**이 있다. 통상 스프링클러 장치라 하면 **폐쇄형 습식방식**을 가리키며 화재시 스프링클러헤드의 가용편(퓨즈)이 용해되어 관내 수압으로 물이 분출하게 되며 배관내 물의 흐름을 감지하여 경보를 발하는 **알람밸브**가 각층 혹은 일정구역의 주배관에 설치되어 있다. 그림 1−48은 폐쇄형 습식 스프링클러의 계통도이다.

건식 스프링클러설비는 동절기 배관 내의 물이 동결할 위험이 있는 한랭지에서 사용하는 것으로 유수검지장치로는 건식 알람밸브를 사용한다. 가압송수장치로부터 건식밸브까지는 항상 물을 가압시켜 놓고 건식밸브에서 헤드까지는 압축공기로 되어 있어 헤드가 감열개방하면 압력이 낮아지면서 건식밸브가 자동적으로 열리고 개방된 헤드로부터 물이 품어 나온다. 적용장소로는 동결의 우려가 있는 옥내외주차장, 공장, 창고 등이다.

표 1-44 스프링클러설비 적용기준

<table>
<tr><th>소방 시설</th><th colspan="2">특정소방대상물 적용기준</th><th>비고</th></tr>
<tr><td rowspan="12">스프링 클러 설비</td><td>(가) 문화집회 및 운동시설로 다음에 해당하는 경우 전층</td><td>(1) 수용인원이 100인 이상인 것
(2) 영화상영관의 용도로 쓰이는 층의 바닥면적이
-지하층 또는 무창층인 경우 500m² 이상
-그 밖의 층의 겨우 1000m² 이상인 것
(3) 무대부가 지하층·무창층 또는 4층 이상인 층에 있는 경우 무대부 면적이 300m² 이상인 것
(4) 무대부가 (3) 외의 층에 있는 경우 무대부 면적이 500m² 이상인 것</td><td rowspan="12">가스시설 및 지하구 제외</td></tr>
<tr><td>(나) 판매시설 및 영업시설로 다음에 해당하는 경우 전층</td><td>(1) 판매시설 및 영업시설의 바닥면적 합계가 6000m² 이상인 것(3층 이하인 건축물)
(2) 판매시설 및 영업시설의 바닥면적 합계가 5000m² 이상인 것(4층 이상인 건축물)
(3) 수용인원 500인 이상인 것</td></tr>
<tr><td colspan="2">(다) 층수가 11층 이상인 특정소방대상물의 경우 전층</td></tr>
<tr><td>(라) 다음 어느 하나에 해당하는 경우 전층</td><td>(1) 노유자시설, 정신보건시설로서 연면적 600m² 이상인 것
(2) 교육연구시설 중 숙박이 가능한 청소년시설로서 연면적 600m² 이상인 것</td></tr>
<tr><td colspan="2">(마) 천장 또는 반자의 높이가 10m를 넘는 랙크식 창고로서 연면적 1500m² 이상인 것</td></tr>
<tr><td colspan="2">(바) 지하가(터널 제외)로서 연면적 1000m² 이상인 것</td></tr>
<tr><td colspan="2">(사) (가), (마)에 해당하지 않는 특정소방대상물의 지하층·무창층 또는 4층 이상인 층으로서 바닥면적이 1000m² 이상인 층</td></tr>
<tr><td colspan="2">(아) (가), (사)의 특정소방대상물에 부속된 보일러실 또는 연결통로 등</td></tr>
<tr><td colspan="2">(자) 복합건축물 또는 교육연구시설내에 있는 학생수용을 위한 기숙사로서 연면적 5000m² 이상인 경우 전층</td></tr>
<tr><td>(차) (마)에 해당하지 않는 공장 또는 창고로서 다음 어느 하나에 해당하는 시설</td><td>(1) 소방기본법시행령 별표2에서 정하는 수량의 1000배 이상의 특수가연물을 저장·취급하는 것
(2) 중·저준위방사성폐기물의 저장시설 중 소화수를 수집·처리하는 설비가 있는 저장시설</td></tr>
<tr><td>(카) 교정시설 중 다음 어느 하나에 해당하는 경우 해당 장소</td><td>(1) 교도소 및 치료감호소의 수용거실
(2) 출입국관리법에 따른 보호장소
(3) 유치장</td></tr>
</table>

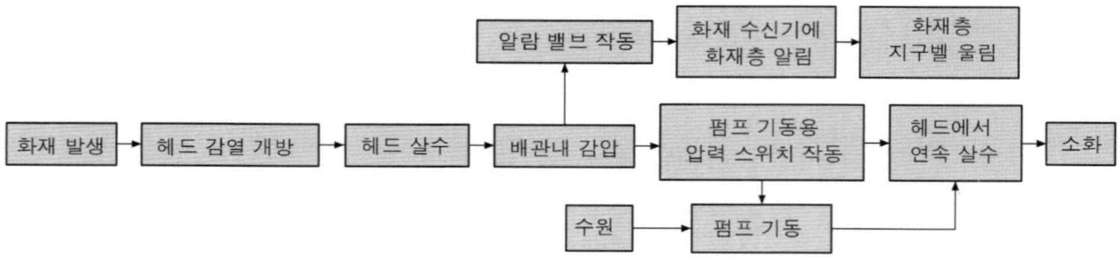

그림 1-47 **폐쇄형 습식 스프링클러 설비의 작동 경로**

개방형 스프링클러설비는 소화대상 구역의 천장에 설치된 개방형 스프링클러 헤드에서 일제히 살수하여 소화하는 설비로 화재가 발생하면 급격히 번질 것으로 예상되는 장소에 설치한다. 헤드에 감지부가 없으므로 **화재감지기**를 별도로 설치해야 하며 화재감지기가 화재를 감지하면 경보를 울리며 펌프를 가동하여 살수하게 된다. 천장이 높아 폐쇄형 헤드 작동이 곤란한 무대, 위험물 저장소, 페인트 공장 등에 적용하는 방식이다.

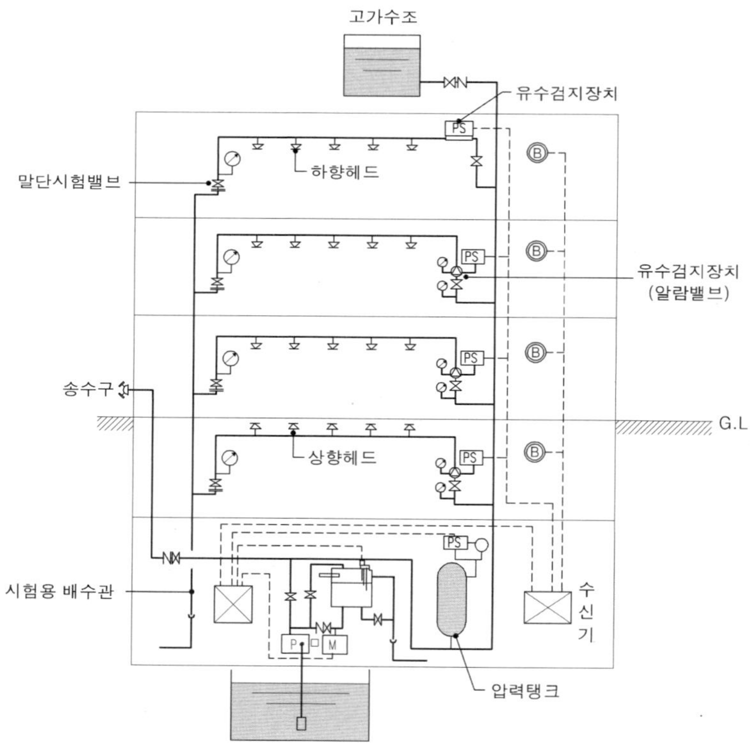

그림 1-48 **폐쇄형 습식 스프링클러 계통도**

폐쇄형(상향) 폐쇄형(하향) 측벽형 헤드 개방형 헤드

그림 1-49 **스프링클러 헤드**

표 1-45 **스프링클러설비 설치장소에 따른 헤드 기준개수**

스프링클러설비 설치장소			기준개수
지하층을 제외한 층수가 10층 이하인 소방대상물	공장 또는 창고	특수가연물을 저장 · 취급하는 것	30
		그 밖의 것	20
	근린생활시설 · 판매시설 · 운수시설 또는 복합건축물	판매시설 또는 복합건축물(판매시설이 설치된 복합건축물)	30
		그 밖의 것	20
	그 밖의 것	헤드의 부착높이가 8m 이상인 것	20
		헤드의 부착높이가 8m 미만인 것	10
아파트			10
지하층을 제외한 층수가 11층 이상인 소방대상물(아파트 제외) · 지하가 또는 지하역사			30

스프링클러 헤드 한 개가 담당하는 유효면적은 10㎡ 이하로 무대부, 특수가연물을 저장, 취급하는 곳에는 1.7m 이내, 공동주택 세대내 거실은 3.2m 이내, 그 외 경우에는 2.1m 이하(내화구조인 경우 2.3m 이하)의 간격으로 설치한다. 스프링클러 헤드의 **방수압력**은 0.1MPa(1kg/㎠) 이상 1.2MPa(12kg/㎠) 이하, **방수량**은 80ℓ/min 이상이어야 한다.

가압송수장치의 송수량은 0.1MPa의 방수압력을 기준으로 80ℓ/min 이상의 방수성능을 가진 기준개수의 모든 헤드로부터의 방수량을 충족시킬 수 있는 양 이상으로 하고 스프링클러설비의 수원은 스프링클러 헤드의 기준개수에 1.6㎥(80ℓ/min×20min)을 곱한 양 이상이 되도록 한다.

예제 14 — **지하 3층, 지상 13층 건물에서 11층 이상 층에 스프링클러설비를 하라. 단, 스프링클러 설치개수가 각층 60개, 최상층 스프링클러까지의 높이 50m, 배관 마찰손실수두 20mAq, 스프링클러 헤드 기준개수 30개, 펌프효율 60%로 한다.**

풀이

① 스프링클러 펌프의 전양정

15% 여유를 두고 개산하면,

$$H=(50+20+10)\times 1.15=92\ [\mathrm{m}]=920\ [\mathrm{kPa}]$$

② 스프링클러 펌프 양수량

$$Q=30\text{개}\times 80\ \ell/\mathrm{min}\times 1.2=2{,}880\ [\ell/\mathrm{min}]=2.88\ [\mathrm{m^3/min}]$$

③ 스프링클러 펌프 축동력

$$W=\frac{2.88\times 920}{60\times 0.6}\times 1.2=88.32\ [\mathrm{kW}]$$

④ 수원의 최소용량

$$V=30\text{개}\times 80\ \ell/\mathrm{min}\times 20\mathrm{min}=48000\ \ell=48\ [\mathrm{m^3}]$$

---

6 — 물분무 소화설비

특수헤드로 미세한 물방울을 안개상태로 분산방사하여 연소물을 덮어씌워 공기공급을 차단하는 **질식소화법**과 물방울로 냉각하면서 현열을 뺏는 동시에 물방울이 증발하면서 잠열까지 제거하는 **냉각소화법**, 물에 용해되는 가연성 액체의 희석작용 또는 비용해성 가연 액체의 불연성 에멀션 형성으로 소화하는 원리를 이용한 소화설비이다.

자동화재탐지설비 감지기가 작동하거나 폐쇄형 스프링클러 헤드가 개방되면 함께 경보를 발하고 가압송수장치 및 자동개방밸브가 개방될 수 있도록 한 것이다. 적용장소로는 자동차 차고, 주차장, 석유정제공업, 통신기기 · 전기기기 특히 변압기 등이 설치되어 있는 장소, 위험물을 취급하는 화학공장의 여러 장치, 연구실, 실험실 등이다.

7 — 포소화설비

포소화설비는 거품과 물을 일정 비율로 혼합하고 혼합액을 포헤드나 노즐 등의 발포기로 보내 공기를 흡입 발생시킨 거품을 연소물 위로 방사하여 거품에 의한 **냉각작용**과 **질식작용**으로 소화하는 설비이다. 기름화재에 유효하며 물만으로 소화 곤란한 주차장이나 항공기의 격납고, 위험물 저장고 등에 설치한다. 포소화설비에는 **고정식**과 **이동식**이 있다.

8 — 이산화탄소 및 할로겐화물 소화설비

이산화탄소, 할로겐화물 소화설비에 분말소화설비를 포함하여 **가스계 소화설비**라 한다. 모두 물 이외의 소화제를 사용하는 설비이며 물로 소화가 곤란한 보일러실, 도서관, 박물관, 전기실, 통신기계실 등의 소화설비로 사용된다.

이산화탄소 소화설비는 저장용기에 채운 액화 이산화탄소를 화재시 화재구역으로 분사하여 산소농도를 희석시키고 증발잠열로 냉각하는 소화방법이다. 이산화탄소 소화설비는 방출구역 내에 사람이 있으면 질식사의 위험이 있으므로 사람의 출입이 잦은 곳에서는 안전대책에 만전을 기해야 한다.

할로겐화물 소화설비는 이산화탄소에 비해 인체에 해가 없어 컴퓨터실, 전기실에 많이 사용되어 왔는데 불소와 같은 할로겐은 오존층을 파괴하는 물질이기 때문에 생산사용이 규제되고 있다. 이에 대체 소화제로 탄소, 수소, 불소 등을 조합시킨 할로겐 화합물계와 불활성 가스계 두 종류가 쓰인다.

1.10 – 가스설비

도시가스는 가정용, 업무용, 공업용 에너지뿐만 아니라 공조용 열원으로까지 그 사용범위가 확대되고 있다. 도시가스의 제조방법에 따라 **석탄계, 석유계, 천연가스계**로 나눌 수 있으며 제조가스를 정제 혼합하여 소정의 발열량을 조정하여 사용하지만 최근에는 천연가스 및 LP 가스를 그대로 공급하는 방식이 많이 쓰이고 있다.

1 —— 액화천연가스(LNG : liquefied natural gas)

메탄을 주성분으로 하는 천연가스는 1기압 6℃에서 1kg이 1.4㎥ 정도 되지만, −162℃로 냉각하면 부피가 1/600로 감소한다. 이 가스는 장기적인 공급의 안전성, 경제성, 청결성 등의 이유로 도시가스의 주원료가 되었다. 현재 원료로 사용하는 가스 중에서 발열량이 높고 무독성, 무공해성이며 공기보다 가볍고 누설된다 해도 공기 중에 흡수되기 때문에 안전성이 높다. 그러나 작은 용기에 담아서 사용할 수 없고 반드시 대규모 저장시설을 갖춰 배관을 통해 공급해야 한다.

가스경보장치는 천장에서 30㎝ 이내 높이에 설치해야 한다.

2 —— 액화석유가스(LPG : liquefied petroleum gas)

석유 중의 프로판이나 부탄 등 낮은 온도에서 기화하는 탄화수소를 주체로 하는 가스를 상온에서 가압하여 액화한 것이다. 이들 가스는 발열량이 크며 비중이 공기보다 크고 연소시 이론 공기량이 많다. 공기보다 무거워 배관설계와 기기 사용시 주의를 요하며 바닥 위 30㎝ 이내에 가스경보기를 설치하도록 되어 있다. 천연가스와 같이 유독성 가스가 포함되지 않은 점에서는 안전하나 무색무취하므로 향료를 넣어 사용해야 한다.

표 1-46 LNG와 LPG 비교

가스명칭	단위	특성	비중 (공기 1.0)	총발열량		이론공기량 [㎥/㎥(공기)]
				MJ/N㎥	kcal/N㎥	
LPG	N㎥*	무색무취 열효율이 가장 높다.	1.5~2.0	62.8	15000	26~32
LNG	N㎥	폭발성이 적다. 무공해, 열효율이 높다.	0.54~0.65	44.2	10550	11~14

* N㎥은 0℃, 1기압 상태의 체적을 말한다.

3 ── 가스공급방식

공장에서 제조된 도시가스는 조성과 열량을 조정한 다음 그림 1-50과 같이 공급설비를 거쳐 수요개소로 공급된다.

공급방식에 따라 **고압공급방식**(10MPa 이상), **중압공급방식**(1~10MPa), **저압공급방식**(1MPa 미만)이 있다.

일반적으로 사용되고 있는 저압공급방식은 가스사용량이 적은 가정용, 업무용, 공조용 기기 등을 대상으로 하고 있다. 중압공급방식은 작은 배관경으로 다량의 가스를 보낼 수 있는 이점이 있어 가스공급처까지의 거리가 길고 저압공급으로는 배관비용이 많이 소요될 경우에 채용된다. 최근에는 각 가정에 저압용 가스조정기를 설치하여 압력을 낮춰 공급하는 방식도 일부 이루어지고 있다.

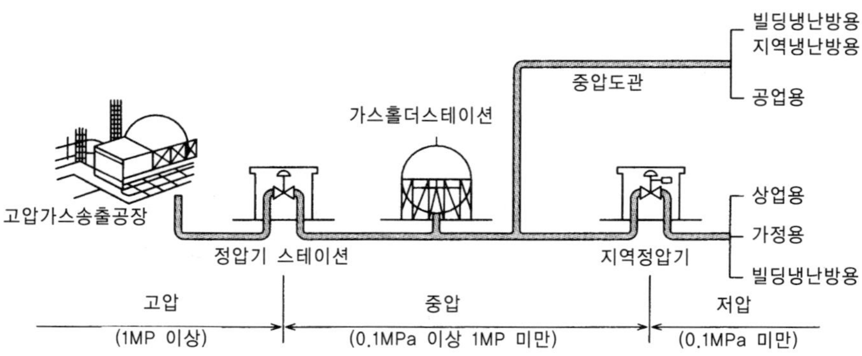

그림 1-50 **도시가스의 공급계통도**

4 ── 배관설계

도시가스배관의 설계시공은 일반사업자가 할 수 없고 가스공급자의 책임아래 행해져야 한다. 배관설계는 가스기기의 설치장소를 먼저 선정한 후 가스유량과 배관루트를 결정하고 마지막으로 배관경을 산정하는 순서로 이루어진다.

도시가스 저압공급의 경우 도로에 매설된 가스관에서 가스밸브까지의 허용손실압력은 15mmAq 이하가 되도록 설계하는 것이 일반적이다. 가스공급 본관의 최소관경은 25㎜이며 가스공급 분기관은 20㎜ 이상으로 한다. 가스기구는 열원에 의한 피해가 없고 연소에 의한 급배기가 가능하며 가스기구의 손질이나 점검이 편리한 장소에 설치해야 한다. 배관은 부식되거나 손상될 우려가 있는 곳은 피하고 온도 변화가 심하지 않고 시공, 관리가 손쉬우며 필요한 코크와 물빼기 장치 등의 설치가 가능한 곳에 설치한다. 가스미터기는 저압전선과 15㎝ 이상의 간격이 확보되도록 하고 굴뚝이나 콘센트와 같이 발열물체로부터는 30㎝ 이상, 전기계량기, 전기개폐기, 전기안전기와는 60㎝ 이상 떨어진 곳에 설치해야 한다. 또, 지면에서 1.6~2.0m 높이에, 화기에서 2m 이상 우회거리를 유지해야 하며 환기가 잘 되는 곳이어야 한다. 배관은 1/100~1/200의 선하향 구배로 하고 필요장소에는 신축이음도 한다. 배관재는 강관(KS D 3507)으로 하고 주요구조부는 관통하지 않도록 배관한다. 지중매설시에는 폴리에틸렌 피복강관(KS D 3586)이나 폴리에틸렌관(KS N 3514 가스용)을 사용하고 60㎝ 이하에 전선이나 상하수도관보다 0.6~1.2m 아래에 매설해야 한다.

초고층 건물의 상층부에서는 공기보다 가벼운 가스는 압력 상승, 무거운 가스는 압력 강하가 일어나는 등 가스공급 압력이 변하므로 배관설계시 충분히 고려해야 하고, 건물의 규모가 크고 배관길이가 길 경우에는 계통을 나누어 배관해야 한다.

5 —— 연소기기별 급배기

주방용 가스기기 6,000kcal/h(7kW) 이하의 가스스토브, 10,000kcal/h(12kW) 이하의 소용량 기기 등의 **개방연소형 기구**는 실내공기를 연소용으로 하여 배기가스(탄소, 질소, 산소화합물, 물)를 실내로 배출한다. **반밀폐형 기구**는 실내공기를 연소용 공기로 하고 배기는 배기구를 통하여 외부로 배출시키는 것으로 **자연배기방식**(CF : conventional flue)과 **강제배기방식**(FF : forced draught balaced flue)이 있다. **밀폐연소용 기구**는 외기로부터 연소용 공기를 도입하고 배기도 외부로 배출하는 방법으로 자연환기에 의한 **자연급배기방식**(BF : balanced flue)과 **강제배기방식**이 있다.

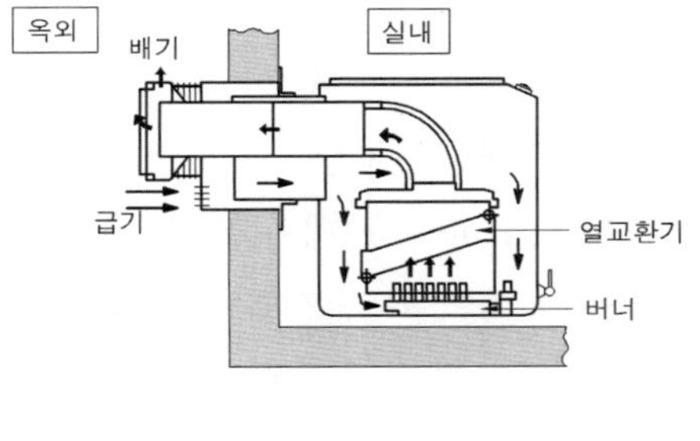

(a) BF식 기기

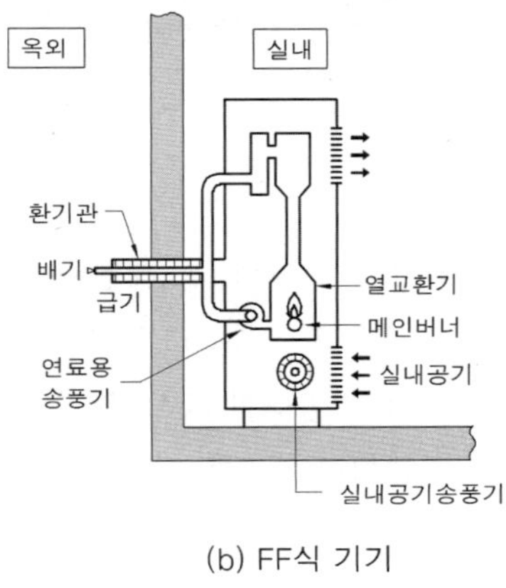

(b) FF식 기기

그림 1-51 **밀폐형 BF식과 FF식 난방기**

밀폐형 연소기구 이외의 가스기구를 실내에 사용하는 경우에는 산소농도 저하율을 0.5% 이하로 유지하기 위해 가스소비량 1000kcal(4.19MJ)당 0.9m^3의 20~40%의 추가공기를 공급해야 한다. 즉 적어도 1000kcal(4.19MJ)당 1m^3의 공기를 공급해야 한다.

6 —— 가스 안전대책 설비

가스로 인한 사고는 가스폭발, 화재 및 불완전연소로 인한 일산화탄소의 중독사고가 있다. 표 1-47은 각종 가스안전설비를 나타낸 것이다.

표 1-47 **가스안전설비**

안전설비	설치장소	대책내용
마이크로 컴퓨터 미터	배관	지진, 배관 · 가스기기로부터의 누출, 가스기기 소화 잊어버림
긴급 가스차단장치	배관	지진, 누출, 화재 등
인입관 가스차단장치	배관	지진, 누출, 화재 등
업무용 자동가스차단장치	배관	지진, 누출, 화재 등
퓨즈 가스밸브	가스밸브	가스밸브 오개방, 고무관, 가스코드 빠짐
소화안전장치	가스기기	넘침으로 인한 가스기기의 소화 검지 · 정지
불완전연소 방지장치	가스기기	가스기기의 불완전연소 검지 · 정지
가스누출경보기	건물내	가스누출 검지 · 경보, 연동차단
CO경보기	건물내	CO검지 · 경보, 연동차단(가스누출경보기와 일체화된 것이 많음)
폴리에틸렌관	배관	부식, 지진, 부동침하, 절손 방지

1.11 기기와 재료

1.11.1 기기(器機)

1 —— 수조(水槽)

수조의 재질은 FRP, **강판**, **스테인리스강판**, **콘크리트제**가 있다.

가장 널리 사용되고 있는 **FRP(fiberglass reinforced plastic)제**는 유리섬유에 불포화 폴리에스테르 수지를 성형한 것으로 경량이고 내식성이 뛰어나며, 가격이 저렴하고 대용량도 현장조립이 가능하다. 그러나 내후성, 내열성이 약하며 관 접속부의 강도 등에 문제가 있다. FRP판은 두께 2~3mm 정도의 단판과 복합판이 있는데, 강도와 보온성에 있어 복합판이 단판보다 우수하다. 형태에 따라서는 각형과 원형, 구형이 있다.

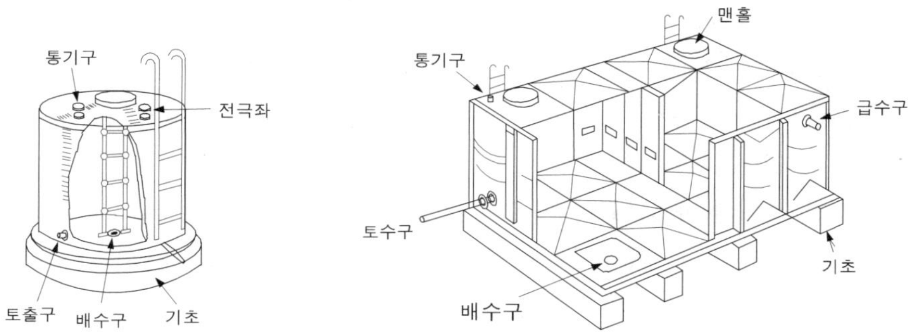

(a) FRP제 원통형 탱크　　　(b) 패널탱크

그림 1-52 **급수탱크**

2 —— 저탕조

저탕조에는 **밀폐형**과 **개방형**이 있다. 재질은 **강판**, 스테인리스 **강판제**를 쓰고 있으며, 강판제 내부는 에폭시수지라이닝 처리를 하거나 동판으로 싸서 녹물 발생을 방지하고 있다.

저탕 및 가열용 열교환기는 관형과 판형이 있는데 급탕용으로는 보통 **관형**(그림 1-53)이 사용되고 가열코일로는 **동관**이 사용된다.

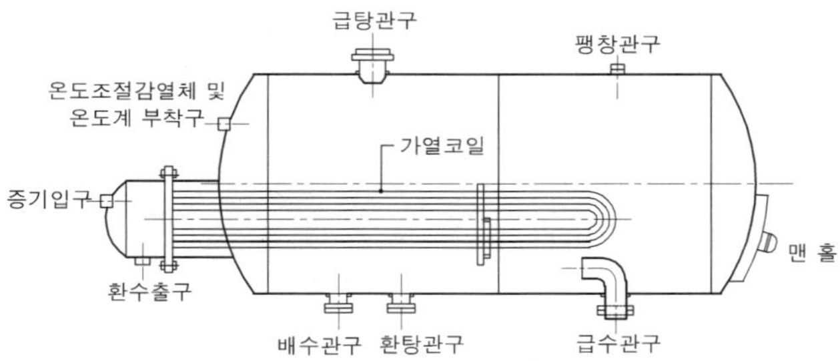

그림 1-53 **간접가열식 저탕탱크**

1.11.2 배관재료

1 —— 배관재료

급수, 급탕 계통의 누수와 적수(녹물) 등의 사고는 대부분 배관재료의 부식에 의한 것이다. 배관재료를 부식시키는 가장 큰 원인 중 하나가 배관 내를 흐르는 물의 수질로, 특히 염소 소독된 수돗물의 염소이온은 부식을 촉진시키는 역할을 한다. 따라서 급수관과 급탕관은 내식성이 있는 배관재로 위생적으로 유지되어야 하며 시공편의와 경제적인 면도 고려하여 배관재를 선택해야 한다.

(1) 아연도강관(亞鉛塗鋼管, G.S.P : galvanized steel pipe)

통칭 백관이라고 불리는 것으로 내충격성과 경제성, 시공성 면에서 우수하여 현재 사용되고 있는 관재료로는 가장 많이 보급되어 있다. 그러나 내식성이 떨어져 누수와 적수 등의 문제가 발생하고 있다.

배관용 탄소강 강관에 아연도금한 것을 강관 또는 백가스관이라고 부르고 도금하지 않은 것을 흑가스관(흑관)이라고 부른다. 인장강도가 크고 충격에 강하며 굴곡성이 좋고 시공이 용이하나 주철관에 비해 부식되기 쉽다.

관의 시험압력은 2.5MPa(25kg/㎠)이고 사용압력은 약 1.6MPa(16kg/㎠) 이하이다.

표 1-48 배관용 탄소강관의 치수(KSD 3507)

호칭지름		바깥지름(㎜)	두께(㎜)	무게(kg/m) 소켓 무게 제외
A	B			
6	1/8	10.5	2.0	0.419
8	1/4	13.8	2.35	0.664
10	3/8	17.3	2.35	0.866
15	1/2	21.7	2.65	1.25
20	3/4	27.2	2.65	1.60
25	1	34.0	3.25	2.45
32	$1\frac{1}{4}$	42.7	3.25	3.16
40	$1\frac{1}{2}$	48.6	3.25	3.63
50	2	60.5	3.65	5.12
65	$2\frac{1}{2}$	76.3	3.65	6.34
80	3	89.1	4.05	8.49
90	$3\frac{1}{2}$	101.6	4.05	9.74
100	4	114.3	4.5	12.2
125	5	139.8	4.85	16.1
150	6	165.2	4.85	19.2
175	7	190.7	5.3	24.2
200	8	216.3	5.85	30.4
225	9	241.8	6.2	36.0
250	10	267.4	6.40	41.2
300	12	318.5	7.00	53.8

(2) 스테인리스강관 (stainless steel pipe)

내식성이 우수하고 수명이 길며 위생적이어서 적수[1]나 청수[2] 발생 우려가 없다. 동관보다 강도는 높고 관두께는 얇아 가볍고 동결이나 충격에 강하지만 가격이 비싸고 시공성도 강관에 비해 떨어진다. 부식이 적어 급수관과 급탕관에 많이 사용되고 있다.

접합방법에는 **나사접합, 용접접합, 프레스접합** 등이 있다.

(3) 경질염화비닐관 (unplasticized polyvinyl chloride pipe)

흔히 PVC파이프라고 부르는 배관재로 내산성, 내알칼리성에 전기절연성이 크고 불량도체이며 배관이 가벼워 시공이 간편하고 관내마찰손실저항도 적으며, 관 내면에 스케일이 잘 끼지 않는 등 여러 장점이 있으나 열에 약하고 고온, 저온에서 강도가 약하여 열팽창률이 크고 충격에 약하다.

(4) 폴리에틸렌관 (PE : polyethylene pipe)

화학적, 전기적 성능이 염화비닐관보다 우수하며 가볍고 유연성이 있어 시공하기에도 편리하다. 또 저온에서 강하기 때문에 한랭지역의 배관에 알맞다. 그러나 외부손상을 받기 쉽고 인장강도가 낮다. 상품명으로 폴리나이트, 하리렉스, 액셀파이프 등이 있다.

(5) 폴리부틸렌관 (PB : polybutylene pipe)

폴리부텐관이라고도 하며 간단히 PB관이라고 한다. 상품명인 에이콘파이프로 널리 알려져 있다. 관의 인장강도는 160kg/㎠이고, 사용온도범위는 −20~100℃로 주로 95℃ 이하의 물을 사용하는 관으로 사용된다. 내열, 내한성이 뛰어나고 내부식성과 내충격성이 크다. 무독성으로 외국에서 상수도용으로 많이 사용고 있다.

(6) 주철관 (鑄鐵管, C.I.P : cast iron pipe)

급수용, 배수용, 가스용 등에 사용되는 관으로 내식성, 내구성, 내압성 등이 우수하나 충격과 인장강도가 약하다. 접합방법으로는 **소켓접합, 플랜지접합, 매커니컬 조인트, 빅토리 조인트** 등이 있다.

2 —— 관이음재료(pipe fitting)

(1) 나사식 이음쇠

물, 증기, 기름, 공기 등의 저압용 일반배관에 사용된다. 배관용 탄소강관을 나사이음할 때는 가단주철제 관이음쇠를 사용하고, 이음쇠의 나사는 관용 테이퍼나사로 한다. 관의 방향을 바꿀 때는 **엘보**(elbow), **벤드**(bend), 관을 분기할 때는 **티**(tee), **와이**(Y), **크로스**

1) 적수(赤水) : 강관의 단부에서 용출된 철이 수산화제이철이 되면서 물이 빨갛게 되는 현상
2) 청수(青水) : 동관을 사용하는 경우 물의 pH가 낮아지면 동의 이온 유출이 멈추지 않고 비누 등과 화합하여 동비누가 되어 청색의 부착물이 발생하는 현상

표 1-49 **배수용주철관(KS D 4307)** (단위 : ㎜)

호칭지름	관두께	실제안지름	실제바깥지름	소켓안지름	소켓바깥지름	무게(kg) (유효길이 1600㎜)
50	6.0	50	62	76	102	13.8
65	6.0	65	77	91	117	17.5
75	6.0	75	87	101	127	19.9
100	6.0	100	112	126	152	26.0
125	6.0	125	137	151	177	32.0
150	6.0	150	162	176	202	38.2
200	7.0	200	214	232	260	59.5

(cross), 관경이 같은 관을 연결할 때는 **소켓**(socket), **유니온**(union), **플랜지**(flange), **니플**(nipple), 관경이 다른 관을 연결할 때는 **레듀서**(reducer), **부싱**(bushing), 배관 말단부를 막을 때는 **캡**(cap), **플러그**(plug)가 사용된다. 이들 이음재료들은 제조 후 2.5MPa(25kg/㎠)의 수압시험과 0.5MPa(5kg/㎠)의 공기압시험을 거쳐야 한다.

(2) 용접식 관이음쇠

용접식 관이음쇠에는 맞대기 용접식 관이음쇠, 삽입형 용접식 관이음쇠, 플랜지 관이음쇠 등이 있다. 고열을 필요로 하기 때문에 전기용접을 해야 한다.

그림 1-54 **관이음 재료**

전기용접은 아크방전을 이용하는 것으로 용접봉과 용접부 사이에 아크방전을 방전시켜 접합하는 방식이다. 스테인리스강관의 용접은 접속부의 산화를 방지하기 위해 파이프 내부에 불활성 가스를 충전해야 하고 두께가 얇아 고도의 용접기술이 필요하다.

(3) 플랜지식 관이음쇠

파이프의 말단에 플랜지를 부착하여 플랜지까지 볼트, 너트로 죄어 접합하는 방식이다. 주로 대구경(50㎜ 이상)의 관과 각종 기기의 접속 및 관을 자주 해체하거나 교환하는 곳에 사용한다.

3 —— 밸브류

(1) 게이트밸브(gate valve)

유체의 흐름을 수직으로 차단하는 형식의 밸브로 유체저항이 작아 압력손실이 적고 핸들 조작이 쉽다. 그러나 반개상태에서는 밸브대의 후면에 와류가 생겨 유체저항이 커지고 진동과 소음이 발생하는 경우가 있다. 위생본관 이외 밸브가 필요한 곳에 주로 사용되고 있다. 재료로는 청동제, 주철제, 주강제, 스테인리스강관제 등이 있다. 대구경은 슬루스밸브(sluice valve)라고 한다.

(2) 글로브밸브(glove valve)

밸브 몸통이 공 모양으로 둥글며 밸브 몸통 내에서 물의 흐름이 바뀌기 때문에 유체저항이 크고 조이는데도 힘이 든다. 개폐하는데 시간이 적게 들고 누수가 적어 유량조절에 적합하다. 스톱밸브(stop valve)라고도 한다.

(3) 체크밸브(check valve)

일방향 통행 밸브로써 수평배관에 사용하는 리프트형과 수직수평배관에 사용하는 스윙형이 있으며, 역지밸브라고도 한다.

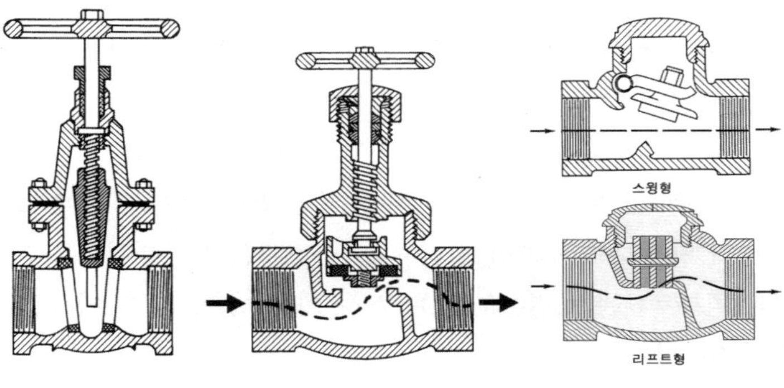

(a) 게이트 밸브 (b) 글로브 밸브 (c) 체크 밸브

그림 1-55 **각종 밸브**

이외에도 고압수를 저압으로 낮추는 **감압밸브**, 압력이 일정 이상 상승하였을 때 과잉압력을 자동으로 방출하여 안전을 유지하는 **안전밸브**, 배관내 유체 속에 섞여 있던 공기가 배관의 높은 부위나 굴곡부분에 모여 유체이동에 장애를 줄 염려가 있는 곳에 설치되어 수동 혹은 자동으로 공기를 배출하는 **오토에어벤트 밸브**(AAV : automatic airvent valve, 자동공기빼기 밸브) 등이 있다.

4 —— 배관의 부식 방지

일반적으로 유체, 특히 물을 이동시키는 배관은 정도의 차이는 있지만 부식이 진행된다. 그 원인은 크게 물과의 접촉에 의한 것, 이온화 경향의 차이가 큰 관(예를 들어 철관과 동관)이나 서로 다른 금속의 접촉에 의한 것으로 나눌 수 있다. 지하매설관 등에서는 외부의 전류가 관 내부로 유입되는 **전식현상(電蝕現象, electrolytic corrosion)**에 의해 발생하기도 한다. 이를 방지하기 위해 금속관에 물기가 없도록 하고 아스팔트, 페인트 등 방식도료를 칠하며 금속관에 내화학성이 강한 금속막으로 도금하거나 이온화 경향의 차이가 적은 관끼리 연결한다. 전식을 방지하기 위해서는 관을 방식테이프, 아스팔트 등으로 감아서 절연층을 만드는 방법이 있다. 최근에는 다른 금속의 배관연결에 **절연이음재**를 사용하고 있다.

5 —— 배관시공

옥외의 지중매설관은 동결 방지를 위하여 동결심도 이하에 매설해야 한다. 또, 도로나 자동차 등의 중량물 통과에 대비할 수 있도록 일반부지 내에서는 30㎝ 이상 차량통로에는 75㎝ 이상 깊이에 매설해야 한다. 건물 내에 설치하는 배관은 수리나 보수의 편의를 위해 가능한 매입배관은 피하도록 한다. 주관에서 분기되는 입관은 파이프샤프트 내에 설치하고 횡주관은 천장과 슬래브 사이에 배관하는 것이 바람직하다. 유지관리상 자주 점검하는 기구나 유닛은 바닥 위에 설치하는 것이 좋다.

관의 지지고정은 관의 종류와 관경에 따라 그 종류와 간격을 결정해야 한다. 배수관으로 아연도금철관 강관을 사용하는 경우 접합부에서 이물질의 이동에 지장이 없도록 **드레네이지(drainage) 이음쇠**를 사용하여 돌출부가 생기지 않도록 해야 한다.

6 —— 단열재

건물내 급수관과 배수관은 관 외부 결로 방지를 위해 **방로피복**을 해야 하고, 옥외노출 배관은 동결방지를 위해 **방동피복**을 해야 한다. 또, 급탕관은 보온피복, 음료용 급수관은 **보냉피복**이 필요하다. 피복두께는 표면온도(60℃ 이하 화상 방지, 85℃ 이하), 손실열량, 경제성 등을 고려하여 결정한다.

표 1-50 **단열재의 피복두께**

종 별		관경[mm] 15 20 25 32 40 50 65 80 100 125 150 200 250 300	보 온 재
급수관 배수관	일반	20 25 30 40 50	• 락울 보온통, 보온대 1호 • 글라스울 보온통, 보온판 24K • 폴리스티로폼 보온통 3호
	습기가 많은 곳	25 30 40 50	
급탕관		20 25 30 40 50	• 락울 보온통, 보온대 1호 • 글라스울 보온통, 보온판 24K
급수 탱크	일반	25	• 락울 보온통, 보온대 1호 • 글라스울 보온판 2호 24K, 32K • 폴리스티로폼 보온통 3호
	습기가 많은 곳	50	
저탕탱크 팽창탱크		50	• 글라스울 보온판 2호 24K, 32K • 락울 보온판 1호, 2호

1.12 위생설비 설계 예

1.12.1 건물개요

① 명　칭 : A 빌딩(임대사무소)

② 소재지 : 부산

③ 구　조 : 철근콘크리트조

④ 규　모 : 연면적 3460㎡ / 지하1층, 지상9층 / 기준층 바닥면적 456㎡

1.12.2 위생설비계획

① 수원은 시 상수만을 이용하는 것으로 한다. 지하수 및 중수는 건물의 규모나 사용수량을 고려하여 적용하지 않는 것으로 한다.

② 급수설비는 지하에 저수조를 두고 옥상 펜트하우스 위에 고가수조를 설치하여 하향급수하는 고가수조방식을 택한다.

③ 급탕설비는 지하 기계실에 저탕조를 설치하고, 증기로 가열하는 간접가열식 급탕방식으로 한다. 각층 탕비실에는 음료용으로 전기탕비기를 설치하고 복도에 정수기를 설치한다.

④ 배수중 오수는 단독오물정화처리조를 설치하여 처리한다. 지상층의 오수는 오물처리조

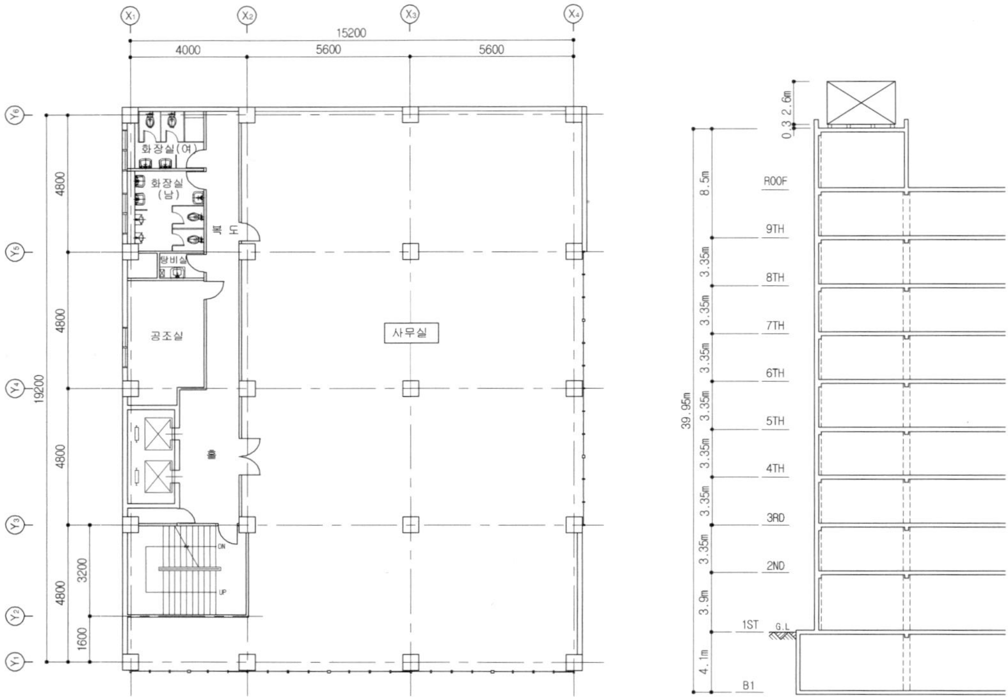

(a) 평면도 (b) 단면도

그림 1-56 **A빌딩 기준층**

까지 중력식으로 보내며 지하층의 오수는 오수펌프를 이용하여 시하수관으로 보낸다. 정화된 오수는 오물처리조의 소독조 상부에 설치된 오수펌프를 이용하여 시하수구로 방류한다. 오수를 제외한 일반배수 중 지상층의 배수는 중력식으로 배출하며, 지하층의 배수는 배수집수조를 설치하여 모은 후 배수펌프를 이용하여 시하수구로 보낸다.

⑤ 통기설비는 루프통기방식을 채택한다.

1.12.3 급수설비

1 —— 사용수량

① 재실인원수

A빌딩 기준층의 바닥면적은 456m²이고, 사무공간의 면적은 346m²으로 사무공간 면적을 유효면적으로 간주하여 재실인원수(N)를 산정하면, 표 1-5에서 유효면적당 인원이 0.2인이므로, 한 개층의 인원수는 346m²×0.2인/m²=69명이 된다. 여기에 안전율로 5명을 추가하고 수위 1명, 청소부 2명, 기계실 관리자 3명을 더하여 총재실 인원수를 산정하면 다음과 같다.

$N = (69+5)$명 $\times 9$개층 $+ 6$명 $= 672$명

② 1일 사용수량

표 1-5에 의해, 사무소 건물에서 1인당 1일 사용수량은 100ℓ이고, 여기에 냉각탑 보급수량을 더하여 A빌딩의 1일 사용수량(Q_d)을 구하면 다음과 같다.

$$Q_d = (672 \times 100) + 21600 \fallingdotseq 90\text{t/d}$$

여기에서 21600ℓ/d는 냉각탑 보급수량으로 냉각수 순환수량 2251ℓ/min의 2%로 1일 가동시간은 8시간으로 계산하였다.(냉각수 순환수량은 2.18 공조설비 설계 예 참조)

$$(2251 \times 0.02)\ell/\text{min} \times 60\text{min} \times 8\text{hr} = 21600\ell/\text{d} = 21.6\ [\text{t/d}]$$

2 —— 상수도 인입관 관경

12시간 동안 지하 저수조를 채우는 것으로 하면

$$90000 \div 12 = 7500\ [\ell/\text{h}],\ 7500 \div 60 = 125\ [\ell/\text{min}]$$

그림 1-17 마찰저항선도에서 유속을 2m/s 이내로 제한할 경우, 관경은 32㎜이고, 관내 유속은 1.9m/s이다.

3 —— 지하저수조 용량

1일 사용수량 90ton을 저장할 수 있는 용량의 수조로 설계하면,

▶ $6^{\text{mW}} \times 6.5^{\text{mL}} \times 2.5^{\text{mH}}$ 【유효수량 90[ton]】

4 —— 고가수조 용량

고가수조는 사용수량과 소화용수를 합한 용량을 저장할 수 있도록 설계한다.

① 사용수량은 시간최대예상급수량의 1.5배 용량으로 한다.

시간최대예상급수량(Q_m)은 (1.13)식에 의해 시간평균급수량(Q_h)의 1.5배로 하면,

$$Q_m = 1.5 \times Q_h = 1.5 \times \frac{90000}{8} = 16,875\ [\ell/\text{h}]$$

사용수량은 시간최대급수량의 1.5배로 하면 25313ℓ이다.

② 소화용수는 옥내소화전이 각 층당 1개씩 설치된 것으로 하고, 소방법 규정에 따라 유효수량의 1/3 이상을 확보하는 것으로 하면,

고가수조에 확보해야 할 소화용수량=(130ℓ/min×1개×20min)÷3

=866.7 ≒ 870 [ℓ]

③ 고가수조 용량은

$25313 + 870 = 26183\ \ell \fallingdotseq 30$ [ton]이 되며,

크기는 $3.5^{\text{mW}} \times 4^{\text{mL}} \times 2.5^{\text{mH}}$ 【유효수량=30[ton]】으로 설계한다.

5 —— 양수펌프

① 양수량

지하저수조에서 고가수조로 물을 공급하는 양수펌프의 양수량은 고가수조용량 중 사용수량의 2배로 한다.

$$Q = \frac{25,313 \times 2}{60} = 844\ [\ell/\text{min}] = 0.844\ [\text{m}^3/\text{min}]$$

② 양정

실양정은 그림 1-56에 의해 42.85m이고, 마찰저항은 실양정의 20%로 본다.

$$H = 42.85 \times 1.2 \fallingdotseq 51\ [\text{m}] = 51\ [\text{kPa}]$$

③ 축마력

펌프의 효율을 50%로 가정하면, (1.22)식에 의해

$$W = \frac{0.844 \times 510}{60 \times 0.5} = 14.3 \fallingdotseq 15\ [\text{kW}]$$

6 —— 관 경

① 화장실 급수배관 관경

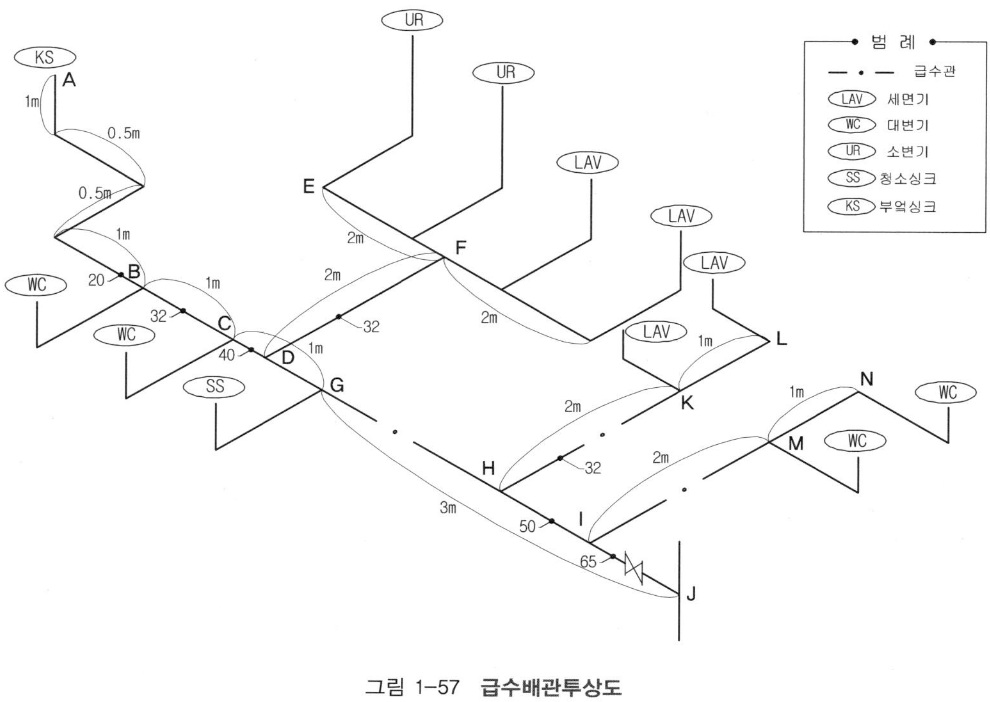

그림 1-57 **급수배관투상도**

표 1-51 **각층 화장실 급수배관 관경**

구 분	AB	BC	CD	DG	GH	HI	IJ	DF	HK	IM
fu	2	12	22	36	40	44	64	14	4	20
유량[ℓ/min]	15	90	140	160	170	185	230	100	50	130
압력강하[mmAq/m]	59	59	40	40	50	59	32	20	45	20
관경[mm]	20	32	40	50	50	50	65	32	32	40

표 1-52 **각층 기구급수부하단위**

위생기구	LAV	WC(플러시밸브)	UR	SS	KS	합계
지하1층	2×1	10×1	5×1	4×1	–	21
기준층(1~9층)	2×4	10×4	5×2	4×1	2×1	64×9=576

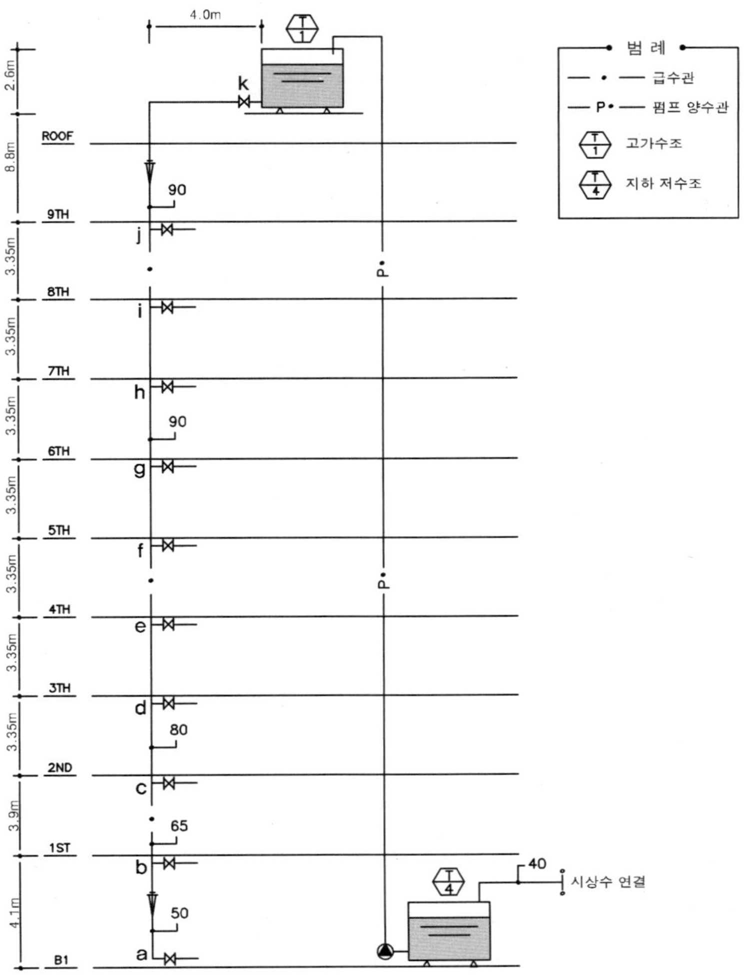

그림 1-58 **급수배관 계통도**

표 1-53 각층 급수입관 관경표

구간	fu	유량 [ℓ/min]	관경 [㎜]	유속 [m/s]	압력강하 [mmAq/m]
ab	21	130	50	1.0	40
bc	85	250	65	1.2	90
cd	149	320	80	1.1	50
de	213	350	80	1.2	60
ef	277	420	80	1.4	90
fg	341	450	80	1.5	90
gh	405	500	90	1.2	50
hi	469	530	90	1.3	70
ij	533	580	90	1.4	60
jk	597	600	90	1.4	60

② 입관

기구급수부하단위(표 1-18), 동시사용유량 곡선(그림 1-16), 마찰저항선도(그림 1-17)를 이용하여 표 1-53과 같이 구할 수 있다.

③ 고가수조 최저높이 검토

최상층 대변기(플러시밸브)의 최저필요압을 만족하도록 고가수조가 설치되어 있는지를 검토한다. 최상층 대변기의 플러시밸브는 바닥으로부터 0.3m 높이에 설치되어 있고 마찰저항을 10%로 볼 때, 대변기로부터 고가수조까지의 높이

$H \geq 7 + (8.5 \times 0.1) = 7.85$ 으로 (1.16)식을 만족한다.

④ 허용마찰손실수두

최상층 급수지관(화장실 급수관)에 대해 마찰손실을 검토해보면 고가수조에서 9층 화장실 B지점까지의 허용마찰손실(R_B)은

$$R_B = \frac{H - H_1}{\ell\,(1+k)} = \frac{8.8 - 0.3 - 7}{16.8(1+0.5)} = \frac{1.5}{25.2} = \frac{1500}{25.2} = 59.5 \ \ [\text{mmAq}]$$

이하면 가능하다.

1.12.4 급탕설비

급탕용 저탕조를 설치하고 증기(증기압 35kPa(0.35kg/㎠ atg))로 가열하는 방식으로 한다.

1 —— 1일 예상 급탕량

표 1-22와 (1.25)식에서

672c×10ℓ/c · d=6720ℓ/d

2 —— 저탕조 용량 및 시간최대예상급탕량

표 1-22, (1.28)식, (1.26)식에서

$V = 6720 \times 1/5 = 1344\ell$ (ϕ52cm×1.5mL)

$Q_h = 6720 \times 1/5 = 1344\ell$

3 —— 가열기능력

표 1-22, (1.29)식에서

$$H = 6720 \times \frac{1}{6} \times 4.19 \times (60-5) = 258104\ [\mathrm{kJ/h}] = 72\ [\mathrm{kW}]$$

저탕조 내에 설치하는 동파이프의 표면적은 (1.31)식에 의해

포화압력 30kPa일 때 증기온도는 108℃이므로 (표 2-56)

$$S = \frac{(1344 \times 4.19 \times (60-5) \times 10^3)}{1360 \times 3600 \times (108 - \dfrac{60+5}{2})} = 0.84\,\mathrm{m^2}$$

32mm 동관을 사용한다면 동관 1m당 표면적은 $2 \times 3.14 \times 0.0016\mathrm{m} \times 1\mathrm{m} = 0.0998\mathrm{m^2}$

$$\text{동관길이} = \frac{0.84\,\mathrm{m^2}}{0.0998} = 8.4 \fallingdotseq 9\,\mathrm{m}$$

→ ϕ32mm×9m 전열코일을 사용한다.

4 —— 급탕관경

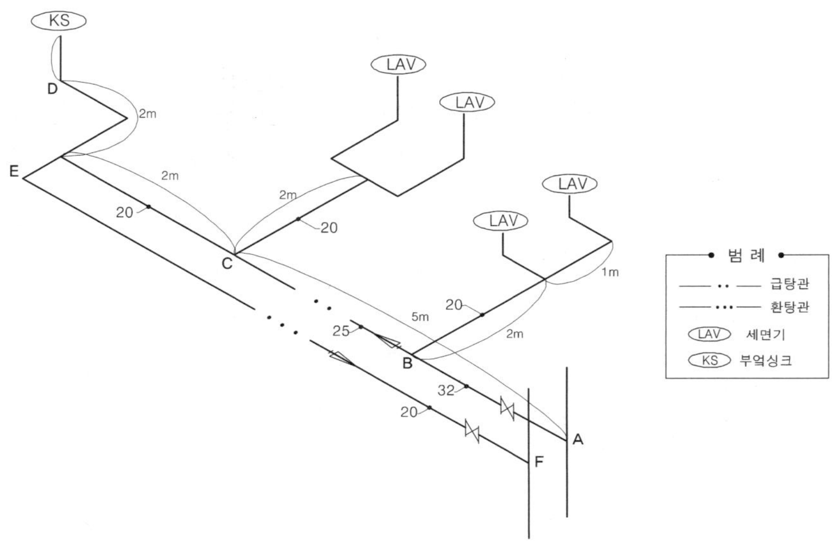

그림 1-59 **급탕배관 투상도**

① 각층 화장실 배관은 관경균등표(표 1-15)와 동시사용률(표 1-16)로 구하면

표 1-54 횡지관

급탕관							
구간	기구명	접속관경 [㎜]	15A상당수 (a)	동시사용률 (b)(%)	a×b	관경 [㎜]	비고
DC	부엌싱크	20(15)	2	100	2	20	급탕관의 최소관경은 20A로 한다.
CB	세면기	20(15)	2(4)	80	3.2	25	
BA	세면기	20(15)	2(6)	70	4.2	32	
환탕관							
EF			–			20	표 1-24

② 각층 fu를 급수의 2/3로 하여 입관의 관경을 구하면

(1~9층)의 fu, 싱 크 2×1=2, 세면기 2×4=8→10×2/3=7

(지하층)의 fu, 세면기 2×1=2, 청소싱크 4×1=4→6×2/3=4→합 계=11

배관길이 31+8.8+4.1+20=63.8 ≒ 64m

총길이=64+31+4.1(지하층고)+20(보일러실)+16(화장실)=135.1m

순환펌프양정을 9m로 할 때, (1.24)식에서 허용마찰손실 R은

$$R = \frac{9000}{135(1+1)} = 30\,\text{mmAq}$$ 이하이면 된다.

표 1-55 급탕입관

급탕관					환탕관(표 1-24)
구간	fu	유량 [ℓ/min]	관경 [㎜]	허용마찰손실 [mmAq/m]	관경 [㎜]
ab	7	15	32	8	20
bc	14	30	32	18	20
cd	21	55	40	30	25
de	28	70	50	20	32
ef	35	80	50	28	32
fg	42	97	65	13	40
gh	49	102	65	18	40
hi	56	110	65	20	40
ij	63	125	65	25	40
jk	74	140	65	30	40
kl	74	140	65	30	40

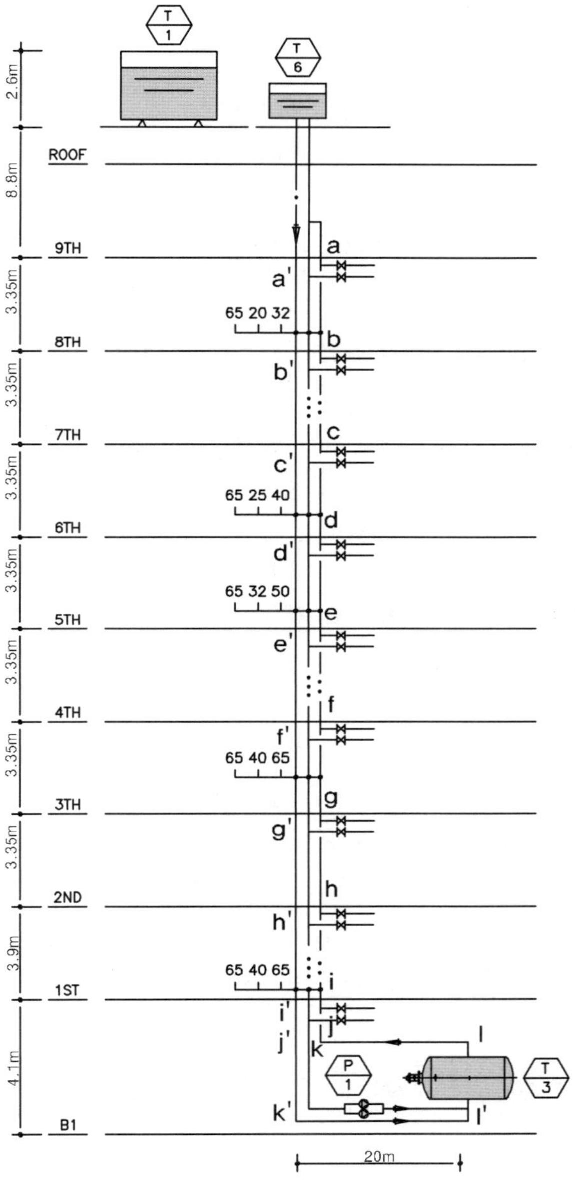

그림 1-60 **급탕배관계통도**

5 —— 순환펌프 용량

① 유량

배관계통에서의 열손실량을 가열기 능력의 20%로 보면, 258014×0.2=51603kJ/h가 되고, 급탕관 수온 60℃, 환탕관 수온 55℃일 때

$$순환수량 = \frac{51603}{4.19\times(60-55)\times 60} ≒ 41\ell/\mathrm{min} = 0.041\,\mathrm{m^3/min}$$ 이 된다.

② 양정 9mAq = 90kPa

③ 축마력 $W = \dfrac{0.041 \times 90}{60 \times 0.5} = 0.12 \fallingdotseq 0.2\text{kW}$

6 —— 순환펌프 양정의 검토

① 배관길이=135.1m

② 상당길이 산정 표 1-55에서

엘보 상당길이 (ϕ50mm 1.6×16개, ϕ40mm 1.4×12개, ϕ32mm 1.1×9개, ϕ20mm 0.6×9개) =57.7m

티(분류) 상당길이 (ϕ50mm 3.6×6개, ϕ40mm 2.9×2개, ϕ32mm 2.3×10개, ϕ25mm 1.7×2개, ϕ20mm 1.4×3개)=58m

게이트밸브 상당길이 (ϕ50mm 0.4×2개, ϕ25mm 0.2×10개, ϕ20mm 0.2×10개)=4.8m

상당길이 합계=120.5m

③ 전체양정=(135.1+120.5)×30mmAq/m=76,650=7.67mAq

∴ 양정 9m 펌프로 가능하다.

표 1-56 국부저항 상당길이

관경[in]	$\frac{1}{2}$	$\frac{3}{4}$	1	$1\frac{1}{4}$	$1\frac{1}{2}$	2	$2\frac{1}{2}$	3	4	5	6
엘보	0.5	0.6	0.9	1.1	1.4	1.6	1.9	2.5	3.6	4.2	4.8
티(직류)	0.3	0.4	0.5	0.7	0.8	1.0	1.2	1.5	2.0	2.5	3.0
티(분류)	1.2	1.4	1.7	2.3	2.9	3.6	4.2	5.2	7.3	8.8	10
게이트밸브	0.1	0.2	0.2	0.2	0.3	0.4	0.4	0.5	0.7	0.9	1.1
글로브밸브	5.5	7.6	9.1	12.1	13.6	18.2	21.2	26	36	42	51

1.12.5 오배수설비

1 —— 오수관

① 입관

각층의 오수 fuD를 계산하면 WC 4×8=32, UR 2×4=8 → 합계=40 따라서 전체 fuD가 360이므로 표 1-30(c)란에서 100mm이다. 최하단의 관경을 줄이지 않고 모든 입관을 100mm로 한다.

② 횡지관

대변기 2개 이상은 100mm가 되고 또한 전체 배수단위가 1-30(a)란에서 40이므로 배수관의 관경은 100mm가 된다.

③ 횡주관

표 1-31에서 125㎜가 된다.

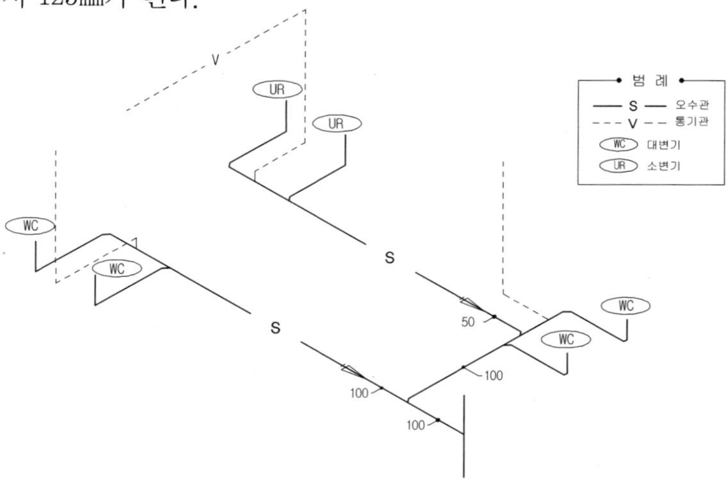

그림 1-61 **오수배관 투상도**

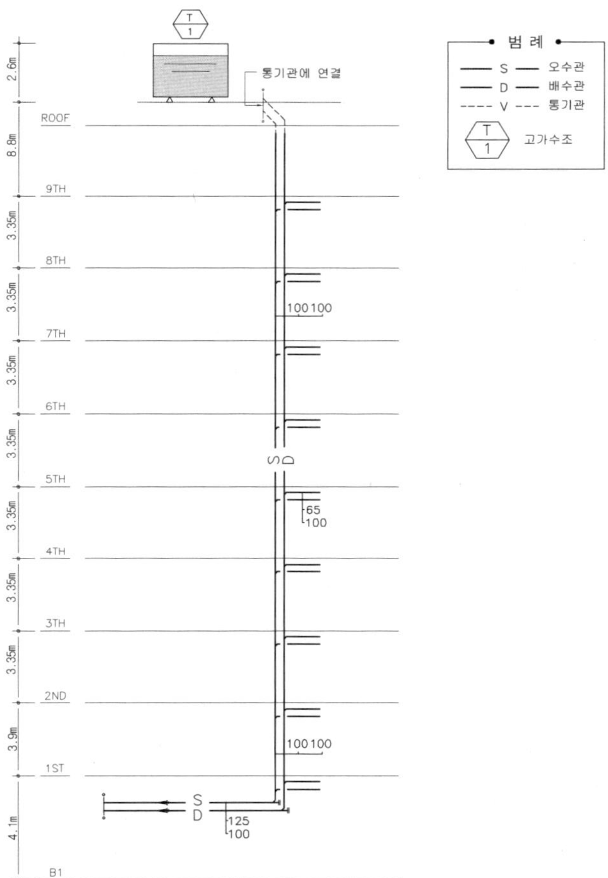

그림 1-62 **오수 · 배수배관 계통도**

2 —— 배수관

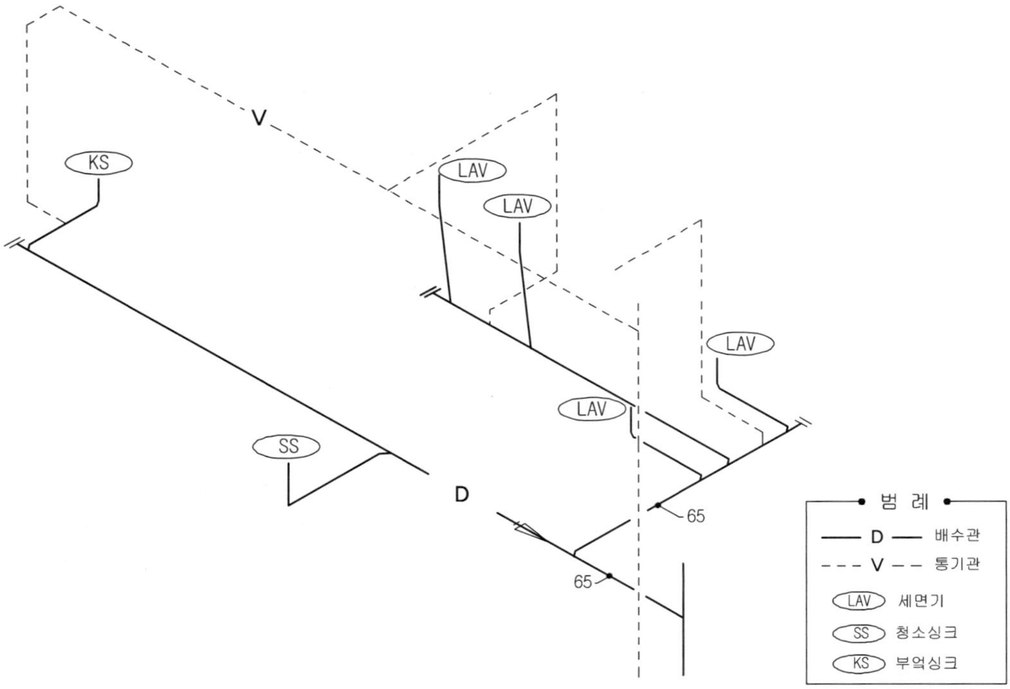

그림 1-63 **배수배관 투상도**

① **입관**

각층의 배수 fuD를 계산하면

LAV 4×1=4, SS 1×3=3, US 1×2=2→합계=9

따라서 입관의 관경은 표 1-30(c)에서 100㎜가 된다.

② **횡지관**

표 1-30(a)에 의해 65㎜가 된다.

③ **횡주관**

표 1-31에 의해 100㎜가 된다.

3 —— 통기관

① **입관**

표 1-34에서 100㎜의 관경이면 된다. 이는 배수입관 관경 100㎜의 1/2 이상이다.

② **횡관**

ⓐ 오수용 통기관

표 1-33에서 수평배관길이 10m, fuU=40이므로 관경 80㎜이면 된다.(배수관 1/2 이상)

ⓑ 배수용 통기관

표 1-33에서 수평길이 8m, fuD 9이므로 50㎜이면 된다.

③ 단독오물정화처리조 통기관

fuD=지상층(360)+지하층(12)=372

표 1-34에서 100㎜를 단독으로 옥상까지 연장하여 설치한다.

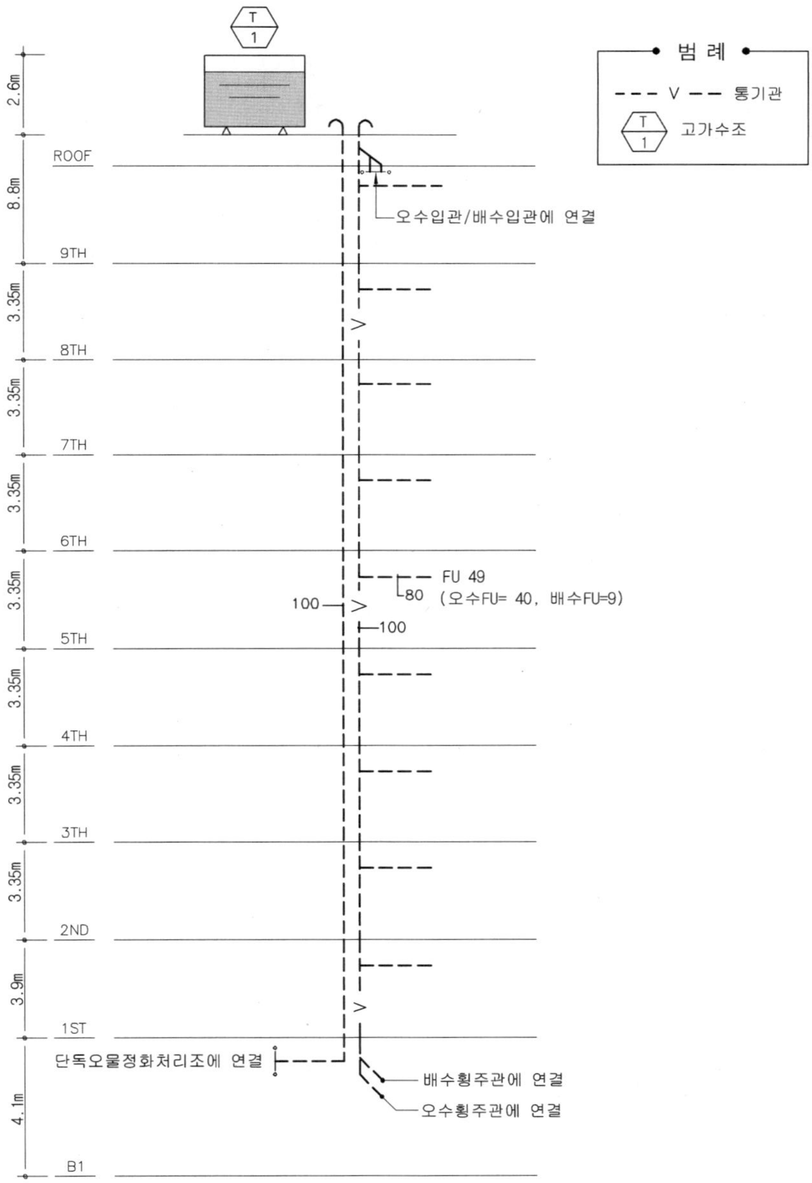

그림 1-64 **통기배관 계통도**

4 —— 오수 · 배수펌프

(1) 단독오물정화처리조 오수펌프

① 오수량

오수량은 2fuD당 3.8ℓ/min가 흐르므로 $\frac{372}{2} \times 3.8 = 706$ [ℓ/min]가 된다.

② 양정

실양정 6m, 마찰저항은 실양정의 50%로 하여 양정을 산정하면 9m가 된다. 펌프토출쪽 배관 관경은 그림 1-17 마찰저항선도에서 100㎜로 선정되며, 이때 관내 유속은 1.4m/s이다.

③ 축마력

펌프 축마력 $W = \frac{706 \times 9}{6120 \times 0.5} = 2.07\,\mathrm{kW}$

④ 오수펌프의 선정

100㎜×706ℓ/min×9m×2.2kW

(2) 배수집수조 배수펌프

① 배수펌프의 선정기준

배수펌프는 배수집수조의 저수량과 비상시를 대비한 배수능력, 기성제품의 표준사양을 감안하여 결정하도록 하며 펌프 카탈로그상을 참조하도록 한다.

② 배수펌프의 선정

40㎜×100ℓ/min×11m×0.75kW

5 —— 팽창탱크

① 팽창량

표 1-1에세 입구온도 4℃, 출구온도 60℃

(1.37)식에 의해

$$\Delta v = \left(\frac{1}{0.98321} - 1\right)1254\,\ell = 21\,\ell$$

① 팽창탱크 용량, 팽창량의 3배로 한다.

팽창량 21ℓ×3=63→100ℓ

표 1-57 **중요기기 일람표**

장비 기호	기 기 명	사 양	수량	용 도	설치위치
T-1	고가수조	$3.5^{mW} \times 4^{mL} \times 2.5^{mH}$, 30Ton	1	급수 및 소방용수용	지하층 기계실
T-3	저탕조	1254ℓ(52㎝ψ×1.5m L)	1	급탕설비용	지하층 기계실
T-4	저수조	$6^{mW} \times 6.5^{mL} \times 2.5^{mH}$, 90Ton	1	급수설비용	지하층 기계실
T-6	급탕급수조 겸 팽창탱크	유효용량 100ℓ	1	급탕 및 난방설비용	옥상
P-1	급탕순환펌프	25㎜×39ℓ/min×9m×0.25kW	2	급탕순환펌프	지하층 기계실
P-2	양수펌프	50㎜×844ℓ/min×51m×15kW	2	급수 양수용	지하층 기계실
P-3	오수펌프	100㎜×706ℓ/min×9m×2.2kW	2	단독오물정화조 오수 배수용	지하층 기계실
P-4	배수펌프	40㎜×100ℓ/min×11m×0.75kw	2	배수집수조 배수용	지하층 기계실

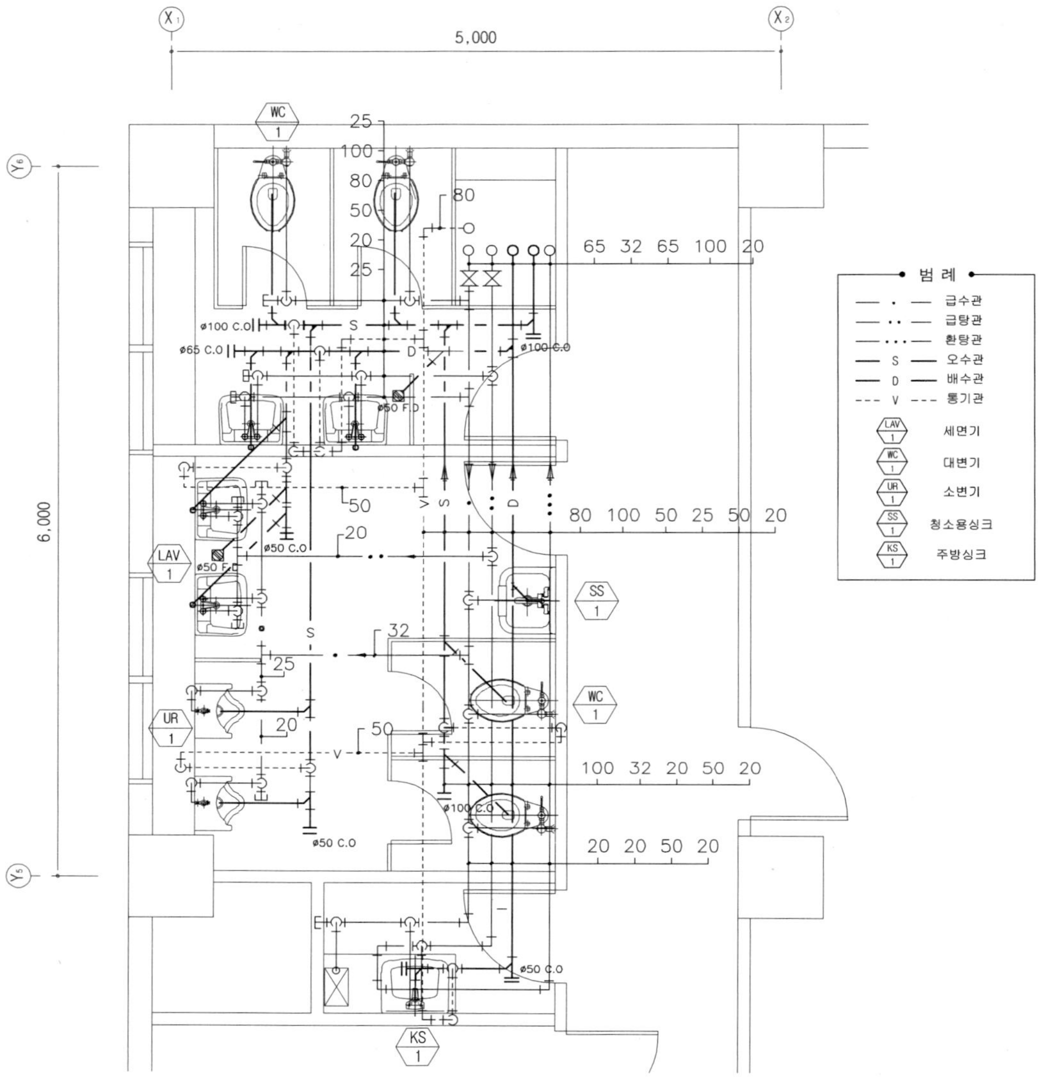

그림 1-65 **화장실 위생배관 평면도**

제2장

공기조화설비

2.1 — 공기조화설비의 역사

더울 때 찬공기를 만들어 시원하게 지내려는 시도는 고대 이집트, 인도, 중국에서부터 시작되었다. 기원전 1000년경 중국에서는 겨울에 얼음을 보관해두었다가 여름에 사용했다는 기록이 있고, 고대 이집트와 인도에서는 다공질 토기에 물을 넣어두고 거기에서 스며 나오는 물을 증발시킴으로써 토기 속의 물을 냉각시켜 사용하였다고 한다. 또, 중동지역에서는 고대로부터 건축물에 격자창이나 윈도우 스쿠프 장치 등을 설치하여 유입공기를 가습, 증발, 냉각시킴으로써 실내를 시원하게 유지하였던 것이 지금까지 내려오고 있다.

공기조화설비에 필수적인 냉동기는 근대에 들어와서야 개발되었다. 1790년 영국에서 토마스 해리스(Thomas Harris)와 존 롱(John Long)이 최초의 냉동기로 특허를 받았고, 1834년 미국인 제이콥 퍼킨스(Jacob Perkins)가 실제적인 제빙장치로 영국에서 특허를 받았다. 퍼킨스의 제빙장치는 압축된 에테르가 증발하면서 냉각효과를 내고 다시 쉽게 응축하는 원리를 이용한 것으로 압축기를 수동운전하는 것이었는데, 이후 미국인 제임스 해리슨(James Harrison)이 이를 개량하여 스팀엔진구동식 냉동기를 완성하였다. 이와 거의 같은 시기에 영국, 독일, 호주, 미국 등에서 증기분사식 냉동장치와 흡수식 냉동장치가 급속히 개발 보급되었으며 이들 냉동기는 주로 식품공장, 주조공장, 섬유공장 등에서 공업용, 제품이나 원료의 저장용으로 사용되었다.

이후 냉동산업은 1차대전중 전기산업, 기계공업의 발달과 더불어 미국에서 유럽으로 야채, 육류와 같은 식품을 공급해야 하는 상황을 계기로 급격히 발전하게 되었다. 또, 2차대전중에는 레이더 등 정밀통신 군사장비가 등장하여 장비의 운전관리 필요에 따라 공기청정장치, 항온장치, 항습장치가 등장하였고, 이들 군사장비가 각종 사무자동화 장치로 개발되면서 일반건축물에도 공기조화장치가 급속히 보급되기 시작하였다.

현대 공조기술의 원형이라 할 만한 것이 등장한 것은 불과 백여 년 전으로 1891년 알프레드 울프(Alfred R. Wolff)가 뉴욕 카네기홀에 냉난방장치를 설치한 것에서 그 한 예를 볼 수 있다. 카네기홀의 냉난방장치는 겨울철 증기코일로 가열된 공기와 여름철 얼음 사이를 통과하여 냉각감습된 공기를 송풍기를 이용해 객석으로 보내는 것이었다. 이와 같이 초기의 냉방은 천연얼음이나 지하수를 이용한 것이었다.

현대 공조시설은 1902년 미국의 캐리어(Willis H. Carrier)가 브룩클린에 있는 인쇄공장의 습도조정 문제를 고민하면서 공기냉각으로 노점온도를 조정하여 습도를 조절할 수 있다는 사실을 발견한 것에서 시작되었다고 할 수 있다. 캐리어는 그 후 에어와셔(1907년), 원심냉동기(1922년), 핀 부착관(1923년), 유인유닛(1929년) 등을 제작하였다. 한편 유럽에서는 1902년 독일의 퀠른 극장에서 냉동기로 냉각한 열매를 큰 탱크에 저장하여 공연 상연중 냉방에 이용한 예가 있다.

2.2 — 공기조화설비 개요

2.2.1 공기조화의 목적

공기조화설비는 실내의 **온도, 습도, 기류, 복사열, 공기청정도** 등을 적절한 조건으로 유지하여 재실자에게는 보건위생상 건강하고 쾌적한 환경을 만들어 주고 산업제품의 제조, 저장과 생산활동에는 그에 필요한 환경을 유지시켜 주는데 그 목적이 있으며, 전자를 **보건용 공기조화**, 후자를 **산업용 공기조화**라 한다. 이외 의료활동을 위한 **의료용 공기조화**가 있다.

2.2.2 공기조화의 기본구성

공조설비에는 그림 2-1과 같이 다음의 여러 장치가 필요하다.

(1) 열원장치(熱源裝置) : 보일러, 냉동기 및 이외 운전에 필요한 냉각탑, 유류 저장고

(2) 공기조화기(空氣調和機) : 여과기(에어필터), 공기냉각기(냉각코일), 공기가열기(가열코일), 가습기

(3) 열운반장치(熱運搬裝置) : 송풍기, 덕트, 펌프, 배관

(4) 공기분배장치(空氣分配裝置) : 흡입구・취출구, 외기취입구, 배기구

(5) 자동제어장치(自動制御裝置) : 공조조건에 맞도록 위의 장치들을 자동적으로 제어하는 장치

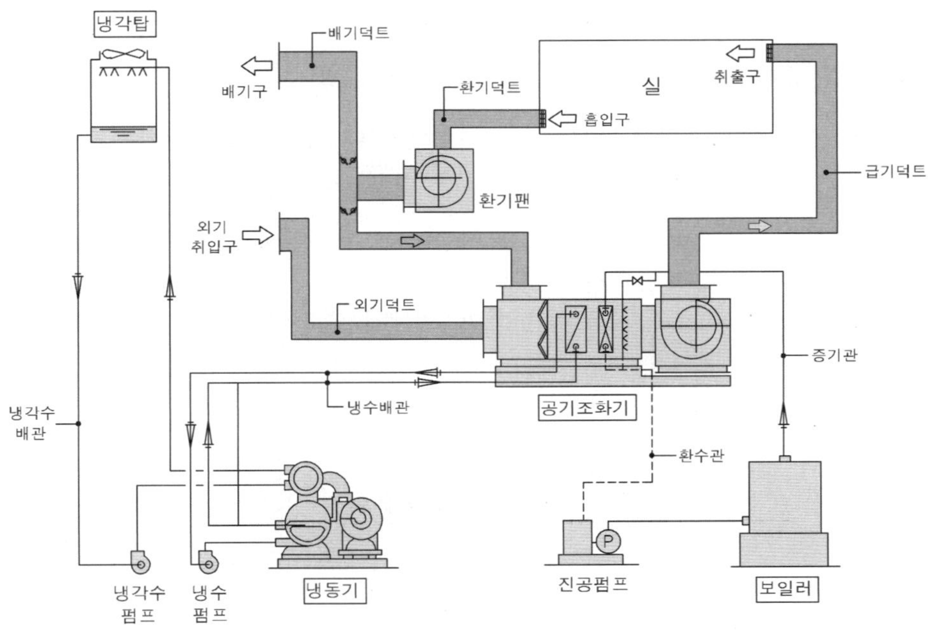

그림 2-1 **공조시스템의 기본구성**

2.3 — 실내조건

2.3.1 인체의 대사작용(代謝作用, Metabolism)

인체는 소화기관에서 흡수한 영양분과 호흡기로 들어온 산소를 연소시켜 발생하는 열로 체온을 일정하게(37℃) 유지하고 남는 열은 인체 밖으로 발산하는 생물학적 열기관이다. 인체 내에서 발생한 열은 피부 표면이나 허파로 운반되어 대류, 복사, 증발, 전도과정을 통해 인체 주위로 방출된다.

피부로 운반된 열량과 방열량은 평형을 이루어야 하는데, 이는 다음 식과 같이 나타낼 수 있다.

$$M = \pm R \pm C + E \pm S \quad (2.1)$$

M : 대사에 의한 열생산량 [W], [kcal/h]
R : 복사에 의한 방열량 [W], [kcal/h]
C : 대류에 의한 방열량 [W], [kcal/h]
E : 증발에 의한 방열량 [W], [kcal/h]
S : 체내 축열량 [W], [kcal/h]

성인의 경우 전도에 의한 열손실이 없을 때, 증발에 의한 방열량은 전방열량의 약 25%, 복사에 의한 방열량은 45%, 대류에 의한 방열량은 30% 정도가 된다. 신체를 이용한 작업 등으로 열생산이 증가하는 경우, 외부환경의 변화에 따라 방열량이 증감되며 혈관의 수축과 확장, 떨림, 땀흘림 등에 의해 인체의 체온이 조절된다.

2.3.2 쾌적지표(快適指標, Comfort index)

쾌적이란 열환경에 대해 만족을 표현하는 상태, 즉, 열에 의해 재실자가 스트레스나 긴장감을 받지 않는 상태를 말한다. 인간은 오래전부터 이러한 상태를 숫자나 기구를 이용하여 객관적으로 나타내기 위해 연구를 계속해 왔다.

열적쾌감에 영향을 미치는 물리적 요소에는 공기의 **온도, 습도, 기류, 평균복사온도(MRT, mean radiant temperature)**가 있으며, 인체적 요소에는 인체의 **활동량(met[1]), 착의량(clo[2])** 등이 있다. 이러한 여섯 가지 요인 외에 인종, 성별, 연령, 기후순화 등 사회적·심리적 인자들도 열쾌적에 영향을 미치게 되므로 열에 대한 인체감각은 사람마다 각기 다를 수 있다.

위의 요인들을 종합한 쾌적지표가 공기조화에 이용되고 있다.

---

1) met : 안정시 대사량의 표준값, 1 met = 58.2W/m²(50kcal/m²·h)
2) clo : 의복의 절연성을 나타내는 단위로 기온 21℃, 상대습도 50%, 기류 0.5m/s 이하의 실내에서 인체표면적 1m²에서의 발열량이 1 met의 대사와 평형이 되는 착의상태를 1clo이라 함.
1clo = 0.155m²·K/W(0.18m²·h·℃/kcal)

1 —— 불쾌지수(不快指數, DI : discomfort index)

기후의 불쾌도를 지수로 표시하기 위해 미국 기상대에서 사용하는 지표로 기온과 습도만을 고려한 값이다.

$$DI = 0.72(t_d + t_w) + 40.6 \tag{2.2}$$

t_d : 건구온도 [℃]

t_w : 습구온도 [℃]

불쾌지수 75 이상은 약간 덥게 느껴지는 정도이고, 80 이상은 더워서 땀이 나는 정도, 85 이상은 모든 사람이 불쾌하게 느끼는 정도이다.

2 —— 작용온도(作用溫度, OT : operative temperature)

효과온도라고도 하며 기온, 기류, 주벽면의 복사영향을 종합한 것으로 습도의 영향은 고려되지 않았다.

일반 건물의 실내 기류속도($v = 0.1 \sim 0.5\,\text{m/s}$)에서 작용온도 t_{OT}는 다음 식과 같다.

$$t_{OT} \fallingdotseq \frac{MRT + t_d}{2} \ [℃] \tag{2.3}$$

t_d : 건구온도 [℃]

MRT : 주벽면 평균복사온도

MRT는 각 벽체의 표면온도가 크게 차이나지 않을 경우 다음과 같이 나타낼 수 있다.

$$MRT \fallingdotseq \frac{\sum t_k A_k}{\sum A_k} \ [℃] \tag{2.4}$$

t_k : 각 벽체의 표면온도 [℃]

A_k : 벽체의 표면적 [㎡]

작용온도는 주벽면의 평균복사온도와 기온의 차이가 비교적 크고 땀의 증발이 적은 난방시에 주로 이용되고, 기류속도가 0.18m/s 때 흑구온도계(黑球溫度計 : globe thermometer)로 측정한 값과 동일한 수치를 나타낸다.

3 —— 유효온도(有效溫度, ET : effective temperature)

1923년 미국에서 Houghton과 Yaglou에 의해 창안되어 널리 이용되고 있는 쾌적지표로 건구온도, 상대습도, 기류에 의한 영향을 종합하여 해당조건과 같은 체감을 주는 상대습도 100%, 정지공기(0.15m/s 이하) 상태의 건구온도값을 유효온도로 설정하였다.

유효온도는 복사열이 고려되지 않았다는 점과 저온에서 습도의 영향이 크게 나타난다는 결점이 있어 이를 보완하기 위해 건구온도 대신 흑구온도(GT : globe temperature)를 사용하여 복사열에 대한 영향을 고려한 것이 **수정유효온도**(修正有效溫度, CET : corrected effective temperature)이다. 이는 공기조화 부하계산시 주로 이용되는 지표이다.

4 — 신유효온도(新有效溫度, ET * : new effective temperature)

건구온도, 상대습도, 기류에 의한 영향을 종합적으로 고려한 지표이다. 신유효온도는 해당 조건과 같은 체감을 주는 상대습도 50%, 정지공기(0.15m/s 이하) 상태의 건구온도값을 말한다. 실제 대부분 공기의 상대습도는 50% 정도이므로 상대습도 100% 때의 지표인 유효온도보다 습도의 영향이 많이 보완된 지표이다.

5 — 표준유효온도(標準有效溫度, SET : standard effective temperature)

Gagge 등이 제안하였고 신유효온도를 보다 발전시킨 쾌적지표로 ASHRAE에서 채택하여 세계적으로 널리 사용되고 있으며 Fanger의 쾌적식과도 근사하다.

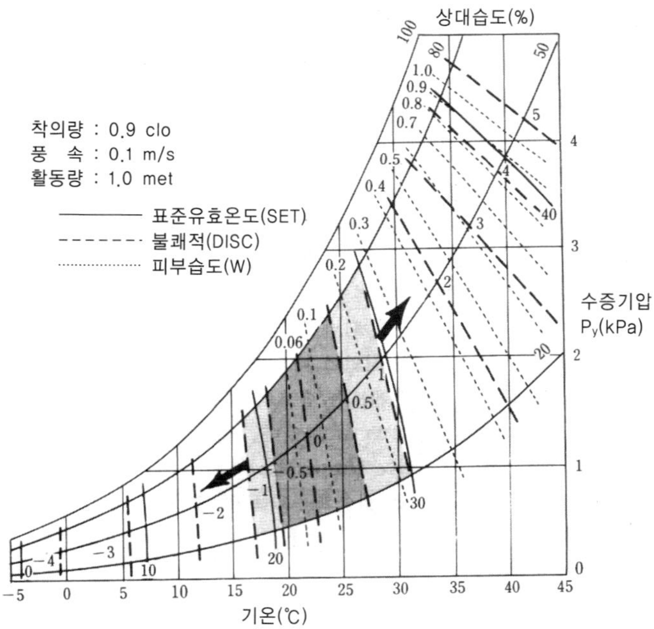

그림 2-2 **표준유효온도**

표준조건에서 착의량 0.6clo, 활동량 1met, 풍속 0.125m/s(정지상태의 공기)의 동일한 표준환경(t_d=MRT)조건에서 환경변수들을 조합한 것이다.

표준유효온도는 활동량, 착의량 및 환경조건에 따라 달라지는 온열감, 불쾌적 및 생리적 영향을 비교하는데 매우 유효하다.

2.3.3 실내환경 기준(室內環境基準, room environmental standard)

보건용 공기조화의 실내환경 기준은 보건위생과 쾌적감을 주로 하면서 에너지의 합리적 이용, 경제성, 법적 규제조건 등도 함께 고려하여 결정해야 한다.

표 2-1은 중앙집중식 공기조화방식을 채용하는 건물의 실내환경 기준을 나타낸 것이다.

표 2-1 공기조화설비의 실내환경기준

항 목	기 준
부유분진량	공기 1㎥ 당 0.15mg 이하
일산화탄소(CO) 함유율	10ppm 이하
이산화탄소(CO_2) 함유율	1,000ppm 이하
온 도	17℃ 이상 28℃ 이하
상대습도	40% 이상 70% 이하
기 류	0.5m/s 이하

2.4 — 공기의 성질

2.4.1 습공기(濕空氣, moist air)

대기는 수증기를 함유한 공기로 이를 **습공기**라 하며 수증기를 포함하지 않은 공기를 **건조공기**(DA : dry air)라 한다.

습공기에 포함된 수증기량은 1% 정도에 불과하지만 수증기의 증발잠열량(蒸發潛熱量)이 상당히 크기 때문에 같은 온도의 공기라도 수증기의 포함 정도에 따라 냉각, 가열에 필요한 열량이 달라지게 된다.

공기는 온도가 높아질수록 수증기를 포함할 수 있는 능력이 커지고 온도가 낮아질수록 그 반대가 된다. 따라서 습공기를 서서히 냉각시키면 공기속의 수분이 증기의 형태로 존재할 수 없는 한계에 도달하게 되고, 이 상태의 공기를 **포화공기**(飽和空氣, saturated air)라 한다. 포화공기를 더욱 냉각시키면 수증기의 일부가 물방울로 응축되는 상태에 이르게 되는데, 이 때의 온도를 **노점온도**(露点溫度, dew point temperature)라고 한다.

공기조화에서는 건조공기를 하나의 기체로 보고 여기에 수증기가 혼합된 습공기를 취급 대상으로 한다.

표 2-2 건조공기의 표준성분 조성

성 분	N_2	O_2	Ar	CO_2
용적조성(%)	78.09	20.95	0.93	0.03
중량조성(%)	75.53	23.14	1.28	0.05

2.4.2 습도의 표시방법

습도는 표 2-3과 같이 여러 가지 방법으로 표시할 수 있는데 공기조화에서 주로 이용되는 것은 절대습도와 상대습도이다.

혼합기체의 전압력은 각 기체가 단독으로 가진 압력의 합과 같다는 **달톤**(Dalton)**의 분압 법칙**에 따라 습공기의 전압력은 건조공기분압과 수증기분압의 합과 같다.

1 —— 상대습도(相對濕度, RH : relative humidity)

습공기중의 수증기분압 h와 그와 같은 온도의 포화공기의 수증기분압 h_s와의 비를 말하며 상대습도가 0%일 때 건조공기, 100%일 때 포화공기 상태가 된다.

2 —— 절대습도(絕對濕度, absolute humidity)

건조공기(DA) 1kg에 포함되어 있는 수증기의 중량을 표시한 것으로 절대습도 x는 습공기 $(1+x)$kg 중에 건조공기 1kg과 수증기 $x$kg이 혼합되어 있다는 것을 의미한다. 그러나 상온 부근에서 x는 1에 비하여 매우 작은 값이므로 건조공기 1kg을 습공기 1kg으로 간주한다.

표 2-3 **습도의 표시 방법**

용 어	기 호	단 위	정 의	ASHRAE 표시
절대습도	x	kg/kg(DA)	건조공기 1kg 속에 포함되어 있는 습공기중의 수증기량	humidity ratio, absolute humidity
상대습도	ϕ	%	수증기분압 $h(P)$와 같은 온도의 포화수증기압 $h_s(P_s)$와의 비 $\phi=100(\frac{P}{P_s})=100(\frac{h}{h_s})$	relative humidity
비교습도 (포화도)	ψ	%	절대습도 x와 포화공기의 절대습도 x_0와의 비 $\psi=100(\frac{x}{x_0})$	degree of saturation
습구온도	t'	℃	습구온도계로 표시되는 온도	wet-bulb temperature
노점온도	t''	℃	습공기를 냉각시켰을 때 포화상태가 되는 지점의 온도	dew point temperature
수증기분압	h P	Pa mmHg kg/㎠	습공기중의 수증기분압	partial pressure of vapor in moist air

2.4.3 비체적(比體積)과 비중량(比重量), 밀도(密度)

건조공기 1kg(DA)을 함유한 습공기의 용적을 **비체적**(specific volume)이라 하며 습공기 $1m^3$에 함유된 건조공기의 중량을 **비중량**(specific weight), 건조공기의 질량을 **밀도**(density)라고 한다(1.3.2절 참조).

비체적, 비중량, 밀도는 온도 및 압력에 따라 변하지만 공기조화설계에서는 공기처리과정의 평균치, 즉 압력과 온도를 일정하게 한 표준공기값을 사용하는 것이 일반적이다. 대기압하에서 20℃의 건조공기를 표준공기로 할 때, **표준공기**의 비체적은 약 $0.8m^3/kg$, 비중량은 약 $1.2kgf/m^3$, 밀도는 $1.2kg/m^3$이다. 이 표준공기 1kg의 온도를 1℃ 올리는데 필요한 열량인 **비열(比熱, specific heat)**은 1.00kJ/kg·K(0.24kcal/kg·℃)이고 표준공기 $1m^3$을 1℃ 올리는데 필요한 열량인 체적비열은 $1.00(0.24)\times1.20 \fallingdotseq 1.20kJ/m^3\cdot K(0.29kcal/m^3\cdot ℃)$이다.

2.4.4 엔탈피(Enthalpy)

습공기를 냉각하면 노점온도까지는 냉각열량에 비례하여 온도가 내려간다. 그러나 노점온도 이하로 내려가면 공기중에 있는 수증기의 일부가 응축되면서 잠열을 방출하게 된다. 이와 같이 습공기가 함유한 열량에는 온도에 비례하는 **현열**(顯熱, sensible heat)과 상태변화에 필요한 수증기의 **잠열**(潛熱, latent heat)이 있다. 이때, 현열과 잠열을 합한 열량을 습공기의 **엔탈피**(enthalpy)라고 한다.

건조공기의 엔탈피(i_d)는 0℃ 건조공기를 기준값 0으로 하고, 수증기의 엔탈피(i_v)는 0℃ 물을 기준으로 한다. 습공기는 건조공기와 수증기의 혼합기체이므로 절대습도 x인 습공기의 엔탈피 i는 건조공기 1kg의 엔탈피와 수증기 $x$kg의 엔탈피의 합으로 (2.5)식과 같이 계산된다.

$$i = i_d + i_w = C_{pa}t + (\gamma_0 + C_{pw}t)x \ \ [kJ/kg],\ [kcal/kg] \tag{2.5}$$

t : 온도 [℃]
x : 절대습도 [kg/kg(DA)]
C_{pa} : 건조공기의 비열 [1.00kJ/kg·K], [0.24kcal/kg·℃]
C_{pw} : 수증기의 비열 [1.85kJ/kg·K], [0.441kcal/kg·℃]
γ_0 : 0℃ 수증기의 증발잠열 [2,501kJ/kg], [597.5kcal/kg]

일반적인 공기조화에 적용되는 온도와 압력 범위에서 근사적으로 (2.5)식을 다음과 같이 나타낼 수 있다.

$$i = 0.24t + (597.5 + 0.441t)x \ \ [kcal/kg] \tag{2.6}$$

$$i = 1.00t + (2501 + 1.85t)x \ \ [kJ/kg] \tag{2.6SI}$$

건조공기 1kg을 함유한 습공기를 가열 또는 냉각할 때 필요한 열량은 처음 상태의 엔탈피와 마지막 상태의 엔탈피의 차로 계산할 수 있다.

2.4.5 습공기선도(濕空氣線圖, Psychrometric chart)

습공기의 성질을 대기압 상태에서 선도로 표시한 것을 **습공기선도** 또는 **공기선도**라고 한다. 공기선도에서 어떤 공기의 상태를 나타내는 점을 **상태점(狀態点, state point)**이라 하는데, 그림 2-3과 같이 공기선도상에서 건구온도 t, 습구온도 t', 절대습도 x, 상대습도 ϕ, 비체적 v, 수증기분압 P_w, 엔탈피 i 중 두 개의 값만 결정되면 상태점을 잡을 수 있고 그 외의 상태값도 알 수 있다.

그림 2-3에서 포화곡선은 공기의 상대습도가 100%가 되는 선으로 이 곡선 하부의 공기가 일반적인 대기상태인 **불포화공기**이다. 포화곡선의 상부는 포화수증기압 이상의 수분을 함유한 공기로 **과포화상태(過飽和狀態)**, 즉 안개나 김이 서린 공기(fogged air)이며, 저온부분은 눈을 포함하고 있는 공기상태로 특수한 경우 사용된다.

그림 2-4와 같이 종축은 절대습도 x, 경사축은 엔탈피 i인 공기선도를 $i-x$ **선도**라고 한다. 이 선도에서 위에 열거한 7개의 상태 외에 **포화곡선, 현열비, 열수분비**도 알 수 있다.

예를 들어 엔탈피 i가 50kJ/kg(DA)이고, 절대습도 x가 0.009kg/kg(DA)일 때, 이 공기의 다른 상태값은 건구온도 $t=27$℃, 습구온도 $t'=18$℃, 상대습도 $\phi=40\%$, 비체적 $v=0.863\text{m}^3/\text{kg(DA)}$임을 알 수 있다.

현열비는 공기의 상태변화에 따른 **현열변화량**과 **엔탈피변화량**의 비를 나타낸 값이다. 예를 들어, 상태 A의 공기가 상태 B로 변했을 때 공기의 엔탈피 변화량 $\Delta i = i_B - i_A$이고, 현열변화량 $\Delta q_S = C_p(t_B - t_A) = C_p \Delta t$이므로 현열비 SHF는 (2.7)식과 같이 나타낼 수 있다.

(2.7)식에서 $q_S + q_L$은 현열변화량과 잠열변화량의 합인 **전열변화량**으로 현열비는 현열변화량과 전열변화량의 비로 나타낼 수 있고 이는 열부하계산(熱負荷計算)에 이용된다. 현열비는 공기선도에서 일정한 경사로 표시된다.

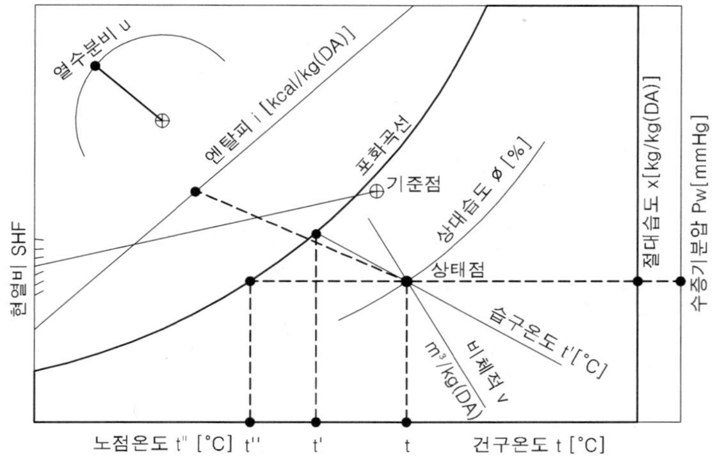

(a) 공학단위

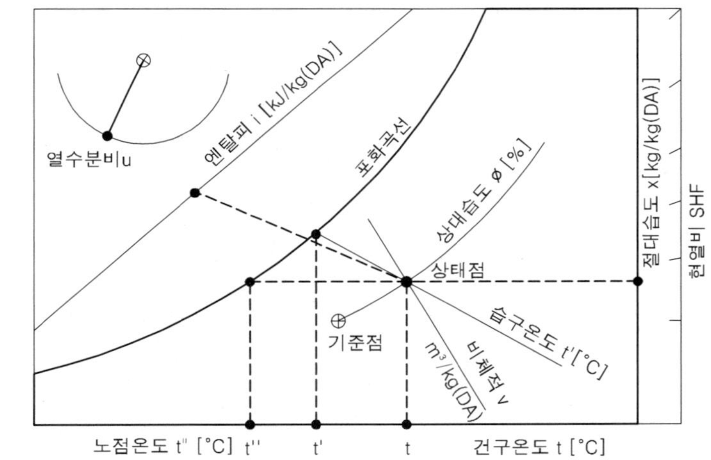

(b) SI단위

그림 2-3 습공기선도 읽는 방법

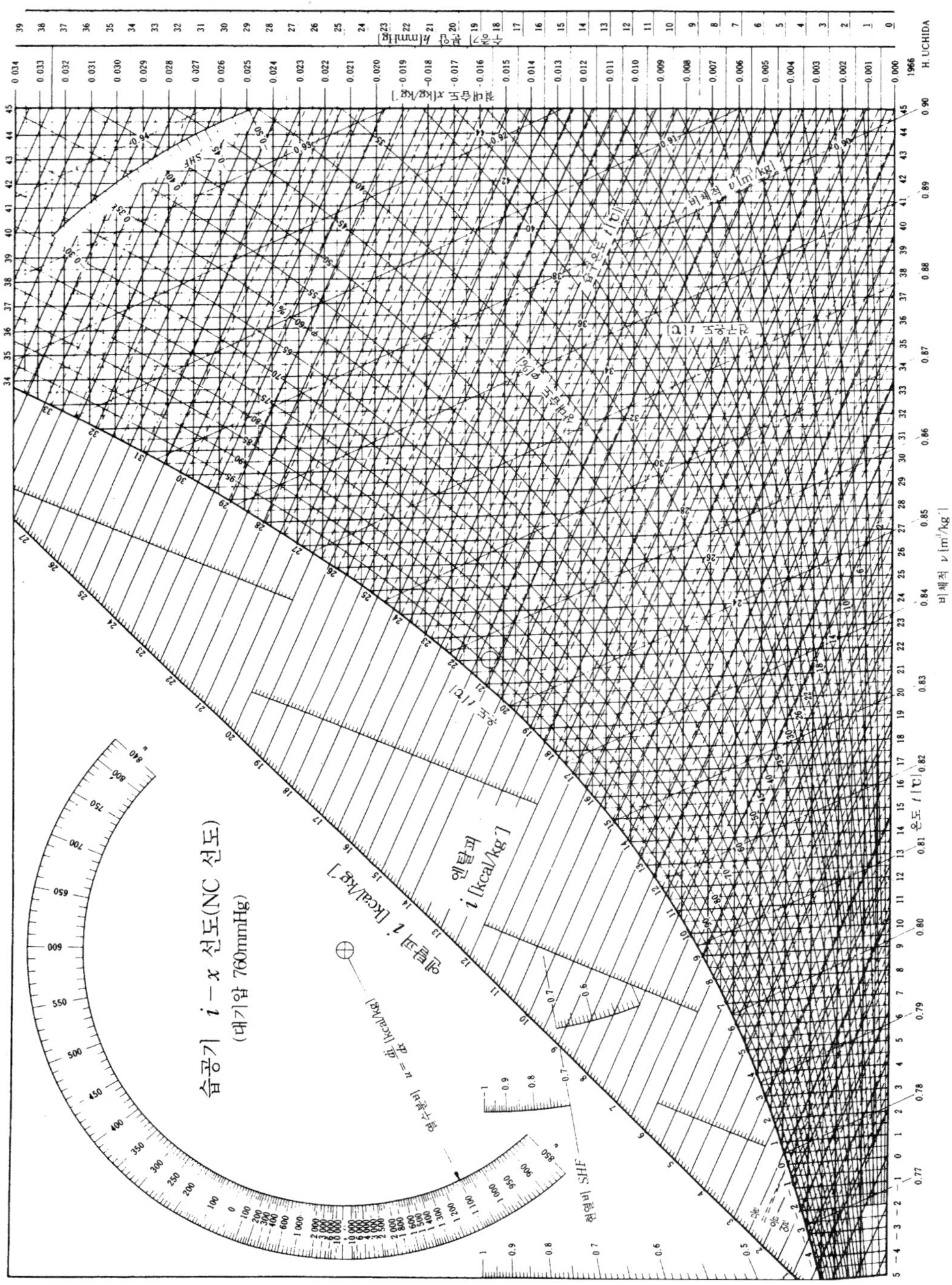

(a) 습공기선도(공학단위)

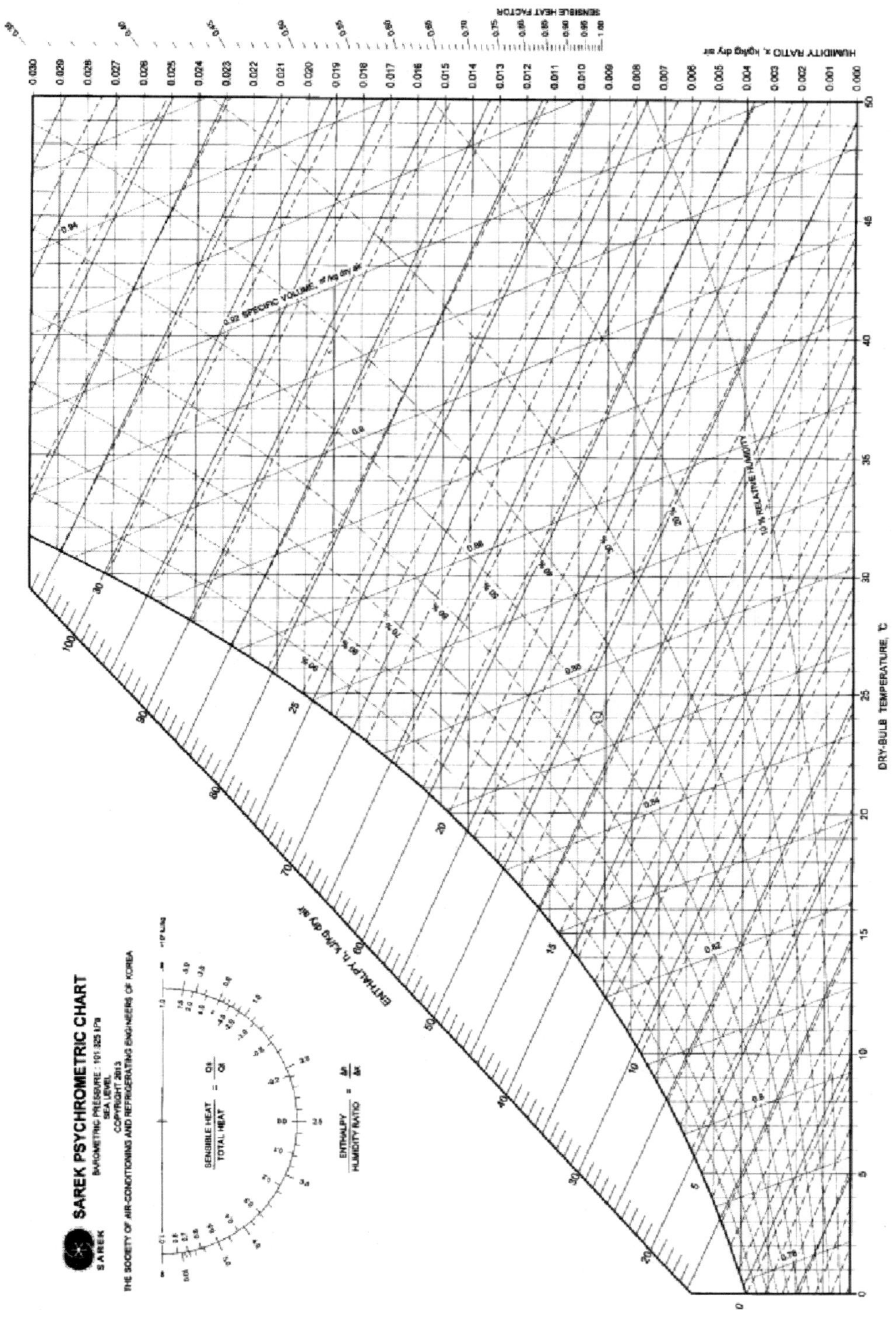

(b) 습공기선도(SI단위)

그림 2-4 **습공기선도**

1 —— 현열비(顯熱比, SHF : sensible heat factor)

$$SHF = \frac{C_p \Delta t}{\Delta i} = \frac{q_S}{q_S + q_L} \tag{2.7}$$

C_p : 공기의 비열 [kJ/kg · K], [kcal/kg · ℃]
Δt : 온도변화량 [℃]
Δi : 엔탈피변화량 [kJ/kg], [kcal/kg]
q_S : 현열변화량 [kJ/h], [kcal/h]
q_L : 잠열변화량 [kJ/h], [kcal/h]

장치노점온도(裝置露点溫度, ADP : apparatus dew point temperature)란 공기조화기 냉각코일에서 나오는 공기의 노점온도를 말하며, 공기선도에서 기준점과 SHF를 연결한 직선과 평행하게 실내상태점을 지나는 직선을 그었을 때 포화선과 만나는 점의 온도값이다. 공조기에서 나오는 취출공기(吹出空氣)의 온도는 장치노점온도 이상이 되어야 한다.

2 —— 열수분비(熱水分比, moisture ratio)

열수분비 u는 **엔탈피변화량**(Δi)과 **수증기변화량**(Δx)의 비를 나타낸 값이다. 어떤 습공기가 가열, 가습, 냉각, 감습과 같은 과정을 통해 변할 때, 가열량(냉각열량) q_S와 가습량(감습량) L로 열수분비를 구할 수 있으며, 공조기 내의 전체 가열량(냉각열량)을 계산할 때 이용된다.

가열량 $\Delta i = G(i_B - i_A) = q_S + L\gamma$ [kJ/h], [kcal/h]

가습량 $\Delta x = L = G(x_B - x_A)$ [kg/h]

$$u = \frac{\Delta i}{\Delta x} = \frac{q_S}{L} + \gamma \text{ [kJ/kg], [kcal/kg]} \tag{2.8}$$

G : 습공기량 [kg/h]
i_A, i_B : A, B 상태 습공기의 엔탈피 [kJ/kg(DA)], [kcal/kg(DA)]
x_A, x_B : A, B 상태 습공기의 절대습도 [kg/kg(DA)]
γ : 포화증기의 엔탈피(=2501+1.85t) [kJ/kg]
포화증기의 엔탈피(=597.5+0.441t) [kcal/kg]

열수분비 u도 공기선도상에서 일정한 경사로 나타낸다.

예제 1 —— 습공기선도에서 건구온도 24℃, 습구온도 17℃인 공기의 상대습도, 노점온도, 절대습도, 엔탈피, 비체적을 찾으라.

풀이 | 그림 2-4의 공기선도에서 건구온도 24℃, 습구온도 17℃인 공기의 상태점을 잡고 그림 2-3의 방법으로 읽으면, 상대습도 50%, 노점온도 12.7℃, 절대습도 0.0093kg/kg(DA),

엔탈피 47.6kJ/kg(DA), 비체적 0.856m³/kg(DA)이다.

2.4.6 습공기의 상태변화

1 —— 가열(加熱)

그림 2-5에서 P점의 공기를 가열하면 A점의 방향으로 상태가 변화한다.

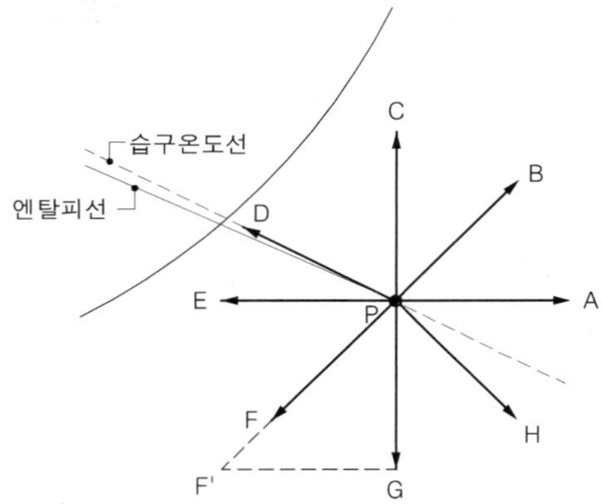

그림 2-5 **공기의 각종 상태변화**

2 —— 가열가습(加熱加濕)

P점의 공기를 가열가습하면 온도 t가 상승하는 동시에 절대습도 x가 증가하여 B점의 방향으로 상태가 변화한다.

3 —— 등온가습(等溫加濕)

P점의 공기를 열은 가하지 않는 등온상태에서 가습하면 절대습도 x가 증가하여 C점의 방향으로 상태가 변화한다.

4 —— 증발냉각(蒸發冷却)

P점의 공기에 물을 분무하면 등습구온도선을 따라 단열적으로 열교환이 이루어져 D점의 방향으로 상태가 변화한다.

5 —— 현열냉각(顯熱冷却)

P점의 공기를 P점 온도보다는 낮고 노점온도보다는 높게 냉각코일로 냉각하면 절대습도의 증감은 없으나 온도 t가 내려가 E점의 방향으로 상태가 변화한다.

6 —— 냉각감습(冷却感濕)

P점의 공기를 P점의 노점온도보다 낮게 냉각코일로 냉각하면 공기온도 t가 내려가면서 감습이 되며 F점의 방향으로 상태가 변화한다.

7 —— 등온감습(等溫感濕)

등온적으로 감습하면 G점의 방향으로 상태가 변화한다. 실제적으로 냉각감습(PF')과 가열(F'G)의 두 상태변화의 조합으로 이루어진다.

8 —— 가열감습(加熱感濕)

실리카겔과 같은 화학약품을 사용하여 감습하는 경우로 H점의 방향으로 상태가 변화한다.

2.4.7 공조프로세스와 공기선도상의 표시

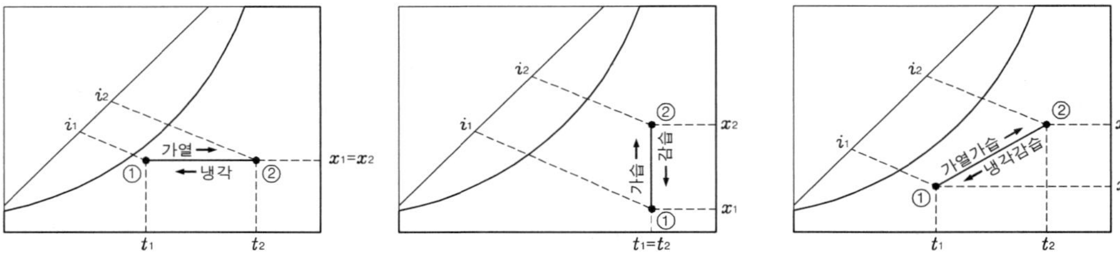

(a) 가열과 냉각 (b) 가습과 감습 (c) 가열가습과 냉각감습

그림 2-6 **공기의 상태변화**

1 —— 가열과 현열냉각

2.4.6의 1, 5의 상태변화로 그림 2-6(a)에서,

$$q_S = G(i_2 - i_1) = 0.24\,G(t_2 - t_1) \quad [\text{kcal/h}] \tag{2.9}$$

$$q_S = G(i_2 - i_1) = 1.00\,G(t_2 - t_1) \quad [\text{kJ/h}] \tag{2.9SI}$$

q_S : 현열가열량 [kJ/h], [kcal/h]

G : 공기량 [kg/h]

i : 엔탈피 [kJ/kg], [kcal/kg]

2 —— 가습과 감습

2.4.6의 3과 7 의 상태변화로 그림 2-6(b)에서,

$$q_L = G(i_2 - i_1) = 597\,G(x_2 - x_1) = 717\,Q(x_2 - x_1) \quad [\text{kcal/h}] \tag{2.10}$$

$$q_L = G(i_2 - i_1) = 2{,}501\,G(x_2 - x_1) = 3{,}001\,Q(x_2 - x_1) \quad [\text{kJ/h}]^{1)} \tag{2.10SI}$$

$$L = G(x_2 - x_1) \quad [\text{kg/h}] \tag{2.11}$$

q_L : 잠열가열량 [kJ/h], [kcal/h]

L : 가습량(감습량) [kg/h]

Q : 공기량 [m³/h]

x : 절대습도 [kg/kg(DA)]

1) 1W=1J/s이므로 1J/h=3600W, 1kJ/h=3600kW의 관계를 갖는다. 따라서 kJ/h로 계산된 값을 3600으로 나누면 kW단위로, 3.6으로 나누면 W단위로 환산할 수 있다. 예를 들어, 10000kJ/h는 2.7kW 또는 2777W 이다.

3 —— 가열가습과 냉각감습

2.4.6의 2 와 6의 상태변화로 그림 2-6(c)에서,

$$q = G(i_2 - i_1) \text{ [kJ/h], [kcal/h]} \tag{2.12}$$

$$L = G(x_2 - x_1) \text{ [kg/h]} \tag{2.13}$$

4 —— 혼합(混合)

그림 2-7과 같은 장치에서 ①의 상태(i_1, x_1, t_1)인 G_1의 공기와 ②의 상태(i_2, x_2, t_2)인 G_2공기가 혼합되어 ③의 상태(i_3, x_3, t_3)인 G_3의 혼합공기가 된다. 혼합된 습공기의 상태는 습공기선도와 계산식으로 구할 수 있다.

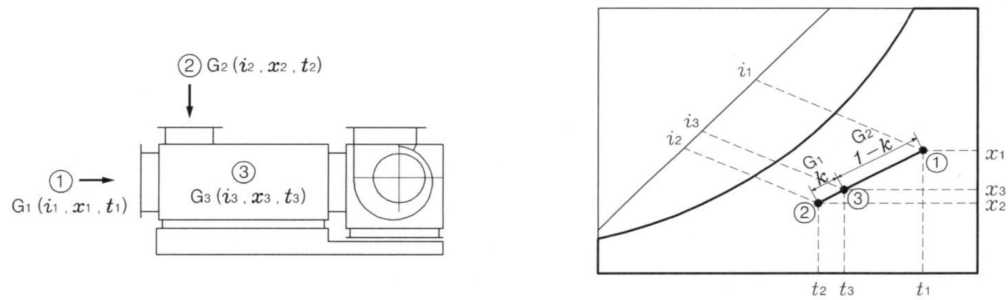

그림 2-7 **혼합**

(1) 습공기선도에 의한 방법

그림 2-7과 같이 ①의 공기와 ②의 공기를 $k:(1-k)$의 비율로 혼합할 경우, 혼합공기 ③의 상태점은 직선 $\overline{①②}$를 (2.14)식과 같은 비율로 내분한 점이 된다.

$$\frac{\overline{②③}}{\overline{①③}} = \frac{G_1}{G_2} = \frac{Q_1}{Q_2} = \frac{k}{1-k} \tag{2.14}$$

G_1, G_2 : 상태점 ①, ②의 풍량 [kg/h]

Q_1, Q_2 : 상태점 ①, ②의 풍량 [m³/h]

(2) 계산식에 의한 방법

①의 공기를 k, ②의 공기를 $(1-k)$의 비율로 혼합할 경우 혼합공기 ③의 건구온도 t_3, 절대습도 x_3, 엔탈피 i_3는 각각 다음과 같다.

$$t_3 = kt_1 + (1-k)t_2 \text{ [℃]} \tag{2.15}$$

$$x_3 = kx_1 + (1-k)x_2 \text{ [kg/kg(DA)]} \tag{2.16}$$

$$i_3 = ki_1 + (1-k)i_2 \text{ [kJ/kg], [kcal/kg]} \tag{2.17}$$

5 —— 바이패스 팩터(BF : by-pass factor)

그림 2-8에서 공조기의 코일을 통과하는 공기가 완전히 열교환을 하게 된다면 공기 ①은 열교환기의 표면온도에서의 포화공기 상태 ②가 되어야 하나 실제로는 ③의 상태로 된다. 이 경우 $\overline{①②}$ 상에 단열혼합이 일어난다. 즉 ①은 처리 전의 공기이고 ②는 포화공기이며 ③은 ①의 공기와 ②의 공기를 BF : (1-BF)의 비율로 혼합한 혼합공기이다.

$$\frac{\overline{①③}}{\overline{③②}} = \frac{\text{BF}}{1-\text{BF}} = \frac{\text{BF}}{\text{CF}} \qquad (2.18)$$

(2.18)식에서 BF를 **바이패스 팩터(by-pass factor)**라 하고, CF는 코일과 접촉한 비율로 **콘택트 팩터**(CF : contact factor)라 한다.

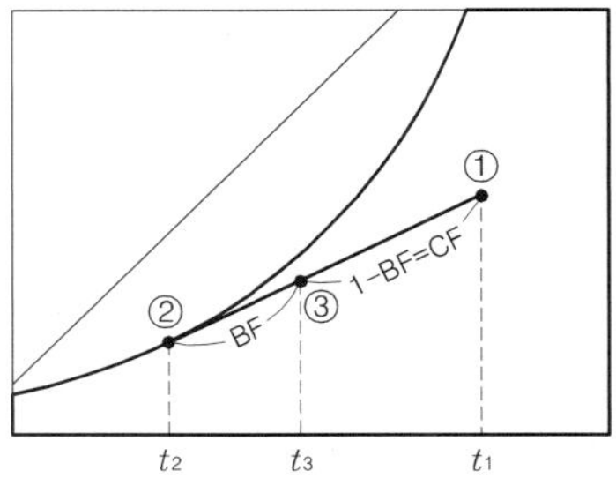

그림 2-8 **바이패스 팩터**

예제 2 —— **건구온도 20℃, 상대습도 50%인 습공기 5000kg/h를 가열가습하여 건구온도 35℃, 상대습도 50%인 상태로 만들려고 한다. 습공기선도를 이용하여 현열량, 잠열량, 전열량, 가습증기량, 현열비, 열수분비를 구하여라.**

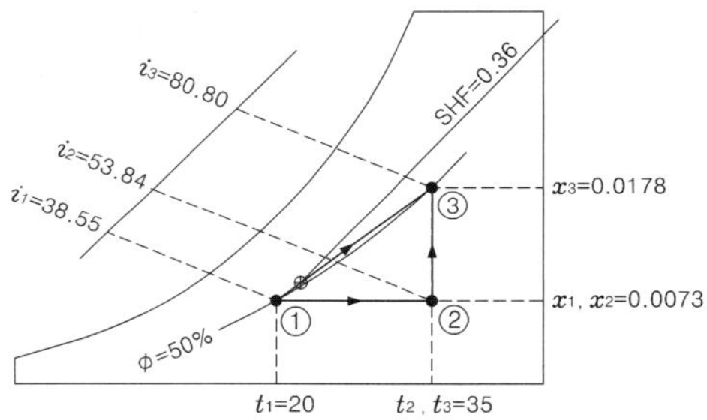

그림 2-9 **예제2 풀이**

풀이

① 현열량 q_S는 (2.9SI)식에서

$$q_S = G(i_2 - i_1)$$
$$= 5000(53.84 - 38.55) = 76450 \ \text{[kJ/h]}$$

② 잠열량 q_L은 (2.10SI)식에서

$$q_L = G(i_3 - i_2) = 5000(80.80 - 53.84) = 134800 \ \text{[kJ/h]}$$
$$q_L = 2501\,G(x_2 - x_1) = 2501 \times 5000 \times (0.0178 - 0.0073)$$
$$= 131303 \fallingdotseq 134800 \ \text{[kJ/h]}$$

③ 전열량 q_T는 현열량과 잠열량의 합이므로 다음과 같다.

$$q_T = 76450 + 134800 = 211250 \ \text{[kJ/h]}$$
$$q_T = 211250\frac{\text{kJ}}{\text{h}} \times \frac{1000\text{J}}{1\text{kJ}} \times \frac{1\text{h}}{3600\text{s}} = 58681\text{J/s} = 58681 \ \text{[W]}$$

또한 (2.9)식에 의해 계산하면,

$$q_T = G(i_3 - i_1) = 5000(80.80 - 38.55) = 211250 \ \text{[kJ/h]}$$

으로, 두 가지 계산법에 의한 결과가 같음을 알 수 있다.

④ 가습증기량 L은 (2.13)식에서

$$L = 5000(0.0178 - 0.0073) = 52.5 \ \text{[kg/h]}$$

⑤ 현열비 SHF는 (2.7)식에서

$$SHF = \frac{76450}{76450 + 134800} = 0.36$$

⑥ 열수분비 u는 (2.8)식에서

$$u = \frac{\Delta i}{\Delta x} = \frac{80.80 - 38.55}{0.0178 - 0.0073} = 4024 \ \text{[kJ/kg]}$$

예제 3 —— 건구온도 35℃, 절대습도 0.022kg/kg(DA)인 실외공기 30%와 건구온도 27℃, 절대습도 0.012kg/kg(DA)인 실내공기 70%를 혼합했을 때, 혼합공기의 건구온도와 절대습도를 구하라.

풀이

(2.15)식에서 건구온도 $t_3 = 35 \times 0.3 + 27 \times 0.7 = 29.4$ [℃]

(2.16)식에서 절대습도 $x_3 = 0.022 \times 0.3 + 0.012 \times 0.7 = 0.015$ [kg/kg(DA)]

2.4.8 공기조화 계산

1 —— 송풍공기온도와 송풍량 결정

실내온도를 일정하게 유지하기 위해서는 실의 현열부하 q_S와 송풍공기에 의해 공급 혹은 제거되는 현열량이 같아야 한다.

$$q_S = C_p G(t_r - t_s) \tag{2.18}$$

$$q_S = C_p \rho Q(t_r - t_s) \tag{2.19}$$

G : 송풍량 [kg/h]
Q : 송풍량 [m³/h]
C_p : 공기의 비열 [kJ/kg·K], [kcal/kg·℃]
ρ : 공급공기의 밀도 [kg/m³]
t_r : 실내공기온도 [℃]
t_s : 송풍공기온도 [℃]

여기에서 C_p는 1.00kJ/kg·K(0.24kcal/kg·℃)이고, ρ는 1.2kg/m³이므로 송풍량 G, Q는 다음과 같이 계산할 수 있다.

$$q_S = 0.24G(t_r - t_s) \text{ 이므로, } G = \frac{q_S}{0.24(t_r - t_s)} \ \text{[kg/h]} \tag{2.20}$$

$$q_S = 0.29Q(t_r - t_s) \text{ 이므로, } Q = \frac{q_S}{0.29(t_r - t_s)} \ \text{[m}^3\text{/h]} \tag{2.21}$$

$$q_S = 1.00G(t_r - t_s) \text{ 이므로, } G = \frac{q_S}{(t_r - t_s)} \ \text{[kg/h]} \tag{2.20SI}$$

$$q_S = 1.2Q(t_r - t_s) \text{ 이므로, } Q = \frac{q_S}{1.2(t_r - t_s)} \text{ [m}^3\text{/h]} \quad (2.21\text{SI})$$

$(t_r - t_s)$는 실내공기와 송풍공기의 온도차 Δt로, Δt가 커지면 송풍량 Q가 감소한다. 송풍량 Q가 감소하면 덕트의 크기와 송풍기의 용량이 작아져 투자비와 유지관리비를 절약할 수 있고 건축물의 층고도 낮출 수 있으나, 실내공기 분포가 악화되고 **콜드 드래프트**(cold draft)[1]현상과 **결로현상**이 발생하기도 한다. 따라서 Δt 값은 표 2-4의 **허용최대송풍온도차** 이내로 설정하는 것이 바람직하다.

반면 Δt를 너무 작게 하면 송풍량이 많아져 투자비와 유지관리비가 많아지며 실내기류 속도가 빨라지기 쉽다.

일반적으로 공기조화시 송풍에 의한 환기횟수는 6~15회/h이다.

표 2-4 **허용최대 Δt값 [℃]**

취출구의 부착 높이 [m]		2	3	4	5	6
벽부착형 취출구	풍량 대	6.5	8.3	10	12	14
	풍량 소	9	11	13	15	17
천장형-아네모스태트형		9.5	16	16	18	18

2 —— 송풍공기 상태결정

실내 온습도가 일정하게 유지되기 위해서는 실의 현열부하와 잠열부하가 송풍공기에 의해 공급(제거)되는 현열량, 잠열량과 같아야 한다. 따라서 실내 현열부하와 공급(제거)되는 현열량이 같도록 송풍공기의 출구온도를 결정하는 동시에, 실내 잠열부하와 공급(제거)되는 잠열량이 같도록 송풍공기의 습도가 결정되어야 한다.

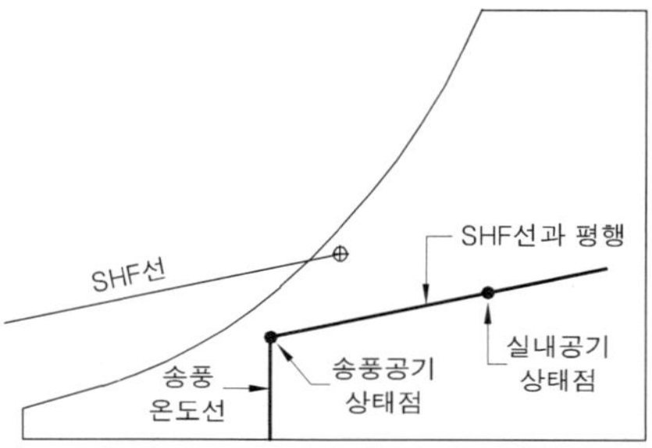

그림 2-10 **송풍공기의 상태**

송풍공기의 상태는 그림 2-10과 같이 공기선도에서 목표로 정한 실내공기 상태점을 통과하는 SHF선 위에 있어야 한다.

즉 송풍공기의 상태는 이 SHF선과 송풍공기 온도선의 교차점이 된다.

1) 콜드 드래프트 현상 : 겨울철 저온(부하)기류가 실의 하부로 흘러 재실자에게 불쾌한 냉풍감을 주는 현상

3 —— 공기조화기의 냉각부하(冷却負荷)와 재열부하(再熱負荷)

냉방시 현열비 SHF 값이 작은 경우, 즉 잠열부하가 큰 경우(식당, 극장 등)에 공조기 입구 상태점과 출구 상태점을 연결한 선이 상대습도 100%선과 만나지 않아서 장치노점온도가 정해지지 않을 때 재열기를 이용하여 취출공기의 온도를 높여줄 필요가 있다.

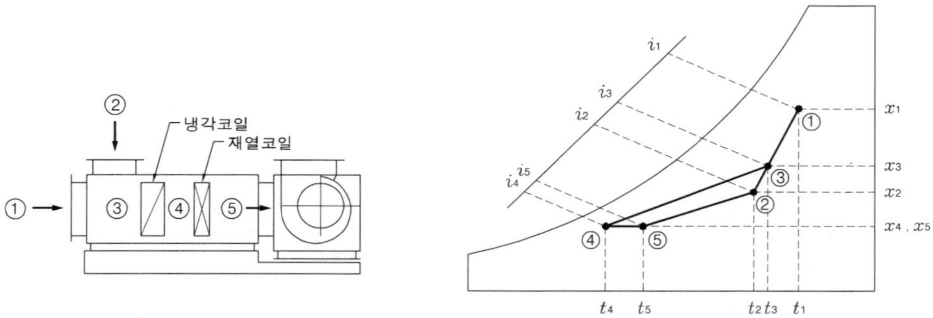

그림 2-11 **혼합, 냉각, 재열과정**

그림 2-11은 이와 같은 과정을 공조기와 습공기선도 상에 나타낸 것이다. 그림에서 ①의 외기와 ②의 실내공기를 혼합하여 ③의 공기를 만든 다음, 냉각코일을 통과시켜 ④의 냉풍을 만든다. 그 다음 재열기를 통과시킨 ⑤의 공기를 실내로 송풍한다.

이 때, **전열부하(냉각부하)** q_T, 냉각기에서의 **감습량** L, 송풍기의 **필요풍량** G, Q는 각각 다음 식과 같다.

$$q_T = G(i_3 - i_4) = G(i_3 - i_2) + G(i_2 - i_5) + G(i_5 - i_4) \text{ [kJ/h], [kcal/h]} \quad (2.22)$$

=외기부하 +실열부하+재열부하

$$L = G(x_3 - x_4) \text{ [kg/h]} \quad (2.23)$$

$$G = \frac{q_S}{0.24(t_r - t_s)} \text{ [kg/h]} \quad (2.24)$$

$$Q = \frac{q_S}{0.29(t_r - t_s)} \text{ [m}^3\text{/h]} \quad (2.25)$$

$$G = \frac{q_s}{(t_2 - t_5)} \text{ [kg/h]} \quad (2.24\text{SI})$$

$$Q = \frac{q_s}{1.2(t_2 - t_5)} \text{ [m}^3\text{/h]} \quad (2.25\text{SI})$$

그러나 냉각된 공기를 재가열하는 데 에너지 소비가 많아지므로 실제 공조조작에서는 냉각코일의 유량과 표면온도를 올리는 방법을 사용하고 있다.

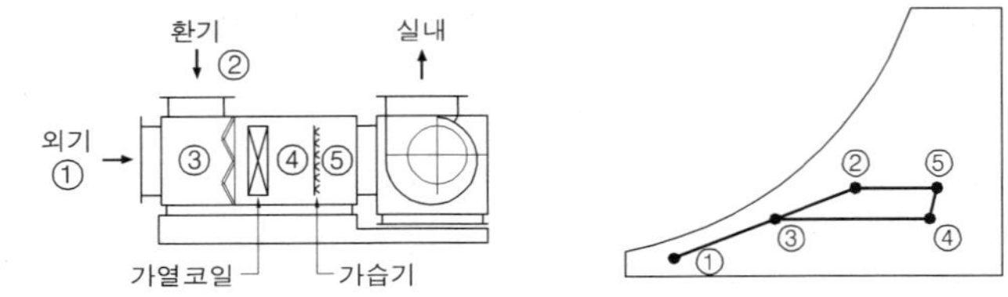

(a) 난방 – 가열가습

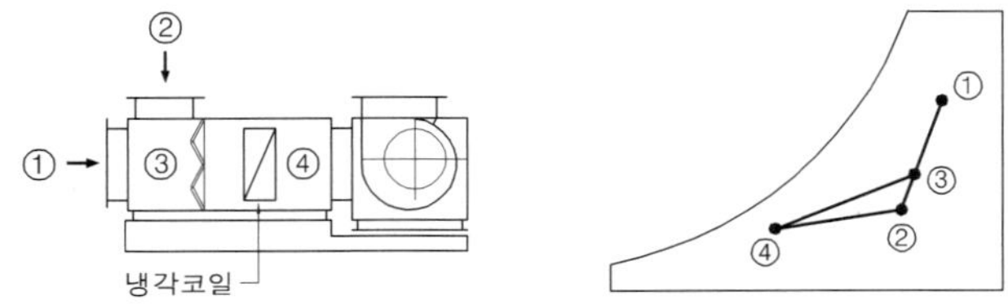

(b) 냉방 – 냉각감습

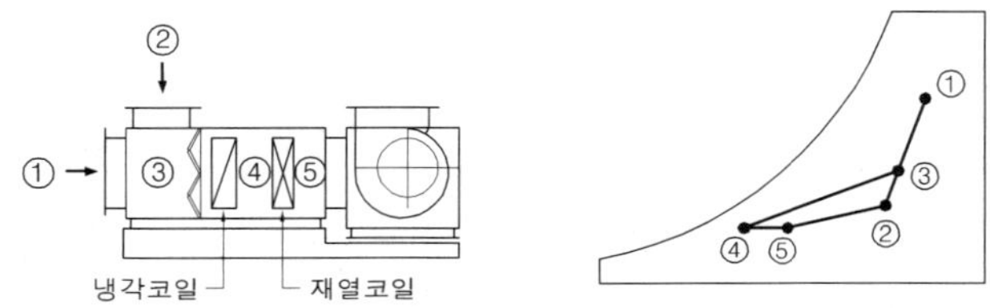

(c) 냉방 – 냉각, 재열

그림 2-12 **냉난방시 공기상태변화 예**

예제 4 —— **사무실의 공조용 풍량과 냉각부하를 공기선도를 이용하여 구하라. 단, 현열부하 q_S는 126000kJ/h(기기내 취득열량 포함), 잠열부하 q_L는 18000kJ/h이고, 도입 외기량은 송풍 공기량의 1/3이다. 실내공기는 27℃, 50%이고, 실외공기는 32℃, 68%이다.**

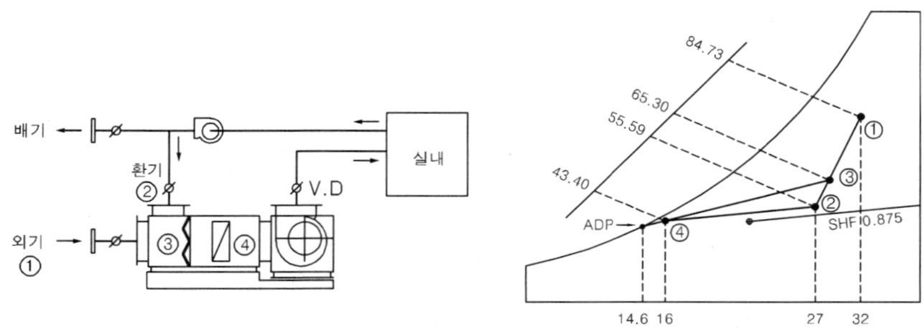

그림 2-13 **예제 4**

풀이 ① 공기조건

표 2-5 **예제 4의 공기조건**

	t [℃]	t' [℃]	x [kg/kg(DA)]	i [kJ/kg]	ϕ [%]
① 외기	32	27	0.0205	84.73	68
② 실내	27	19.5	0.0111	55.59	50

② 현열비

$$SHF=\frac{q_S}{q_S+q_L}=\frac{126000}{126000+18000}=0.875$$

그림 2-13과 같이 SHF선과 평행하게 27℃, 50% 점을 지나는 직선을 그었을 때, 그 직선이 상대습도 100%와 만나는 점이 장치노점온도 ADP가 된다.

③ 송풍량

ADP가 14.6℃이므로 취출구 조건을 고려하여 송풍공기의 온도(t_s>ADP)를 16℃로 한다. Δt=27℃−16℃=11℃로 표 2-4의 허용최대 Δt값 이내로 적당하다. 이 때 송풍공기의 상대습도는 공기선도에서 95%임을 알 수 있다

SHF 0.875와 평행한 선상에 있는 t_s=16℃가 되는 점 ④의 상태값은

x_4=0.0108kg/kg(DA), i_4=43.40kJ/kg, ϕ_4=95%이다.

따라서 송풍량 G와 Q는 다음과 같다.

$$\therefore\ G=\frac{q_S}{\Delta t}=\frac{126000}{(27-16)}=11455\ \text{[kg/h]}$$

$$\therefore\ Q=\frac{q_S}{1.2\Delta t}=\frac{126000}{1.2(27-16)}=9545\ [\text{m}^3/\text{h}]$$

④ 도입 외기량

도입 외기량을 송풍공기량의 1/3로 하면,

$$Q_F=\frac{1}{3}Q=\frac{1}{3}\times 9545=3182\ [\text{m}^3/\text{h}]$$

⑤ 혼합공기의 절대습도 x_3과 엔탈피 i_3은 각각 (2.16)식과 (2.17)식에서

$$x_3=\frac{1}{3}\times x_1+\frac{2}{3}\times x_2=\frac{1}{3}\times 0.0205+\frac{2}{3}\times 0.0111=0.0142\,[\text{kg/kg(D.A)}]$$

$$i_3=\frac{1}{3}\times i_1+\frac{2}{3}\times i_2=\frac{1}{3}\times 84.73+\frac{2}{3}\times 55.59=65.30\ [\text{kJ/kg}]$$

⑥ 공조기의 냉각부하 q_T

$$q_T=G(i_3-i_4)=11455(65.30-43.40)=250865\,[\text{kJ/h}]=69685\,[\text{W}]$$

⑦ 감습수량 L

$$L=G(x_3-x_4)=11455(0.0142-0.0108)=38.95\ [\text{kg/h}]$$

예제 5 —— **300명을 수용할 수 있는 강당에 그림 2-14와 같은 시스템으로 냉방을 하고자 한다. 현열부하 q_S=200000kJ/h, 잠열부하 q_L=80000kJ/h일 때, 송풍량과 냉각부하, 재열부하를 계산하라. 도입외기량은 송풍공기량의 1/3이고 실내공기, 실외공기의 상태는 예제 4와 동일하다.**

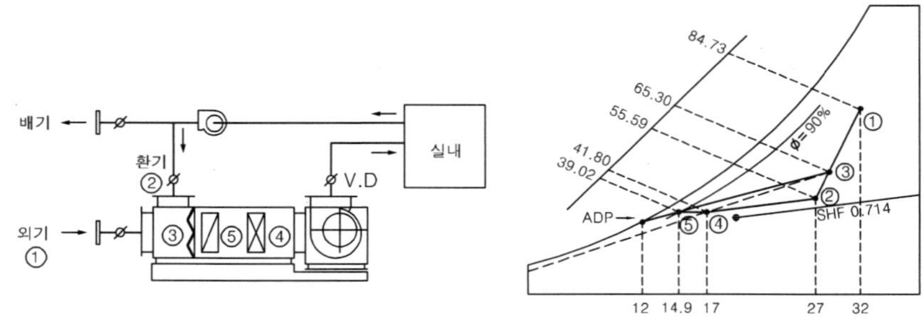

그림 2-14 **예제 5**

풀이

① $SHF=\dfrac{q_S}{q_S+q_L}=\dfrac{200000}{200000+80000}=0.714$

② 그림 2-14에서 장치노점온도 ADP는 12℃이고 $\Delta t=10$℃가 되도록 ④를 정한다.

③ 송풍량

$$G=\frac{q_S}{(t_2-t_4)}=\frac{200000}{(27-17)}=20000\ \text{[kg/h]}$$

④ 도입 외기량

송풍량의 1/3이므로

$$G_F=\frac{1}{3}G=\frac{1}{3}\times 20000=6667\ \text{[kg/h]}$$

그림 2-14에서 혼합공기의 상태점 ③과 냉각코일 취출공기의 상태점 ④를 연결한 직선은 상대습도 100%선과 만나지 않으므로 재열을 할 필요가 있다. 즉 ③의 공기를 ⑤까지 냉각한 후 ④로 재열한다. 상태점 ⑤는 ④에서 수평선을 그었을 때, 상대습도 90%선과 만나는 점으로 한다.

⑤ 공조기의 냉각부하 q_T

$$q_T=G(i_3-i_5)=20000(65.30-39.02)=525600\,\text{[kJ/h]}=146000\,\text{[W]}$$

⑥ 재열기의 재열부하 q_R

$$q_R=G(i_4-i_5)=20000(41.80-39.02)=55600\,\text{[kJ/h]}=15444\,\text{[W]}$$

예제 6 —— **예제 4의 겨울철 난방부하를 공기선도를 이용하여 구하라. 현열부하는 100000kJ/h, 잠열부하는 20000kJ/h이고, 도입외기량은 송풍공기량의 1/3로 한다.**

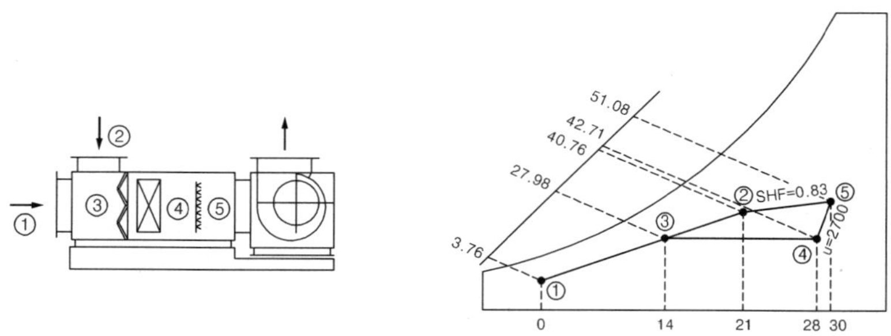

그림 2-15 **예제 6**

풀이

① 공기조건

표 2-6 **예제 6의 공기조건**

	t [℃]	x [kg/kg(DA)]	i [kJ/kg]	ϕ [%]
① 외기	0	0.0015	3.76	40
② 실내	21	0.0077	40.76	50

② 혼합공기 상태점 ③

도입외기량은 송풍량의 1/3이므로 $\overline{①②}$ 선상에서 $\overline{①③}:\overline{③②}=2:1$되는 점 ③을 찾으면, ③의 점은 공기선도상에서 $i_3=27.98$, $t_3=14$, $x_3=0.0055$이다.

③ 송풍공기 온도

실내 송풍량이 예제 4의 냉방과 같으므로 $G=11455$ kg/h이다. 이때 실내로 취출되는 공기의 온도는 (2.20SI)식에서

$$t_s=t_r+\frac{q_S}{G}=21+\frac{100000}{11455}=21+8.7\fallingdotseq 30\ [℃]\text{이다.}$$

④ 현열비

$$\text{SHF}=\frac{100000}{100000+20000}=0.83$$

그림 2-15와 같이 SHF=0.83인 선과 평행하면서 상태점 ②를 지나는 선과 송풍공기온도 $t_s=30$℃ 선과 만나는 점이 상태점 ⑤가 된다. $i_5=51.08$ [kJ/kg]이다.

⑤ 열수분비

게이지압 30kPa의 증기를 분무하여 가습할 경우, 증기온도는 110℃이므로, (2.6)식과 (2.8)식에서

$$u=\frac{\Delta i}{\Delta x}=\frac{\Delta t+(2501+1.85t_s)\Delta x}{\Delta x}\fallingdotseq\frac{(2501+1.85\times 110)\Delta x}{\Delta x}\fallingdotseq 2700\ [\text{kJ/kg}]$$

$\overline{④⑤}$의 구배는 $u=2700$선으로 되며, 상태점 ④는 상태점 ⑤에서 $u=2700$선과 나란히 내려 그은 선과 ③에서 그은 수평선과의 교점이 된다. 상태점 ④의 $i_4=42.71$ kJ/kg, $t_4=28$℃가 된다.

⑥ 현열량(가열)

$$q_s=G(i_4-i_3)=11455(42.71-27.98)=168732\ [\text{kJ/h}]=46870\ [\text{W}]$$

⑦ 잠열량(가습)

$$q_h=G(i_5-i_4)=11455(51.08-42.71)=95878\ [\text{kJ/h}]=26633\ [\text{W}]$$

⑧ 전열량(공조기의 가열량)

$$q_T=q_s+q_h=G(i_5-i_3)=95878+168732=264610\ [\text{kJ/h}]=73503\ [\text{W}]$$

⑨ 가습량

$$L=G(x_5-x_4)=11455(0.0084-0.0055)=33\ [\text{kg/h}]$$

2.5 — 공기조화부하계산

2.5.1 공기조화부하(空氣調和負荷)

공기조화부하란 실내를 필요한 온습도로 유지하기 위하여 냉각, 가열, 감습, 가습하는데 필요한 열량을 총칭하는 것으로 실의 취득열량 또는 손실열량에 해당하는 **실열부하**와 **공기조화장치부하**, **열원장치부하**, **외기부하**로 나뉜다. 또 공기조화부하를 **냉방부하**와 **난방부하**로 나눌 수 있는데 보통은 공조가 행해지는 건물에서는 둘 중 하나가 존재하나 대륙성 기후나 지중해성 기후 지역에서는 두 부하가 동시에 발생하는 경우도 있다.

열취득(열손실)과 **열부하**는 약간의 차이가 있는데 유리창을 통하여 실내로 유입한 태양복사열은 열취득이지만, 그 전부가 즉시 실내온도를 상승시키지는 않으며 일부는 구조체에 흡수한 후 시간이 경과되어 열부하가 된다.

공기조화부하계산은 공조설계에 있어서 가장 기본이 되는 것으로 필요이상으로 과다하게 설계되면 장치용량이 커져 초기투자비가 증가할 뿐만 아니라 열원기기의 효율저하, 소비에너지 증대 등으로 운전비도 증가하게 된다.

부하계산법에는 설계용인 **최대부하계산법(最大負荷計算法)**과 기간별 에너지소비량을 정확하게 알기 위한 **기간부하계산법(期間負荷計算法)**이 있다. 종래부터 사용되어온 최대부하계산법은 공조가 필요한 실의 최대냉방(난방)부하를 계산하여 그 결과를 기초로 각 공조기의 용량을 산출하는 방법이다. 기간부하계산법은 1년간 또는 일정 기간에 걸쳐 모든 시각의 부하를 계산하여 그 부하변화에 대응하는 합리적인 공조방식의 계획과 운전비를 산출하는 방법으로, 근래 전산기 발달로 개발된 **동적 열부하계산(動的熱負荷計算)** 프로그램에 기상조건, 건물구조, 형상, 실내상태, 조명사용 상황, 공조장치의 운전시간 등을 입력하여 연간, 기간별 운전비나 연료비를 산정할 수 있게 되었다. 기간부하계산법으로 대표적인 것은 **도일수**[1]에 의한 방법, **확장디그리데이법**, **전부하상당시간**에 의한 방법 등이 있다.

2.5.2 냉방부하의 분류

공기조화가 시행되고 있는 실내가 일정한 온습도를 유지하는 과정에는 그림 2-16과 같은 열의 유출입 현상이 일어난다. 실내외 온도차가 있을 때 외벽, 유리창, 내벽, 천장, 바닥을 통해 유출입되는 열을 **관류열(貫流熱, heat transmission)**이라 하고, 유리창 등 투명한 물체를 통해 들어오는 복사열(주로 태양복사열)을 **투과열(透過熱, solar radiation)**이라 한다. 또, 외벽면이 받는 풍압과 건물의 내외 온도차에 의해 발생한 압력차로 창문틀, 외벽의 틈새, 출입구 주변에서 유출입되는 열을 **극간풍(隙間風, infiltration air)에 의한 침입열**이라

---

1) 도일수(度日數, degree day) : 냉난방에 있어 실내온도와 매일의 평균외기온도와의 차이를 냉난방 기간에 대해 적산한 값으로 어느 지방의 기후상태나 필요에너지량 등의 지표로 사용된다.

한다. 이상 세 가지 경로를 통해 발생하는 열을 총칭하여 **외피부하(外皮負荷)**라 하며 실내의 조명기구나 인체, 기타 발열기구에서 발생하는 열을 **내부부하(內部負荷)**라 한다. 외기나 인체, 기타 열원기기 등에 의한 열부하는 수증기량을 함께 변동시키므로 실내습도를 일정하게 유지하기 위해 수증기량을 공급하거나 제거해야 한다. 이러한 수증기 잠열에 의한 부하를 **잠열부하**라 하고 현열에 의한 부하를 **현열부하**라 한다.

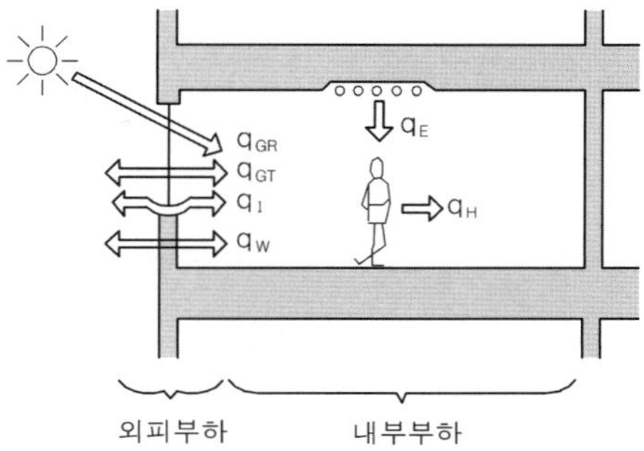

그림 2-16 **부하의 종류**

표 2-7 **냉방부하의 분류**

부 하		기 호	내 용	
실열부하	외피부하	q_W	• 벽체에서의 취득열량	
		q_G	• 유리에 의한 취득열량	일사에 의한 것 q_{GR} 관류에 의한 것 q_{GT}
		q_I	• 극간풍에 의한 취득열량	현열 q_{IS} 잠열 q_{IL}
	내부부하	q_H	• 인체 발생열량	현열 q_{HS} 잠열 q_{HL}
		q_E	• 기구 발생열량	현열 q_{ES} 잠열 q_{EL}
장 치 부 하		q_e	• 송풍기에 의한 취득열량 q_B • 덕트에 의한 취득열량 q_D	
재 열 부 하		q_R	–	
외기부하 (신선공기부하)		q_F	현열 q_{FS} 잠열 q_{FL}	

이러한 각종 부하에는 관류열, 침입열과 같이 여름철에는 냉방부하, 겨울철에는 난방부하가 되는 것이 있고 일사, 조명, 인체에서의 발생열과 같이 여름철에는 냉방부하가 되지만 겨울철에는 난방에 유리하게 작용하는 부하가 있으나 일정하게 발생하는 것은 아니기 때문에 특별한 경우를 제외하고 난방부하에서 그 값을 감하지는 않는다.

표 2-8 **냉동기부하**

냉동기부하	냉각코일부하	송 풍 량	실 열 부 하 장 치 부 하
		재 열 부 하 외기부하(신선공기부하)	
	배 관 부 하		

2.5.3 냉방부하계산(冷房負荷計算)

1 —— 실내조건 (indoor design condition)

보건용 공기조화에서 실내조건은 유효온도(ET)나 수정유효온도(CET)로 나타내는 것이 적당하다. 부하계산에서는 건구온도(t)와 습구온도(t') 또는 상대습도(ϕ)로 설정하고 기류조건이나 주벽면 복사열은 공기조화방식에서 고려하고 있다.

표 2-9 **실내 온습도 기준(국토교통부 고시, 건축물의 에너지절약설계기준 [별표8])**

용도 \ 구분	난방	냉방	
	건구온도(℃)	건구온도(℃)	상대습도(%)
공동주택	20~22	26~28	50~60
학교(교실)	20~22	26~28	50~60
병원(병실)	21~23	26~28	50~60
관람집회시설(객석)	20~22	26~28	50~60
숙박시설(객실)	20~24	26~28	50~60
판매시설	18~21	26~28	50~60
사무소	20~23	26~28	50~60
목욕장	26~29	26~29	50~75
수영장	27~30	27~30	50~70

2 —— 실외조건 (outdoor design condition)

최대공조부하를 계산하기 위한 외기조건으로 냉방설계의 경우 **온도, 습도, 일사량**이 난방설계의 경우 **온도, 습도**조건이 반드시 필요하다. 설계 외기조건은 과거의 기상관측값을 기준으로 결정하며 우리나라에서는 ASHRAE[1]에서 제안한 일정기간 관측기록의 초과확률에 의한 통계기법(TAC)[2]에서 위험률 2.5%값을 주로 택하고 있다. 위험률 2.5%는 어느 지역의

1) ASHRAE : 미국난방냉동공조협회, American Society of Heating, Refrigerating and Air Conditioning Engineers 의 약자

2) TAC : Tecnical Advisory Committee의 약자. ASHRAE에 소속된 기관으로 TAC temperature라는 냉난방 부하계산에 이용되는 외기온도를 제안하고 있다.

냉방기간이 2000시간이라고 하면 이 기간 중 2.5%에 해당하는 50시간은 냉방설계 외기조건을 초과하여 덥다는 것을 의미한다.

표 2-10 **실외 온습도 기준(국토교통부 고시, 건축물의 에너지절약설계기준 [별표7])**

구 분 / 도시명	냉방		난방	
	건구온도(℃)	습구온도(℃)	건구온도(℃)	상대습도(%)
서 울	31.2	25.5	−11.3	63
인 천	30.1	25.0	−10.4	58
수 원	31.2	25.5	−12.4	70
춘 천	31.6	25.2	−14.7	77
강 릉	31.6	25.1	−7.9	42
대 전	32.3	25.5	−10.3	71
청 주	32.5	25.8	−12.1	76
전 주	32.4	25.8	− 8.7	72
서 산	31.1	25.8	− 9.6	78
광 주	31.8	26.0	− 6.6	70
대 구	33.3	25.8	− 7.6	61
부 산	30.7	26.2	− 5.3	46
진 주	31.6	26.3	− 8.4	76
울 산	32.2	26.8	− 7.0	70
포 항	32.5	26.0	− 6.4	41
목 포	31.1	26.3	− 4.7	75
제 주	30.9	26.3	0.1	70

3 — 외벽을 통한 취득열량(heat transmission in building structures) q_W

유리창을 제외한 외기에 직접 면하고 있는 외벽, 지붕으로부터의 침입열량에는 실내외온도차에 의한 관류열량에 일사열이 벽체에 축적되어 온도를 상승시킴으로써 발생하는 열량도 더해진다.

외기온도나 일사량은 24시간을 주기로 변하고 있으나 이것이 내측 표면에 도달하기까지는 진폭의 감소와 시간지연이 있다. 이것을 종합 계산하여 간단한 전열식으로 산출할 수 있게 한 것이 **상당온도차**이다.

(1) 외벽 · 지붕을 통한 관류열량 (heat transmission through wall)

$$q_W = K A \Delta t_e \ \text{[W], [kcal/h]} \tag{2.26}$$

q_W : 벽체를 통한 관류열량 [W], [kcal/h]

K : 벽체의 열관류율 [W/㎡·K], [kcal/㎡·h·℃]

A : 벽면적 [㎡]

Δt_e : 상당온도차 [℃]

(a) 지붕, 벽체의 열관류율 K

$$K = \frac{1}{R_i + C + (\frac{d_1}{\lambda_1} + \frac{d_2}{\lambda_2} + ... + \frac{d_n}{\lambda_n}) + R_o} \quad [W/m^2 \cdot K],\ [kcal/m^2 \cdot h \cdot ℃] \qquad (2.27)$$

R_i : 실내표면열전달저항 [m² · K/W], [m² · h · ℃/kcal]

R_o : 실외표면열전달저항 [m² · K/W], [m² · h · ℃/kcal]

C : 구조체 내부에 있는 공기층의 열저항 [m² · K/W], [m² · h · ℃/kcal]

d : 벽체 각부의 두께 [m]

λ : 벽체 각부의 열전도율 [W/m · K], [kcal/m · h · ℃]

표 2-11 벽체표면의 열전달저항(국토교통부 고시, 건축물의 에너지절약설계기준 [별표5])

건물 부위 \ 열전달저항	실내표면열전달저항 R_i [m² · K/W]	실외표면열전달저항 R_o [m² · K/W]	
		외기에 간접 면하는 경우	외기에 직접 면하는 경우
거실의 외벽 (측벽 및 창, 문 포함)	0.11(0.13)*	0.11(0.13)	0.043(0.050)
최하층에 있는 거실 바닥	0.086(0.10)	0.15(0.17)	0.043(0.050)
최상층에 있는 거실의 반자 또는 지붕	0.086(0.10)	0.086(0.10)	0.043(0.050)
공동주택의 층간 바닥	0.086(0.10)	–	–

* 괄호안은 m² · h · ℃/kcal

표 2-12 지역별 건축물부위의 열관류율(건축물의 설비기준등에 관한 규칙 [별표4]) [단위 : W/m² · K]

건축물의 부위 \ 지 역			중부지역[1]	남부지역[2]	제주도
거실의 외벽	외기에 직접 면하는 경우		0.36 이하	0.45 이하	0.58 이하
	외기에 간접 면하는 경우		0.49 이하	0.63 이하	0.85 이하
최상층에 있는 거실의 반자 또는 지붕	외기에 직접 면하는 경우		0.20 이하	0.24 이하	0.29 이하
	외기에 간접 면하는 경우		0.29 이하	0.34 이하	0.41 이하
최하층에 있는 거실의 바닥	외기에 직접 면하는 경우	바닥난방인 경우	0.30 이하	0.35 이하	0.35 이하
		바닥난방이 아닌 경우	0.41 이하	0.41 이하	0.41 이하
	외기에 간접 면하는 경우	바닥난방인 경우	0.43 이하	0.50 이하	0.50 이하
		바닥난방이 아닌 경우	0.58 이하	0.58 이하	0.58 이하
공동주택의 측벽			0.27 이하	0.36 이하	0.45 이하
공동주택의 층간바닥	바닥난방인 경우		0.81 이하	0.81 이하	0.81 이하
	그 밖의 경우		1.16 이하	1.16 이하	1.16 이하

창 및 문	외기에 직접 면하는 경우	공동주택	2.10 이하	2.40 이하	3.10 이하
		공동주택 외	2.40 이하	2.70 이하	3.40 이하
	외기에 간접 면하는 경우	공동주택	2.80 이하	3.10 이하	3.70 이하
		공동주택 외	3.20 이하	3.70 이하	4.30 이하

1) 중부지역 : 서울특별시, 인천광역시, 경기도, 강원도(강릉시, 동해시, 속초시, 삼척시, 고성군, 양양군 제외), 충청북도(영동군 제외), 충청남도(천안시), 경상북도(청송군)

2) 남부지역 : 부산광역시, 대구광역시, 광주광역시, 대전광역시, 울산광역시, 강원도(강릉시, 동해시, 속초시, 삼척시, 고성군, 양양군), 충청북도(영동군), 충청남도(천안시 제외), 전라북도, 전라남도, 경상북도(청송군 제외), 경상남도

표 2-13 벽구조와 열관류율 K (그림 2-17 벽체)

번 호	구 조	열관류율 K [W/㎡ · K]	번 호	구 조	열관류율 K [W/㎡ · K]
(1)	콘크리트 두께 5cm	5.44(4.68)*	(6)	알루미늄 커튼월	2.31(1.99)
(2)	두께 10cm	4.62(3.97)	(7)	알루미늄 커튼월+보온재 5cm	0.64(0.55)
(3)	두께 15cm	4.00(3.44)	(8)	목조벽+보온재 3cm	0.98(0.84)
(4)	두께 20cm	3.53(3.04)	(9)	ALC판(7.5cm)	1.39(1.20)
(5)	두께 25cm	3.16(2.72)	(10)	ALC판(12.5cm)	1.00(0.86)

* 괄호안은 kcal/㎡ · h · ℃

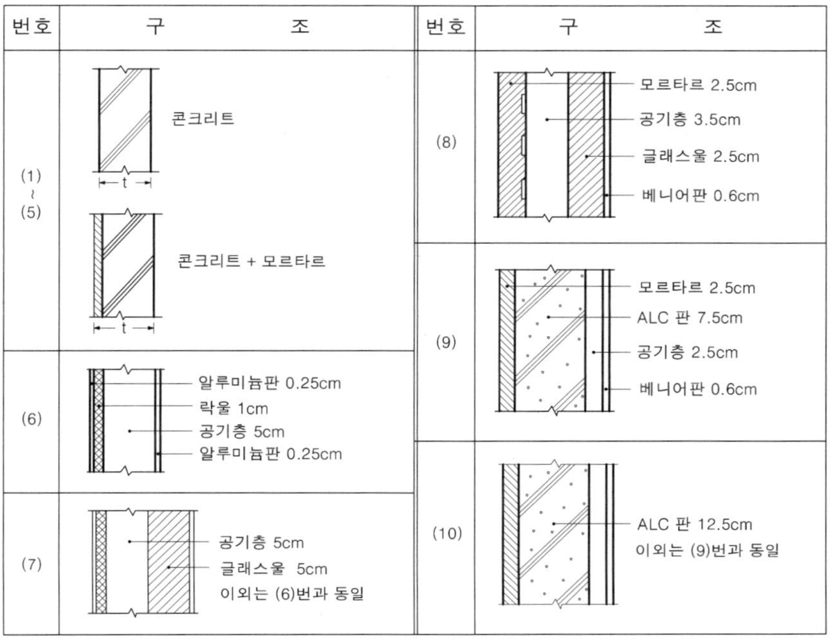

그림 2-17 **벽체구조**

(b) 상당온도차(相當溫度差, equivalent temperature differential)

불투명한 벽면 또는 지붕면에서 태양열을 받으면 일부는 반사되고 일부는 흡수되어 외표면 온도가 점점 상승하게 된다. 외표면 온도의 상승정도는 **일사량** 외에 **벽체의 구조**와 **외기온**에도 영향을 받는다. 이때 벽체에 흡수된 열량은 열전달의 **시간지연**(time lag)[1] 효과를 가져오게 되는데, 이는 건물 외피의 열용량에 좌우되며 구성재료의 질량이 증가할수록 시간지연 정도는 커진다. 상당외기온도의 변동상황 및 구조체의 열특성이 그림 2-18에 나타나 있다.

우리나라 표준도시의 Δt_e값은 현재 제시되어 있지 않으나, 일본 동경을 기준으로 한 데이터와 (2.28)식을 이용하여 근사값을 구하고 있다.

$$\Delta t_{e1} = \Delta t_e + (t_{o1} - t_o) - (t_{i1} - t_i) \qquad (2.28)$$

Δt_{e1}, t_{o1}, t_{i1} : 어느 시각의 상당외기온도, 외기온도, 실내온도 [℃]

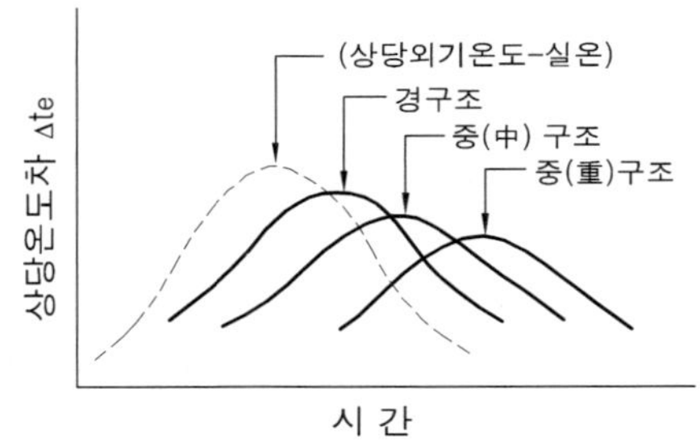

그림 2-18 **상당온도차의 변동**

1) 시간지연(time lag)효과 : 자극과 반응, 원인과 결과 등과 같이 밀접하게 관계가 있는 두 가지 일이나 현상 사이에 일어나는 시간의 지연을 말한다.

표 2-14 상당온도차

	시 각	H	N	NE	E	SE	S	SW	W	NW
	8	16.9	6.0	21.1	25.9	17.4	3.3	3.3	3.3	3.3
	9	26.2	6.1	22.1	29.3	22.4	6.3	5.2	5.2	5.2
	10	34.6	7.1	19.6	28.4	24.6	10.7	6.8	6.8	6.8
	11	41.1	8.1	14.9	24.1	24.0	14.6	8.1	8.0	8.0
(1)	12	45.4	8.8	11.2	17.5	21.0	17.4	11.1	8.8	8.8
콘크리트	13	47.1	9.3	10.1	12.3	16.0	18.5	16.5	12.1	9.3
두께 5cm	14	46.2	9.5	9.7	10.3	11.8	18.0	21.7	18.8	11.7
	15	42.8	9.4	9.5	9.8	10.2	16.0	25.4	25.7	16.9
	16	37.1	9.1	9.0	9.1	9.3	12.6	26.9	30.9	22.2
	17	29.4	9.4	8.1	8.1	8.2	9.3	25.5	32.8	25.7
	18	20.5	10.3	6.9	6.9	6.9	7.3	20.9	29.6	25.1
	8	8.8	4.2	13.4	15.8	10.0	1.8	1.8	1.8	1.8
	9	15.9	4.9	17.3	21.7	15.3	3.5	3.2	3.2	3.2
	10	23.6	5.7	18.4	24.7	19.3	6.4	4.7	4.7	4.7
	11	30.9	6.7	17.0	24.6	21.4	9.8	6.1	6.1	6.1
(2)	12	36.9	7.6	14.3	21.8	21.3	13.0	7.8	7.2	7.2
콘크리트	13	41.2	8.3	12.4	17.5	19.2	15.4	11.2	8.7	8.1
두께 10cm	14	43.4	8.8	11.3	14.4	15.9	16.5	15.6	12.7	9.2
	15	43.3	9.1	10.6	12.5	13.4	16.4	19.7	18.1	12.2
	16	40.9	9.1	10.0	11.2	11.8	14.9	22.8	23.5	16.4
	17	36.3	9.1	9.3	10.0	10.4	12.5	24.1	27.6	20.4
	18	29.9	9.6	8.3	8.8	9.0	10.3	23.0	28.9	22.7
	8	4.9	2.8	7.5	8.6	5.3	1.2	1.5	1.6	1.5
	9	9.3	3.7	11.6	14.0	9.4	2.1	2.2	2.3	2.2
	10	15.0	4.4	14.2	18.1	13.3	3.7	3.2	3.3	3.2
	11	21.1	5.2	15.0	20.4	16.3	6.1	4.4	4.4	4.4
(3)	12	27.0	6.1	14.3	20.5	18.0	8.8	5.6	5.5	5.4
콘크리트	13	32.2	6.9	13.1	18.8	18.2	11.3	7.6	6.6	6.4
두께 15cm	14	36.1	7.5	12.2	16.6	16.9	13.2	10.6	8.7	7.3
	15	38.3	8.0	11.5	14.8	15.1	14.3	14.1	12.3	9.0
	16	38.8	8.4	11.0	13.4	13.7	14.3	17.4	16.6	11.8
	17	37.4	5.8	10.4	12.2	12.4	13.3	19.9	20.8	15.1
	18	34.1	8.9	9.7	11.0	11.2	11.9	20.9	23.9	18.1
	8	4.7	2.3	4.5	5.0	3.5	1.6	2.4	2.8	2.3
	9	6.8	3.0	7.5	8.7	5.9	1.9	2.5	2.9	2.5
(4)	10	10.2	3.6	10.2	12.5	8.9	2.7	3.0	3.3	3.0
콘크리트	11	14.5	4.2	12.0	15.5	11.7	4.1	3.7	3.9	3.7
두께 20cm	12	19.3	4.9	12.6	17.1	14.0	5.9	4.5	4.6	4.4
	13	24.0	5.6	12.3	17.2	15.3	8.0	5.6	5.4	5.2
	14	28.2	6.3	11.9	16.4	15.5	9.9	7.5	6.5	6.0

표 2-15 각종 재료의 열정수표(熱定數表)

재료명	밀도 ρ [kg/㎥]	비열 C_p [kJ/kg·K]	용적비열 ρC_p [kJ/㎥·K]	열전도율 λ [W/m·K]
공기(정지)	1.2	1.00	1.2	0.022
물(18℃)	999	4.19	4189	0.591
얼음	916	2.05	1878	2.208
눈	200	–		0.151
탄소강(1.0%C)	7801	0.473	3690	43
알루미늄	2707	0.896	2425	204
동(銅)	8954	0.383	3429	386
화강암	2808	0.837	2350	3.486
대리석	2669	0.879	2346	2.789
점토질토양	1449	0.879	1274	0.116
시질토양	1599	–	–	1.069
흙	1888	0.837	1580	0.627
모래	1699	0.837	1422	0.488
자갈	1849	0.837	1548	0.616
콘크리트	2198	0.879	1932	1.627
경량콘크리트	1600	1.005	1608	0.779
기포콘크리트	710	1.130	802	0.174
기포콘크리트	350	1.130	396	0.084
중량블록(BI형)	1530	0.879	1345	1.139
경량블록(BI형)	981	1.046	1026	0.767
모르타르	2019	1.130	2281	1.394
소나무	479	2.092	1002	0.174
삼목	329	2.092	688	0.128
라왕	470	2.259	1062	0.174
석고보드(6㎜)	862	1.130	974	0.139
경질섬유판	1050	1.298	1363	0.221
플라스터	1950	0.837	1632	0.791
회반죽	1319	1.046	1380	0.744
토벽	1279	0.879	1124	0.686
유리(3㎜)	2539	0.795	2019	0.790
타일	2398	1.088	2609	1.278
리놀륨(3㎜)	1189	1.255	1492	0.186
아스팔트류	1000	0.921	921	0.110
글라스울 24K	24	0.837	20	0.042
글라스울 32K	32	0.837	27	0.040
스티렌발포판(압출)	28	1.256	35	0.037
스티렌발포판(발포)	40	1.256	50	0.026
경질우레탄발포판	38	1.256	48	0.028
연질우레탄발포판	30	1.256	38	0.050
폴리에틸렌발포판	50	1.256	63	0.044

* 밀폐중공층(2㎝ 이하) R=0.086×공기층두께 [㎡·K/W], 밀폐중공층(2㎝ 초과) R=0.17 [㎡·K/W]
현장시공 중공층(1㎝ 이하) R=0.086×공기층두께 [㎡·K/W],
현장시공 중공층(1㎝ 초과) R=0.086 [㎡·K/W]

(2) 내부 칸막이벽을 통한 관류열량(heat transmission through partition)

외기에 면하지 않은 벽, 천장, 바닥에서의 관류열량 q_W는 두 가지 경우를 생각할 수 있다. 첫 번째 경우는 부하계산을 하는 실과 인접실이 같은 조건으로 냉방을 하고 있는 경우로, 이때는 양쪽 실온이 같으므로 내부 칸막이벽을 통한 관류열량은 0이 된다. 그러나 인접실이 비냉방실인 경우에는 온도차가 발생하여 관류에 의한 열취득이 발생하는데, 이 경우 비냉방실의 실온은 외기온과 냉방실온의 평균값으로 설정하여 (2.29)식과 같이 계산한다.

$$q_W = KA\,(t_r' - t_r)\ [\mathrm{W}],\ [\mathrm{kcal/h}] \tag{2.29}$$

t_r : 냉방실의 실내온도 [℃]

t_r' : 비냉방실의 실내온도($= \dfrac{t_r + t_o}{2}$) [℃]

t_o : 외기온도 [℃]

4 —— 유리창을 통한 취득열량(heat gain through glass) q_G

유리창을 통한 취득열량에는 일사에 의한 **투과열량**과 실내외 온도차로 인한 **관류열량**이 있다. 일사에 의한 냉방부하는 전체의 20~40%를 차지해 그 비율이 크고 계산도 복잡하다.

$$q_G = q_{GR} + q_{GT}\ [\mathrm{W}],\ [\mathrm{kcal/h}] \tag{2.30}$$

q_{GR} : 일사에 의한 투과열량 [W], [kcal/h]

q_{GT} : 실내외 온도차에 의한 관류열량 [W], [kcal/h]

$$q_{GR} = I_{GR}\,k_s\,A \tag{2.31}$$

I_{GR} : 유리를 투과하는 일사량 [W/m²], [kcal/m²·h]

k_s : 차폐계수

A : 유리창의 면적 [m²]

$$q_{GT} = K\,A\,(t_o - t_r) \tag{2.32}$$

K : 유리의 열관류율 [W/m²·K], [kcal/m²·h·℃]

t_o, t_r : 실외, 실내온도 [℃]

표 2-16 **설계용 일사량** I_{GR} [W/m²]

서 울 하기(7/23)

방위 \ 시각	6	7	8	9	10	11	12	13	14	15	16	17	18	19	합계
수평	44	201	386	563	712	822	883	890	844	747	607	436	251	80	7466
N·음영	39	131	99	66	72	76	77	78	76	73	68	81	130	81	1147
NE	68	370	446	401	292	151	77	78	76	73	68	60	49	29	2238
E	69	418	566	580	506	371	198	78	76	73	68	60	49	29	3141
SE	41	247	388	459	466	418	323	192	76	73	68	60	49	29	2889
S	20	45	58	107	195	264	304	309	278	217	132	60	49	29	2067
SW	20	45	58	66	72	76	152	290	396	458	467	414	294	98	2906
W	20	45	58	66	72	76	77	147	326	474	568	581	476	180	3166
NW	20	45	59	66	72	76	77	78	110	255	376	443	409	173	2258

표 2-17 **창문의 열관류율** K [W/m²·K]

창의 종류	창틀 종류별 열관류율								
	금속재						플라스틱 또는 목재		
	열교차단재 미적용			열교차단재 적용					
유리의 공기층 두께 [mm]	6	12	16 이상	6	12	16 이상	6	12	16 이상
일반복층창	4.0	3.7	3.6	3.7	3.4	3.3	3.1	2.8	2.7
로이유리(하드코팅)	3.6	3.1	2.9	3.3	2.8	2.6	2.7	2.3	2.1
로이유리(소프트코팅)	3.5	2.9	2.7	3.2	2.6	2.4	2.6	2.1	1.9
아르곤 주입	3.8	3.6	3.5	3.5	3.3	3.2	2.9	2.7	2.6
아르곤 주입+로이유리(하드코팅)	3.3	2.9	2.8	3.0	2.6	2.5	2.5	2.1	2.0
아르곤 주입+로이유리(소프트코팅)	3.2	2.7	2.6	2.9	2.4	2.3	2.3	1.9	1.8

표 2-18 **차폐계수** k_s

유리	블라인드	차폐계수	유리	블라인드	차폐계수
보통단층유리	없음 밝은 색 중간색	1.0 0.65 0.75	보통 2중유리	없음 밝은 색 중간색	0.9 0.6 0.7
흡열단층유리	없음 밝은 색 중간색	0.8 0.55 0.65	외측 흡열 내측 보통	없음 밝은 색 중간색	0.75 0.55 0.65
보통유리 2중창 (중간블라인드)	밝은 색	0.4	외측 보통 내측 거울	없음	0.65

5 —— 극간풍에 의한 취득열량(heat gain by infiltration) q_I

창문틀이나 외벽의 틈새, 출입문 개폐시 실내에 외기가 직접 유입하는 것을 극간풍(틈새바람)이라 하며, 이 경우 침입현열량 q_{IS}와 잠열량 q_{IL}은 각각 다음과 같다.

$$q_I = q_{IS} + q_{IL} \ \text{[kJ/h], [kcal/h]} \tag{2.33}$$

$$q_{IS} = 0.24\,G(t_o - t_r) = 0.29\,Q(t_o - t_r) \ \text{[kcal/h]} \tag{2.34}$$

$$q_{IL} = 597\,G(x_o - x_r) = 715\,Q(x_o - x_r) \ \text{[kcal/h]} \tag{2.35}$$

$$q_{IS} = 1.0\,G(t_o - t_r) = 1.2\,Q(t_o - t_r) \ \text{[kJ/h]} \tag{2.34SI}$$

$$q_{IL} = 2{,}501\,G(x_o - x_r) = 3{,}001\,Q(x_o - x_r) \ \text{[kJ/h]} \tag{2.35SI}$$

G : 극간풍 [kg/h]
Q : 극간풍 [m³/h]
t_o, t_r : 실외, 실내온도 [℃]
x_o, x_r : 실외, 실내 절대습도 [kg/kg(DA)]

극간풍량 Q를 구하는 방법에는 환기횟수법, 틈새길이법, 외벽면적법 등이 있으며, 최근에는 **환기횟수법**이 주로 이용된다.

표 2-19 **극간풍에 의한 환기횟수**

냉방시	실용적 [m³]	500 이하	500	1000	1500	2000	2500	3000 이상
	환기횟수 [회/h]	0.7	0.6	0.55	0.50	0.42	0.40	0.35

6 —— 인체에 의한 발생열량(heat gain by occupants) q_H

인체의 에너지 대사에 의해 발생하는 현열량 q_{HS}와 잠열량 q_{HL}은 각각 다음 식과 같다.

$$q_{HS} = N \cdot h_S \ \text{[W], [kcal/h]} \tag{2.36}$$

$$q_{HL} = N \cdot h_L \ \text{[W], [kcal/h]} \tag{2.37}$$

N : 인원수
h_S : 발생현열량 [W], [kcal/h]
h_L : 발생잠열량 [W], [kcal/h]

각종 작업상태에 따라 발생하는 현열량과 잠열량은 표 2-20과 같다.

7 —— 조명 및 각종 기구의 발생열량(heat gain by lights and applications) q_E

조명기구를 비롯한 전기기구는 조명설계자가 제공하는 용량에 따라 부하를 산정하지만, 그렇지 않은 경우에는 실내기구의 발생현열량 q_{ES}와 잠열량 q_{EL}을 표 2-21과 표 2-22에서 구한다.

표 2-20 인체의 발생열량 [W]

활동 정도	적용장소	전발열량	현열	잠열
극장에서 앉은 자세	극장	95	65	30
앉은 자세로 매우 가벼운 작업	사무소, 호텔, 아파트	115	70	45
보통의 활발한 사무 작업	사무소, 호텔, 아파트	130	75	55
선 자세로 가벼운 작업;걷기	백화점, 상점	130	75	55
걷기, 서있기	약국, 은행	145	75	70
앉은 자세에서 작업	레스토랑	160	80	80
의자에서 가벼운 작업	공장	220	80	140
가볍게 춤추기	댄스홀	250	90	160
시속 4.8km로 걷기, 가벼운 기계작업	공장	295	110	185
볼링	볼링장	425	170	255
강도 높은작업	공장	425	170	255
운동	체육관	525	210	315

표 2-21 조명기구 · 전기기구의 발생열량

명 칭	발생열량 [kJ/kW]	명 칭	발생열량 [kJ/kW]
백열등 · 전열기	3600	냉장고, 선풍기 등	
형광등	4320(=3600×1.2)	0~0.4kW	5800
메탈할로이드등	3750~4100	0.4~3.7kW	4600
고압나트륨등	3750~4350	5.5~17kW	4200
수은등	3750~4500	전자복사기	3600~7200

표 2-22 조도와 실의 단위면적당 소비전력

건물의 종류		조 도 [lx]		조명전력 [W/m²]	
		일 반	고 급	일 반	고 급
사무소	사무실	400~500	700~800	20~30	50~55
	은행영업실	750~850	1,000~1,500	60~70	70~100
극장 등의 관람석, 로비	관객석	100~150	150~200	10~15	15~20
	로 비	150~200	200~250	10~15	20~25
상 점	점포내	500~600	800~1,000	30~40	55~70
백화점, 슈퍼마켓	1층, 지하실	800~1,200		80~100	
	2층 이상	600~1,000		60~80	
학 교	교 실	150~200	250~350	10~15	25~35
병 원	병 실	100~150	150~200	8~12	15~20
	진료실	300~400	700~1,000	25~35	50~70
호 텔	객 실	80~150	80~150	15~30	15~30
	로 비	100~200	100~200	20~40	20~40
공 장	작업장	150~250	300~450	10~20	25~40
주 택	거 실	200~250	250~350	15~30	25~35

주) 소비전력 : 호텔은 백열등, 그 외는 형광등 기준

8 —— 외기부하(신선공기부하) q_F

외부로부터 도입되는 외기량 G_F [kg/h], Q_F [m³/h]에 의한 취득열량은 **5 — 극간풍에 의한 취득열량**을 구하는 식과 같다. 도입외기량은 전풍량의 20~30%, 건물별 특별규정이 없는 일반실의 1인당 필요외기량은 20~30m³/h로 하는 것이 일반적이다.

표 2-23 **1인당 필요외기량**

흡연 정도	용 도	필요환기량 [m³/h · 인]	
		권장값	최소값
매우 심함	중매인사무소 신문편집실 회의실	85	51
심함	바 카바레	51	42.5
약간 심함	사무소 레스토랑	25.5 25.5	17 20
적음	상점 백화점	25.5	17
없음	극장 병원의 병실	25.5 34	17 25.5

9 —— 장치부하

(1) 송풍기부하(heat gain through fan) q_B

송풍기의 압축에 의한 공기공급 과정에서 기계에너지는 열에너지로 변한다.

$$q_B = 860 \times W_s \ \text{[kcal/h]} \tag{2.38}$$

$$q_B = 3{,}600 \times W_s \ \text{[kJ/h]} \tag{2.38SI}$$

W_s : 송풍기 축동력 [kW]

표 2-24 **송풍기에 의한 취득열량**

적 용 조 건	실내취득 현열량에 대한 비율
일반적인 경우	10%
고속덕트와 같이 송풍기 정압이 높은 경우	15%
정밀도가 높은 온습도제어 장치를 갖춘 경우	20%

(2) 덕트 취득열량(heat gain through duct) q_D

덕트로 냉풍이 통과할 때 주위로부터 현열을 취득하게 된다. 이에 대한 계산은 매우 복잡하여 개략적으로 실내취득열량의 2% 정도로 한다. 송풍기와 덕트의 취득열량을 합하여 실내취득열량의 15% 정도로 보아도 큰 차이는 없다.

10 — 재열부하(reheating load) q_R

장치의 **결로**와 **습도상승**에 대비하여 공조기 내에서 냉각된 공기를 공조기내 또는 덕트 내에서 가열하여 실내로 취출하는 경우가 있는데, 이때 부하를 재열부하라 하며 다음 식과 같이 계산할 수 있다.

$$q_R = 0.24\,G(t_2 - t_1) = 0.29\,Q(t_2 - t_1)\ \ [\text{kcal/h}] \tag{2.39}$$

$$q_R = 1.0\,G(t_2 - t_1) = 1.2\,Q(t_2 - t_1)\ \ [\text{kJ/h}] \tag{2.39SI}$$

t_2 : 재열된 공기의 온도 [℃]

t_1 : 냉각된 공기의 온도 [℃]

예제 7 —— 그림 2-19와 같은 사무실의 냉방부하를 다음 조건에서 계산하라.

① 실외공기
: 건구온도 32.4℃, 절대습도 0.0185kg/kg(DA)

② 실내공기
: 건구온도 26℃, 상대습도 50%

③ 실내발열
: 인원 30명, 조명 형광등(20W/m²)

④ 주위상태
: 인접실-냉방실, 지하-비냉방실

⑤ 창면적
: 남측-6m²×5개소,
서측-6m²×2개소

⑥ 상당온도차(오후 3시)
: 남측벽-10℃, 서측벽-12℃ , 지붕-25℃

⑦ 구조
: 그림 2-20

⑧ 유리창
: 보통 2중유리, 서쪽창 내측 밝은 색 블라인드 설치

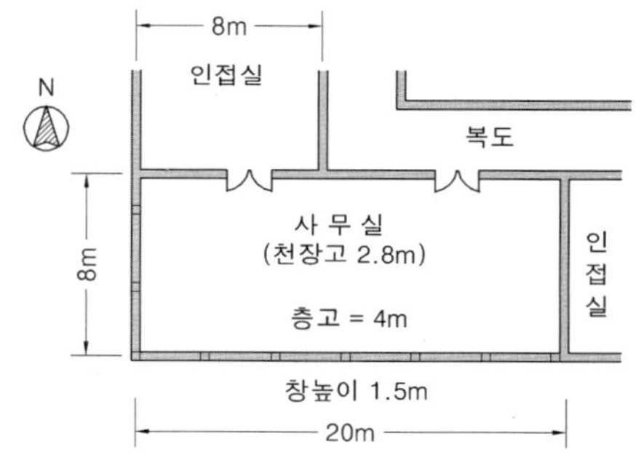

그림 2-19 **예제 7**

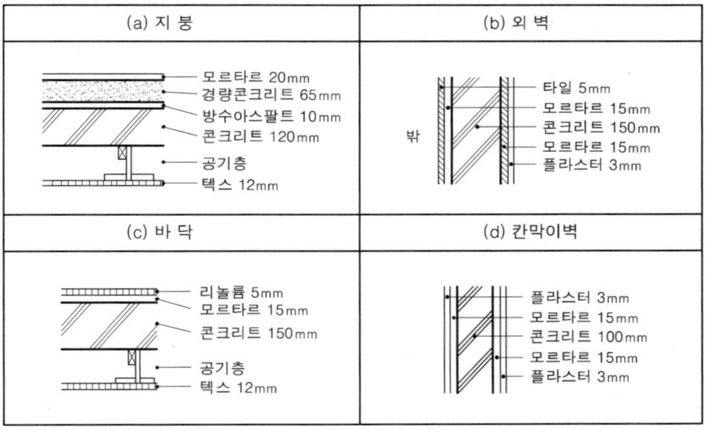

그림 2-20 **예제 7의 벽체구조**

풀이

(1) 조건

주어진 두 가지 공기조건으로 습공기선도에서 다른 상태값을 찾는다.

표 2-25 **공기조건**

	t [℃]	x [kg/kg(DA)]	i [kJ/kg]	ϕ [%]
① 외기	32.4	0.0185	79.98	60
② 실내	26.0	0.0105	52.91	50

(2) 유리창을 통한 열취득 q_G

① 일사에 의한 투과열량

(2.30)식에서 $q_G = q_{GR} + q_{GT}$

(2.31)식에서 $q_{GR} = I_{GR} \cdot k_s \cdot A$이므로,

표 2-15에서 남측 벽, 서측 벽의 오후 3시의 I_{GR}은 각각 표 2-16에서 217W, 474W이다.

표 2-18에서 차폐계수는 남측 유리창에 블라인드가 없다고 할 때, k_s는 0.9

서측 유리창에는 밝은 색 블라인드를 설치하면 k_s는 0.6

유리창 면적은 남측과 서측이 각각 30㎡, 12㎡

따라서 남측유리창과 서측유리창을 통해 들어오는 일사투과열량은 다음과 같다.

남측 유리창 : $q_{GR} = 217 \times 0.9 \times 30 = 5859$ [W]

서측 유리창 : $q_{GR} = 474 \times 0.6 \times 12 = 3413$ [W]

② 실내외 온도차에 의한 관류열량

(2.32)식 $q_{GT} = KA(t_o - t_r)$에서 t_o는 32.4℃, t_r은 26℃이고, 표 2-17에서 열관류율 K는 4.0이므로,

남측 유리창을 통한 관류열량 : $q_{GT} = 4.0 \times 30 \times (32.4 - 26) = 768$ [W]

서측 벽 유리창을 통한 관류열량 : $q_{GT} = 4.0 \times 12 \times (32.4 - 26) = 307$ [W]

(3) **지붕, 외벽을 통한 열취득**

① 지붕의 K값

표 2-11 에서 $R_i = 0.086$, $R_o = 0.043$

표 2-15, 그림 2-20에서

모르타르	$\lambda_1 = 1.394$, $d_1 = 0.02$
경량콘크리트	$\lambda_2 = 0.779$, $d_2 = 0.065$
방수아스팔트	$\lambda_3 = 0.110$, $d_3 = 0.01$
콘크리트	$\lambda_4 = 1.627$, $d_4 = 0.12$
공기층	$C = 0.086$
텍스(경질섬유판)	$\lambda_5 = 0.22$, $d_5 = 0.012$

(2.27)식에서

$$K = \frac{1}{0.086 + 0.086 + \frac{0.02}{1.394} + \frac{0.065}{0.779} + \frac{0.01}{0.110} + \frac{0.12}{1.627} + \frac{0.012}{0.22} + 0.043}$$

$$= \frac{1}{0.532} = 1.88$$

② 외벽의 K값

표 2-11 에서 $R_i = 0.11$, $R_o = 0.043$

표 2-15, 그림 2-20에서

타일	$\lambda_1 = 1.278$, $d_1 = 0.005$
모르타르	$\lambda_2 = 1.394$, $d_2 = 0.015$
콘크리트	$\lambda_3 = 1.627$, $d_3 = 0.150$
모르타르	$\lambda_4 = 1.394$, $d_4 = 0.015$
플라스터	$\lambda_5 = 0.791$, $d_5 = 0.003$

(2.27)식에서

$$K = \frac{1}{0.11 + \frac{0.005}{1.278} + \frac{0.015}{1.394} + \frac{0.15}{1.627} + \frac{0.015}{1.394} + \frac{0.003}{0.791} + 0.043}$$

$$= \frac{1}{0.274} = 3.64$$

③ 바닥의 K값

표 2-11 에서 $R_i = 0.086$, $R_o = 0.043$

표 2-15, 그림 2-20에서

리놀륨	$\lambda_1 = 0.186$, $d_1 = 0.005$
모르타르	$\lambda_2 = 1.394$, $d_2 = 0.015$
콘크리트	$\lambda_3 = 1.627$, $d_3 = 0.15$
공기층	$C = 0.086$
텍스(경질섬유판)	$\lambda_4 = 0.221$, $d_4 = 0.012$

(2.27)식에서

$$K = \frac{1}{0.086 + 0.086 + \frac{0.005}{0.186} + \frac{0.015}{1.394} + \frac{0.15}{1.627} + \frac{0.012}{0.221} + 0.043} = \frac{1}{0.399} = 2.51$$

④ 칸막이벽의 K값

표 2-11 에서 $R_i = 0.11$

표 2-15, 그림 2-20에서 플라스터 $\lambda_1 = 0.791,\ d_1 = 0.003$

모르타르 $\lambda_2 = 1.394,\ d_2 = 0.015$

콘크리트 $\lambda_3 = 1.627,\ d_3 = 0.1$

(2.27)식에서

$$K = \frac{1}{0.11 + \frac{2\times 0.003}{0.791} + \frac{2\times 0.015}{1.394} + \frac{0.1}{1.627} + 0.11} = \frac{1}{0.311} = 3.22$$

⑤ 각부 면적

지붕면적	$20\text{m}\times 8\text{m} = 160\text{m}^2$
남측 벽면적	$20\text{m}^2\times(4-1.5) = 50\text{m}^2$ (창 $20\text{m}\times 1.5\text{m}$)
서측 벽면적	$8\text{m}^2\times(4-1.5) = 20\text{m}^2$ (창 $8\text{m}\times 1.5\text{m}$)
바닥면적	$20\text{m}\times 8\text{m} = 160\text{m}^2$
내벽면적(복도와 인접면적)	$(20-8)\times 2.8 = 33.6\text{m}^2$

⑥ 비냉방실(아래층 및 복도)의 실온은 냉방실온과 외기온의 평균값으로

$$t = \frac{32.4 + 26.0}{2} = 29.2\ [℃]$$

따라서 (2.26)식 $q_W = K\cdot A\cdot \Delta t_e$ 에서

- 지붕을 통한 열취득 $1.88\times 160\times 25.0 = 7520$ [W]
- 남측 벽을 통한 열취득 $3.64\times 50\times 10.0 = 1820$ [W]
- 서측 벽을 통한 열취득 $3.64\times 20\times 12.0 = 874$ [W]
- 바닥을 통한 열취득 $2.51\times 160\times(29.2-26) = 1285$ [W]
- 칸막이를 통한 열취득 $3.22\times 33.6\times(29.2-26) = 346$ [W]

(4) 실내발열부하

① 인체에 의한 발생열량

표 2-20에서 현열 $q_{HS} = 30\times 75 = 2250$ [W]

잠열 $q_{HL} = 30\times 55 = 1650$ [W]

② 형광등에 의한 발생열량

문제에서 $160\text{m}^2\times 20\text{W/m}^2 = 3200\text{W}$이므로

$q_E = 3200\times 1.2 = 3840$ [W]

(5) 극간풍에 의한 열취득

실의 용적이 $20\times 8\times 2.8 = 448\text{m}^3$이므로 표 2-20에서 환기횟수 0.7회/h를 곱하면 극간풍량은 $448\times 0.7 = 313\text{m}^3/\text{h}$ 이다.

(2.34SI)식에서 침입외기에 의한 현열취득량

$q_{IS} = 1.2\times 313\times(32.4-26.0) = 2404$ [kJ/h] $\div 3.6 = 668$ [W]

(2.35SI)식에서 침입외기에 의한 잠열취득량

$$q_{IL} = 3001 \times 313 \times (0.0185 - 0.0105) = 7515\ [\mathrm{kJ/h}] \div 3.6 = 2088\ [\mathrm{W}]$$

표 2-26 예제 7 풀이

<table>
<tr><th colspan="2">항 목</th><th>방위</th><th>면적
[㎡]</th><th>복사열
[W/㎡]</th><th>온도차
[℃]</th><th>계수</th><th>취득열량
[W]</th></tr>
<tr><td rowspan="5">태양
복사열</td><td rowspan="2">유리</td><td>S</td><td>30</td><td>217</td><td>–</td><td>0.9</td><td>5859</td></tr>
<tr><td>W</td><td>12</td><td>474</td><td>–</td><td>0.6</td><td>3413</td></tr>
<tr><td rowspan="2">외벽</td><td>S</td><td>50</td><td>–</td><td>10</td><td>3.64</td><td>1820</td></tr>
<tr><td>W</td><td>20</td><td>–</td><td>12</td><td>3.64</td><td>874</td></tr>
<tr><td>지붕</td><td>–</td><td>160</td><td>–</td><td>25</td><td>1.88</td><td>7520</td></tr>
<tr><td rowspan="4">관류열</td><td rowspan="2">유리</td><td>S</td><td>30</td><td>–</td><td>6.4</td><td>4.0</td><td>768</td></tr>
<tr><td>W</td><td>12</td><td>–</td><td>6.4</td><td>4.0</td><td>307</td></tr>
<tr><td>바닥</td><td>–</td><td>160</td><td>–</td><td>3.2</td><td>2.51</td><td>1285</td></tr>
<tr><td>칸막이벽</td><td>–</td><td>33.6</td><td>–</td><td>3.2</td><td>3.22</td><td>346</td></tr>
<tr><td rowspan="2">극간풍
(침입외기)</td><td>현열</td><td>–</td><td>313㎥</td><td>–</td><td>6.4</td><td>1.2÷3.6</td><td>668</td></tr>
<tr><td>잠열</td><td>–</td><td>313㎥</td><td>–</td><td>0.008
kg/kg(DA)</td><td>3501÷3.6</td><td>2088</td></tr>
<tr><td rowspan="3">내부발생</td><td>인체현열</td><td>–</td><td>30명</td><td>–</td><td>–</td><td>75</td><td>2250</td></tr>
<tr><td>인체잠열</td><td>–</td><td>30명</td><td>–</td><td>–</td><td>55</td><td>1650</td></tr>
<tr><td>기기</td><td>–</td><td>3200W</td><td>–</td><td>–</td><td>1.2</td><td>3840</td></tr>
<tr><td colspan="8">실내현열부하 28950W
실내잠열부하 3738W</td></tr>
</table>

2.5.4 난방부하계산(暖房負荷計算, heating load calculation)

난방부하 계산에서 일사투과열량과 실내발생열량은 난방부하를 줄여주는 요소이긴 하지만 항상 일정하게 발생하는 것이 아니므로 보통은 무시하고 표 2-26의 요소를 부하계산의 대상으로 한다. 그러나 인쇄소, 전산실, 공장 등 항상 일정한 열량이 발생하는 실의 경우에는 내부 발생열량을 고려하기도 한다.

표 2-27 난방부하의 분류

<table>
<tr><th colspan="2">부 하</th><th>기 호</th><th>내 용</th></tr>
<tr><td rowspan="2">실손실열량</td><td>관류에 의한 열손실</td><td>q_W</td><td>• 벽체에서의 손실열량</td></tr>
<tr><td>극간풍에 의한 열손실</td><td>q_I</td><td>• 현열 q_{IS}
• 잠열 q_{IL}</td></tr>
<tr><td colspan="2">배 관 부 하</td><td>q_P</td><td>• 배관에서의 손실열량</td></tr>
<tr><td colspan="2">외기부하
(신선공기부하)</td><td>q_F</td><td>• 현열 q_{FS}
• 잠열 q_{FL}</td></tr>
</table>

1 —— 설계온습도조건(設計溫濕度條件)

난방부하 계산시 실내온도 기준은 표 2-9와 같다. 실내습도는 40~50%로 계획하고 에너지 사정을 고려할 때, 쾌적도에 지장이 없는 범위에서 20~21℃로 내려 설정하는 것이 좋다.

2 —— 벽체를 통한 관류손실열량

$$q_W = K \cdot A \cdot k_1 \cdot k_2 \cdot \Delta t \ \ [\mathrm{W}],\ [\mathrm{kcal/h}] \tag{2.40}$$

K : 열관류율 [W/㎡·K], [kcal/㎡ · h · ℃]

k_1 : 방위계수 [표 2-28]

k_2 : 천장높이에 따른 할증계수 [표 2-29]

Δt : 실내외온도차 [℃]

표 2-28 **방위계수**

방위	N, NW, W	SE, E, NE, SW	S
방위계수	1.1	1.05	1.0

표 2-29 **천장높이에 따른 할증계수**

<table>
<tr><th colspan="2" rowspan="2">난방방식</th><th colspan="3">천장높이 [m]</th><th colspan="2" rowspan="2">난방방식</th><th colspan="3">천장높이 [m]</th></tr>
<tr><th>5 이하</th><th>5~10</th><th>10 이상</th><th>5 이하</th><th>5~10</th><th>10 이상</th></tr>
<tr><td rowspan="3">온풍난방</td><td rowspan="2">낮은 벽의 수평취출구</td><td rowspan="2">1.00~1.05</td><td rowspan="2">1.05~1.15</td><td rowspan="2">1.15~1.20</td><td rowspan="2">저온복사난방</td><td>바닥난방</td><td>1.00</td><td>1.00</td><td>1.00</td></tr>
<tr><td>천장난방</td><td>1.00</td><td>1.00~1.05</td><td>–</td></tr>
<tr><td>천장취출구</td><td>1.00~1.05</td><td>1.05~1.10</td><td>1.10~1.20</td><td rowspan="2">고온복사난방</td><td>중간높이</td><td>1.00</td><td>1.00~1.05</td><td>1.05~1.10</td></tr>
<tr><td colspan="2">자연대류 난방</td><td>1.00</td><td>1.00~1.05</td><td>–</td><td>높은위치</td><td>–</td><td>–</td><td>1.00~1.05</td></tr>
</table>

여기에서 벽체라 함은 외벽, 내벽, 유리창, 천장, 지붕, 바닥 등 실을 구성하는 구조물 전체를 의미하며, 비난방실의 온도는 실내온도와 외기온도의 중간값을 취한다.

표 2-30 **극간풍에 의한 환기횟수**

실의 종류	환기횟수 [회/h]
1면이 외기에 면한 실	1
2면이 외기에 면한 실	1.5
3면이 외기에 면한 실	2
4면이 외기에 면한 실	2
외창, 외문이 없는 경우	$\frac{1}{2}$~$\frac{3}{4}$
현 관	2~3

3 ── 극간풍과 외기취입에 의한 손실열량

냉방부하계산법과 동일하나 난방부하의 극간풍 계산시 표 2-30(환기횟수법)을 이용한다.

예제 8 ── 예제 7 사무실의 난방부하를 계산하라. 단, 외기는 −10℃, 40%이고 실내공기는 20℃, 50%이다.

풀이

① 공기조건

표 2-31 **공기조건**

	t [℃]	ϕ [%]	x [kg/kg(DA)]
① 외기	−10	40	0.0008
② 실내	20	50	0.0072

② 벽체를 통한 관류열량

(2.40)식에서 $q_W = K \cdot A \cdot k_1 \cdot k_2 \cdot \Delta t$이므로,

- 남측 벽 $q_W = 3.64 \times 50 \times 1.0 \times 1.0 \times (20-(-10)) = 5460$
- 서측 벽 $q_W = 3.64 \times 20 \times 1.1 \times 1.0 \times (20-(-10)) = 2402$
- 지붕 $q_W = 1.88 \times 160 \times 1.0 \times 1.0 \times (20-(-10)) = 9024$
- 바닥 $q_W = 2.51 \times 160 \times 1.0 \times 1.0 \times (20-(-10)) = 12048$
- 칸막이 $q_W = 3.22 \times 33.6 \times 1.0 \times 1.0 \times (20-5) = 1623$
- 남측유리 $q_G = 4.0 \times 30 \times 1.0 \times 1.0 \times (20-(-10)) = 3600$
- 서측유리 $q_G = 4.0 \times 12 \times 1.1 \times 1.0 \times (20-(-10)) = 1584$

$\therefore\ q_T = 35741$ [W]

③ 극간풍에 의한 손실열량

표 2-30에서 2면이 외기에 면해 있는 경우의 환기횟수는 1.5회/h이므로,

극간풍량 $Q = 448\text{m}^3 \times 1.5\text{회/h} = 672$ [m³/h]

현열손실량 $q_S = 1.2 \times 672 \times (20-(-10)) = 24192\,[\text{kJ/h}] = 6720\,[\text{W}]$

잠열손실량 $q_L = 3001 \times 672 \times (0.0072 - 0.0008) = 12907\,[\text{kJ/h}] = 3585\,[\text{W}]$

$\therefore q_T = q_S + q_L = 35741 + 6720 + 3585 = 46046$ [W]

2.5.5 공기조화장치부하(空氣調和裝置負荷)

실열부하에 **외기부하, 재열부하, 기기부하(機器負荷)**를 합한 것을 **공기조화장치부하**(표 2-8 참조)라 한다. 외기부하는 일반실의 경우 실열부하의 30~40% 정도가 되는데 호텔 등은 이보다 그 비율이 낮고, 병원, 다중이용 건물은 이보다 높다. 에너지 절약대책의 하나로 내부

발열량이 많은 건물에서 외기온이 낮은 시간이나 중공기[1]에 도입 외기량을 증가시키는 방식을 **외기냉방방식(外氣冷房方式)**이라 한다.

송풍기, 덕트, 공기조화기, 기타 기기부하는 보통 실열부하의 8~20%가 된다. 표 2-32는 실열부하에 대한 송풍기 발생열량 비율을 나타낸 것이다.

표 2-32 실 현열부하에 대한 송풍기 발생열량의 비율 [%]

팬정압 [mmAq]	취출온도차 [℃]		
	5	10	15
30	10.0	5.0	3.3
40	13.3	6.7	4.5
50	16.7	8.4	5.6
75	25.0	12.5	8.4
100	33.3	16.7	11.2
150	50.0	25.0	16.7

예제 9 —— 예제7 사무실의 공기조화장치부하를 구하라

풀이

① 최대냉방실 열부하에서 현열부하는 28950W, 잠열부하 3738W이다.

② 외기부하

표 2-22에서 1인당 필요환기량은 25.5m³/h이고 재실자 수는 30명이므로

도입 외기량은 765m³/h

(2.34SI)식, (2.35SI)식에 의하여

$$q_{FS} = 1.2 \times 765 \times (32.4 - 26) = 5875\ [\text{kJ/h}] = 1632\ [\text{W}]$$

$$q_{FL} = 3501 \times 765 \times (0.0185 - 0.0105) = 21426\ [\text{kJ/h}] = 5952\ [\text{W}]$$

③ 송풍기부하

표 2-32에서 송풍기정압 50, 취출온도차 15℃의 경우 송풍기부하는 실 현열부하의 8.4%이므로,

$$28950 \times 0.084 = 2432\ [\text{W}]$$

④ 공기조화장치부하

이상 각 부하의 합계 42704W(=28950+3738+1632+5952+2432)가 되며 덕트와 기타 기기부하를 5%로 하면 공기조화장치부하는 44839W가 된다.

2.5.6 공기조화부하의 개산치(概算値, approximate estimate)

공기조화설비 기본계획뿐만 아니라 건축계획에서도 공기조화부하의 개산치를 필요로 하는데 그 값은 표 2-33, 표 2-34와 같다.

1) 중공기 : 난방과 냉방이 불필요한 기간으로 우리나라에서는 4~5월, 10~11월에 해당된다.

표 2-33 바닥면적당 부하 개산치 [W/m²]

용 도 별		취득열량(현열)	냉방부하	손실열량	난방부하
콘크리트조	연면적당	–	75~116	70~105	90~116
	각 실(최상층)	58~175	–	128~209	–
	각 실(중간층)	47~93	–	80~128	–
목조건축	연면적당	–	93~140	105~128	116~175
	각 실	58~93	–	128~175	–
극장관객석		175~230	230~350	116~175	–
콘크리트방적공장		80~175	116~230	80~174	–
백화점		150~185	210~245	–	58~105
미용실, 이발소		870	1160	–	–

표 2-34 패키지공조기 1RT당 바닥면적(또는 인원)

용 도	1RT당 바닥면적(인원)	용 도	1RT당 바닥면적(인원)
사무실	23~30m² (7~9평)	호텔식당	8~10인
은행	20~27m² (6~8평)	미용실	16~20m² (5~6평)
병원	16~33m² (5~10평)	이발소	16~23m² (5~7평)
식당	7~9인	극장	13–15인
Bar, 나이트클럽	6~8인		

2.6 — 공기조화설비계획

2.6.1 공기조화설비 계획순서

공조계획은 대상건물의 특성, 입지, 경제사정, 에너지사정 등을 고려하여 최적의 공조시스템을 결정함과 동시에 건축의장, 구조, 건축설비 전반에 걸쳐 균형 잡힌 건축을 완성하는 원동력이 되는 중요한 단계이다. 공조설비는 건축물에서 상당한 공간과 비중을 차지하고 소비에너지의 절반 가까이를 차지하기 때문에 건축가는 건축계획 초기단계에서부터 공조설비에 대한 충분한 이해가 있어야 한다.

건축물의 계획단계에서는 건물의 용도와 기능, 사용방법을 파악하고 부지 주위의 상황(일사, 풍향), 인접건물의 영향(굴뚝위치, 배기구위치, 가스관 상황, 배수관 상황)등을 조사하며 건축법, 소방법, 조례, 기타 관련법규를 확인한다. 환경공학적 입장에서 건축설계자와 구조설계자, 건축주에게 제언과 조언을 할 단계이다.

계획단계에서는 의장, 구조 등 타 분야의 계획과 동시에 진행해야 하며 특히 대상건물에 대해서

① 건축의 규모, 구조, 용도, 설비비 및 운전비를 고려한 적정 공기조화방식인가?
② 설비기계실과 전기실은 적절한 배치와 크기로 계획되고 있는가?
③ 덕트 스페이스, 파이프 샤프트는 적절한 위치와 크기로 계획되고 있는가?
④ 층고, 천장고는 적절한가? 수평 주덕트의 개략경로와 크기에 지장은 없는가?
⑤ 건축구조와 설비요소 사이에 문제는 없는가? 조닝구획과 방화구역에 어긋나는 곳은 없는가?
⑥ 옥상 펜트하우스 면적은 건축법상 면적에 포함되는가? 펜트하우스 내에 기계실을 둘 수 있는가?
⑦ 냉각탑, 고가수조의 위치와 크기, 형태는 외관상, 기능상 문제는 없는가?
⑧ 연돌, 신선공기 취입구의 위치는 적절한가?
⑨ 서측 창에 특수유리나 차양은 필요하지 않은가?

등을 면밀히 검토해야 한다.

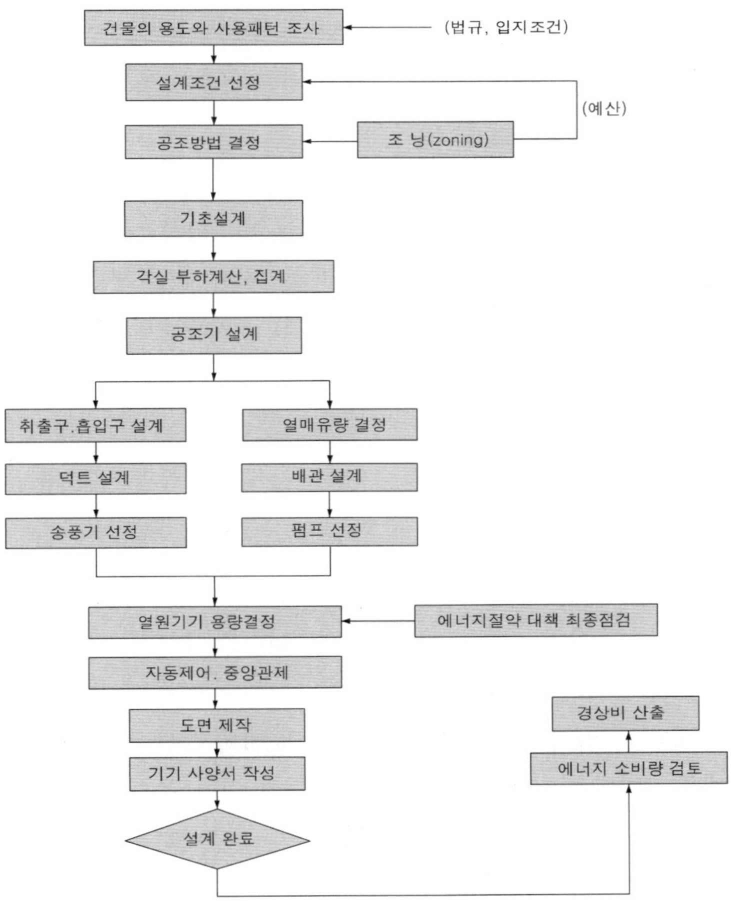

그림 2-21 **공조설비설계 순서**

2.6.2 조닝(zonning)

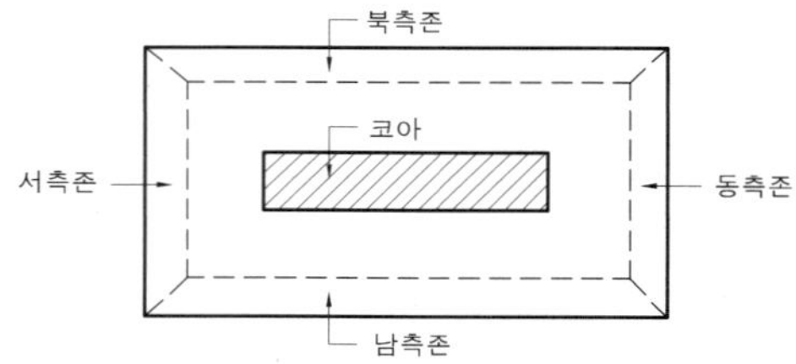

그림 2-22 **열부하 변동에 따른 기준층 조닝**

실내환경의 유지관리, 운전 등을 합리적이고 경제적으로 하기 위해 건물을 **층별, 방위별** 등 별도의 계통으로 나누는 과정을 **조닝**이라고 하며 공조설비에서 최고의 경험과 기술을 요하는 부분이다. 조닝은 **공기조화장치의 조닝, 운송장치의 조닝, 열원장치의 조닝**으로 구분하기도 한다.

실내환경을 쾌적하고 경제적이며 편리하게 유지할 수 있는 조닝은 열부하 변동의 패턴에 따라 건물을 내 · 외부의 구역별로 나누는 것이다. 그림 2-22는 **내부 존**과 **외부 존**으로 조닝한 것으로, 외부 존은 일사의 영향으로 각 방위에 따라 열부하 변동이 있으므로 방위별로 구역하였고, 내부 존은 기온과 일사 등 외부의 열적 영향보다는 조명, 인체, 기구 등 내부부하에 따라 열부하 변동이 나타나기 때문에 별도로 구분한 것이다. 그 외 냄새, 오염가스 등이 발생하여 실내환기를 요하는 실은 별도의 존으로 구별할 필요가 있다.

소유구분, 운전에너지에 따른 조닝은 관리를 용이하게 하는 방법이다.

2.6.3 에너지절약대책

건축물을 유지관리하는데 있어서 건축설비적 측면의 에너지절약대책으로 절약할 수 있는 에너지 비율은 최대 30% 정도이다. 그러나 건축계획단계에서 일사 조정, 창면적비, 건물의 방위와 배치계획, 통풍계획, 자연채광계획, 형태계획 등을 에너지절약적 측면에서 적절히 고려하면 이보다 더 큰 절약효과를 거둘 수 있다(표 2-35 참조).

다음은 건축설비적 측면에서의 에너지절약대책을 설명한 것이다.

1 —— 열원시스템에서의 에너지 절약

축열(蓄熱)의 유무, 열회수장치(熱回收裝置)의 유무, 외기냉방(外氣冷房) 유무, 유량제어(流量制御)의 유무를 비교조건으로 에너지절약 여부를 검토한다.

2 —— 운송시스템에서의 에너지 절약

송풍기 · 펌프의 에너지, 압력특성과 대수제어(臺數制御)의 분할대수(分割臺數)와 가변속정풍량(可變速定風量), 가변속정수량(可變速定水量) 특성 등을 검토한다.

표 2-35 건축설비의 에너지절약대책 예

A빌딩	R빌딩
지하2 지상11 PH2 / SRC조 연면적 10212㎡ / 공조면적 7398㎡	지하1 지상12 PH3 / SRC조 연면적 12455㎡ / 공조면적 7338㎡
평면형 – 중심코어형 29.4×23.2m	평면형 – 중심코어형 24.0×32.0m
외벽개구율 N–35% / S–35% / E–18% / W–18% 유리창 – 투명단판	외벽개구율 N–59% / S–59% / E–59% / W–59% 유리창 – 흡열단판
PAL 71.6 / CEC 1.25	PAL 117.6 / CEC 1.74
◎ 에너지절약대책 • 건축적 수법 – 외벽개구율 축소 / 주요창 방위 선택 / 외벽단열 / 옥상단열 • 설비적 수법 – 특별히 채택한 바 없음	◎ 에너지절약대책 • 건축적 수법 – 옥상단열 • 설비적 수법 – 열회수 히트펌프 / 축열시스템 / 전열교환기 / 외기냉방 / 대온도차 이용 / VWV / 자동제어 충실
건축적 수법이 효과적이다.	설비적 수법을 여러 가지 실시하고 있음에도 불구하고, 건축적 배려가 되어 있지 않기 때문에 CEC 값이 크다.

3 —— 공조시스템에서의 에너지 절약

외기 도입량을 최소필요량으로 하고 외기 도입시 공조배기와의 열교환 유무, 예열운전시 외기도입 여부를 검토한다.

2.6.4 공조설비의 평가지표(評價指標)

건물 외피구조의 단열성능을 평가하는 지표로 연간 **열부하계수**(PAL: perimeter annual load)가 이용되며 그 정의는 다음과 같다.

$$\mathrm{PAL} = \frac{\text{외주존의연간열부하}[\mathrm{Mcal/yr}]}{\text{외주존의바닥면적}[\mathrm{m^2}]} \tag{2.41}$$

공조에너지 소비계수(CEC : coefficient of energy consumption)는 공기조화설비의 에너지 이용효율을 평가하는 지표로 다음과 같다.

$$\mathrm{CEC} = \frac{\text{연간 에너지소비량}[\mathrm{Mcal/yr}]}{\text{연간 가상공기조화부하}[\mathrm{Mcal/yr}]} \tag{2.42}$$

CEC의 수치는 작을수록 공조설비의 효율이 높다는 것을 의미하며 산출과정에서 에너지소비량은 공조설비의 에너지절약 여부를 판단하는 사항이지 소비량 추정용은 아니다.

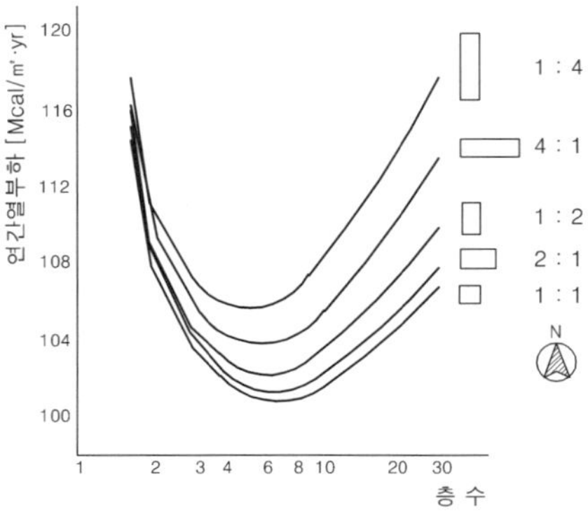

[조 건]

연면적	50000㎡	극간풍	0.3회/h
단열재두께	25mm	온습도	
창면적비	30 %	냉방	26℃, 50 %
층고	3.7m	난방	22℃, 50 %
조명	25W/㎡	공조면적비	65 %
		도입외기량	4.5㎥/㎡·h

(a) 연면적이 일정한 경우의 연간열부하

종류 \ 방위	건물방위별 연간열부하 [Mcal/ ㎡·yr] N (S)	NE (SW)	E (W)	SE (NW)	평 균 열부하
센타코아	143.2	147.0	144.1	146.4	137% / 145.2
더블코아	104.5	107.2	106.4	106.1	100% / 106.0
사이드코아	106.1	107.9	105.4	107.2	102%
	107.2	110.5	109.7	110.1	108.0

[조 건]

기준층바닥면적	2400 ㎡	온습도	
창면적비	60 %	냉방	26℃, 50 %
층고	3.7m	난방	22℃, 50 %
조명	30W/ ㎡	도입외기량	4.5 ㎥/㎡·h
극간풍	1회/h	장단비	1 : 1.5
공조면적비	65 %	인원	0.14인/ ㎡

(b) 코아위치별 연간열부하

그림 2-23 **연간열부하**

2.7 — 공기조화장치

2.7.1 공기조화장치의 구성

공기조화장치는 공조시스템의 기본구성 요소 중의 하나로 공기의 **가열, 냉각, 가습, 감습, 공기청정**을 목적으로 하고 **공기냉각기, 공기가열기, 가습기, 여과기, 송풍기** 등으로 구성되어 있으며, 이외 여기에 냉동기를 조합한 **패키지 공기조화기**가 있다.

2.7.2 공기조화기(空氣調和器, air conditioner)

공기조화기에는 대상건축물의 목적과 용도에 맞게 설계 제작하여 현장에서 조합한 **현장조립형 공조기**와 대규모 및 특수용도가 아닌 일반건축에서 사용하는 **공장제작형 공조기**(AHU : air handling unit)가 있다. 공장제작형은 제작회사에서 설계, 관리, 검사되어 규격화된 품질이므로 설비비가 싸고 공기가 단축되며 공사현장 운용관리가 편한 장점은 있지만 특수한 요건에 대한 적응성과 융통성이 결여되기 쉽다. 공기조화장치는 중앙공조실에 설치하여 접속된 덕트로 필요장소에 공기를 송풍하는 대형공조기와 **팬코일유닛**, **유인유닛**와 같은 실내 설치용 소형공조기로도 구분할 수 있다.

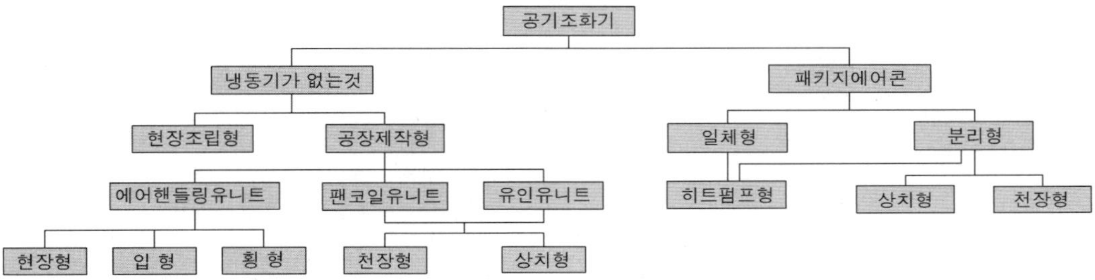

그림 2-24 **공기조화기의 분류**

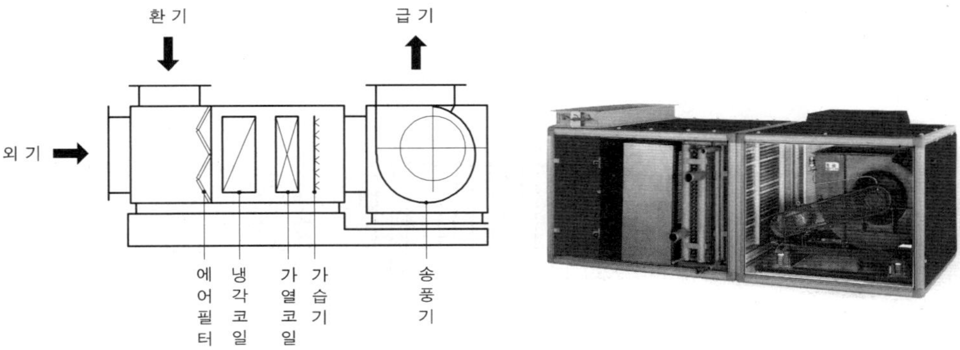

(a) 공기조화기의 기본구성

(b) 공기조화기

그림 2-25 **공기조화기의 기본구성**

1 —— 공기여과기(空氣濾過器, AF : air filter)

공기여과기는 **건식여과기**, **점성여과기**, **전기식여과기**, **활성탄흡착식여과기**와 같은 종류가 있다. 일반 공기조화기에는 유닛형의 것을 몇 개 조합한 건식여과기(乾式濾過器) 등이 주로 사용되지만, 병원, 크린룸, 방사성 물질 취급장소에는 고성능 필터인 HEPA[1], ULPA[2]가, 정밀기계공장, 고급빌딩 등에는 전기식 집진기(集塵器)가 사용된다.

고성능 필터는 유닛형 필터의 일종으로 0.3㎛ 정도의 미세한 분진까지 제거할 수 있어 포집률이 99.97% 이상에 이른다. 전기식 집진기는 **전자식 공기청정기**라고도 하며 먼지 제거율이 높고 사용목적에 따라 여러 가지 여과제를 조합하여 쓰는 경우가 많다.

1) HEPA : high efficiency particle air의 약자로 초고성능 필터이다.
2) ULPA : ultra low penetration air의 약자로 완전무균에 가까운 조건을 갖춘 초고성능 필터이다.

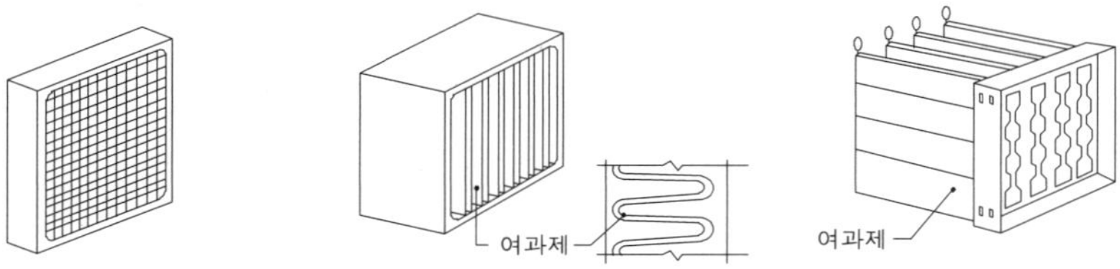

(a) 패널형 필터 (b) W형 필터 (c) 대형 필터

그림 2-26 **건식여과기**

그림 2-27 **전기집진기**

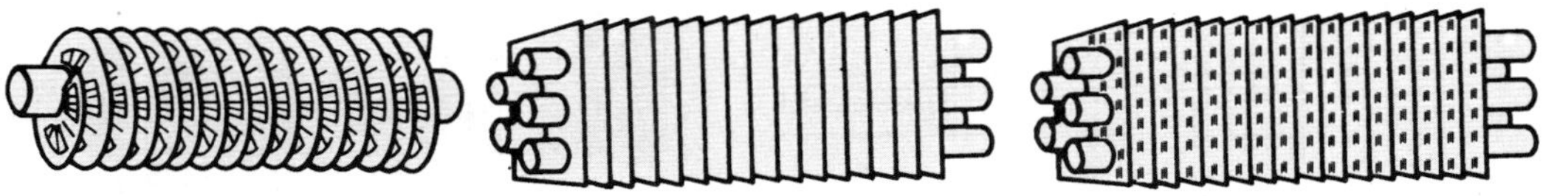

(a) 나선형 핀(aero fin) (b) 플레이트 핀(plate fin) (c) 슬릿 핀(slit fin)

그림 2-28 **핀의 종류**

최근 미국, 일본 등에서는 일반 건물에서도 실내공기 청정장치의 등급에 따라 공조설비비가 결정된다고 할 정도로 실내공기청정에 집중적인 투자를 하고 있다.

2 —— 냉온수코일

공조기내에서 공기를 냉각・가열하는 장치로 코일 안쪽으로는 열매를 통하게 하고 바깥쪽으로는 핀(pin)을 부착하여 공기를 통하게 하는 열교환기이다. 코일 내에 흐르는 열매에 따라 **냉수코일, 온수코일, 냉온수코일, 증기코일, 직접팽창(직팽)코일** 등이 있다.

핀의 종류에 따라 나선형 핀코일(spiral pinned coil), 플레이트 핀코일(plate pinned coil), 슬릿 핀코일(slit pinned coil)이 있다.

코일내 정면풍속은 2.0~3.0m/s 범위 내로 하고, 코일 내 유속은 1.0m/s 전후로 하는 것이 배관, 펌프의 설비비와 효율상 바람직하다.

3 —— 가습기(可濕器, humidifier)

공기가습기에는 **증기취출식(증기발생식), 수분무식, 증발식** 세 가지 방식이 있다. 공기조화 단일장치중 가장 종류가 많지만 단점이 많고 습도제어가 불확실하여 더 많은 기술개발이 필요하다. 현재까지는 증기발생식이 가장 많이 쓰이고 있다.

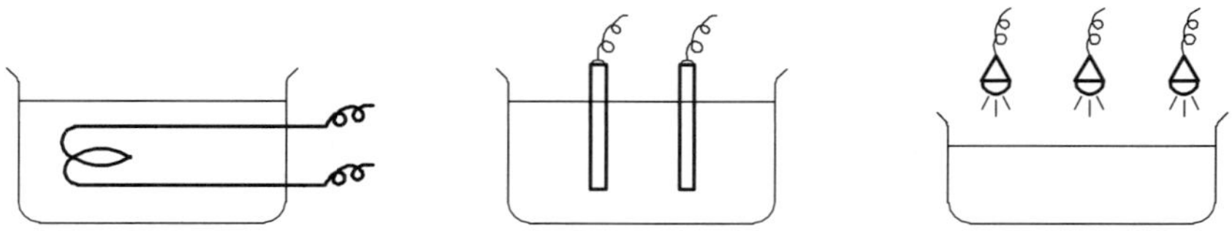

(a) 전열식 (b) 전극식 (c) 적외선식

그림 2-29

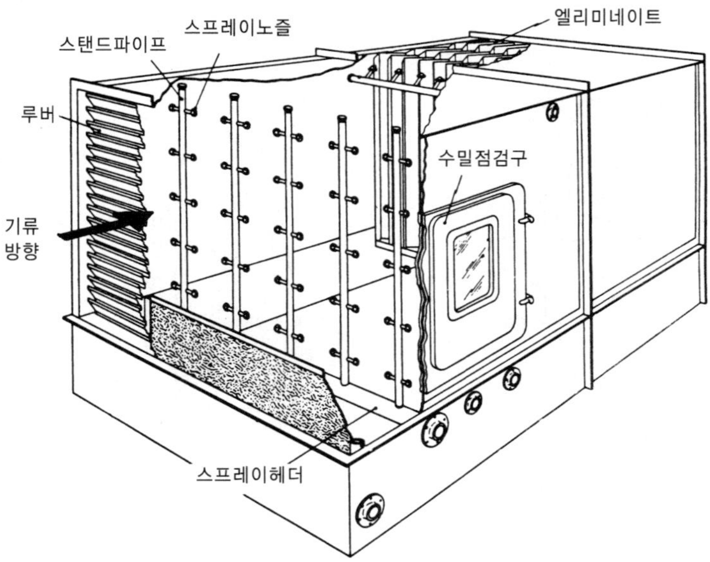

그림 2-30 **에어와셔**

4 —— 공기세정기(空氣洗淨器, air washer)

에어와셔는 노즐로 분무수를 뿜어 공기에 접촉시킴으로써 물과 공기 사이에 열교환과 함께 수분교환이 일어나 가습과 먼지, 냄새제거를 할 수 있도록 한 장치이다. 소나기가 온 뒤 깨끗하고 상쾌한 대기를 제공하는 자연현상을 본받아 초기 공기조화장치에는 많이 쓰였으나 현재는 비교적 큰 먼지제거를 필요로 하면서 공간 점유율에 여유가 있고 높은 습도를 요하는 섬유공장 공기조화에 이용되고 있다.

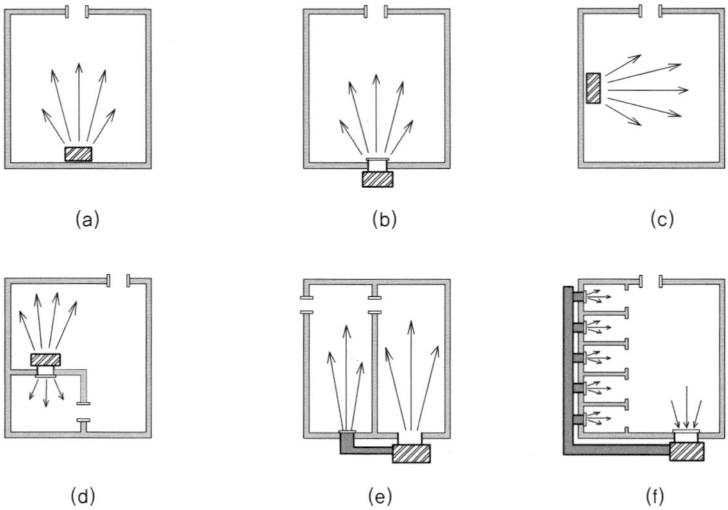

그림 2-31 **패키지형 에어컨 배치방법**

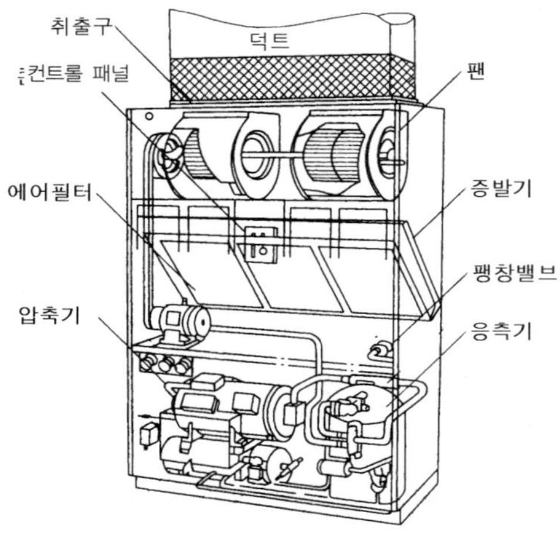

그림 2-32 **패키지형 에어컨(냉동기 내장형)**

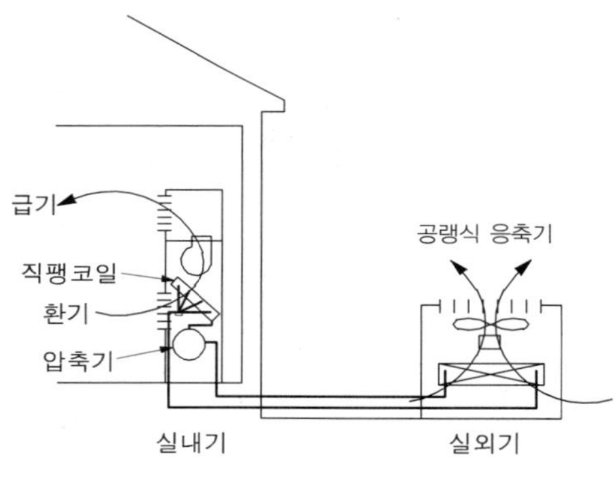

그림 2-33 **분리형 룸쿨러**

2.7.3 패키지 에어컨(packaged terminal air conditioner)

패키지형 공조기는 냉동기와 공기조화기를 하나의 케이싱 내에 조립하고 냉각수 배관, 가습용 배관, 전기배선만을 접속한 것으로 용량은 1RT(0.75kW)에서 100RT(75kW)까지 여러 종류가 있다. 패키지형은 대량생산되고 있으므로 품질의 신뢰성이 높고 가격도 저렴하여 그 이용분야가 넓어지고 있다. 패키지형 공조기는 그림 2-31과 같이 여러 가지 방법으로 배치할 수 있으므로 반드시 실내에 노출해야 하고 덕트는 필요 없다는 고정관념은 옳지 않다.

종전에는 냉동기의 응축기 냉각방법으로 물을 사용하는 **수냉식(水冷式)**이 주로 사용되었으나 최근에는 공기로 냉각하는 **공랭식(空冷式)**이 대부분이다. 공랭식 패키지 에어컨은 실내소음원이 되는 압축기와 응축기를 분리하여 옥외에 설치하는 것이 일반적이다. 증발기와 송풍기를 내장하고 있는 **실내유닛**(실내기)과 **콘덴서**(실외기)를 냉매배관으로 연결하고 있으며, 연결배관 길이가 길 때는 기기효율이 떨어지고 건물외관상 문제가 되므로 실외기 설치위치는 건축계획단계에서부터 고려해야 한다. 그 외 주택이나 빌딩 등 소규모실의 냉방용에 쓰이는 **룸에어 컨디셔너**(소형 패키지에어컨)가 있으며, 최근에 주로 사용되고 있는 분리형은 보통 한 대의 실외유닛에 한 대의 실내유닛이 연결되지만 2~3대의 실내유닛과 연결하는 **멀티유닛**(multi unit type)도 있다.

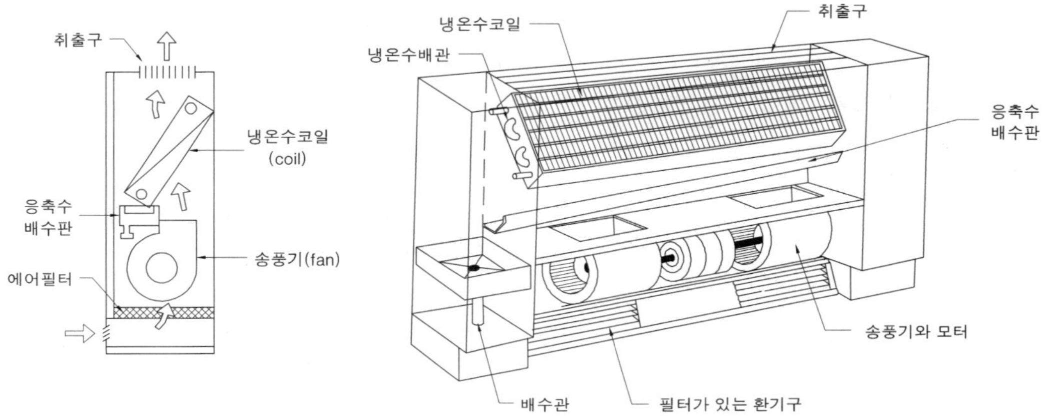

그림 2-34 **팬코일 유닛(상치형)**

2.7.4 실내설치식 공기조화기

실내에 설치하는 공조기로 **팬코일 유닛**(FCU : fan-coil unit)과 **유인유닛**(induction unit)이 있다. FCU는 냉동기 없이 송풍기와 냉온수코일, 에어필터 등으로 구성되어 있고 기계실에 설치되어 있는 냉동기와 열교환기에서 만들어진 열매(熱媒)를 배관을 통해 받아 방열하는 장치이다. 창 밑에 주로 설치하는 **상치형(床置型)**과 천장에 설치하는 **천장형(天障型)** 및 **은폐형(隱蔽型)**이 있으며, 송풍기를 여러 단계 또는 연속적으로 제어하거나 배관 내에 자동온도조절기를 설치하여 실내온도를 조절한다. 팬코일 유닛는 가습능력이 없고 신선공기 유입도 어려우므로 중앙공조기와 조합하여 사용하는 것이 좋다.

유인유닛형은 중앙공조기로부터 공급되는 1차 공기를 노즐에서 고속으로 취출하여 유인(誘引)한 실내공기와 혼합하여 공기조화를 행한다. 팬코일유닛 방식과 달리 송풍기가 없어 전력소모가 적으며 소음도 적은 편이나 덕트접속에 비용이 많이 들고 덕트내 공기유속 문제 등으로 현재 우리나라에서는 거의 사용하지 않고 있다.

2.8 — 공기분배장치

2.8.1 공기분배장치(空氣分配裝置)

공기분배장치는 공기조화장치에서 조화된 공기를 필요개소에 보내기 위한 장치로 **송풍기, 덕트, 외기취입구, 취출구 · 흡입구** 등으로 구성된다.

2.8.2 실내공기 분포계획(室內空氣分布計劃)

실내공기분포는 재실자의 열적 쾌감도에 직접적인 영향을 미치므로 공기조화시스템의 성능을 평가하는 중요한 요소이다. 취출공기 속도가 과대하거나 실내 주위공기와 충분히 혼합되지 않은 경우 난방 시 저온공기는 거주역(바닥 1.8m이내) 하부로 들어오고 고온의 취출공기는 천장 부근에 정체하여 상하 온도차가 커지는가 하면, 냉방 시 취출구의 감속되지 않은 공기가 재실자에게 불쾌한 냉풍감을 주는 **드래프트 현상**이 발생하기도 한다. 공기조화에서는 실내 거주역의 온도가 균일하고 기류속도가 적정해야 하기 때문에 위와 같은 문제에 영향을 미치는 취출구(吹出口) · 흡입구(吸入口)의 형식, 배치, 공기속도, 온도, 풍량에 대한 충분한 검토가 필요하다.

표 2-36 거주공간의 허용기류속도

냉방시		난방시 허용속도 [m/s]
실내온도 [℃]	허용속도 [m/s]	
27	0.5	
26	0.35	0.5
25	0.3	

보건용 공기조화에서 실내기류의 허용기류속도는 냉방의 경우 0.2~0.5m/s, 난방의 경우 0.5m/s으로, 허용속도를 초과한 기류 속에 오랫동안 노출되어 있거나 실내기류의 이동이 적어 정체된 오염 공기속에 노출되어 있는 경우 거주자는 불쾌감을 느끼게 된다. 공기정체역(停滯域, dead space)은 취출구의 배치형태가 불합리하거나 풍속과 풍량이 부족한 경우, 실내에 장애물 등이 있는 경우 발생한다.

1 — 취출구와 흡입구의 위치에 의한 기류분포

그림 2-35에서 한 방향이 외기에 면한 일반적인 방을 검토해 보면,

(a) 벽 상부에 취출구가 있고 같은 면에 도어그릴 등의 흡입구가 있는 경우이다. 취출기류가 부하면까지 충분히 도달하면 거주공간의 기류분포는 양호하지만, 취출기류가 약할 때는 난방시 부하 면에서 생긴 저온공기가 바닥을 따라 흡입구로 흐르기 때문에 바닥면에 **콜드드래프트** 현상이 생긴다.

(b) 취출기류가 충분히 부하면을 덮을 때는 (a)와 마찬가지로 기류분포상태가 양호하고 난

방시 부하면으로부터의 저온기류가 흡입구로 빠져나가 바람직한 형태이나 취출구 하부에 공기정체역이 생기는 경우가 있다.

(c) **외벽면의 상부에 취출구를 설치**한 예인데 여름철에는 부하면(창면)에 생긴 고온기류(주로 일사영향)가 상승하여 취출기류와 혼합하여 기류분포가 양호하지만 겨울철에는 부하기류의 흐름이 반대가 되고 또 창가 부근에는 정체역이 생겨 바람직하지 않다. 이 경우 (d)와 같이 취출공기의 일부를 **슬롯형 취출구**(slot diffuser)로 부하면을 따라 불어내면 결점이 보완된다.

(e) **천장에 아네모형 취출구**(anemostat diffuser)를 **설치**한 예이며 **유인비**가 커서 비교적 양호한 기류분포를 보인다. 그러나 겨울철 창면에서 부하기류(찬기류)가 바닥으로 흘러 **콜드드래프트** 현상이 발생하는 경향이 있다. 이를 방지하려면 (b)처럼 흡입구를 창가 하부에 두거나 (f)와 같이 창 밑에 FCU 등으로 보충하는 방법이 있다.

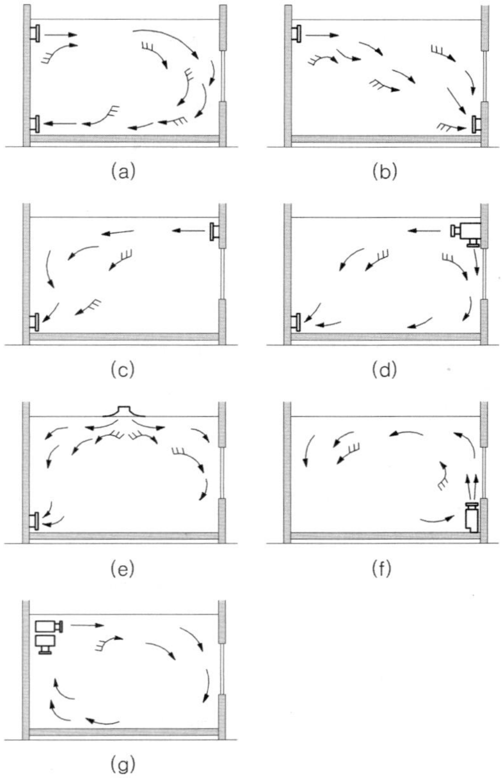

그림 2-35 **취출구와 흡입구의 위치에 의한 기류분포**

(f) **팬코일 유닛을 창가에 설치할 때와 같은 예**로 취출구가 창폭과 같은 정도의 길이라면 부하기류를 충분히 상쇄할 수 있어 냉난방시 기류분포가 양호한 상태가 된다.

(g) **흡입구를 천장 부근에 설치한 예**로 기류순환은 (a)와 같다. 난방의 경우 충분한 환기횟수가 없으면 바닥부근의 저온층을 흩어버릴 수 없다.

2.8.3 취출구(diffuser), 흡입구(return grille)의 종류

1 —— 취출구 · 흡입구의 종류

취출구는 취출공기와 실내공기를 혼합 확산하여 실내공간의 온도분포가 균일하도록 하는데 그 목적이 있다. 취출기류의 혼합특성이나 도달거리 등은 취출구의 형상에 따라 달라지므로 용도에 맞는 것을 선택해야 한다.

(1) 천장취출구(天障吹出口)

평면적으로 분산하여 설치할 수 있으므로 도달거리보다는 **방향성**과 **유인성**을 좋게 하여 거주공간에 드래프트 현상이 일어나지 않도록 해야 한다. 가장 많이 쓰이는 천장취출구로는

표 2-37 **취출구, 흡입구의 종류와 설치장소**

설 치 장 소	취 출 구	흡 입 구
천 장	아네모형, 팬형, 슬롯형, 노즐형, 라인디퓨저, 다공판	팬형, 그릴형, 슬롯형, 다공판, 라인형
벽 면	유니버셜형, 그릴형, 슬롯형, 노즐형, 라인디퓨저, 다공판	그릴형, 슬롯형, 다공판
바 닥 면	슬롯형	슬롯형, 그릴형, 다공판, 머시룸형
외주부분	슬롯형, 유니버셜형	
실내에 노출하는 덕트에 부착되는 것	아네모형, 팬형, 유니버셜형, 그릴형, 노즐형	그릴형, 팬형

주) 1. 노즐형은 대용적 방에 사용된다.
  2. 다공판은 크린룸 등에 사용된다.
  3. 머시룸형은 극장 등에 사용된다.

콘(corn)이 있는 **아네모스태트(anemostat)형**과 **팬(pan)형**이 있고 각각 **고정식, 가동식**이 있다. 가동식인 경우 콘과 팬을 상하로 조작하여 기류방향을 수직, 수평으로 변환시킬 수 있다. 이외에 구조가 간단하고 도달거리가 커서 극장이나 공장 등 높은 천장이나 벽면에 붙이는 **노즐형**과 의장상, 기능상 천장의 조명기구와 나란히 설치하여 조명기구 열확산을 방지하거나 창틀 위에 설치하여 외피부하 대응용으로 쓰이는 라인형(선형) 취출구가 있다.

(2) 벽면취출구(side wall diffuser)

벽면에 부착하는 취출구로 격자형이 많이 쓰인다. 베인격자형 취출구는 **레지스터(resister)**라고도 하며 베인이 수직·수평으로(V.H.S : vertical horizontal shutter) 붙어 있어 풍향이 조절되는 **유니버셜형**이 대부분이다. 그 밖에 **슬롯형, 노즐형**도 벽면취출구로 사용된다.

(3) 흡입구

흡입구는 유인성이나 방향성과는 관계가 적고 실내공기를 정체역 없이 균등하게 흡입할 수 있도록 배치한다. 의장적인 측면에서 개구부에 그릴을 붙이기도 하고 고정형베인을 쓰거나

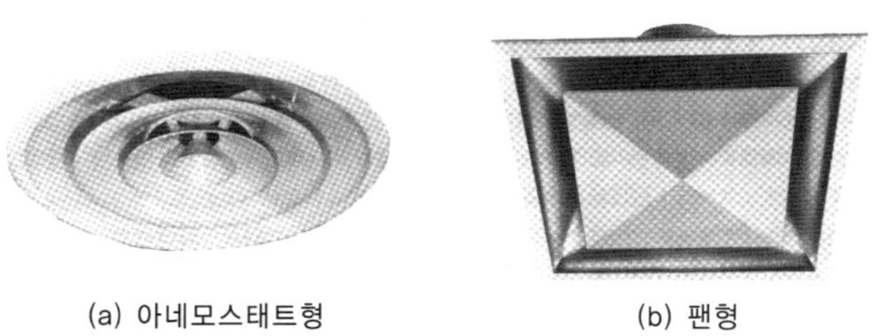

(a) 아네모스태트형 (b) 팬형

그림 2-36 **천장 취출구**

(a) 노즐형 (b) 펑커형 (c) 베인격자형

그림 2-37 **벽면 취출구**

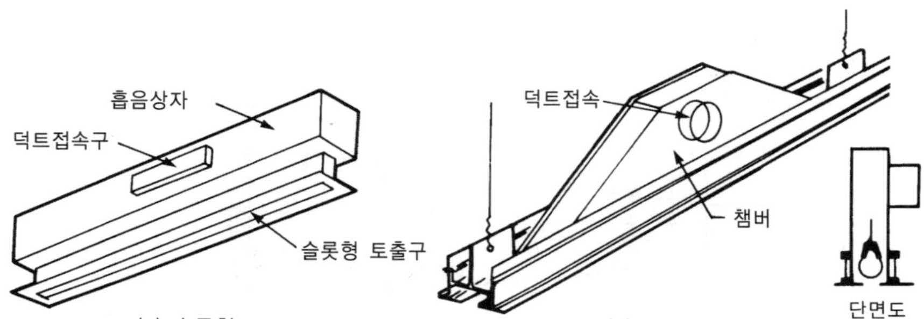

(a) 슬롯형 (b) T라인형

그림 2-38 **라인형 취출구**

없는 경우도 있다. 천장흡입구는 **아네모스태트형** 외에 고정된 **슬롯형, 격자형, 판칭형** 등이 있다.

2 —— 취출구의 성능

(1) 유인비(誘引比, induction ratio)

취출구에서 나온 공기, 즉 1차 공기는 주위 실내공기인 2차 공기를 자기 흐름 속에 유인하여 혼합공기가 되면서 점차 풍량은 증가하고 속도는 감소한다.

1차 공기, 2차 공기, 혼합공기의 풍속과 풍량을 각각 v_1, v_2, v_3, Q_1, Q_2, Q_3라 하면, 다음과 같은 관계가 성립한다.

$$\frac{v_1}{v_3} = \frac{Q_3}{Q_1} = \frac{Q_1 + Q_2}{Q_1} \tag{2.43}$$

이 때, $\frac{Q_3}{Q_1}$를 **유인비**라 하고, v_1이 클수록 유인비도 커진다.

(2) 도달거리(到達距離)

취출기류는 거리 x가 증가함에 따라 중심속도 v_x가 감소한다.

① 제 1 역 $v_x = v_0$

② 제 2 역 $v_x \propto \frac{1}{\sqrt{x}}$

③ 제 3 역 $v_x \propto \frac{1}{x}$

④ 제 4 역 v_x가 0.25m/s 이하로 되는 범위이며 이 거리를 도달거리라 한다. 취출각도를 넓히면 확산각은 증가하고 도달거리는 감소한다. 확산각은 거주역에서 0.1~ 0.2m/s 기류속도를 유지하는 범위를 말하며, 실내공기 온도와 다른 온도의 공기가 취출될 경우 기류는 대류작용에 의해 냉풍은 하강하고 온풍은 상승하게 된다.

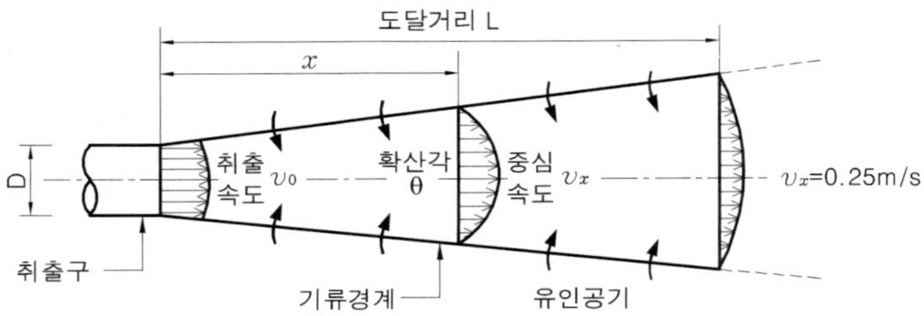

그림 2-39 **취출구의 취출기류**

(3) 취출속도(吹出速度)

유인비와 도달거리라는 점에서는 취출속도가 빠른 것이 바람직하지만 발생소음이 커지게 되므로 실의 사용목적에 따라 적정속도가 요구된다.

(4) 배치시 유의사항

① 취출기류가 실내에 골고루 분포되도록 한다.

② 도달거리 및 확산반경이 적당하도록 한다.

③ 난방시 상하온도차가 지나치게 크지 않도록 한다.

④ 취출기류가 보 등에 의해 방해되지 않도록 한다.

⑤ 창문 쪽의 냉풍이나 온풍이 직접 몸에 닿지 않도록 한다.

⑥ 실내의장에 지장이 없는 모양과 색상을 선택한다.

표 2-38 발생소음 측면에서의 벽면취출구의 허용취출풍속

장 소	취출속도 [m/s]
방송국 스튜디오	1.5~2.5
주택	2.5~3.8
아파트	2.5~3.8
교회	2.5~3.8
호텔객실	2.5~3.8
극장	2.5~3.8
개인사무소(방음시공 없음)	2.5~3.8
개인사무소(방음시공)	4.0
영화관	5.0
일반사무소	5.0~6.3
백화점(상층)	7.6
백화점(1층)	10.0

표 2-39 천장디퓨저의 허용풍속(네크부분의 풍속[m/s])

장 소	허용소음 [dB]	천장고 [m]				
		3	4	5	6	7
방송국, 스튜디오, 극장발코니 하부	32	3.9	4.15	4.25	4.35	4.45
극장, 주택, 수술실	33~39	4.35	4.65	4.85	5.00	5.15
아파트, 호텔객실, 사무실(개인실)	40~46	5.15	5.40	5.75	5.90	6.10
상점, 식당, 은행, 백화점	47~53	6.20	6.65	7.00	7.25	7.40
공공건물, 일반사무실, 백화점(1층)	53~60	7.35	7.95	9.35	8.70	8.90
공장, 타이프실, 주방	61~	9.00	10.35	11.05	11.63	12.20

2.8.4 덕트 설계

1 —— 덕트 내의 공기흐름

덕트는 원형 덕트와 장방형 덕트가 있다. 원형 덕트 내 공기의 흐름은 그림 2-40과 같은 속도분포를 나타내는데, 이는 관벽에서 **마찰저항**이 생기기 때문이다. 덕트의 굴곡부에서는 원심력으로 속도분포가 치우쳐 비대칭이 된다.

그림 2-41에서 덕트 ① 부분에 흐르는 공기량과 ② 부분에 흐르는 공기량은 서로 같으므로 통과풍량 G는 다음과 같다.

$$G = \rho_1 v_1 A_1 = \rho_2 v_2 A_2 \ [\text{kg/s}] \tag{2.44SI}$$

ρ_1, ρ_2 : 공기의 밀도 [kg/m³]

v_1, v_2 : 공기의 속도 [m/s]

A_1, A_2 : 덕트의 단면적 [m²]

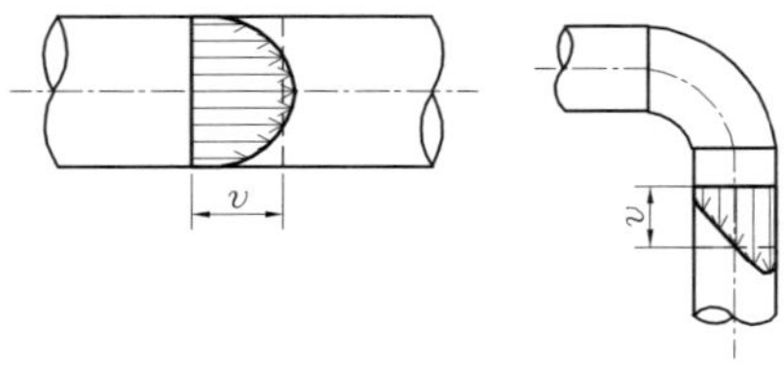

그림 2-40 **원형 덕트의 풍속분포**

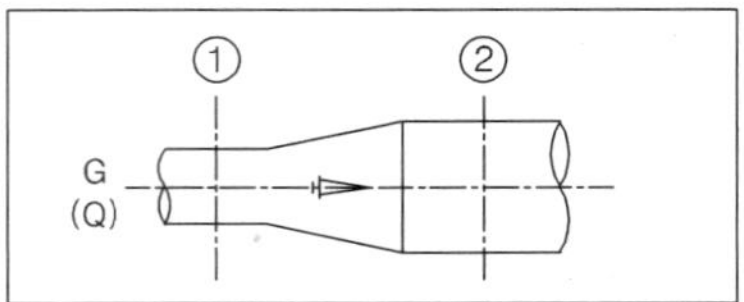

구 간	①	②
풍 량	G	G
용적풍량	Q	Q
단 면 적	A_1	A_2
풍 속	v_1	v_2
정 압	P_1	P_2
동 압	$\frac{\rho_1 v_1^2}{2g}$	$\frac{\rho_2 v_2^2}{2g}$
전 압	$P_1+\frac{\rho_1 v_1^2}{2g}$	$P_2+\frac{\rho_2 v_2^2}{2g}$

그림 2-41 **덕트내 공기상태**

이 때, $\rho_1 = \rho_2$이므로,

$$Q = v_1 A_1 = v_2 A_2 \ [\text{m}^3/\text{s}] \tag{2.45}$$

2── 덕트 내의 압력

그림 2-41에서 덕트 내 저항이 없는 경우 베르누이 정리에 의해 다음 식이 성립된다.

$$\frac{v_1^2}{2g}\gamma_1 + P_1 = \frac{v_2^2}{2g}\gamma_2 + P_2 = P_T \tag{2.46}$$

$$\frac{\rho_1 v_1^2}{2_1} + P_1 = \frac{\rho_2 v_2^2}{2_2} + P_2 = P_T \tag{2.46SI}$$

이때, $\frac{\rho_1 v_1^2}{2}$, $\frac{\rho_2 v_2^2}{2}$을 **동압**(velocity pressure), P_1, P_2를 **정압**(static pressure), P_T를 **전압**(total pressure)이라 한다. 대기압에서 온도 20℃의 건조공기의 밀도 ρ는 약 1.2kg/m³ 이므로 표준공기의 동압 P_v는 다음 식과 같다.

$$P_v = \frac{v^2}{2\times 9.8}\times 1.2 = \left(\frac{v}{4.04}\right)^2 \ [\text{kg/m}^2] \tag{2.47}$$

$$P_v = \frac{1.2\times v^2}{2} = 0.6v^2 \ [\text{Pa}] \tag{2.47SI}$$

실제 덕트에서는 공기저항이 생기므로 A, B 지점에서의 전압은 달라지게 된다. A, B지점의 전압을 각각 P_{T1}, P_{T2}라 하면,

$$P_{T1} - P_{T2} = \Delta P_f \tag{2.48}$$

여기에서, ΔP_f가 A, B 지점 사이의 공기저항에 의한 압력손실값, 즉 **마찰저항**이 된다.

3 —— 직관의 마찰저항

덕트 내의 공기저항에는 전덕트에 걸쳐 일어나는 **마찰저항**과 굴곡, 분기, 단면변화부에서 일어나는 **국부저항**이 있다. 직관의 마찰저항에 의한 압력손실 ΔP_f는 다음 식과 같다.

$$\Delta P_f = \lambda \frac{l}{d} \frac{v^2}{2g} \gamma \ [\mathrm{kg/m^2}] \tag{2.49}$$

$$\Delta P_f = \lambda \frac{l}{d} \frac{\rho v^2}{2} \ [\mathrm{Pa}] \tag{2.49SI}$$

λ : 마찰저항계수
l : 덕트의 길이 [m]
d : 원형덕트의 직경 [m]
v : 평균속도 [m/s]
γ : 공기의 비중량 [1.2kgf/m³]
ρ : 공기의 밀도 [1.2kg/m³]
g : 중력가속도 [9.8m/s²]

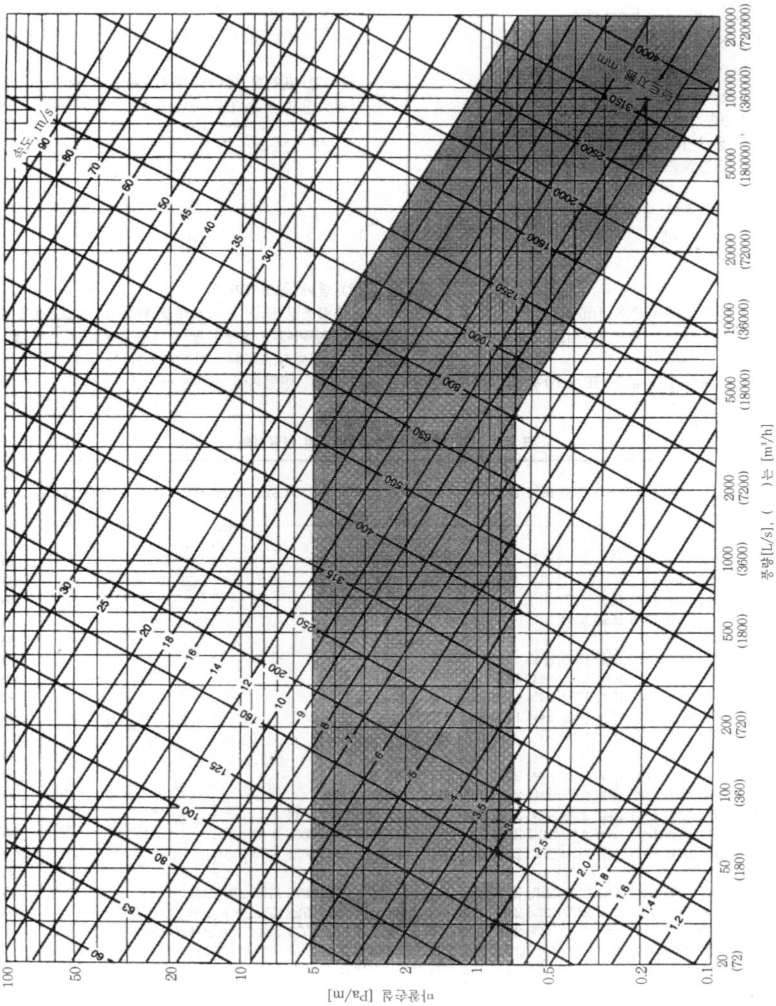

그림 2-42 **덕트의 마찰저항선도**

마찰저항계수는 유체의 성질, 유속, 관내경, 덕트내면의 거칠기, 관내면의 속도분포 등에 따라 변화한다. 아연도철판의 원형 덕트 내에 공기가 흐를 때 마찰손실, 풍량, 풍속, 덕트내경의 관계를 (2.49)식을 이용하여 표준공기(건구온도 20℃, 상대습도 60%, 표준대기압 760mmHg)상태에서 **덕트의 마찰손실선도**(그림 2-42)로 만들어 덕트설계에 이용하고 있으며 덕트내 공기의 상태가 이보다 크게 다를 때는 보정이 필요하다. 장방형(長方形) 덕트는 장변과 단변의 길이에 따라 저항값이 달라지므로 계산 편의를 위해 덕트설계에는 **등마찰 직경(等摩擦直徑)**이 쓰인다.

등마찰 직경은 장방형 덕트에 흐르는 풍량과 동일한 풍량이 흐를 때, 단위길이당 마찰저항이 같은 원형(圓形)덕트의 직경을 말한다. 그러나 건물 천장 내에는 보, 배관 등 장애물이 있고, 또 층고를 낮게 하기 위해 덕트가 차지할 수 있는 높이는 제한되기 때문에 덕트의 폭을 넓히고 높이를 줄이는 경우가 많다. 이 경우 풍량은 같지만 폭과 높이의 비(aspect ratio)가 클수록 마찰저항이 커지고 덕트구조상에도 문제가 발생한다.

표 2-40은 원형 덕트를 장방형 덕트로 환산한 대표적인 값을 나타낸 것이다.

표 2-40 **장방형 덕트의 상당직경**

장변 \ 단변	10	15	20	25	30	35	40	45	50	60	70	80	90	100
10	10.9													
15	13.3	16.4												
20	15.2	18.9	21.9											
25	16.9	21.0	24.4	27.3										
30	18.3	22.9	26.6	29.9	32.8									
35	19.5	24.5	28.6	32.2	35.4	38.3								
40	20.7	26.0	30.5	34.3	37.8	40.0	34.7							
45	21.7	27.4	32.1	36.3	40.0	43.3	46.4	49.2						
50	22.7	28.7	33.7	38.1	42.0	45.6	48.8	51.8	54.7					
55	23.6	29.9	35.1	39.8	43.9	47.7	51.1	54.3	57.3					
60	24.5	31.0	36.5	41.4	45.7	49.6	53.3	56.7	59.8	65.6				
65	25.3	32.1	37.8	42.9	47.4	51.5	55.3	58.9	62.2	68.3				
70	26.1	33.1	39.1	44.3	49.0	53.3	57.3	61.0	64.4	70.8	76.5			
75	26.8	34.1	40.2	45.7	50.6	55.0	59.2	63.0	66.6	73.2	79.2			
80	27.5	35.0	41.4	47.0	52.0	56.7	60.9	64.9	68.7	75.5	81.8	87.5		
85		35.9	42.4	48.2	53.4	58.2	62.6	66.8	70.6	77.8	84.2	90.1		
90		36.7	43.5	49.4	54.8	59.7	64.2	68.6	72.6	79.9	86.6	92.7	98.4	
95		37.5	44.5	50.6	56.1	61.1	65.9	70.3	74.4	82.0	88.9	95.2	101.1	
100		38.4	45.4	51.7	57.4	62.6	67.4	71.9	76.2	84.0	91.1	97.6	103.7	109.3
105		39.1	46.4	52.8	58.6	64.0	68.9	73.5	77.8	85.9	93.2	100.0	106.2	112.0
110		39.9	47.3	53.8	59.8	65.2	70.3	75.1	79.6	87.8	95.3	102.2	108.6	114.6

4 —— 국부저항(局部抵抗)

국부저항은 덕트의 **굴곡부**, **분기부**, **합류단면부**, **변형부** 등에서 생기는 것으로 국부저항에 의한 압력손실 ΔP_d는 다음 식으로 나타낸다.

$$\Delta P_d = \zeta \frac{v^2}{2g} \gamma \ [\mathrm{kg/m^2}] \tag{2.50}$$

$$\Delta P_d = \zeta \frac{\rho v^2}{2} \ [\mathrm{Pa}] \tag{2.50SI}$$

v : 평균속도 [m/s]
γ : 공기의 비중량 [kg/m³]
ρ : 공기의 밀도 [kg/m³]
g : 중력가속도 [9.8m/s²]
ζ : 국부저항계수

국부저항값과 같은 저항값을 가지는 직관의 길이를 국부저항상당길이 l_e로 표시하면,

$$\Delta P_f' = \lambda \frac{l_e}{d} \frac{v^2}{2g} \gamma \ [\mathrm{kg/m^2}] \tag{2.51}$$

$$\Delta P_f' = \lambda \frac{l_e}{d} \frac{\rho v^2}{2} \ [\mathrm{Pa}] \tag{2.51SI}$$

$\Delta P_f'$: l_e 때의 국부저항
d : 원형 덕트의 직경 [m]

여기에서 $\Delta P_d = \Delta P_f'$로 하면, $\zeta \frac{\rho v^2}{2} = \lambda \frac{l_e}{d} \frac{\rho v^2}{2}$ 이므로,

$$\therefore \ \frac{l_e}{d} = \frac{\zeta}{\lambda}, \quad l_e = \frac{\zeta}{\lambda} \cdot d \tag{2.52}$$

표 2-41 **국부저항계수**

명칭	그림	계산식	저항계수				
(1) 장방형 엘보 (90°)	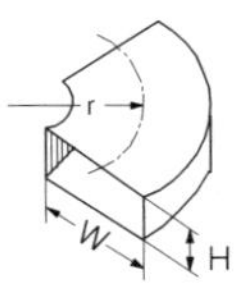	$\Delta p_t = \lambda \frac{l_e}{d} \frac{\rho v^2}{2}$	H/W	r/W=0.5	0.75	1.0	1.5
			0.25	le/W=25	12	7	3.5
			0.5	33	16	9	4
			1.0	45	19	11	4.5
			4.0	90	35	17	6
(2) 장방형 엘보 (90°)	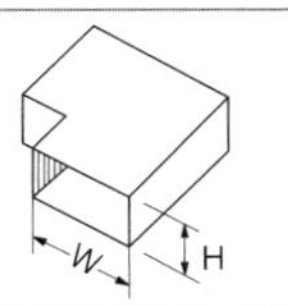	$\Delta p_t = \lambda \frac{l_e}{d} \frac{\rho v^2}{2}$	H/W=0.25	le/W=25			
			0.5	49			
			1.0	75			
			4.0	110			
(3) 원형 덕트 엘보 (성형)	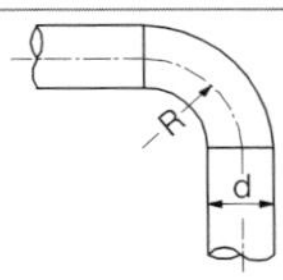	$\Delta p_t = \lambda \frac{l_e}{d} \frac{\rho v^2}{2}$	R/d=0.75	le/d=23			
			1.00	17			
			1.5	12			
			4.0	10			

명 칭	그 림	계 산 식	저 항 계 수
(4) 확대	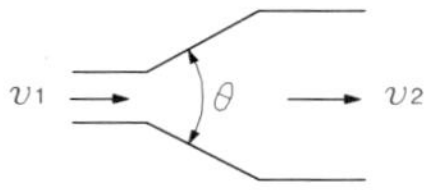	$\Delta p_t = \zeta_T \dfrac{\rho(v_1 - v_2)^2}{2}$	$\theta = 5°$ 10 20 30 40 $\zeta_T = 0.17$ 0.28 0.45 0.59 0.73
(5) 축소	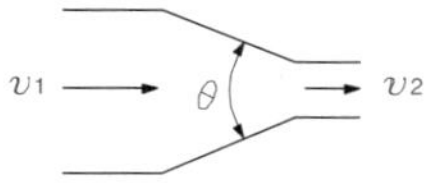	$\Delta p_t = \zeta_T \dfrac{\rho(v_1 - v_2)^2}{2}$	$\theta = 30°$ 45° 60° $\zeta_T = 0.02$ 0.04 0.07
(6) 원형 덕트 분류	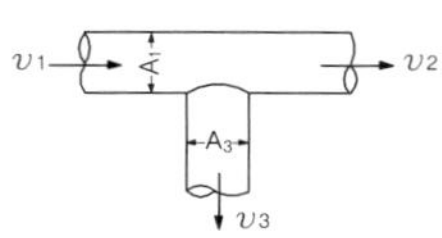	직통관(1→2) $\Delta p_t = \zeta_1 \dfrac{\rho v_1^2}{2}$ 분기관(1→3) $\Delta p_t = \zeta_B \dfrac{\rho v_3^2}{2}$	v_2/v_1 0.3 0.5 0.8 0.9 ζ_1 0.09 0.075 0.03 0 v_3/v_1 0.2 0.4 0.6 0.8 1.0 1.2 ζ_B 28.0 7.5 3.7 2.4 1.8 1.5
(7) 장방형 덕트분기	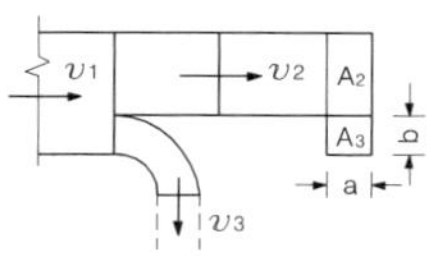	직통관(1→2) $\Delta p_t = \zeta_T \dfrac{\rho v_1^2}{2}$	$v_2/v_1 < 1.0$일 때는 무시 $v_2/v_1 > 1.0$일 때는 $\zeta_T = 0.46 - 1.24x + 0.93x^2$ $x = (\dfrac{v_3}{v_1}) \times (\dfrac{b}{a})^{1/4}$
		분기관 $\Delta p_t = \zeta_B \dfrac{\rho v_1^2}{2}$	x 0.25 0.5 0.75 1.0 1.25 ζ_B 0.3 0.2 0.3 0.4 0.65 단, $x = (\dfrac{v_3}{v_1}) \times (\dfrac{b}{a})^{1/4} 1$

5 —— 덕트설계

덕트설계법에는 **등속법, 등마찰저항법(등압법), 전압법**이 있다.

등속법(等速法)은 덕트 내의 풍속을 일정하게 유지할 수 있도록 덕트치수를 결정하는 방법으로 어느 위치에서나 풍속이 일정하므로 덕트를 통해 먼지나 분말을 이송하거나 취출구가 하나뿐인 덕트, 기본계획시 덕트의 대략 크기를 결정하는데 사용되고 있다.

등마찰저항법(等摩擦抵抗法)은 덕트의 단위길이당 마찰저항이 일정한 상태가 되도록 덕트의 마찰저항선도(그림 2-42)를 이용하여 덕트 직경을 구하는 방법으로 보건용 공조, 저속덕트설계에 주로 이용된다. 저속덕트의 단위길이당 마찰손실은 소음제한이 엄격한 곳에서는 0.7Pa/m, 일반건축은 1Pa/m, 소음제한이 없는 곳은 1.5Pa/m로 한다. 등마찰저항법은 주덕트에서 분기된 분기덕트가 너무 짧은 경우 분기덕트의 마찰저항이 작아 분기덕트로 필요이상의 공기가 흐르는 경우가 발생할 수 있으므로 주의할 필요가 있다.

풍량이 일정한 덕트에서는 풍속을 크게 하면 덕트 치수가 작아진다. 그러나 풍속을 크게 하면 공기저항에 의한 압력손실이 증대하여 송풍기의 동력이 커질 뿐 아니라 소음진동도 증가하고 구조강도도 커져야 한다. 이 때문에 일반건물에서는 큰 풍속을 택하는 것이 비경제적이므로 보통구조의 덕트로서 소음기 등이 불필요한 최대풍속 15m/s 이하의 저속덕트를 사용하고 있다.

그림 2-43과 같은 덕트에서 **등마찰저항법**을 이용하여 덕트를 설계할 경우, A→D의 덕트에 어떤 단위저항 R_1 (0.8~1.5Pa/m)을 설정하고 그림 2-42와 표 2-40을 이용하여 덕트치수를 정한 다음, B→E 덕트의 단위저항을 $R_2 = R_1(l_1/l_2)$로 하여 덕트치수를 정한다. 이와 같이 하면 송풍기에서 각 취출구까지의 마찰저항이 같아지나 직관의 마찰저항뿐 아니라 국부저항도 발생하므로 전체의 저항을 같게 하려면 국부저항의 상당길이를 실제 덕트길이에 더해야 한다. 또, l_1에 비하여 l_2가 매우 적은 경우 단위저항 R_2가 크게 되어 그 부분 덕트 풍속이 과대해서 소음 등의 문제가 일어날 수 있다. 따라서 적정풍속이 되도록 하기 위해서는 풍량을 줄이거나 단위저항치를 수정해야 한다.

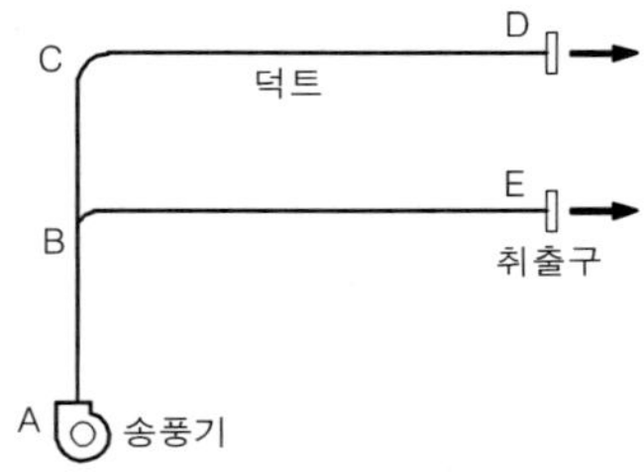

그림 2-43 **등마찰저항법을 이용한 덕트설계 예**

표 2-40에서 원형 덕트를 장방형 덕트로 변환할 때 장변과 단변의 비(aspect ratio)를 4 : 1 이하로 하고 8 : 1 이상은 피하는 것이 좋다. 덕트 굴곡부의 곡률반경 R (표 2-41)은 r/w=1.5~2.0이 되도록 하는 것이 적당하며 1.5 이내일 때는 가이드 베인을 설치하는 것이 좋다.

표 2-42 **저속덕트 내 풍속**

구 분	권장풍속 [m/s]			최대풍속 [m/s]		
	주 택	일반건물	공 장	주 택	일반건물	공 장
주덕트	3.5~4.5	5~6.5	6~9	4~6	5.5~8	6.5~11
분기덕트	3.0	3~4.5	4~5	3.5~5	4~6.5	5~9
분기입상덕트	2.5	3~3.5	4	3.25~4	4~6	5~8
외기취입구	2.5	2.5	2.5	4	4.5	6
송풍기취출기	5~8	6.5~10	6.5~10	8.5	7.5~11	8.5~14

표 2-43 **덕트내 단위압력손실 권장값 [Pa/m]**

종 류	급기덕트		환기 · 배기덕트	
	주덕트	분기덕트	주덕트	분기덕트
주택, 홀	0.8~1	0.7~0.8	0.8~1	0.7~0.8
사무소	1	1	1	0.8~1
백화점, 상점	1.5	1~1.5	1.5	1~1.5
공장	1~1.5	1~1.5	1~1.5	1~1.5

표 2-44 기기저항의 개략치

구 분	풍속 [m/s]	저항 [Pa]
에어와셔	2.5	60
코일(건)	2.5	60(4열)
코일(습)	2.5	150(8열)
필터	2.0	50~100
흡음박스	–	50~100
흡음엘보	–	70~150
외기취입구	–	50
취출구, 배기구	–	50
취출구(고속용)	–	200~300

예제 10 — **그림 2-44 사무소 건축물의 덕트를 설계하라. 각 취출구의 취출풍량은 2000㎥/h이다.**

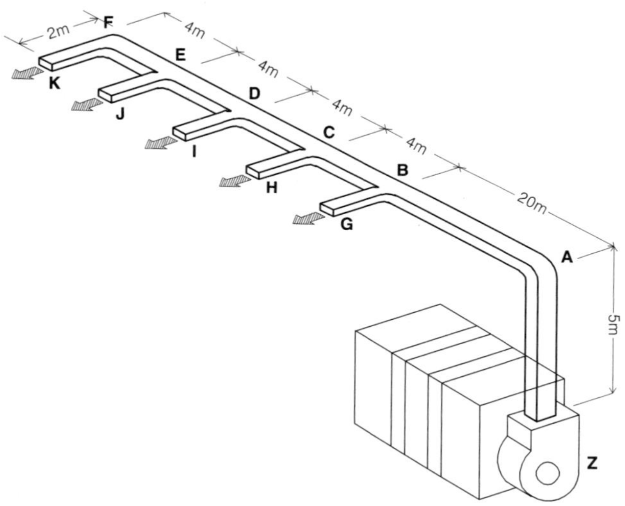

그림 2-44 **예제 10**

풀이 단위마찰저항 R을 1Pa/m로 하여 등마찰저항법으로 설계하면,

① **취출구 크기**

그림 2-42 및 표 2-40을 이용하여 표 2-45를 작성한다.

취출구는 벽면부착용 유니버설형 레지스터를 설치하고 전면풍속을 4m/s(표 2-38)로 할 때, 취출구와 접하는 덕트면적 $A = \dfrac{2000}{3600 \times 4} = 0.14\,\text{m}^2$ 이므로 레지스터의 크기는 가로×세로=700×200로 정할 수 있다.

표 2-45 **예제 10 풀이(a)**

구간	풍량 [㎥/h]	마찰저항 [Pa/m]	원형 덕트직경 [cm]	장방형 덕트치수 [㎜]
ZAB	10000		63	1050×350
BC	8000		60	950×350
CD	6000	1	52	1050×250
DE	4000		46	800×250
EFK	2000		36	450×250

② A점(장방형 엘보)의 상당길이 l_e

$\frac{H}{W}=\frac{350}{1050}=0.33$, $\frac{r}{W}=1.0$로 하면, 표 2-41 (1)에서 $\frac{l_e}{W}=8$

$l_e=8\times W=8\times 1.05=8.4$ [m]가 된다.

③ B, C, D, E 분기점의 상당길이(相當長)는 무시한다.

④ F점의 상당길이 l_e

$\frac{H}{W}=\frac{250}{450}=0.55$, $\frac{r}{W}=1.0$로 하면, $\frac{l_e}{W}=9$

$l_e=9\times 0.45=4.05$ [m]이다.

표 2-46 **예제 10 풀이(b) - 덕트의 마찰저항손실**

구간	l	R	Rl
ZA	5		5
A	8.4		8.4
AB	20		20
BC	4		4
CD	4	1	4
DE	4		4
EF	4		4
F	4.05		4.05
FK	2		2
	합 계		55.45

⑤ 저항의 합계

이상의 계산 결과와 표 2-44에서 덕트저항을 집계하면 표 2-47과 같이 송풍기에서 말단취출구까지 전마찰저항손실을 구할 수 있다.

표 2-47 **예제 10 풀이(c)**

기 기	저항 [Pa]
덕트	55
취출구	50
외기취입구	50
필터	100
냉각(가열)코일	150
계(P_T)	405

6 — 덕트구조와 시공

(1) 덕트의 배치법

주덕트와 분기덕트로 구성되는 덕트는 배치방식에 따라 **개별덕트방식, 간선덕트방식, 환상덕트방식**으로 분류할 수 있다. 환상덕트방식은 양쪽 덕트의 정압이 균일해지므로 덕트 말단에 가까운 취출구의 송풍량을 개선할 수 있다. 또 **입상덕트방식**과 **수평덕트방식**으로도 구분할 수 있는데, 입상덕트방식은 천장고를 높일 수 있지만 건물의 유효면적은 줄어드는 방법이다. 이외에 건축구조물인 콘크리트 슬래브와 마감재 바닥, 천장 사이를 전체 덕트로 이용하고 필요한 곳에 취출구를 설치하는 방식이 점차 늘어가고 있는데, 이 방식은 **퍼스널공조시스템**[1]에 많이 이용된다.

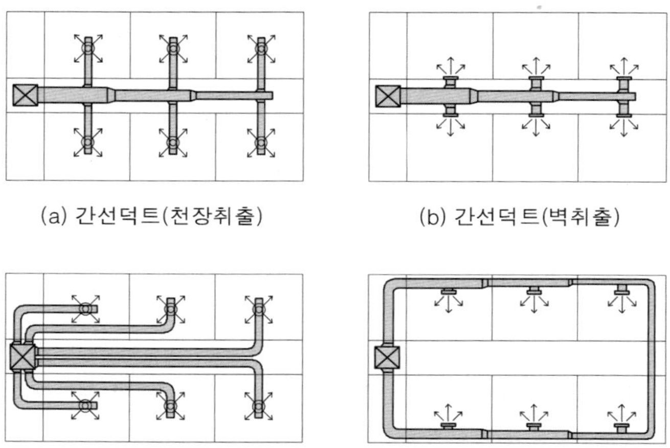

(a) 간선덕트(천장취출) (b) 간선덕트(벽취출)

(c) 개별덕트(천장취출) (d) 환상덕트(벽취출)

그림 2-45 **덕트배치법**

1) 퍼스널 공조시스템 : 각실, 각 부위의 부하특성에 대응한 개별제어에서 재실자 개인의 쾌적감이나 실배치 기기별로 제어할 수 있는 공조시스템을 말한다(그림 2-91).

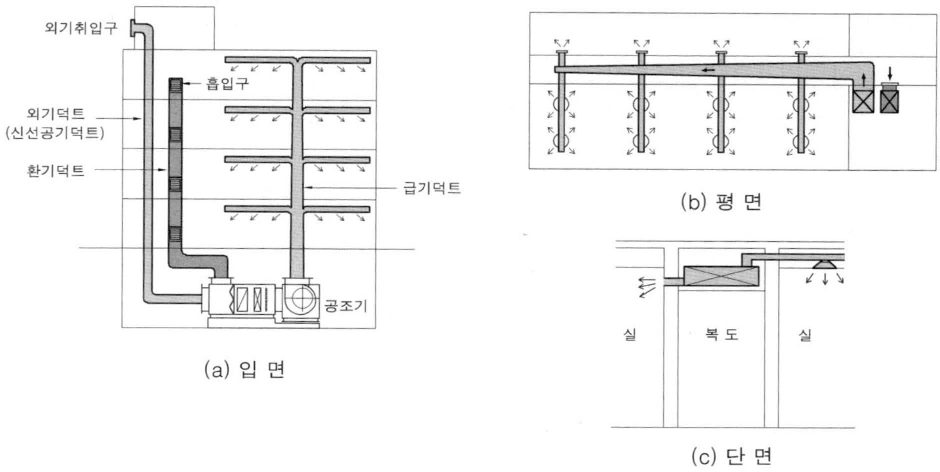

그림 2-46 **덕트배치 예**

천장고가 낮은 사무실의 경우 복도에 주덕트를 설치하고 각 거실부분에 분기덕트를 설치하여 천장형 또는 벽부형 취출구로 공조공기를 공급하는 방식이 많이 이용된다[그림 2-46(b), (c)].

(2) 덕트의 재료

일반적으로 아연도금철판(亞鉛鍍金鐵板)이 쓰이나 알루미늄판, 염화비닐판, 글라스울판, 하드보드 및 건물구조체를 이용하는 콘크리트 덕트도 있다. 염화비닐판은 내식성을 요할 때 쓰이며 알루미늄판은 프랙시블 덕트로 많이 쓰이고 있다.

덕트 단면은 장방형과 원형이 있는데, 장방형 덕트는 저압·저속덕트에 쓰이고, 원형 덕트는 덕트내 풍속이 커서 큰 강도가 필요하거나 덕트 스페이스가 적은 고압·고속덕트에 쓰이며 풍량이 작은 분기덕트나 구조물 관통용으로도 쓰인다.

덕트내 풍속에 따라서는 **저속덕트방식**과 **고속덕트방식**으로 나누며, 저속덕트의 주덕트내 풍속은 10~15m/s이고, 고속덕트의 주덕트내 풍속은 20~25m/s이다. 덕트내 공기의 풍속이 크면 덕트의 저항이 커지므로 고속덕트방식은 고압덕트방식이라고도 한다.

(3) 아연도철판 덕트

저속용 장방형 덕트의 구조는 그림 2-47, 접속부 구조는 그림 2-48과 같다. 모서리 부분은 버튼펀치스냅로크 또는 피츠버그로크와 같은 이음매로 접합해 장방형 단면으로 만들고 이 덕트를 차례로 접속하여 연장시켜 나간다. 종래에는 현장에서 직접 조립했으나 제작기계의 이동, 작업장 확보, 소음, 정밀도, 공기 단축에 문제가 있어 미국에서 도입된 SMACNA[1)]공

1) Sheet Metal & Air conditioning Contraction National Association의 약자로 미국 덕트공기조화업자협회를 말한다.

법을 사용하고 있다. 이 공법은 이음부가 기계 가공하기에 편리하며 자중이 적고 작업능률은 좋으나 공사금액이 기대에 미치치 못해 재래공법과 같이 쓰이고 있다. 장방형 덕트는 그림 2-47, 그림 2-48에서 보는 바와 같이 다이아몬드 브레이크(diamond brake), 각종 슬립(slip), 바(bar) 또는 앵글(angle)로 보강한다(표 2-50).

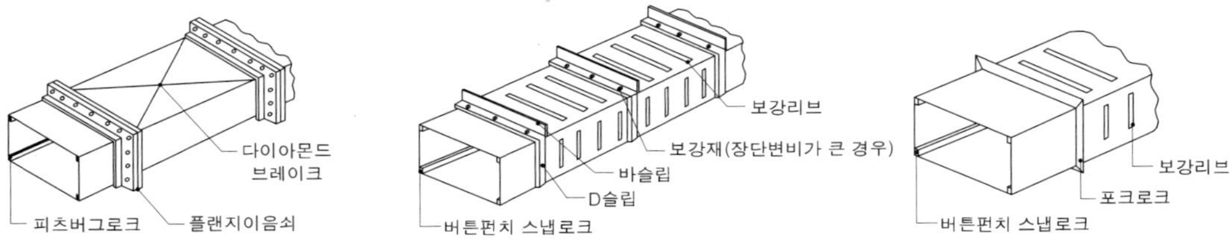

(a) 장방형덕트(플랜지이음) (b) 장방형덕트(D슬립-바슬립) (c) 장방형덕트(포켓로크)

그림 2-47 **장방형 덕트구조**

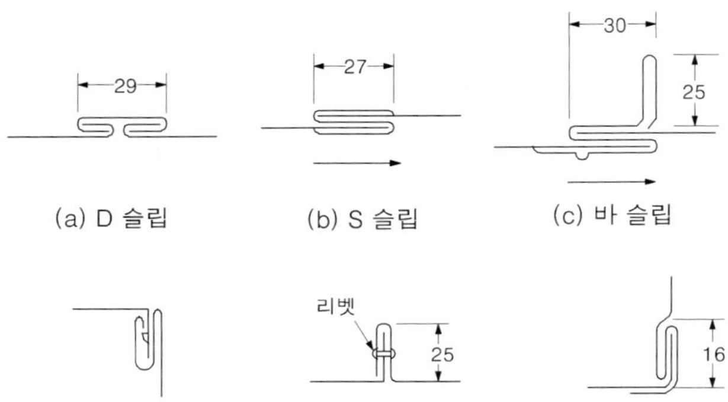

(a) D 슬립 (b) S 슬립 (c) 바 슬립

(d) 버튼펀치 스냅로크 (e) 스탠딩심 보강 (f) 피츠버그 로크

그림 2-48 **장방형 덕트접속부 구조**

표 2-48 **장방형 덕트의 판두께**

저속덕트의 장변 [mm]	고속덕트의 장변 [mm]	판두께 [mm]
450 이하	–	0.5
450~750	–	0.6
750~1500	450 이하	0.8
1500~2250	450~1200	1.0
2250 초과	1200~2250	1.2

표 2-49 장방형 덕트(저속용)의 이음쇠

장방형 덕트의 장변 [mm]	이음쇠의 종류 · 철판두께 또는 형강치수 [mm]									이음쇠 간격최대 [m]
	S슬립 D슬립	바슬립 D슬립	보강 바슬립 D슬립	포켓 로크	플랜지	플랜지 부착용 리벳		접합용 볼트		
						직경	피치	직경	피치	
450 이하	0.6	–	–	(0.6)	25×25×3	4.5	65	6	100	3.6
450~750	–	0.6	0.6	0.6	25×25×3	4.5	65	6	100	3.6
750~1000	–	0.8	0.8	0.8	30×30×3	4.5	65	8	100	2.7
1000~1500	–	0.8	0.8	0.8	30×30×3	4.5	65	8	100	2.7
1500~2250	–	–	–	–	40×40×3	4.5	65	8	100	1.8
2250 초과	–	–	–	–	40×40×3	4.5	65	8	100	1.8

표 2-50 접속덕트의 보강

덕트 판두께 [mm]	형강 보강덕트				스탠딩 심 보강덕트			
	형강치수 [mm]	최대간격 [m]	형강리벳		보강스탠드 심 높이 [mm]	보강 스탠드 심		스탠딩심 간격 [m]
			직경 [mm]	피치 [mm]		높이 [mm]	보강평강 [mm]	
0.5	–	–	–	–	–	–	–	–
0.6	25×25×3	1.8	4.5	100	25	–	–	1.2
0.8	30×30×3	0.9	4.5	100	25	–	–	0.9
1.0	40×40×3	0.9	4.5	100	40	45	40×3	0.9
1.2	40×40×5	0.9	4.5	100	40	45	40×3	0.9

(4) 덕트의 변형과 분기

① **확대 및 축소** : 그림 2-49(a)와 같이 확대 시에는 15° 이하, 축소 시에는 30° 이하로 한다.

② **덕트의 굴곡** : 덕트의 폭을 W, 내측 곡률반경을 R이라 하면, $R \geq W$가 되도록 한다. R이 W보다 작은 경우에는 가이드 베인을 설치한다.

③ **덕트의 분기**는 그림 2-49(b)와 같이 한다.

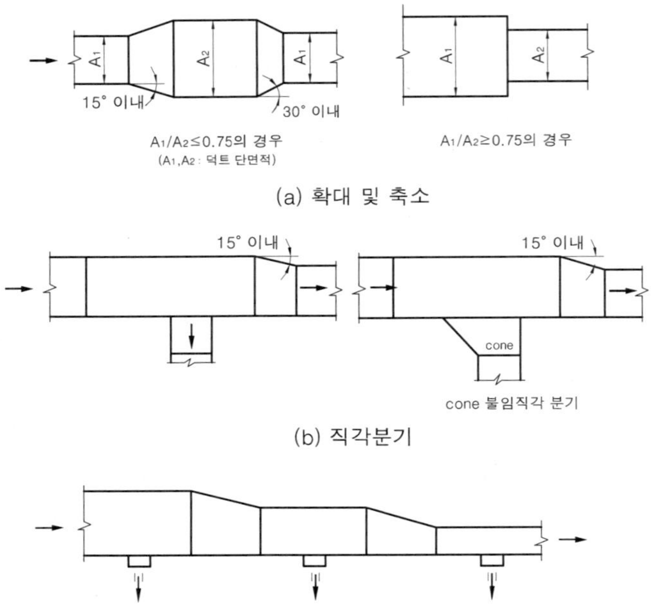

(a) 확대 및 축소

(b) 직각분기

(c) 취출구분기

그림 2-49 **덕트의 변형과 분기**

4 —— 덕트의 부속품

덕트에는 필요에 따라 **풍량조절댐퍼, 방화댐퍼, 방연댐퍼, 소음기** 등이 사용된다. 그 외 이상의 세 가지 기능을 합한 FVD, SFD, SFVD 등이 있다.

(1) 댐퍼의 종류

표 2-51 **댐퍼의 종류**

명 칭	기 호	응 용		그림 2-50
풍량조절댐퍼 (volume damper)	V.D	단익댐퍼	버터플라이 댐퍼라고도 하며 소형 덕트에 쓰인다.	(a)
		다익댐퍼	공조기, 송풍기 등 큰 덕트에 쓰인다.	(b)
		스플릿 댐퍼	덕트분기부에서 풍량조절용으로 쓰인다.	(c)
방화댐퍼 (fire damper)	F.D	가용편(퓨즈)을 달아 열풍(72℃)이 통과하면 자동적으로 댐퍼가 닫힌다. 공조기, 송풍기, 방화구역통과 덕트 내에 쓰인다.		(d)
방연댐퍼 (smoke damper)	S.D	연기감지기로써 연기를 감지하면 자동적으로 폐쇄한다. 전동기에 의해 작동되므로 가격이 비싸다		(e)

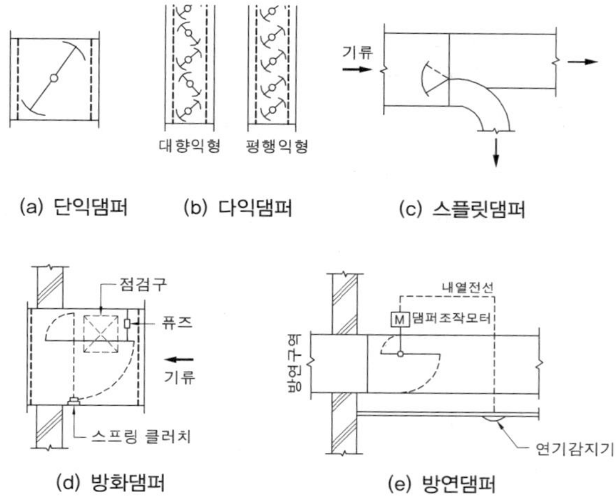

그림 2-50 **각종 댐퍼**

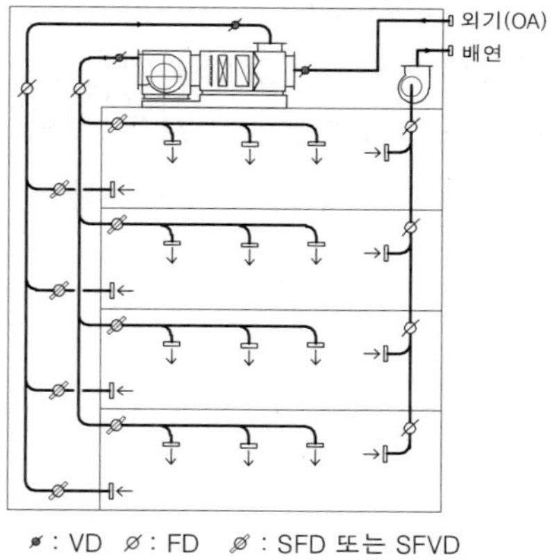

그림 2-51 **댐퍼배치 예**

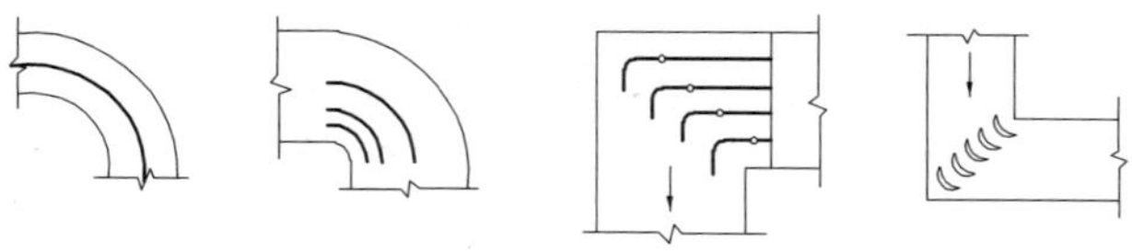

그림 2-52 **가이드 베인**

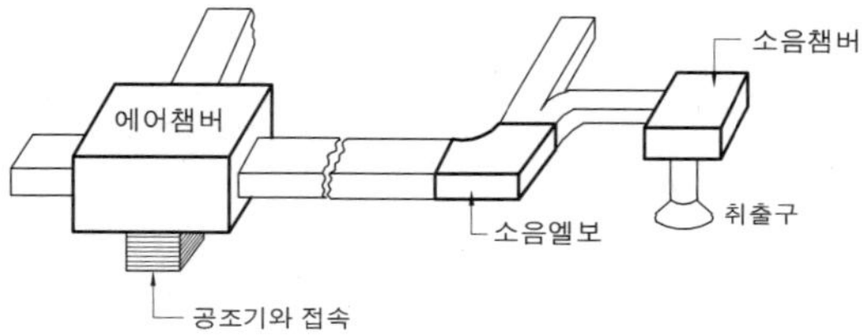

그림 2-53 **덕트 소음장치**

(2) 가이드 베인(guide vane)

덕트의 곡부에서 일어나는 원심력에 의한 와류를 최소화하여 저항을 줄이기 위해 덕트 내에 설치하는 부속이다.

(3) 소음챔버(sound absorbing chamber)

그림 2-53과 같이 공조기의 접속부분에 설치하여 덕트배관에 편리하고 소음과 진동을 줄이는 에어챔버와 고속덕트 취출구 직전이나 무소음실에 설치하여 풍속과 소음을 줄이는 소음챔버가 있으며, 챔버의 크기는 덕트 단면적의 10~20배로 하고 내면에 흡음재를 붙인다.

5 —— 단열(斷熱, insulation)

공조용 덕트에서 단열을 하지 않아도 되는 것은 **외기도입덕트**, **배기덕트**, 공조실의 **환기덕트**로 이외의 덕트에는 모두 단열을 해야 한다. 단열재는 글라스울 보온재 또는 보온재 표면에 알루미늄 호일 테이프를 붙인 것이 주로 쓰이며, 노출된 곳에서는 광목 등으로 감은 후 도장한다. 단열재 두께는 사용온도에 따라 다르나 일반보건용 공조덕트인 경우 표 2-52와 같다.

표 2-52 **단열재의 두께**

종류		단열재[1]	두께 [㎜]
노출형	장방형 덕트	글라스울 보온판 2호 40K[2]	50
		락울 보온판 1호	50
	원형 덕트	글라스울 보온판 2호 24K	25
		락울 보온대 1호	25
은폐형	장방형 덕트	글라스울 보온판 2호 24K	25
		ALK 글라스울 보온판 2호 24K[3] [4]	25
		락울 보온판 1호	25
	원형 덕트	글라스울 보온판 2호 24K	25
		ALK 글라스울 보온판 2호 24K	25
		락울 보온대 1호	25

주) 1) 주위조건 내부온도 12~40℃
외부온도 5~33℃
상대습도 70%
2) 아연철판 및 불연판 마무리의 경우 24K 피복두께 25㎜로 한다.
3) ALK : 알루미늄 호일 붙임
4) 24K는 24kg/㎥을 의미한다.

2.8.5 송풍기(送風機, fan)

1 —— 송풍기의 종류

송풍기는 공기(기체)를 수송하는 유체기계로 압력상승이 10kPa 이하인 것은 **팬**(fan), 10~100kPa인 것은 **블로어**(blower)라 한다. 공조용 송풍기로는 표 2-53과 같이 주로 원심송풍기가 많이 사용된다. 저압용으로 가장 많이 사용되고 있는 **다익형(多翼型)송풍기**는 가격이 싸고 설치면적에 비해 높은 정압과 큰 풍량을 낼 수 있기 때문에 설치장소가 제한되는 경우에 적합하지만 다른 기종보다 소음이 크고 효율이 낮아 최근에는 **익형송풍기**의 사용이 증가하고 있다.

익형 송풍기는 날개 단면이 비행기 날개모양으로 되어 있어 효율이 높고 소음도 작으며 고속회전에 견딜 수 있으므로 정압을 2kPa 정도 취해도 문제가 없다.

날개를 뒤로 한 것은 익형과 같으나 한 장의 철판으로 된 **터보송풍기**는 익형보다 소음, 효율면에서는 떨어지나 저렴하므로 익형 송풍기 대신 쓰이고 있다.

프로펠러형은 정압이 매우 적은 경우(0~100Pa)에는 알맞으나 덕트를 통한 공기이동용에는 사용할 수가 없으므로 환기팬, 냉각탑 등에 쓰이고 가격은 싸지만 효율이 떨어진다. 송풍기의 크기를 나타내는 데는 임펠러 지름에 관련시킨 번호(No.)가 쓰이고 있다.

$$\text{원심송풍기 No.} = \frac{\text{임펠러지름㎜}}{150\text{㎜}} \tag{2.53}$$

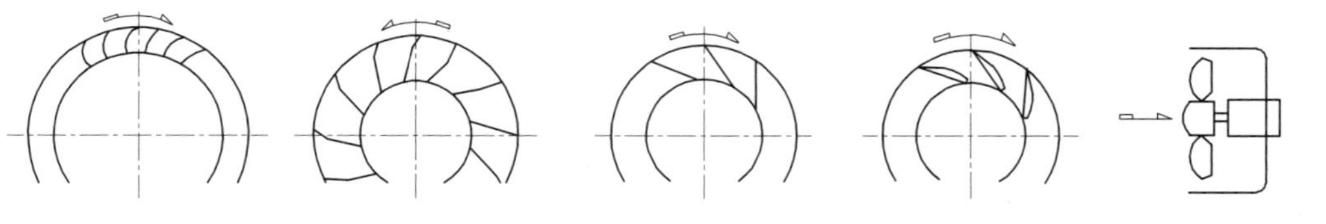

(a) 다익형송풍기 (b) 리버스익형송풍기 (c) 터보형송풍기 (d) 익형송풍기 (e) 축류형송풍기

그림 2-54 **송풍기의 종류**

표 2-53 **송풍기 종류와 특성**

종 류	원심송풍기					축류송풍기
	다익형 (sirroco)	리버스익형 (limit load)	터보송풍기 (turbo)	익형 송풍기 (air hoil)	관류송풍기 (cross flow)	프로펠러형
풍량 [㎥/min]	10~2000	20~3200	60~900	60~300	20~50	20~500
정압 [Pa]	100~1250	100~1500	1250~2500	1250~2500	100~500	0~100
효율[%]	45~60	50~65	75~85	70~85	40~50	10~50
비소음[dB]	40	45	40	35	45	40
주 용 도	• 저속덕트공조용 • 급배기용 • 에어커튼	• 저속덕트공조용 (중규모 이상) •공장용 환기 (중규모 이상)	고속덕트 공조용	고속덕트 공조용	• 옥상환기팬 • 팬코일 유닛 • 에어커튼	• 국소환기팬 • 소형냉각탑 • 유닛히터
특 징	• 풍량에 따른 압력변화 적음 • 동력곡선 凹형	• 다익형과 동일 • 동력곡선 凸형 • 오버로드 없음	• 고회전, 고압, 고성능 • 동격곡선凸형	• 터보형과 동일 • 내고압 • 근익교체용이	• 소형 • 저효율	• 구조간단 • 가격저렴 • 저압, 대풍량

2 —— 송풍기의 특성

송풍기의 특성을 나타내기 위해 횡축에 **풍량**을 취하고 각각의 풍량에 대한 **전압**, **정압**, **축동력**, **효율**을 종축에 나타낸 곡선을 송풍기의 특성곡선이라 한다.

송풍기전압 P_T는 토출구 전압과 흡입구 전압의 차로 다음 식과 같다.

$$P_T = P_{T2} - P_{T1} \tag{2.54}$$

여기에서 P_{T1}, P_{T2}는 각각 흡입구, 토출구에서의 전압이다.

송풍기 정압 P_s은 송풍기의 토출구를 덕트에 접속하고 흡출구를 대기에 개방할 때의 압력을 말하며 다음 식으로 나타낸다.

$$P_s = P_T - P_v = P_{T2} - P_{T1} - \frac{v^2}{2g}\gamma \text{ [mmAq]} \tag{2.55}$$

$$P_s = P_T - P_v = (P_{T2} - P_{T1}) - \frac{\rho v^2}{2} \text{ [Pa]} \tag{2.55SI}$$

P_v : 토출구의 동압 [Pa], [mmAq]

그림 2-55에서 송풍기의 풍량조절댐퍼를 열어 풍량을 증가시키면 축동력(실선)은 상승하고 전압(일점쇄선)과 정압(이점쇄선)은 정점을 이루면서 하강한다. 여기에서 **전압(全壓)**과 **정압(靜壓)**의 차가 **동압(動壓)**이다. 풍량이 어느 한계 이상이 되면 축동력이 급증하고 압력과 효율이 낮아지는 **오버로드**(overload)영역과 정압곡선에서 송풍기 동작이 불안정한 **서징**(surging)현상[1]이 생기는데, 이 두 영역에서 송풍기를 운전하는 것은 바람직하지 않다.

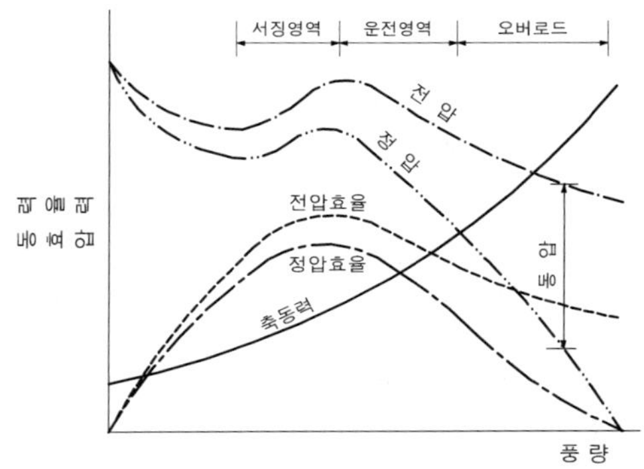

그림 2-55 **송풍기의 특성곡선**

3 —— 송풍기의 축동력

송풍기는 회전축의 회전에 의해 돌아가고 그 힘이 공기에 전달된다. 여기에서 회전축의 동력을 **축동력** W_s, 송풍기에서 공기에 전달되는 단위시간당 일량을 **공기동력** W_a이라 한다. 송풍기의 효율은 축동력과 공기동력의 비를 말하는 것으로 (2.56)식과 같고 축동력은 (2.57)식으로 구할 수 있다.

$$\eta_T = \frac{W_a}{W_s} \times 100 \text{ [\%]} \tag{2.56}$$

---

1) 서징(surging)현상 : 원심형 송풍기, 펌프에서 유체의 토출압력이나 토출량의 변동으로 인해 진동, 소음이 발생하여 운전이 불가능하게 되는 현상으로 고압의 경우에 영향이 크다.

$$W_s = \frac{Q \cdot P_T}{6,120 \cdot \eta_T}{}^{2)} \text{ [kW]} \tag{2.57}$$

$$W_s = \frac{QP_T}{60\eta_T} \text{ [W]} \tag{2.57SI}$$

Q : 풍량 [m³/min]

P_T : 송풍기의 전압 [Pa]

η_T : 송풍기의 전압효율 (표 2-53)

예제 11 —— 예제 10 송풍기의 필요정압과 축마력을 구하라.

풀이

① 정압

예제 10에서 전압력손실이 405Pa이었다. 그 외 압력손실을 고려하여 450Pa로 하고 토출풍속을 11m/s로 하면 송풍기 필요정압은 (2.55SI)식에서

$450 - (0.6 \times 11^2) = 377.4 \fallingdotseq 400$ [Pa]

② 축마력

표 2-53에서 다익형 송풍기의 효율을 50%라 하고, 송풍량 10000m³/h를 1분당 송풍량으로 변환하면, (2.57SI)식에서

$W_s = \frac{167 \times 450}{60 \times 0.5} = 2505 = 2.5\text{W}$ [kW]

이상 계산 결과를 송풍기형식 표시법에 따라 나타내면

표 2-54와 같다.

표 2-54 예제 11 풀이

다익형 송풍기 3번	
풍량	167 [m³/min]
정압	400 [Pa]
회전수	150 [rpm]
축마력	2.5 [kW]

---

4 —— 송풍기 회전수와 임펠러 직경 변경

송풍기의 회전수와 임펠러 직경이 변할 때, **풍량**과 **정압, 동력**의 변화는 표 2-55와 같으며 송풍기의 회전수를 변화시켰을 때의 송풍기 특성곡선은 그림 2-56과 같다.

---

2) 6120 = 102 × 60, 1kW = 102kg · m/s, 1min = 1sec × 60이다.

표 2-55 **송풍기 법칙(fan's laws)**

• **회전수 변화** $N \to N_1$ **(비중 일정)**	$Q_1 = \dfrac{N_1}{N} Q$ $P_1 = (\dfrac{N_1}{N})^2 P$ $W_{s1} = (\dfrac{N_1}{N})^3 W_s$
• **임펠러 직경 변화** $d \to d_1$ **(회전수N 일정)**	$Q_1 = (\dfrac{d_1}{d})^3 Q$ $P_1 = (\dfrac{d_1}{d})^2 P$ $W_{s1} = (\dfrac{d_1}{d})^5 W_s$

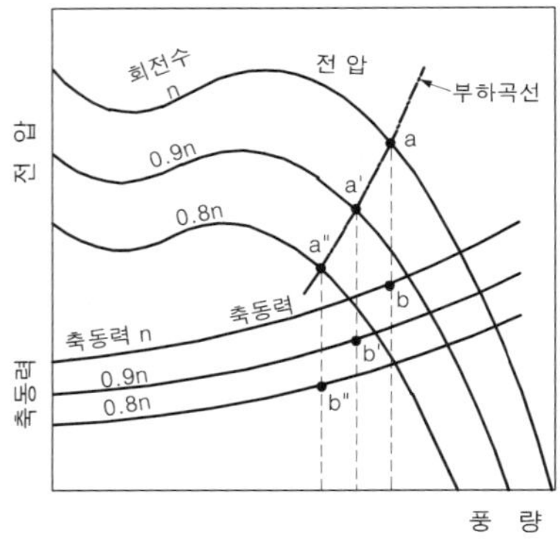

그림 2-56 **송풍기의 회전수와 특성곡선 (다익형)**

회전수 조절은 풍속 조절에는 문제가 있으나 전력소비량의 측면에서 가장 적합한 방법이므로 널리 쓰이고 있다. 그 밖의 송풍량 조절방법으로 **흡입베인**조절, **흡입댐퍼**조절, **토출댐퍼**조절, **가변피치**조절 등이 있으며, 가변피치에 의한 조절은 축류형 송풍기에 한한다.

2.9 — 열분배장치

열분배장치는 열원기관에서 공조기를 비롯한 각 기관에 열매로 열을 운송 분배하는 장치를 말한다. 사용하는 열매에 따라 **증기배관**, **냉온수배관**, **냉매배관**으로 분류된다.

2.9.1 증기배관(蒸氣配管, steam piping)

1 —— 증기(蒸氣, vapor)

증기란 기체상태의 물질로 응축이 일어날 상태에 가까운 액체와 기체의 중간물질이다. 공기조화에 사용되는 냉매(冷媒)로서의 증기는 물 이외에 암모니아, 프레온 등이 있으나 본서는 **수증기(水蒸氣)**를 대상으로 한다. 증기는 기체이기 때문에 점성이 작아 자체의 압력만으로도 배관을 통해 운송할 수 있다. 또한 증기의 비열은 1.88~2.09kJ/kg·K(0.45~0.5kcal/kg·℃)이지만, 응축잠열이 2,000~2,500kJ/kg(500~600kcal/kg)나 되어 지역난방이나 공기조화, 직접난방에 널리 이용되고 있다.

증기의 필요유량 G는 다음과 같다.

$$G = \frac{q}{i'' - i'} \fallingdotseq \frac{q}{\gamma} \ [\text{kg/h}] \tag{2.58}$$

q : 방열량 [kJ/h], [kcal/h]

i'' : 방열기 입구에서의 포화증기 엔탈피 [kJ/kg], [kcal/kg]

i' : 방열기 출구에서의 포화수 엔탈피 [kJ/kg], [kcal/kg]

γ : 증발잠열 [kJ/kg], [kcal/kg]

2 —— 증기 배관의 분류

증기는 **공기가열기, 온수가열기**(열교환기), **공기가습**을 위해 사용되는 열매로 공기조화와 난방에 이용되는 과정은 다음과 같다. 우선 보일러에서 물을 가열하여 필요온도와 압력을 가진 증기를 발생시키고, 이 증기를 증기관을 통하여 **방열기, 열교환기, 공기가열코일** 등 열소모 개소로 보내어 물이나 공기를 가열시킨다. 물이나 공기를 가열하면서 증발잠열을 빼앗긴 증기는 다시 물로 응축되어 **증기트랩**을 통과하여 **환수관**(응축수관)을 따라 보일러로 운반된다.

표 2-56 **포화증기표(게이지압 기준)**

증기압력 p [kPa]	포화온도 t [℃]	현열 [kJ/kg]	증발잠열 [kJ/kg]	전열 [kJ/kg]	비체적 [㎥/kg]
0	100.00	419	2257	2676	1.673
20	105.10	441	2243	2684	1.414
40	109.55	460	2231	2691	1.225
60	113.56	476	2220	2697	1.088
80	117.14	492	2211	2702	0.971
100	120.42	506	2201	2707	0.881
120	123.46	519	2193	2712	0.806
140	126.28	531	2185	2715	0.743
160	128.89	542	2177	2719	0.689
180	131.37	552	2170	2722	0.643
200	133.69	562	2163	2726	0.603
240	138.01	581	2151	2731	0.536
280	141.92	597	2139	2736	0.483
300	143.75	605	2133	2738	0.461

(1) 증기압력에 따른 분류

① **고압식** : 게이지 압력 100~300kPa(1~3kg/㎠) 이상의 증기를 사용
  −지역난방, 공장, 대형빌딩, 가열코일, 열교환기, 라이스 보일러

② **저압식** : 게이지 압력 10~100kPa(0.1~1kg/㎠)의 증기를 사용−일반빌딩, 주거공간

③ **진공식** : 게이지 압력 100kPa(1kg/㎠)에서 대기압 이하까지의 증기를 사용

진공식은 환수의 원활한 흐름과 배관경 축소, 배관내 공기빼기, 실내 쾌적온도 유지, 배관구배 불필요 등 이용관리상 편리한 점이 많으므로 외국에서는 대규모 직접난방(증기난방)에 많이 채용하고 있는 방식이다.

(2) 배관방식에 따른 분류

① **단관식** : 증기와 응축수가 동일 관에서 순환하는 방식

② **복관식** : 증기관과 응축수관이 분리된 배관에서 순환하는 방식

(3) 환수방식에 따른 분류

① **중력환수식** : 건식 · 습식 · 급수펌프식

② 진공펌프식

중력식(重力式)은 응축수를 자연유하시켜 환수(還水)하는 방식과 일단 환수탱크(응축수탱크)에 모은 다음 급수펌프로 보일러에 급수하는 방식이 있는데, 이 경우 환수관에 1/100 정도의 하향구배를 주어야 한다.

중력환수식에는 **건식환수법**과 **습식환수법**이 있다. 건식환수법(乾式還水法, dry return system)은 환수관 내에 물이 차 있지 않으며 보일러 수위와 환수주관 사이의 높이차는 최고사용 증기압에 상당하는 수두보다 커야 한다. 습식환수법(濕式還水法, wet return system)에서는 환수주관이 보일러 수위보다 낮게 배관되어 관 내는 환수로 차 있고 보일러사용 증기압보다 높은 수두의 물이 보일러로 유입된다. 건식에 비해 관경은 작아도 되나 동결(凍結) 위험성이 높다.

최근에는 **진공난방급수펌프**라 하여 환수주관 끝에 진공펌프를 설치하여 응축수를 강제로 환수하여 응축수 탱크에 모은 후 급수펌프로 보일러에 급수하는 방식이 널리 채용되고 있다. 중규모 이하의 건물에서는 **진공펌프, 응축수탱크, 급수펌프**를 일체화한 장비를 주로 사용하며 환수가 원활하고 신속하게 이루어지기 때문에 배관구배를 작게 할 수 있고 배관경도 줄일 수 있으며 리프트 피팅(lift fitting) 배관도 이용할 수 있다.

급수펌프의 양정은 보일러의 **최고사용압력**[mAq], 송수관 계통의 **마찰저항**, 응축수 탱크와 보일러의 **수위차**[mAq]를 더한 값 이상이어야 하며, 가능한 응축수 탱크보다 낮은 곳에

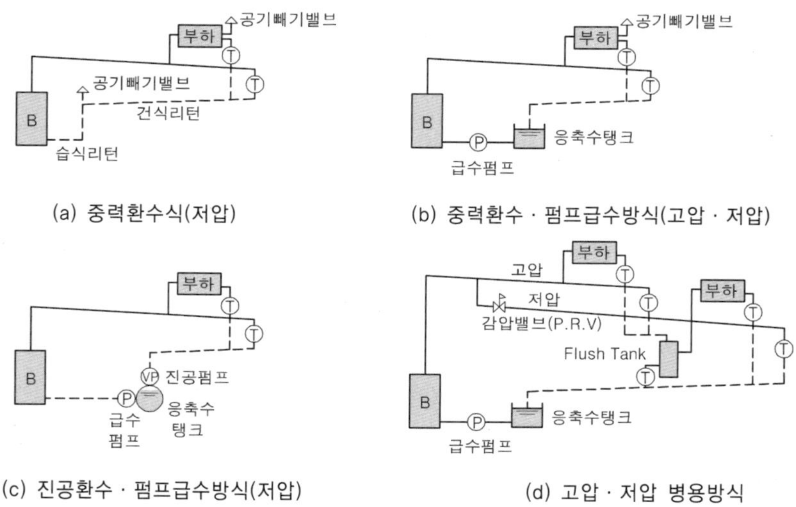

(a) 중력환수식(저압)

(b) 중력환수 · 펌프급수방식(고압 · 저압)

(c) 진공환수 · 펌프급수방식(저압)

(d) 고압 · 저압 병용방식

그림 2-57 **증기배관의 각종방식**

설치해야만 보일러 급수에 안전을 기할 수 있다. 현재 우리나라에서 증기를 열매로 사용하는 대부분의 배관방식은 그림 2-57(b)와 같다.

3 —— 관경결정법

(1) 마찰저항과 국부저항

증기관 직관부에서 마찰저항에 의한 압력손실 ΔP_f는 덕트내 공기저항과 같이 다르시-와이스바하(Darcy-Weisbach)식으로 표시할 수 있으며, 증기유량과 압력손실 관계는 그림 2-58과 같다.

$$\Delta P_f = \lambda \frac{l}{d} \frac{v^2}{2g} \gamma \ [\mathrm{kg/m^2}] \tag{2.59}$$

$$\Delta P_f = \lambda \frac{l}{d} \frac{\rho v^2}{2} \ [\mathrm{Pa}] \tag{2.59SI}$$

λ : 마찰손실계수 l : 배관길이 [m]

d : 관내경 [m] v : 증기의 평균속도 [m/s]

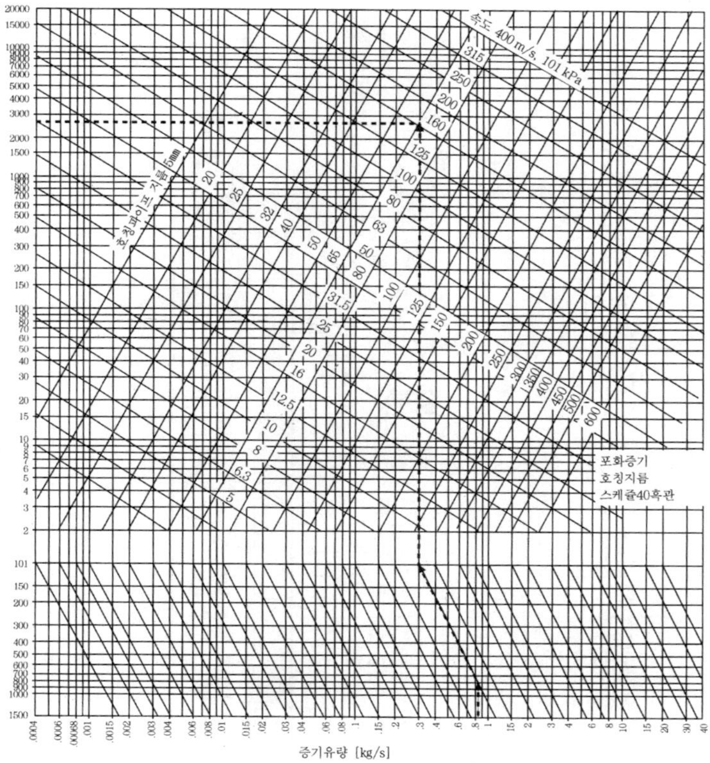

(a) 대기압기준 증기통과량 및 증기속도

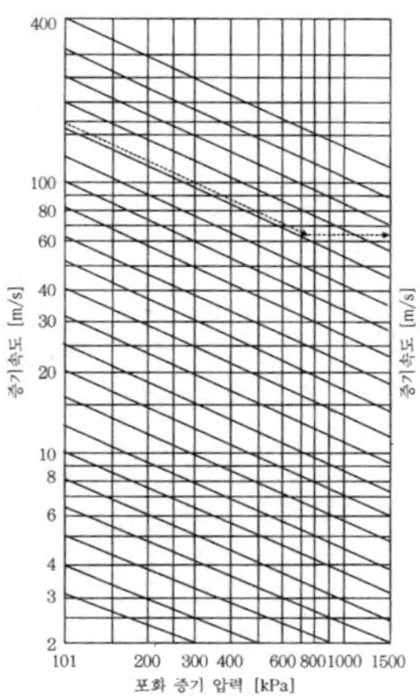

(b) 증기실제속도선도

그림 2-58 **증기유량선도**

g : 중력가속도 [9.8m/s²] γ : 증기의 비중량 [kg/m³]

ρ : 증기의 밀도 [kg/m³]

배관 도중 **엘보**나 **티**와 같은 이음쇠와 **밸브류**에 의한 저항을 **국부저항**이라 하고 국부저항에 의한 압력손실 ΔP_d는 다음 식으로 구한다.

$$\Delta P_d = \zeta \frac{v^2}{2g}\gamma \ [\mathrm{kg/m^2}] \tag{2.60}$$

$$\Delta P_d = \zeta \frac{\rho v^2}{2} \ [\mathrm{Pa}] \tag{2.60SI}$$

ζ : 국부저항의 마찰손실계수

국부마찰저항을 그와 같은 관경의 직관길이로 나타낸 것을 **국부저항상당길이**라 하며 (2.59)식과 (2.60)식에서 등식으로 하여 구하면 (2.61)식과 같다.

$$l_e = \frac{\zeta}{\lambda} d \ [\mathrm{m}] \tag{2.61}$$

l_e : 국부저항상당길이 [m]

국부저항상당길이는 그림 2-59를 이용하여 구할 수도 있다.

표 2-57 **국부저항계수**

명 칭	형 식	ζ
스톱밸브	전개 40A 이하	15.0
	50A 이상	7.0
앵글밸브	전개 40A 이하	8.5
	50A 이상	3.9
게이트밸브	개도 $\frac{1}{2}$ 40A 이하	4.4
	개도 $\frac{3}{4}$ 40A 이하	0.9
	전개 40A 이하	0.27
	개도 $\frac{1}{2}$ 50A 이상	3.2
	개도 $\frac{3}{4}$ 50A 이상	0.72
	전개 50A 이상	0.18
스윙체크밸브	–	2.0
엘 보	45° short	0.15
	long	0.125
	90° short	0.26
	long	0.20
	180° short	0.60
	long	0.24
티		3.0
		1.8
		1.5
		0.68
급확대	d/D = $\frac{1}{4}$	0.86
	d/D = $\frac{1}{2}$	0.55
	d/D = $\frac{3}{4}$	0.20
급축소	d/D = $\frac{1}{4}$	0.44
	d/D = $\frac{1}{2}$	0.36
	d/D = $\frac{3}{4}$	0.20

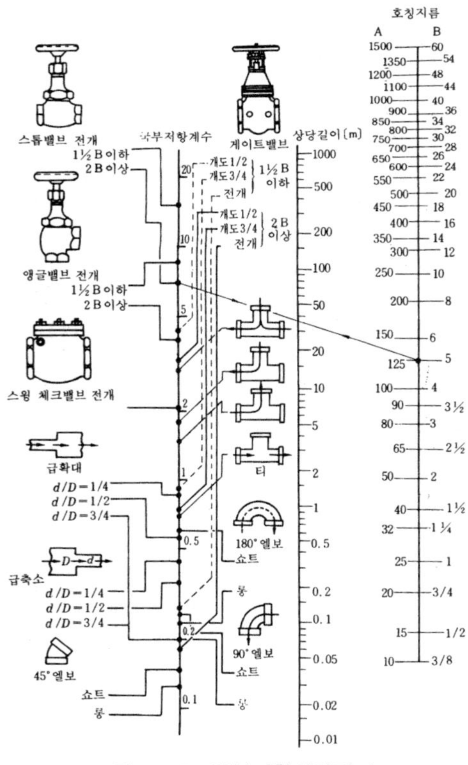

그림 2-59 **국부저항상당길이**

예제 12 —— **포화압력 200kPa게이지의 증기 0.5kg/s를 125A관으로 운송하려 한다. 마찰저항에 의한 압력손실과 관내의 실제유속을 구하라.**

풀이 그림 2-58을 부분 확대한 그림 2-60의 과정을 따른다. 먼저 유량 0.5kg/s 점에서 압력 300Pa(절대압, =200kPa게이지)선까지 수직선을 그어 사선을 따라 평행하게 올린 후 관경 125A와의 교점에서 압력손실을 읽으면 80Pa/m이다. 이때의 유속은 40m/s이나 이는 포화증기압이 0kPa일 때의 속도이므로 우측의 속도보정선도에서 포화증기압 300kPa게이지일 때의 유속을 찾으면 25m/s임을 알 수 있다.

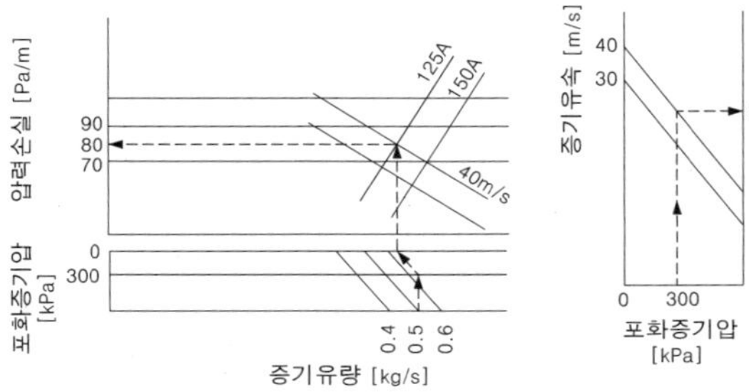

그림 2-60 **예제 12**

예제 13 —— **구경 125A의 스톱밸브를 전개했을 때의 국부저항상당길이를 구하라.**

풀이 그림 2-59에서 오른쪽 125A와 왼쪽 스톱밸브 전개 50A 이상의 점을 직선으로 이으면 국부저항상당길이 37m가 구해진다.

---

4 —— 저압증기관 내의 제한유속과 증기유량표

배관 내 증기유속이 너무 빠르면 증기관 내에 있는 응축수의 흐름에 장애가 생기고 그 응축수에 의해 증기가 원활히 흐를 수 없게 되면서 **스팀해머**(steam hammer)[1)]가 발생하기도 해 관내의 증기유속을 제한할 필요가 있다. 표 2-58은 응축수와 증기가 원활하게 흐를 수 있도록 하는 제한유속표이다.

---

1) 스팀해머(steam hammer) : 겨울철 난방시 낮은 기온의 영향으로 배관 자체의 온도가 낮은 상태에서 증기가 관내로 들어가면 차가운 관벽에서 증기가 응축되어 응축수가 발생하게 되고, 이로 인해 응축된 증기부분이 진공상태가 되면서 관내의 증기유속이 빨라지게 되는데 이 증기의 흐름에 의해 응축수가 관벽에 충돌하여 마치 해머로 관을 두드렸을 때와 같은 음과 진동을 발생시키게 되는 현상을 말한다. 스탬해머라고도 한다.

표 2-58 증기관내의 제한속도

관경[A]	20	25	32	40	50	65	80	100
역구배 (구배 1/100)	6.6	7.5	8.7	8.7	8.7	8.7		
입상관	9.1	10.3	12.2	13.5	16.0	18.3	19.2	21.9

표 2-59는 증기압력이 100kPa 이하의 저압증기를 사용하는 경우, 증기와 응축수의 흐름 방향이 같은 순구배일 때 증기통과용량을 나타낸 것이고 표 2-60은 저압증기의 응축수 환수관의 용량을 나타낸 것이다.

표 2-59 증기와 응축수가 같은 방향으로 흐를 때(순구배) 저압증기관의 용량표 [kg/h]

압력손실 [Pa/m]	14		27		58		113		170		225		450	
관경 [A]	포화증기압력[kPa]													
	25	85	25	85	25	85	25	85	25	85	25	85	25	85
20	4	5	6	7	9	11	13	16	16	19	19	23	27	33
25	8	9	12	14	17	21	24	30	31	36	36	43	50	61
32	16	21	24	30	35	42	50	61	65	75	72	90	104	126
40	26	32	40	45	54	68	79	94	97	119	112	137	162	194
50	50	61	72	86	104	130	151	187	191	230	216	266	320	385
65	79	97	119	140	173	209	245	299	310	371	353	432	522	623
80	144	173	212	248	299	367	436	526	540	648	626	756	886	1090
100	292	364	432	526	641	767	896	1090	1110	1350	1310	1570	1900	2220
125	544	648	763	954	1110	1360	1620	1930	1990	2380	2310	2770	3400	3890
150	871	1040	1280	1520	1800	2200	2590	3085	3180	3890	3820	4540	5400	6440
200	1770	2180	2530	3180	3670	4540	5180	6480	6590	8030	7490	9290	10900	14400
250	3270	3990	4640	5720	6800	8240	9540	11800	11900	14500	13600	16800	19400	23600
300	5180	6230	7490	8850	10600	12900	15000	18100	18600	22500	21800	26100	30800	36700

표 2-60 **저압증기의 응축수 환수 주관 용량 [kg/h]**

압력손실 [Pa/m]		7		9			14			28			57			113
관경 [A]	구분	습식	건식	습식	건식	진공식	습식	건식	진공식	습식	건식	진공식	습식	건식	진공식	진공식
수평관	20					18			47			65			90	130
	25	58	29	65	32	65	79	36	79	115	47	112	158	50	158	223
	32	97	58	112	68	112	137	76	137	194	97	194	274	108	274	385
	40	155	94	180	108	176	216	119	216	306	155	306	432	173	432	608
	50	317	212	367	241	371	454	259	454	634	335	644	907	374	907	1280
	65	536	346	716	392	616	763	432	763	1070	558	1080	1520	616	1520	2150
	80	853	662	965	709	990	1220	796	1220	1700	1020	1720	2430	1130	2430	3430
	100	1760	1330	2080	1520	2040	2490	1700	2490	3520	2190	3540	5000	2440	5000	7030
	125					3580			4390			6230			8780	12400
	150					5720			7020			9970			14100	19900
수직관	20		22		22	65		22	79		22	112		22	158	223
	25		50		50	112		50	137		50	194		50	274	385
	32		112		112	176		112	216		112	306		112	432	608
	40		169		169	371		169	454		169	644		169	907	1280
	50		342		342	616		342	763		342	1080		342	1520	2150
	65					990			1220			1720			2430	3430
	80					1480			1810			2580			3640	5130
	100					3580			4390			6230			8780	12400
	125					5720			7020			9980			14100	19900

5 —— 증기배관 설계

증기관과 환수관은 보일러의 초기압력과 중력을 이용하여 증기와 응축수를 흐르게 하고 있으므로 배관의 전압력강하가 보일러의 초기증기압을 넘어서는 안된다. 실제로 초기증기압의 1/3 정도를 전계통 압력강하로 하며 1/2을 초과하지는 않는다.

전압력강하 Δp가 결정되면 보일러에서 제일 먼 증기소모기기까지의 배관길이 l을 구하고 다음 식으로 직관길이당 압력강하 R을 구한다.

$$R = \frac{100\,\Delta p}{l + l_e} = \frac{100\,\Delta p}{l(1+k)} \quad [\text{kg/cm}^2 \cdot 100\text{m}] \tag{2.62}$$

$$R = \frac{\Delta p}{l + l_e} = \frac{\Delta p}{l(1+k)} \quad [\text{Pa/m}] \tag{2.62SI}$$

표 2-61 증기관 관경 선정시 압력손실

증기압력 [kPa](절대압)*	직관길이 m당 압력손실 [Pa/m]	증기배관 전체 허용압력손실(p_S-p_E) [kPa]
진공환수	30~60	7~14
101	7	0.4
108	30	0.4~1.7
115	30	3.5
135	60	10
170	115	20
205	225	30
310	450	35~70
445	450~1100	70~105
790	450~1100	105~170
1140	450~2300	170~210

* 게이지압으로 계산시 압력에서 101을 빼고 계산한다.(게이지압=절대압-대기압)

여기에서 전압력강하 Δp는 보일러에서의 증기압력(p_S)과 증기소모기기에서의 증기압력(p_E)의 차이를 나타낸다. k는 국부저항비율을 나타내는 것으로 설계자의 경험에 의해 0.5~1.0 범위 내의 값을 사용한다.

게이지압 200kPa 이상의 고압증기배관에서는 관내 증기유속을 기준으로 관경을 결정하기도 하는데, 순구배 배관에서 관내경이 d일 때 $0.2d$ 정도를 최대유속 표준으로 하고 보일러 출구는 25~40m/s, 주관은 30~40m/s 정도가 되도록 한다.

예제 14 —— 보일러에서 가장 먼 공기조화기의 가열코일로 증기를 보내려고 한다. 증기가열코일부하 2000000kJ/h, 증기압 100kPa게이지, 직관부의 배관길이 200m이고, 중력환수식 증기배관일 때 압력손실과 환수관의 관경을 구하라.

풀이

① 증기용량

표 2-56 포화증기표에서 100kPa게이지압 증기의 증발잠열은 2201kJ/kg이다. 따라서

$$소요증기량=\frac{2000000}{2201}=909\ \ [kg/h]$$

② 압력손실 R

국부저항 $k=0.5$로 하고, 중력환수식이므로

$$l(1+k)=200(1+0.5)=300\ \ [m]$$

표 2-61에서 증기압 205kPa(게이지압 104kPa)의 허용압력강하는 30kPa이다.

따라서 직관길이당 압력손실 R는 (2.62SI)식에 의하여

$$R=\frac{30}{300}=0.1\ [kPa/m]=100Pa/m$$

③ 증기관의 관경

표 2-59에서 압력손실 113Pa/m, 포화증기압력 85kPa에서 증기용량 909kg/h를 만족하는 관경을 찾으면 100A이다.

④ 증기배관내 유속

그림 2-58에서 관경 100A일 때, 실제 R값은 80Pa/m가 된다. 관내유속은 36m/s이며, 증기선도의 우측 유속보정선도를 이용하면 실제 유속이 26m/s 임을 알 수 있다.

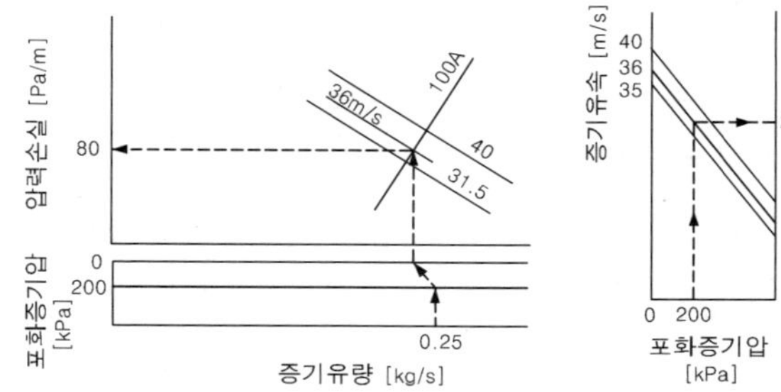

그림 2-61 **예제 14 풀이 – 증기유량선도 사용법**

⑤ 환수관 관경

환수관의 관경은 표 2-60에서 R이 100Pa/m이므로 R=113Pa/m, 진공식에서 찾으면 수평관은 50A, 수직관은 40A가 된다.

2.9.2 냉온수 배관

1 —— 냉온수 배관의 분류

열원기기와 공조기 또는 실내기기를 연결하는 수배관방식은 배관의 기능과 용도에 따른 각종 설계요소와 에너지절약을 위한 동력 절감, 내구성 향상 등을 고려하여 결정한다.

(1) 사용온수에 따른 분류

① 냉수(chilled water) : 냉방용에 쓰이는 온도범위 4~12℃ 정도의 물로 냉동기에서 만들어진다.

② 냉각수(cooling water) : 냉동기의 응축수 냉각에 쓰이는 것으로 시수, 하천수, 정수, 냉각탑 순환수 등이 있고 온도범위는 20~40℃ 정도이다. 히트펌프의 열원으로 이용되기도 한다.

③ 저온수(hot water) : 보일러나 냉온수기에서 제조된 온수범위 40~80℃의 온수로 개방식 팽창탱크를 사용하여 대기압 하에서 이용된다.

④ 고온수(high pressure hot water) : 밀폐식 팽창탱크를 사용하여 대기압 이상으로 가압한 온수로 온도범위에 따라 100~150℃의 중온수, 150℃ 이상의 고온수가 있다. 지역난방이나 고온수난방에 이용된다.

(2) 온수순환방식에 따른 분류

온수순환방식에 따라 **자연순환식**과 **강제순환식**이 있다. 자연순환식(自然循環式)은 보일러 온수와 열부하 개소에서의 온수의 밀도차에 의한 순환력을 이용하는 방법으로, 보일러 중심과 열부하 중심의 높이차는 최소 1m 이상이어야 하며 100㎡ 이하의 주택 등 소규모 건축물에 적합한 방식이다.

강제순환식(强制循環式)은 보일러와 열부하 개소를 연결하는 배관 내의 온수를 순환펌프를 이용하여 강제적으로 순환하는 방식이다. 중력식에서는 불가능했던 보일러와 열부하 개소의 동일 바닥면 설치가 가능하고 왕복온수의 온도차를 임의로 할 수 있어 배관경도 줄일 수 있지만 마찰저항이 커져 동력비가 많이 드는 단점이 있다. 현재 온수를 열매로 사용하는 공기조화방식과 지역난방(地域暖房) 등 거의 모든 온수난방방식에 쓰이는 방식이다.

(3) 배관배치법에 의한 분류

① **직접환수식과 역환수식** : 온수난방이나 공기조화 외피 부하존에 그림 2-62(a)와 같이 팬코일 유닛 등의 여러 개의 냉난방기기류가 하나의 배관경로에 접속되어 있을 때, 유닛 A와 유닛 D의 전배관 저항은 같아져야 하는데, 유닛 A는 배관길이가 짧아 저항이 작게 되므로 물이 많이 공급되므로 결국은 저항이 증가하여 유닛 D와 자연적으로 평형이 이루어지게 된다. 그러나 유닛 A에 반드시 많은 양의 물이 필요한 것은 아니므로 각 유닛마다 수량조절밸브를 설치해야 한다. 이와 같은 배관방식을 **직접환수식**이라 한다.

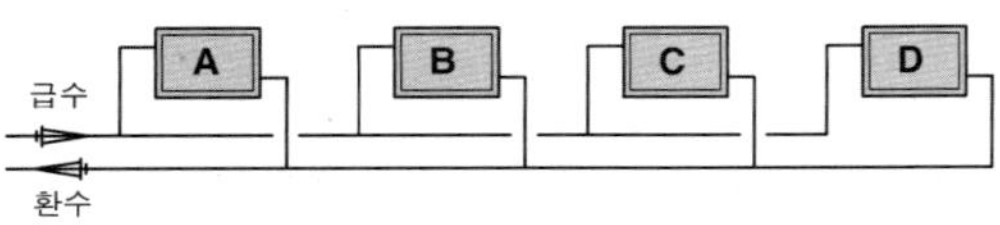

(a) 직접환수식

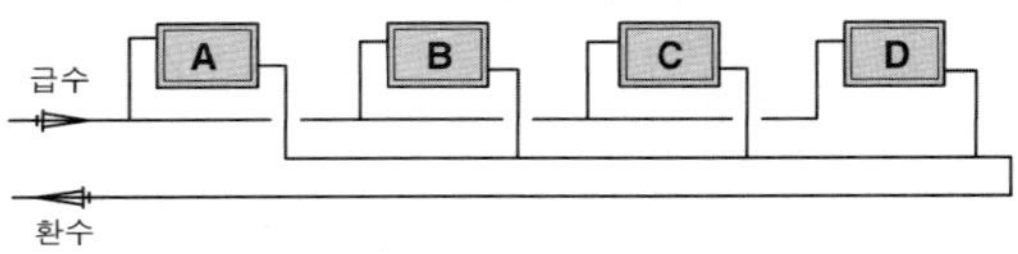

(b) 역환수식

그림 2-62 **직접환수식과 역환수식**

이에 비해 그림 2-63(b)는 환수관을 유닛 A에서 유닛 D쪽으로 배관한 후 다시 돌아오게 한 배관방식으로 **역환수식**이라 하며 이 방식의 경우 각 유닛을 잇는 배관길이가 대략 같아지므로 배관의 저항밸런스를 맞추기 쉽다. 그러나 환수관의 길이가 길어지고 이중으로 되기 때문에 배관 스페이스를 많이 차지하고 배관비도 많이 든다. 최근 냉난방배관은 대부분 **역환수배관방식**(reversed return piping system)을 채택하고 있다.

② **2관식, 3관식, 4관식** : 그림 2-63의 (a)와 같이 동일한 배관을 통해 냉방 시에는 냉수를, 난방 시에는 온수를 팬코일 유닛으로 보내는 배관방식을 2관식이라 한다. 이에 비해 (b)와 같이 냉수관과 온수관을 별도로 구분하여 실내의 부하변동에 따라 냉수 또는 온수를 보내고 환수관은 공통으로 쓰도록 한 방식을 3관식이라 한다. 3관식은 냉온수

가 혼합되므로 에너지절약 측면에서는 바람직하지 못하여 이를 보완하기 위해서 그림 (c)와 같이 공급관뿐 아니라 환수관도 냉온수 별도로 한 배관방식을 4관식이라 한다.

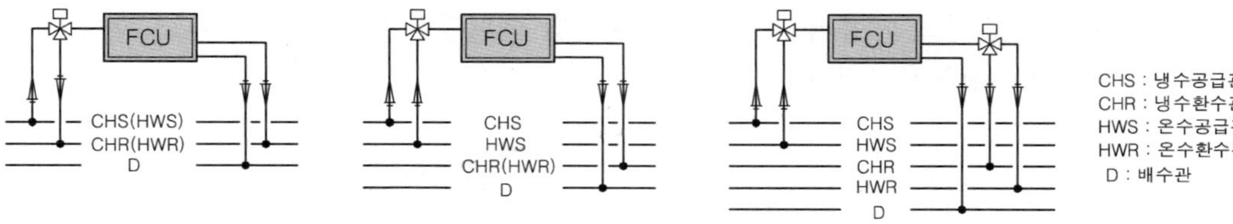

(a) 2관식 (b) 3관식 (c) 4관식

그림 2-63 **2관식, 3관식, 4관식 배관**

(4) 배관방식에 의한 분류

그림 2-64(a)와 같이 물의 순환경로가 대기에 개방되어 있는 방식을 **개방식(開放式) 배관**이라 하며 대기에 개방되어 있지 않은 방식을 **밀폐식(密閉式) 배관**이라 한다. 밀폐식은 냉온수 배관에, 개방식은 냉각수 배관이나 축열조(수축열시스템)배관에 이용된다.

일반적으로 개방식은 밀폐식에 비해 다음과 같은 문제점이 있다.

① 펌프양정에 입상양정이 추가되어 펌프의 동력이 커진다.

② 순환수가 공기와 접해 있으므로 산소량이 많아져 배관이 부식되기 쉽고 온수인 경우 증발에 의한 열손실이 크다.

③ 수조 등의 개방부분에서 순환수가 오염되기 쉽다.

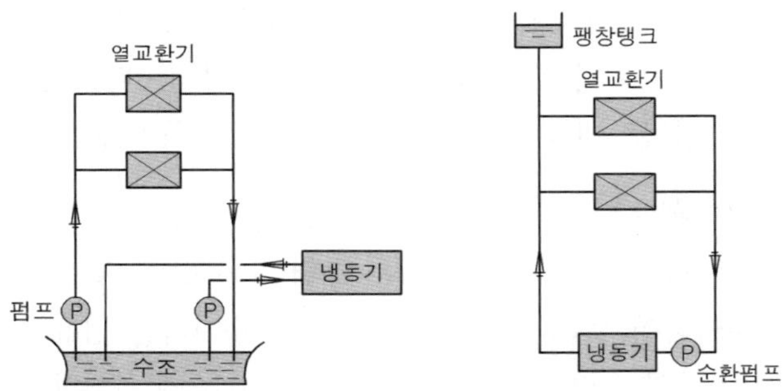

(a) 개방식배관 (b) 밀폐식배관

그림 2-64 **개방식 배관과 밀폐식 배관**

(5) 펌프배치에 의한 분류

① **주펌프 방식** : 그림 2-65(a)와 같이 여러 개의 배관계통을 한 대의 주펌프로 순환시키는 방식으로 중소규모 건물에 많이 채택된다. 시스템이 간단하고 설비비도 타 방식에

비해 저렴하지만, 존(zone)수가 많은 경우에는 존 사이의 압력과 유량 평형을 이루기 어려울 뿐 아니라 저부하 시에도 대용량의 펌프가 가동되므로 부하제어나 동력비 측면에서 바람직하지 못하다.
우리나라에서 주로 채용되고 있는 방식이지만 에너지절약 측면에서 반드시 개선해야 할 방식 중 하나라 하겠다.

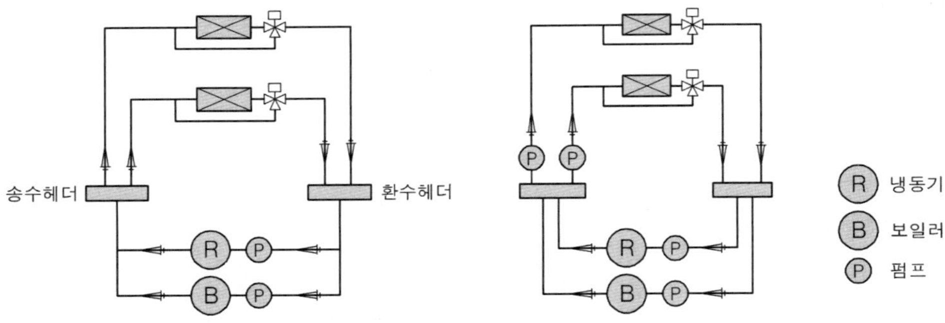

(a) 주펌프 방식 (b) 존펌프 방식

그림 2-65 **주펌프방식과 존펌프방식**

② **존펌프방식**(1차, 2차 펌프방식) : 그림 2-65(b)와 같이 존별로 펌프를 설치하는 방식으로 송수헤더(supply header)와 환수헤더(return header)를 설치하며 존의 유량변동이 열원기기의 운전에 영향을 미치지 않도록 양 헤더 사이에 바이패스(by-pass)장치를 설치하여 열원측 유량을 확보하도록 하고 있다. 이 방식은 존별로 유량과 압력에 따른 펌프를 선정할 수 있고 각 존의 열부하 조건에 대응제어가 가능하며 펌프 용량이 작아 가동과 정지가 용이하여 에너지 측면에서 절약적이다. 선진외국에서는 존별로 구분된 공기조화배관방식에 대부분 채택하고 있는 방식이다.

(6) 정유량방식과 변유량방식

부하기기로 보내는 유량을 제어하는 방식에는 그림 2-66(a)와 같이 기기의 유량을 3방밸브(3-way valve)로 제어하여 주관의 유량을 일정하게 유지하는 **정유량방식(定流量方式)**과 그림 2-66(b)와 같이 기기의 유량을 2방밸브(2-way valve)로 제어하여 주관의 순환유량을 변화시키는 **변유량방식(變流量方式)**이 있다.

변유량방식은 2방밸브와 함께 펌프의 **대수제어(臺數制御)**, **회전수제어(回轉數制御)**를 통해 반송동력의 절감이 가능하여 에너지절약용 시스템으로 최근에 많이 채택되고 있다.

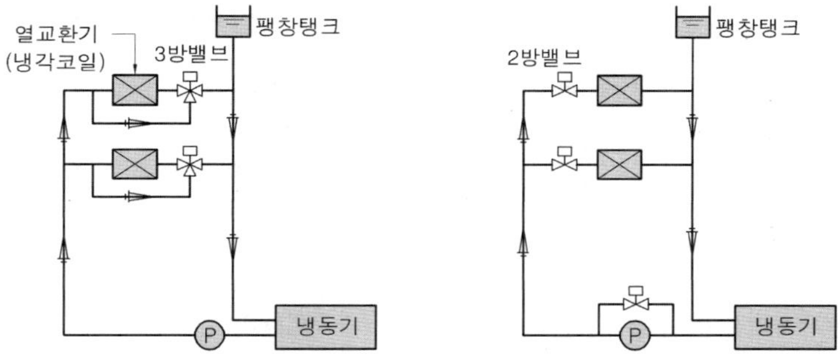

(a) 정유량 방식 (b) 변유량 방식

그림 2-66 **정유량방식과 변유량방식**

2 —— 관경설계법

(1) 단위마찰손실과 권장유속

직관부 마찰저항은 (2.59)식으로, 국부저항은 (2.60)식으로 구할 수 있으나 공기조화 수배관의 경우 국부저항계수와 국부저항상당길이는 그림 2-59와 표 2-57을 이용하여 구해도 무방하다. 그림 2-67은 일반공조설비에 널리 쓰이고 있는 배관용 탄소강강관(KS 3507)에 대해 만든 수배관의 **유량선도**이다.

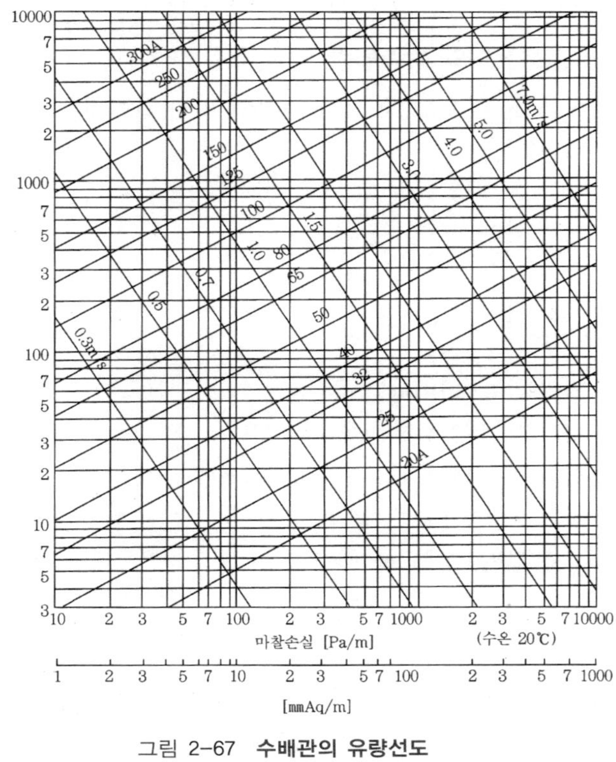

그림 2-67 **수배관의 유량선도**

표 2-62 **침식작용을 고려한 허용최대유속**

연간운전시간 [h]	유속 [m/s]
1500	3.6
2000	3.5
3000	3.3
4000	3.0
6000	2.7
8000	2.4

표 2-63 **냉온수배관의 권장유속**

사용장소	유속 [m/s]
펌프 흡출구	2.4~3.6
펌프 흡입구	1.2~2.1
배수관	1.2~2.1
헤 더	1.2~4.5
입상관	0.9~3.0
일반배관	1.5~3.0
수도관	0.9~2.1

배관의 관경은 경제성을 고려한 **단위마찰손실**과 물의 흐름에 의한 **침식작용, 발생소음** 등을 고려한 **허용최대유속**에 의해 결정된다. 단위마찰손실은 300~1,000Pa 정도의 값이 이용되며 배관길이가 길 때는 단위마찰손실이 적은 편이 경제적이다. 유속은 허용치 이상이 되면 물에 포함된 공기방울, 모래, 고형물 등에 의해 침식이 일어나고 소음이 발생하므로 허용유속 이하로 설계하는 것이 바람직하다.

관내소음 측면에서 보면 50㎜ 미만의 배관에서는 관내유속 1.2m/s 이하, 50㎜ 이상에서는 단위마찰손실 400Pa/m 이하가 되어야 하지만, 관내 공기배제를 위해서는 50㎜ 미만에서는 유속 0.6m/s 이상, 마찰손실 80Pa/m 이상이어야 한다.

(2) 냉수 · 온수의 이용온도와 방출열량

냉온수가 열매로 사용될 때 방열량은 온도 변화에 따라 달라지므로 냉온수의 필요유량 L은 다음 식으로 구할 수 있다.

$$L = \frac{q}{\Delta t_w \, C \gamma} \ [\mathrm{m^3/h}] \tag{2.63}$$

$$L = \frac{q}{\Delta t_w \, C \rho} \ [\mathrm{m^3/h}] \tag{2.63SI}$$

q : 방열량 [kJ/h], [kcal/h]
Δt_w : 열부하기기의 입출구 온도차 [℃]
C : 물의 비열 [4.19 kJ/kg · K], [1 kcal/kg · ℃]
γ : 물의 비중량 [1000 kgf/m³]
ρ : 물의 밀도 [1000 kg/m³]

위의 식에서 입 · 출구온도차 Δt_w가 커지면 유량 L이 감소하는 것을 알 수 있다. 그러나 Δt_w가 커지면 공기냉각(가열)코일이 커져야 하므로 공기조화장치에는 불리하다. 냉동기에서 냉수온도를 낮추면 냉각코일을 크게 하지 않아도 Δt_w가 커지게 되지만 이 또한 냉동기의 효율을 저하시키는 결과를 가져오게 된다.

일반적으로 냉수공급 온도는 공기냉각만 할 경우 9~10℃, FCU, AHU에서 냉각감습인 경우 5~7℃로 하고, 냉각수 입·출구온도차는 4~5℃가 되도록 한다. 공기가열용일 때, 열교환기(熱交換機), 방열기(放熱器), FCU, AHU, 보일러의 입·출구온도차는 10~15℃로 한다.

예제 15 —— 그림 2-68과 같이 5층 사무소 건물 각층에 AHU가 설치되어 있다. 각부의 관경을 구하라.

풀이 사무소 건물은 오전 9시에서 오후 5~6시까지 운전하고 연간 운전일수는 약 300일, 연간 운전시간은 약 3000시간이다.

표 2-62에 의해 허용최대유속은 3.3m/s이다. 그림 2-67에서 마찰손실을 1000Pa/m로 하고 각 구간의 필요유량은 표 2-64와 같다. 허용마찰손실과 필요유량, 제한유속 조건에 따라 그림 2-67에서 각 구간의 관경과 유속, 단위마찰저항을 구하면 표 2-64와 같다. 이는 제한유속 3.3m/s와 단위마찰손실 300~1000Pa/m를 만족한다.

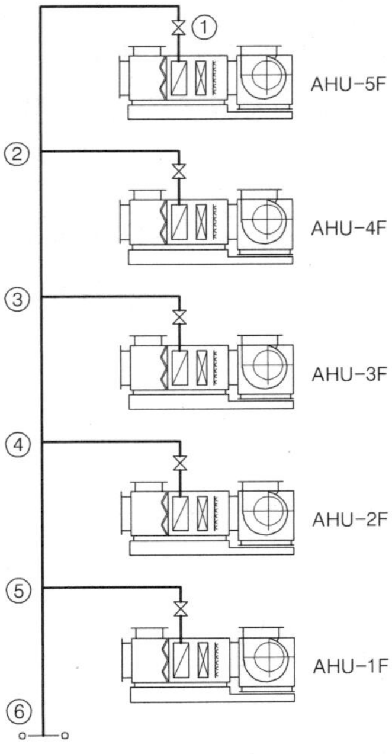

그림 2-68 **예제 15**

표 2-64 **예제 15 풀이**

기기명	구간	유량 [kg/h]	관경 [A]	유속 [m/s]	단위마찰저항 [Pa/m]
AHU-5F	①②	36000	80	2.3	700
AHU-4F	②③	60000	100	2.2	350
AHU-3F	③④	84000	100	2.8	700
AHU-2F	④⑤	108000	125	2.3	300
AHU-1F	⑤⑥	132000	125	3.0	500

3 —— 팽창탱크(膨脹水槽, expansion tank)

(1) 물의 팽창 · 수축과 팽창탱크

물은 4℃를 경계로 온도의 변화에 따라 팽창하며 물의 수축 · 팽창량은 다음 식으로 구할 수 있다.

$$\Delta V = \left(\frac{1}{\rho_2} - \frac{1}{\rho_1}\right) V \tag{2.64SI}$$

ΔV : 수온변화에 따른 수축팽창량 [ℓ]
V : 관내 전수량 [ℓ]
ρ_1 : 가열전 물의 밀도 [kg/ℓ] (표 1-1 참조)
ρ_2 : 가열후 물의 밀도 [kg/ℓ] (표 1-1 참조)

물의 수축팽창을 흡수하지 않을 경우, 팽창 시에는 이상 고압이 발생하여 팽창압력으로 배관계가 파괴되고 수축 시에는 배관계에 공기가 침입하여 배관계가 고장나거나 전열(傳熱) 장애가 발생하므로 이러한 수축팽창을 흡수하기 위해 팽창탱크를 설치한다.

(2) 개방식 팽창탱크(開放式膨脹水槽, open type expansion tank)

개방식 팽창탱크는 온수난방이나 공기조화의 밀폐식 배관계에 쓰인다. 탱크용량은 수위 변동폭을 (2.65)식에서 구한 다음 그 팽창수량의 2~3배 정도로 하고 탱크에 접속하는 각종 배관의 관경은 표 2-65와 같이 한다.

표 2-65 팽창탱크의 접속관경 [mm]

탱크용량 [ℓ]	급수관	배수관	넘침관	검수관	배기관
1000 이하	20	15	32	20	25
1000~4000	25	20	40	20	25
4000 이상	32	25	50	20	25

(3) 밀폐식 팽창탱크(密閉式膨脹水槽, closed type expansion tank)

100℃ 이상의 고온수설비나 배관계통에서 제일 높은 곳보다 낮은 위치에 팽창수조를 설치할 때는 밀폐식 팽창탱크를 사용하여 소정압력까지 가압할 필요가 있다. 개방식에 비해 용적은 커지지만 기계실 내에 열원기기와 가깝게 설치할 수 있으므로 동결의 우려가 없고 점검보수가 편리하다. 가압장치 등 부속장치가 필요하지만 **다이어프램형 팽창탱크**[1]의 이용으로 가압장치에 소용되는 비용이 많이 줄어들었다.

1) 다이어프램형 팽창탱크(diaphragm expansion tank) : 천연고무나 합성고무, 금속판 등 탄성이 있는 얇은 막으로 공기층을 막아 공기가 물에 용해되지 않도록 한 팽창탱크

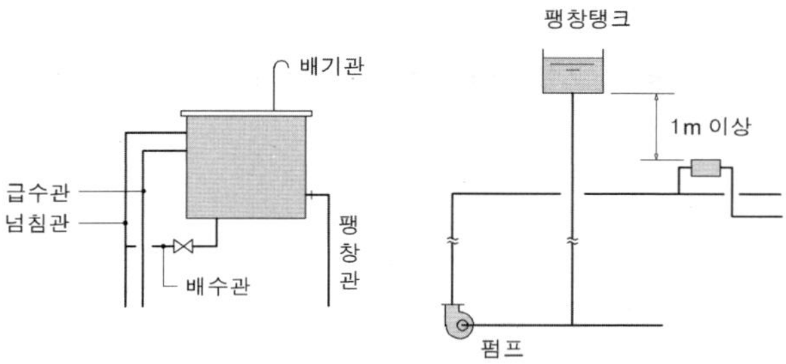

그림 2-69 **개방식 팽창탱크**

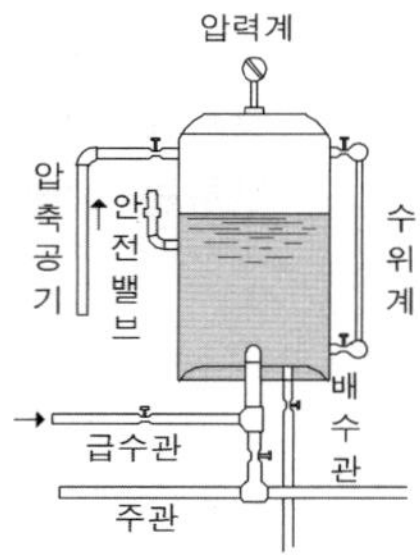

그림 2-70 **밀폐식 팽창탱크**

(4) 순환펌프 선정

냉온수를 순환시키는 펌프의 전양정 H_t는 다음 식과 같이 나타낼 수 있다.

$$H_t = h_f + h_d + h_m + h_s \ \text{[kPa], [mAq]} \tag{2.65}$$

h_f, h_d : 배관의 마찰저항손실과 국부저항에 의한 마찰저항손실 [kPa], [mAq]

h_m : 기기류의 저항에 의한 압력손실 [kPa], [mAq]

h_s : 정수두 [kPa], [mAq]

h_d/h_f 는 소규모건물 1~1.5, 대규모건물 0.5~1

표 2-66 **기기류의 저항 약산치**

기 기 명 칭		저 항[kPa] (괄호 안은 mAq)	비 고
터보냉동기	증발기	30~80 (3~8)	제조회사마다 다르므로 확인할 것.
	응축기	50~80 (5~8)	
흡수식 냉동기	증발기	40~100 (4~10)	
	응축기	50~140 (5~14)	
냉각탑		20~80(2~8)	분무압에 주의할 것.
냉온수코일		20~50(2~5)	유속 0.8~1.5m/s 정도
열교환기		20~50(2~5)	–
팬코일 유닛		10~20(1~2)	대용량의 것은 저항이 크므로 주의
자동제어밸브		30~50(3~5)	최소 3mAq 정도는 될 것

예제 16 —— **그림 2-71의 냉수배관 계통도에서 펌프의 양정을 구하라. 공기조화기의 냉각코일 최대 부하는 226000kJ/h이다.**

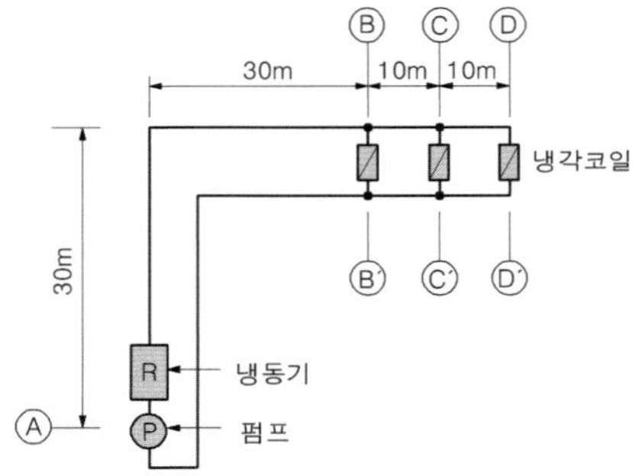

그림 2-71 **예제 16**

풀이 냉각코일 입 · 출구온도차를 6℃로 하면,
(2.63)식에서

$$L=\frac{226000}{6\times4.19\times1000}=9\text{m}^3/\text{h}=150\,\ell/\text{min}$$

로서, 표 2-67의 (a)란에 표기하고, 유속 2m/s로 정하여 그림 2-67에서 배관 각부의 관경을 (b)와 같이 결정한다. 결정된 관경 d에 대해 저항 R을 구하면 (c)와 같다.
따라서 배관의 마찰저항 h_f는 (e)란에 따라
$60+12.4+20=92.4$kPa이고, $h_d/h_f=0.5$로 할 때, 국부저항 h_d는 $92.4\times0.5=46.2$ kPa이 된다. 표 2-66에서 냉각코일과 냉동기의 마찰저항 h_m은 각각 50kPa, 80kPa이고 정수두 h_s는 0이므로,
냉수펌프의 전양정 $H_t=92.4+46.2+50+80+0=268.6$kPa이 된다.

표 2-67 **예제 16 풀이**

	AB, AB'	BC, B'C'	CD, C'D'
(a) 수량 L [ℓ/min]	450	300	150
(b) 관경 d [m]	80	65	40
(c) 저항 R [Pa/m]	500	620	1000
(d) 관길이 l [m]	120	20	20
(e) $R\times l$ [kPa]	60	12.4	20

예제 17 —— **그림 2-72와 같은 배관계통의 팬코일 유닛이 있다. 각 구간의 관경과 순환펌프의 용량을 결정하라. 단, 팬코일 유닛 I, Ⅳ의 방열량은 10050kJ/h이고, 팬코일 유닛 II, Ⅲ, Ⅵ의 방열량은 12560kJ/h이다.**

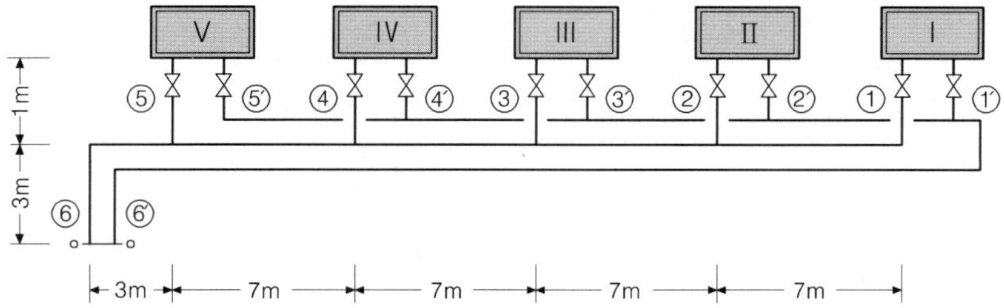

그림 2-72 **예제 17**

풀이 (1) 팬코일 유닛의 공급수량과 각 구간의 관경

팬코일 유닛의 입구온도는 7℃, 출구온도는 12℃로 하고, (2.64)식을 이용하여 각 유닛의 수량을 구한다.

팬코일 유닛 I, V의 방열량은 10050kJ/h이므로, 필요수량 L은 다음과 같다.

$$L = \frac{10050}{(12-7)\times 4.19} = 480 \text{ [kg/h]}$$

팬코일 유닛 II, III, IV유닛의 방열량은 12,560kJ/h이므로, 필요수량 L은 다음과 같다.

$$L = \frac{12560}{(12-7)\times 4.19} = 600 \text{ [kg/h]}$$

허용마찰손실을 500Pa/m로 정하고 그림 2-67에서 각 구간의 관경과 유속, 단위저항을 찾으면 다음과 같다.

표 2-68 **예제 17 풀이 (a) – 송수관**

기기명	구 간	유량 [kg/h] (누적)	관 경 [mm]	유 속 [m/s]	단위저항 [Pa/m]	직관길이와 상당길이 [m]			전저항값 [Pa]
FCU-I	1-2	480 (480)	20	0.48	205	직관 게이트밸브(전개) 엘보(단) 티	1+7 0.15 0.15 0.4	8.7	1784
FCU-II	2-3	600 (1080)	25	0.64	220	직관 티	7 0.4	7.4	1628
FCU-III	3-4	600 (1680)	25	1.0	500	직관 티	7 0.5	7.5	3750
FCU-IV	4-5	600 (2280)	32	0.65	230	직관 티	7 0.5	7.5	1725
FCU-V	5-6	480 (2760)	32	0.9	320	직관 엘보(단)	6 0.3	6.3	2016
합 계		2760	–	–	–	–			10.9kPa

표 2-69 예제 17 풀이 (b) – 환수관

기기명	구 간	유량 [kg/h] (누적)	관 경 [㎜]	유 속 [m/s]	단위저항 [Pa/m]	직관길이와 상당길이 [m]			전저항값 [Pa]
FCU-Ⅴ	5′ – 4′	480 (480)	20	0.48	205	직관 게이트밸브(전개) 엘보(단) 티	1+7 0.15 0.15 0.4	8.7	1784
FCU-Ⅳ	4′ – 3′	600 (1080)	20	0.64	220	직관 티	7 0.4	7.4	1628
FCU-Ⅲ	3′ – 2′	600 (1680)	25	1.0	500	직관 티	7 0.5	7.5	3750
FCU-Ⅱ	2′ – 1′	600 (2280)	25	0.65	230	직관 티	7 0.5	7.5	1725
FCU-Ⅰ	1′ – 6′	480 (2760)	32	0.9	320	직관 엘보(단)	38 0.3	38.3	12256
합 계		2760	–	–	–	–			21.1kPa

(2) 순환펌프

① 양정(揚程, head)

순환펌프의 양정은 (2.65)식에서 의해 다음과 같이 구할 수 있다.

배관의 마찰저항압력손실과 국부저항에 의한 압력손실 h_f, h_d는 표 2-68, 69의 전저항값에 해당하므로 10.9+21.1=32kPa이다.

또, 기기류의 저항에 의한 압력손실 h_m은 표 2-66에서 증발기, 응축기, 팬코일 유닛, 자동제어밸브의 값 80+80+(20×5)+(50×5)=510kPa이다. 정수두 h_s는 무시한다.

따라서 순환펌프의 양정 H_t는

$$H_t = h_f + h_d + h_m = 32 + 510 = 542 \ [\text{kPa}]$$

② 축동력(軸動力, shaft power)

유량 $Q = 2760\ \ell/h = 0.046\text{㎥}/\text{min}$

양정 $H = 542$ kPa

펌프의 효율 $\eta = 45\%$

펌프의 축동력 W는 (1.22SI)식에 의해

$$W = \frac{QH}{60\eta} = \frac{0.046 \times 542}{60 \times 0.45} = 0.92 \ [\text{kW}]$$

2.10 – 열원장치

열원장치는 공기조화시스템에서 발생하는 열손실(취득)량을 공급(배출)하는 장치로 열을 공급하는 **온열원기기**와 냉각으로 열을 배출하는 **냉열원기기**가 있다. 운전에너지로는 주로 전력,

가스, 석유 등이 이용되며 에너지의 이용효율을 향상시키기 위해 에너지 회수, 축열법과 태양열, 하천수, 지하수, 공기 등의 자연에너지를 이용하고 있다.

2.10.1 보일러

1 —— 보일러의 종류

보일러는 발생 열매에 따라 **증기보일러**와 **온수보일러**로 구분된다. 공조나 겨울철 난방에 쓰이는 온열원장치를 구성하는 보일러의 종류는 표 2-70과 같다.

표 2-70 **공기조화용 보일러의 종류**

종 류	용 량 [t/h]	압 력[kPa]	효 율[%]	적 용
주철제 보일러	0.1~5	(증기)~100 (온수)~30mAq	70~85	중 · 소형 건물
입형 보일러	~0.6	(증기) 30 (온수) 30mAq 이하	50~70	산업용 주택용(소형 온수보일러)
노통연관식 보일러	0.6~18	(증기) 400~1000 (온수) 100mAq 이하	75~88	중 · 대형 건물 산업용
수관식 보일러	1~3000	400~30000	75~90	산업용 지역냉난방용

건물용 증기보일러는 최대압력 100~500kPa(1~5kg/㎠) 이하의 것이 대부분이나 병원이나 호텔 등은 소독실, 세탁실, 주방 등에서 증기를 사용하므로 약 700kPa(7kg/㎠)의 보일러가 쓰인다. 온수보일러는 보통 100℃ 이하의 온수가 쓰이나 지역난방이나 아파트단지 내 중앙집중식 난방에는 100℃ 이상의 **중온수, 고온수**가 쓰인다.

(1) 주철제 보일러(鑄鐵製 보일러, sectional boiler)

주철제 보일러는 각 섹션을 이어 맞춰 조립한 것으로 섹션의 크기나 개수에 따라 용량이 결정되므로 건물부하 증가에 쉽게 대응할 수 있고 지하기계실에 분할 반입할 수 있으며 내식성이 뛰어나 수명이 긴 장점이 있다. 그러나 구조상 압력에 약해 증기보일러의 경우 계기압 100kPa(1kg/㎠) 이하일 때, 온수보일러의 경우 수두 30m 이하, 온수온도 120℃ 이하에서만 쓸 수 있어 각종 고압용 기기가 설치되고 건물 층고가 높은 현대 건물에서는 사용이 제한될 수밖에 없어 현재 우리나라에서는 생산이 거의 중단된 상태이다. **입형 보일러**는 설치면적이 작아 소형건물이나 주택 등의 난방용 · 급탕용에 많이 쓰인다.

(2) 노통연관식 보일러(爐筒煙管式 보일러, fire tubed boiler)

횡형(橫型)의 동체 내에 물이 있고 그 내부에 노통과 다수의 연관을 가진 구조이다. 동체가 크지만 횡형이므로 건축물 지하실 높이에 크게 영향을 미치지 않고 연관의 직경이 비교적 커서 청소하기가 쉬우며 보유수량이 많아 운전이 안정되고 제어도 편하다. 그러나 외형이 커서 반입 설치 시에 큰 공간이 필요하고 원칙적으로 현장조립이 금지되어 있다. 압력, 용량 등으로 볼 때 일반건축물의 난방용으로 가장 적당하여 우리나라 건물에도 주로 노통연관식 보일러가 쓰이고 있다.

수관식(水管式) 보일러는 예열시간이 짧고 효율이 우수하나 가격이 비싸고 높은 천장고가 필요하며 수처리가 복잡하다. 지역난방이나 대형 병원 등에 쓰인다.

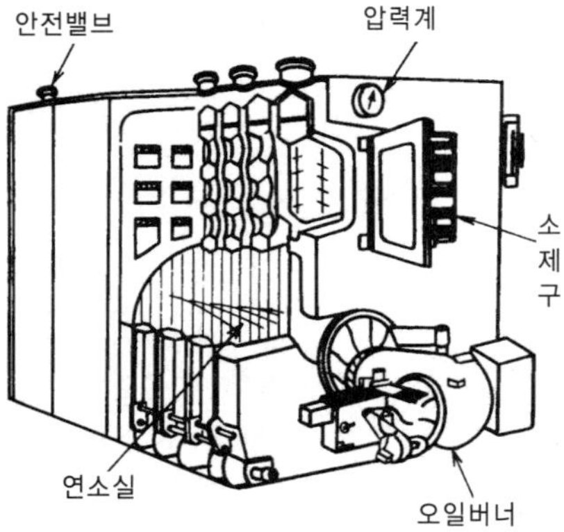

그림 2-73 **주철제 보일러**

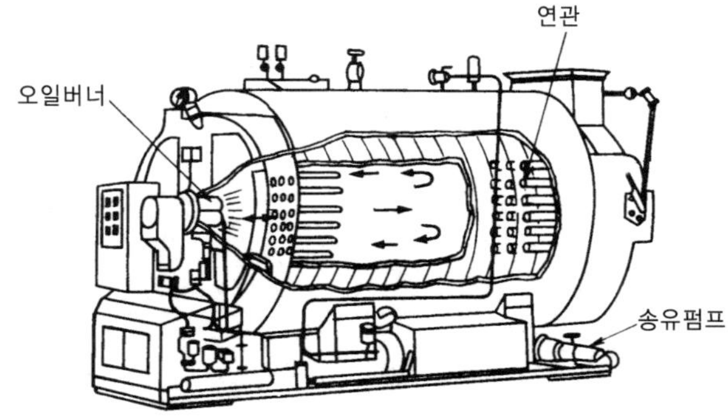

그림 2-74 **노통연관식 보일러**

2 —— 보일러의 출력표시(出力表示)

보일러의 출력단위는 환산증발량(換算蒸發量) 또는 단위시간당의 발열량으로 표시하며 난방용 보일러는 **상당방열면적(相當放熱面積)**으로 표시하기도 한다. 보일러의 **정격출력**(定格出力, gross output)은 최대연속부하 시의 출력을 말하며, 상용출력(常用出力, ordinary output)은 운전중인 보일러의 연속부하를 말한다. **환산증발량**(net rating) G_e는 100℃의 포화수를 100℃의 건포화증기(乾飽和蒸氣)로 증발시키는데 필요한 열량을 기준으로 하는 것이며 실제 증발량은 다음 식으로 산출된다.

$$G_e = \frac{G_s(i_2 - i_1)}{539} \text{ [kg/h]} \tag{2.66}$$

$$G_e = \frac{G_s(i_2 - i_1)}{2257} \text{ [kg/h]} \tag{2.66SI}$$

G_s : 실제증발량 [kg/h]

i_2 : 발생증기의 엔탈피 [kJ/kg], [kcal/kg]

i_1 : 급수의 엔탈피 [kJ/kg], [kcal/kg]

539 : 100℃ 수증기의 엔탈피 [kcal/kg]

2257 : 100℃ 수증기의 엔탈피 [kJ/kg]

증발량의 단위로는 kg/h 대신 t/h가 주로 쓰인다. 상당방열면적(EDR : equivalant direct radiation)은 표준상태에서의 방열기의 열량을 기준으로 정한 열량단위이며 증기의 경우 $1EDRm^2 = 756W(650kcal/h$[1])), 온수보일러의 경우 $1EDRm^2 = 523W(450kcal/h$[2]))이다.

난방용 보일러의 출력표시는 **방열기 용량**(放熱器容量, net rating)도 같이 표시되는 경우가 있는데 이것은 정격출력에서 배관손실과 예열부하(豫熱負荷)를 뺀 것이다. 그 외 보일러 출력단위로 **마력(馬力)**과 **전열면적(傳熱面積)**이 있다.

(1 보일러 마력 ≒ 8435kcal/h = 전열면적 $0.929m^2$ = 9.81kW)

표 2-71 **보일러의 능력 표시법**

능력표시법	부하의 종류	출력단위
정격출력	난방부하 + 급탕·급기부하 + 배관부하 + 예열부하	kg/h, t/h, kcal/h, kW
상용출력	난방부하 + 급탕·급기부하 + 배관부하	kg/h, t/h, kcal/h kW
방열기용량	난방부하 + 급탕·급기부하	$EDRm^2$, kcal/h, kW

주) 1. 배관부하 : 방열기용량의 15~20%
2. 예열부하 : 정격출력의 25% (노통연관식 보일러)
3. 급탕부하 : 251kJ/ℓ(60kcal/ℓ)

3 —— 연소장치(燃燒裝置, combustion apparatus)

(1) 연료, 연소

공조용 보일러의 연료로는 석유, 도시가스 등이 쓰이고 있으며 이들은 발열량 표시법에 따라 **총발열량**과 **순발열량**으로 구분된다. 총발열량은 연소에 의해 발생한 가스를 원래의 상온까지 냉각했을 때 방출하는 열량이고, 순발열량은 총발열량에서 가스의 응축잠열을 이용할 수 없으므로 이 값을 뺀 값으로 실제 보일러에서 이용 가능한 열량이다.

표 2-72 **각종 연료의 발열량**

항 목 / 종 류	단 위	총발열량		순발열량	
		kcal	MJ	kcal	MJ
실내등유	ℓ	8800	36.8	8200	34.3
보일러등유	ℓ	8950	37.5	8350	35.0
경유	ℓ	9050	37.9	8450	35.4
B-A유	ℓ	9300	38.9	8750	36.6
B-B유	ℓ	9650	40.4	9100	38.1
B-C유	ℓ	9900	41.4	9350	39.1
천연가스(LNG)	kg	13000	54.5	11750	49.2
도시가스(LNG)	Nm^3	10550	44.2	9550	40.0
도시가스(LPG)	Nm^3	15000	62.8	13800	57.8

1) 증기 : 방열기 열관류율×(수증기온도−실내온도)×방열기 표면적 = 7.78×(102−18.5)×1≒650kcal/h
2) 온수 : 7.78×(80−18.5)×1≒450kcal/h

연소에는 공기(산소)가 필요하며 이론적으로 연소에 필요한 최소공기량을 **이론공기량(理論空氣量)**이라 하고 실제 연소에는 이론공기량의 1.1~1.3배 정도의 공기가 공급된다.

(2) 연소장치

연소장치로 중유나 등유에는 오일버너가, 가스에는 가스버너가 쓰이며 각 연료에 따라 오일탱크, 오일서비스탱크, 프리히터, 오일펌프 등 부속장치가 필요하다.

가스버너는 우선 파일럿 버너에 전기착화하고, 이에 의해 주 버너를 착화한다. 용량제어에는 on/off, **고저이단전환** 또는 **비례제어**가 쓰인다.

표 2-73 가스버너의 종류

방 식		적 용
외부혼합식 (확산식)	링형 건형 센터플레임형 다분기관형	보일러용 등
내부혼합식		가열로용
반혼합식		소용량의 것

표 2-74 오일버너의 종류

방 식	종 류	용 량	연 료
증발식	포트식 월 플레임식	소	등유
분무식	유압분무식 저압공기분무식 고압공기분무식 증기분무식 회전식	소~대 중 대 대 대	 등유 경유 중유 중유

(3) 급수장치(boiler feed water pump)

보일러에 급수하는 장치로 **전동(電動)펌프**와 **인젝터**가 사용된다. 공조용 저압보일러에는 **진공급수펌프**나 **응축수펌프**가 사용되고 고압증기보일러에서는 **터빈펌프**가 쓰인다. 급수장치는 안전을 위해 2개 이상을 사용하도록 되어 있다. 온수보일러는 순환 사용하므로 운전시의 보급수가 거의 필요 없지만, 필요시 팽창탱크에서의 증발에 대한 보급수나 배관누수시 급수하도록 되어 있으며 순환펌프로 온수가 순환된다. 증기보일러의 급수는 스케일 방지를 위해 **경수연화장치(硬水軟化裝置)**가 필요한 경우가 많다.

(4) 보일러실의 크기

보일러실의 크기는 표 2-75와 같다.

표 2-75 보일러실의 바닥면적[m²] (괄호 안은 연면적에 대한 비율[%])

연면적 [m²]	300	500	700	1000	1500	2000	5000	10000	15000	20000	25000
일반건축물	10.5 (3.5)	12.5 (2.5)	14.0 (2.0)	22 (2.2)	29 (2.0)	29 (2.0)	36 (1.8)	76 (1.5)	165 (1.1)	200 (1.0)	230 (0.9)
병원건축	–	–	–	53 (5.3)	68 (4.5)	68 (4.5)	80 (4.0)	130 (2.6)	225 (1.5)	270 (1.4)	320 (1.3)
고급병원	–	–	–	–	–	–	120 (6.0)	200 (4.0)	330 (2.2)	380 (1.9)	430 (1.7)

보일러실은 다음과 같은 조건을 갖추어야 한다.

① 내화구조일 것

② 보일러실에는 두 개 이상의 출입문이 있어야 하며, 그 하나는 보일러의 반출입(搬出入)이 용이할 수 있는 크기일 것

③ 천장의 높이가 보일러의 최상부에서 1.2m 이상일 것

④ 채광·통풍 등 안전위생시설이 잘 갖추어져 있을 것

⑤ 보일러 외벽에서 벽까지의 거리는 0.45m 이상일 것

2.10.2 냉동기(冷凍機, refrigeration machine)

1 —— 냉동원리

저온을 얻는 가장 간단한 방법은 필요온도보다 낮은 끓는점을 가진 냉매액을 대기압 하에서 증발시키는 것이다. 냉매를 증발시켜 낮은 온도를 얻는 데는 그림 2-75(a)와 같은 과정을 거치게 된다. **압축기(壓縮機)**는 냉매를 가압하여 증기상태의 냉매를 응축기로 보내고 **응축기(凝縮機)**에서 냉매는 응축열을 대기나 냉각수로 방출하여 액체상태가 된다. 응축기에서 액화한 냉매를 **팽창밸브**를 지나 **증발기**(감압)로 보내면 냉매는 주위로부터 증발잠열을 흡수하여 기체상태가 되면서 냉각을 행한다.

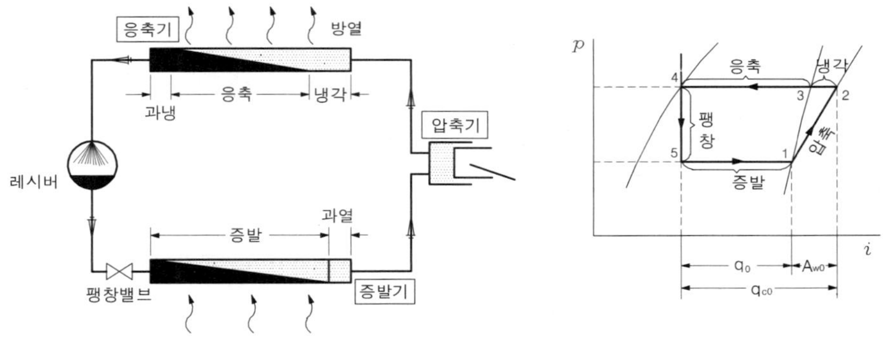

(a) 냉동사이클 (b) $p-i$ 선도상의 사이클

그림 2-75 **냉동원리**

이와 같이 일정량의 냉매가 연속적으로 순환하는 것을 **냉동사이클**이라 한다. **냉동기**와 **히트펌프**(heat pump)는 본질적으로 같은 것이지만 냉각을 목적으로 하는 것을 냉동기라 한다. 냉동기는 냉각하려는 대상에서 열을 빼앗아 필요로 하는 저온으로 만들고, 그 열을 냉각온도보다 높은 온도의 대기나 냉각수로 방출하고 있다. 이 방출열량을 가열용으로 이용할 때 **히트펌프**라 한다.

그림 2-75(b)는 냉매의 상태변화를 나타내는 선도로 횡축에 **엔탈피** i, 종축에 **절대압력**

p가 표시되어 있다. 좌측의 곡선은 포화액선이며 우측은 증기선, 양곡선 사이는 습포화증기 상태이다.

5→1 과정은 **증발**(등압등온변화) 1→2는 **압축**(등엔트로피 변화) 2→3은 **냉각**(등압 변화) 3→4는 **응축**(등압등온 변화) 4→5는 **팽창**(등엔탈피 변화)이다.

① 5→1 과정을 냉동효과(冷凍効果)라 하며 냉동효과

$$q_0 = i_1 - i_5 \text{ [kJ/kg], [kcal/kg]} \tag{2.67}$$

② 1→2 과정을 압축기 일의 열당량(熱當量)

$$A_{wo} = i_2 - i_1 \text{ [kJ/kg], [kcal/kg]} \tag{2.68}$$

③ 2→4 과정을 응축기에서 이론방열량

$$q_{co} = i_4 - i_2 = A_{wo} + q_o \text{ [kJ/kg], [kcal/kg]} \tag{2.69}$$

④ 냉동기의 성적계수

$$\varepsilon_o = \frac{q_o}{A_{wo}} = \frac{i_1 - i_5}{i_2 - i_1} \tag{2.70}$$

⑤ 열펌프의 성적계수(成績係數, COP : coefficient of performance)

$$\varepsilon_h = \frac{A_{wo+}q_o}{A_{wo}} = \frac{i_4 - i_2}{i_2 - i_1} \tag{2.71}$$

냉동기의 냉동능력은 냉동톤(RT : refrigeration ton)으로 표시하며, 공조용 냉동기에서는 1미국냉동톤(USRT)이 사용된다. 1USRT는 온도 32°F인 2000 lb의 물을 24시간 동안 32°F의 얼음으로 만드는데 필요한 열량을 말한다.

$$1\text{USRT} = \frac{2000\,\text{lb} \times 144\,\text{btu/lb}}{24\text{h}} = 12000\,\text{btuh} = 3024\,\text{kcal/h}$$

$$= 12670\text{kJ/h} = 3.52\text{kW}$$

$$1\text{RT} = \frac{1000\text{kg} \times 79.7\text{kcal/kg}}{24\text{h}} = 3320 \text{ [kcal/h]}$$

$$= 13910\text{kJ/h} = 3.86\text{kW}$$

2 —— 냉동기의 종류

공기조화에서 일반적으로 사용되고 있는 냉동기에는 **증기압축식**과 **흡수식**이 있다. 증기압축식은 냉매를 가압하는 데에 압축기를 사용하는 방식으로 압축기의 종류에 따라 **왕복동식 냉동기**, **원심식 냉동기**(터보냉동기), **회전식 냉동기**로 구분할 수 있고 압축기의 동력으로는 전동기가 사용된다.

흡수식 냉동기는 냉매와 흡수액을 사용하는 방식으로 가열용의 열원이 필요한데, 보일러에서 만들어진 증기나 고온수를 이용하는 것과 기기 내에서 가스 또는 석유 등의 연료를 직접 연소시키는 것, 태양열로 가열한 온수 또는 공장폐열 등을 이용하는 것이 있다.

일반공조용으로 사용하고 있는 냉동기의 종류는 표 2-76과 같다. 그림 2-76은 냉동장치의 계통도이다.

공기조화에서 쓰이고 있는 냉동기를 분류하면 다음과 같다.

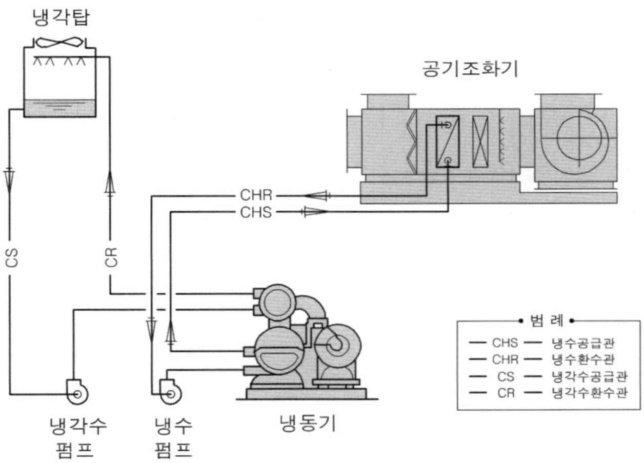

그림 2-76 **냉동장치계통도**

표 2-76 **냉동기의 종류 및 용도**

방 식	종 류		사용냉매	용 도	특 성
증기압축식	왕복동식냉동기		R-12, R-22 R-500, R-502	공조용(소중용량, 100RT 이하), 냉동용	압축비는 높지만 대용량에 부적합
	원심식냉동기 (터보냉동기)		R-11, R-12 R-500, R-113	공조용(대용량 100RT 이상), 냉동용(대용량)	압축비는 낮지만 대용량에 적합
	회전식냉동기	로터리식	R-22, R-12	공조용(룸에어콘)	압축비가 높고 소형에 적합
		스크류식	R-22, R-12	중대형건물 - 공조용, 냉동용	무단계 용량제어가능
		스크롤식	R-22	소형건물 - 공조용(패키지형)	소형압축기에 적합
흡수식	흡수식냉동기		H2O(냉매) LiBr(흡수액)	중대형건물 - 공조용	냉매를 압축시키기 위한 동력 불필요
	흡수식냉온수기(직화식)				

(1) 증기압축식 냉동기(蒸氣壓縮式 冷凍機, vapor refrigerating machine)

증기압축식 냉동기는 **압축기, 응축기, 팽창밸브, 증발기**로 이루어지며 냉동사이클에 따라 냉각작용을 한다. 압축기의 형식에 따라 분류하면, 피스톤의 왕복동에 의한 실린더 용적의 변화로 냉매를 흡인하는 **왕복동식 냉동기**와 임펠러 회전에 의한 원심력으로 냉매를 외부로 밀어내어 냉매를 흡인하는 **원심(터보)형 냉동기**, 원심자의 회전에 따라 용적을 변화시키는 **회전식 냉동기**가 있다. 이 중 왕복동식 냉동기(往復動式冷凍機)는 냉동능력에 비해 기계가 작고 가격이 싸며 냉동용량을 조절할 수 있으나 작동압력이 크고 소음이 큰 단점이 있다. 회전식 중 로터리식은 2.2kW, 스크류식은 1000kW, 왕복동식은 100kW 이하에 주로 쓰인다. 터보형 냉동기는 압력이 작고 소음, 진동이 적어 중대형 건물에 많이 사용되는 기종으로 200kW(250RT) 전후에서 가장 효율이 좋은 것이 특징이다.

증발기의 형식에 따라 분류하면, 룸 에어컨, 패키지 에어컨 등과 같이 냉매의 증발로 직접 실내공기를 냉각하는 **직팽식**과 냉매 증발로 냉수를 만들어 공기조화기의 냉각코일에 보내는 **칠링유닛**으로 분류된다. 응축기의 형식으로 분류하면 냉각수에 방열하는 **수냉식**과 대기로 직접 방열하는 공랭식이 있다. 냉동기의 밀폐 정도에 따라 분류하면 전밀폐형, 반밀폐형, **개방형**으로 분류된다.

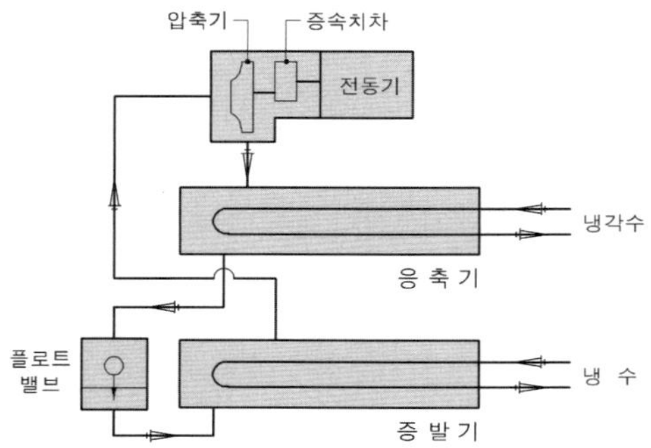

(a) 터보냉동기 시스템

(b) 터보냉동기 외형

그림 2-77 **터보냉동기**

(2) 흡수식 냉동기(吸收式 冷凍機, absorption refrigerating machine)

흡수제로 증발기의 냉매증기(수증기)를 흡수한 후, 냉매를 증발시켜서 냉각하는 형식이다. 냉매증기를 흡수하여 희석된 흡수제를 열에너지로 가열 · 농축재생함으로써 냉각작용이 계속된다. 건축설비용에는 흡수제로 리튬브로마이드(LiBr)수용액, 냉매로 물이 주로 쓰이고 있다.

흡수식 냉동기는 증발기, 흡수기, 발생기(재생기), 응축기의 4개 부분으로 구성되어 있으며 그림 2-78은 흡수식 냉동기의 작동원리이다.

그림 2-78(a)에서 6→2는 흡수기에서의 용액흡수 과정으로 증발기로부터 냉매증기(수증기)를 흡수한 후 증발시키면서 증발잠열을 흡수하여 냉수를 냉각하고 있다.

2→7은 용액 열교환기에서의 열교환 과정이다. 용액펌프에 의해 흡수기(吸收機)에서 발생기(發生機)로 보내지는 희석용액은 발생기에서 흡수기로 돌아오는 고온 · 고농도 용액과의 열교환으로 온도가 상승한다.

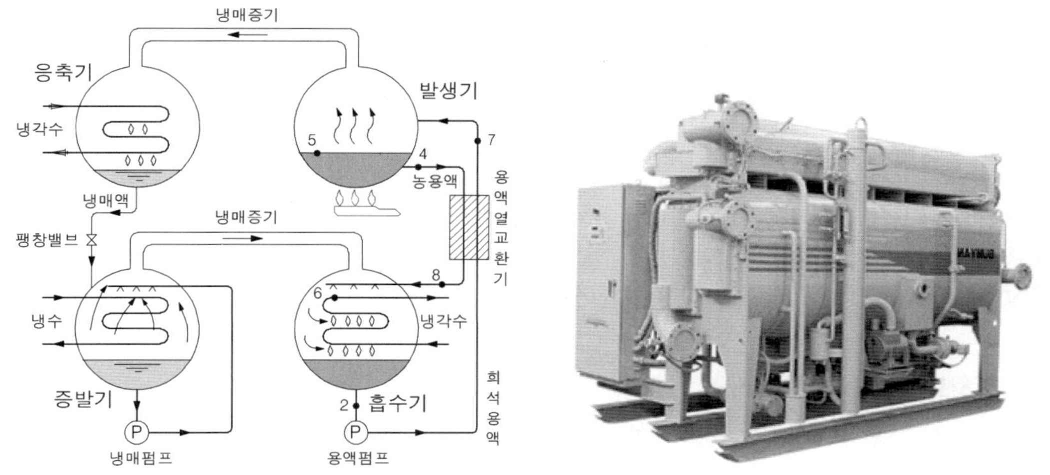

(a) 흡수식냉동기 작동원리 (b)

그림 2-78 **흡수식 냉동기**

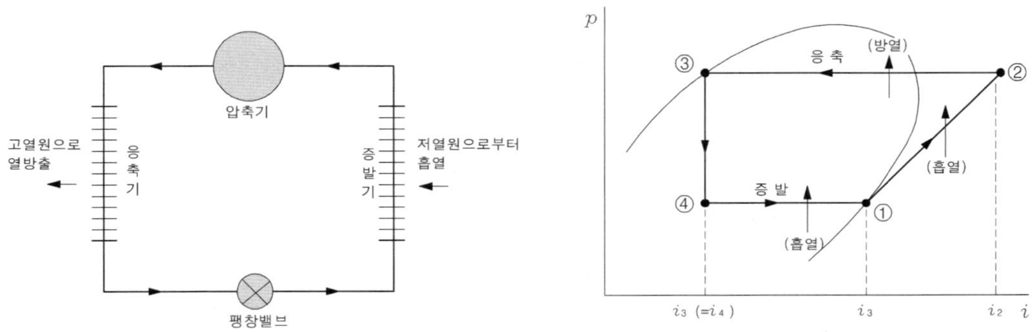

(a) 압축식 히트펌프의 기본구성 (b) 압축식 히트펌프의 기본사이클

그림 2-79 **히트펌프**

7→4는 발생기에서의 가열과 농축을 나타내고 있다. 보일러에서 고온수・고압증기를 보내거나 직접 연료를 가열하여 냉매증기와 물을 분리시킨다.

4→8은 용액열교환기에서의 농용액의 열교환 과정이다. 희석액과의 열교환으로 온도가 내려간다.

8→6은 흡수기에서의 냉각수에 의한 온도강하와 압력강하 과정이다.

냉매는 증발기에서 증발한 후 흡수기에서 농용액에 흡수되고 용액펌프로 발생기에 보내진다. 발생기에서 가열되어 용액이 농축될 때 냉매증기가 발생한다. 이 증기는 응축기에서 냉각되어 액화 후 팽창밸브를 거쳐 증발기로 돌아간다.

흡수식 냉동기는 2~2000USRT의 것이 제작되고 있으며, 냉매압축 일을 하는 기계적 장치가 필요 없어 소음과 진동 측면에서 유리하나, 냉각열량이 커 냉각탑이 커지고(왕복동식의

2.5배) 낮은 온도(6℃ 이하)의 냉수를 얻기가 힘들며 여름에도 가열용 보일러를 가동해야 하는 단점이 있다.

우리나라에서는 가스를 연료로 발생기에서 직접 연소시키는 직화식(直火式)을 흡수식 냉온수기(吸收式冷溫水機)라 하여 겨울철 난방용으로도 쓰고 있어 기계실 면적 및 설비비 절감효과를 거두고 있다. 또한 현재 도시가스를 사용하는 도시에서는 여름철 냉방용 전력소비 증가를 막기 위해 중앙집중식 공기조화 시행 건물에 전기에너지를 사용하는 냉동기의 사용을 억제하기 위해 흡수식 냉동기 사용을 권장하고 있다.

3 —— 히트펌프(heat pump)

히트펌프는 냉동사이클에서 응축기의 방열량을 겨울철 난방에 이용하기 위한 것으로 압축식 냉동기와 흡수식 냉동기가 주로 사용된다. 냉동기의 압축기에서 방출된 고온고압의 냉매증기는 응축기에서 방열하고 액화된다.
이때 방출되는 응축열을 물이나 공기에 전열시켜 난방에 이용하는 것을 **히트펌프**라 한다. 응축기를 냉각시켜 고온이 되는 열원으로는 지하수, 태양열, 지열, 겨울철 비교적 온도가 높은 외기 등을 이용한다.

예제 18 —— 그림 2-80은 암모니아 $P-i$ 선도이다. 냉동기의 증발온도가 −15℃ 응축온도가 30℃인 표준 사이클에서 다음 값을 구하라.

풀이

① 냉동효과 (2.67)식에서

$$q = i_1 - i_5 = 1663 - 561 = 1102 \ \ [\text{kJ/kg}]$$

② 압축일 (2.68)식에서

$$A_{wo} = i_2 - i_1 = 1886 - 1663 = 223 \ \ [\text{kJ/kg}]$$

③ 성적계수 (2.70)식에서

$$\varepsilon = \frac{q}{A_{wo}} = \frac{1102}{223} = 4.94$$

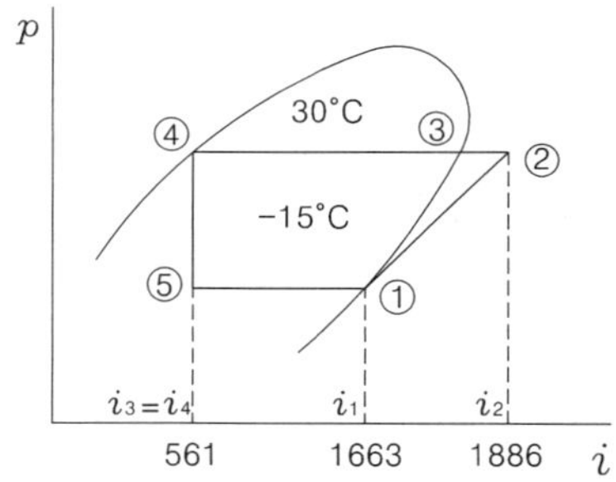

그림 2-80 **예제 18 암모니아 P-i 선도**

---

4 —— 냉각탑(冷却塔, cooling tower)

응축기에서 발생한 응축잠열은 냉각수에 흡수된다. 응축잠열로 고온이 된 냉각수는 대기중에 열을 버려야 하는데 이 때, 냉각수에 공기를 직접 접촉시켜 방열하는 장치를 **냉각탑**이라고 한다. 그 중요 냉각효과는 냉각수(온수)를 공기중으로 증발시켜 증발열로 냉각시키는 것이며 냉각탑 입·출구 온도차는 4~9℃이다.

표 2-77 **냉각수 온도차의 표준**

냉동기	입출구수온 [℃]	온도차 [℃]
증기압축식	37~32	5
흡 수 식	41~32	9

냉각탑은 고가수조보다 낮은 위치 중 어디든 설치할 수 있지만 소음과 통풍, 날리는 물방울과 그 미립자의 비산거리(飛散距離) 등을 고려하여 설치위치를 선정한다.

냉각탑의 외피용 재료는 내수성이 있는 재료로 강도, 부식, 외부디자인, 통풍 등이 고려되면 어떤 형태, 어떤 재료라도 좋다. 냉각탑에는 **향류식(向流式)**과 **직교류식(直交流式)**이 있고 다음 그림은 이들 중 대표적인 예를 나타낸 것이다.

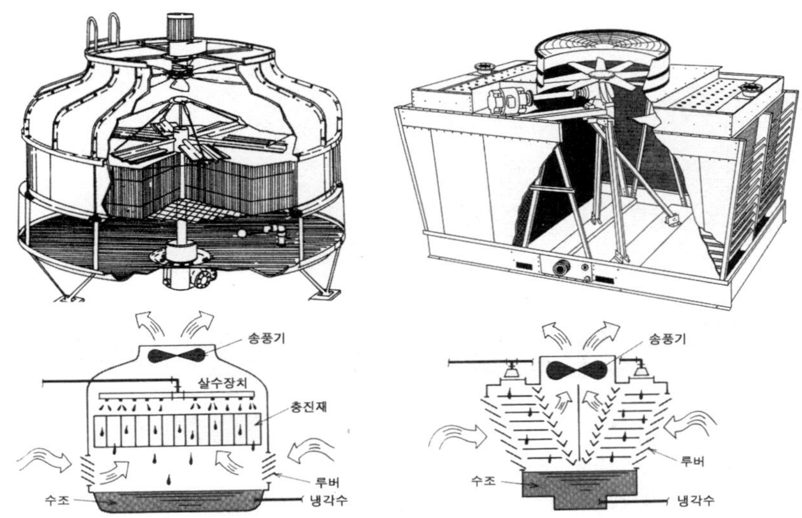

(a) 향류식 냉각탑　　(b) 직교류식 냉각탑

그림 2-81 **냉각탑**

(1) 냉각탑의 용량

① 증기압축식 냉동기의 경우

$$H_{CT} = H_E + H_C + H_P \fallingdotseq H_E + H_C \text{ [kJ/h], [kcal/h]} \tag{2.72}$$

H_E : 냉동열량 [kJ/h], [kcal/h]

H_C : 압축동력의 열당량 [kJ/h], [kcal/h]

H_P : 펌프동력의 열당량 [kJ/h], [kcal/h]

② 흡수식 냉동기의 경우

$$H_{CT} = H_E + H_R + H_P \fallingdotseq H_E + H_R \text{ [kJ/h], [kcal/h]} \tag{2.73}$$

H_R : 재생기 가열용량 [kJ/h], [kcal/h]

냉각탑의 용량은 증기압축식 냉동기일 경우 냉동열량의 1.2~1.3배로 하고, 흡수식 냉동기일 경우에는 냉동열량의 2.5배로 한다.

(2) 냉각탑의 냉각수량, 순환수량, 보급수량

① 냉각수량(冷却水量)

$$Q_W = \frac{H_{CT}}{60\Delta t} \ [\ell/\mathrm{min}] \tag{2.74}$$

Δt : 냉각수 입 · 출구 온도차 [℃]

② 보급수량(補給水量)

$$Q_M = Q_E(\text{증발수량}) + Q_C(\text{비산량}) \ [\ell/\mathrm{min}] \tag{2.75}$$

$$Q_E = \frac{H_{CT}(\mathrm{kJ/h})}{2{,}257 \times 60} = \frac{H_{CT}(\mathrm{kcal/h})}{539 \times 60} \ [\ell/\mathrm{min}]$$

Q_C : 순환수량의 0.5~1.0% [ℓ/min]

일반적으로 순환수량의 2~3%(13ℓ/h · RT)를 보급하면 된다.

2.11 공기조화설비방식

2.11.1 열의 운반능력

공기조화에서 열원기기의 열을 필요개소로 운반하는 물질을 **열매**라 한다. 공조에 쓰이는 열매는 **공기, 물, 수증기, 냉매** 등이 있으며 보통 조건에서 열 41870kJ/h(10000kcal/h)를 운반하는데 필요한 각 열매의 배관경은 표 2-78과 같다.

표 2-78 각종 열매의 열운반 능력과 배관경 비교

열 매	열운반 능력 kJ/㎥ (괄호 안은 kcal/㎥)	속도 [m/s]	배관경 [㎜]	비고
공기	10.0(2.4)	10	385	입구 18℃(i=10) 출구 25℃(i=12)
물	20900(5,000)	2.0	19	입구 5℃ 출구 10℃
프레온 F-12	2600(630)	10	24	입구 30℃ 액(i=107) 출구 5℃ 가스(i=137)
수증기	1600(385)	10	31	입구 105℃(i=641) 출구 95℃ 물

앞의 표에서 알 수 있듯이, 공기는 열운반 능력이 다른 열매에 비해 현저히 떨어져 같은 열량을 운반하는 데 다른 열매보다 약 10배 큰 배관경이 필요하게 된다. 따라서 실내에 취출하는 최종단계에서는 공기를 사용해도 열을 운반해 가는 과정에서는 물이나 냉매를 이용하는 편이 건물의 스페이스 활용면에서 유리하다.

2.11.2 공조방식의 분류

공조방식은 운반열매에 따라 표 2-79와 같이 분류할 수 있고, 각 방식의 특징은 표 2-80과 같다.

표 2-79 **공조방식의 분류**

구 분	열매에 의한 분류	시스템 명칭	상세분류
중앙식	전공기방식 (all air system)	정풍량 단일덕트방식	존리히트, 터미널리히트
		변풍량 단일덕트방식	-
		이중덕트방식	멀티존방식
	공기-수방식 (air-water system)	팬코일 유닛+덕트 병용방식	2관식/3관식/4관식
		유인유닛방식	2관식/3관식/4관식
		복사냉난방방식	-
	전수방식 (all water system)	팬코일 유닛방식	2관식/3관식/4관식
개별식	냉매방식 (refrigerant system)	룸에어컨방식 중앙식 패키지방식 분산식 패키지방식	멀티유닛방식

표 2-80 **공조방식의 특징 비교**

분 류	장 점	단 점
전공기방식	• 송풍량이 많아 실내공기 청정도가 높다 • 고성능 필터 사용이 가능하다 • 공조기가 집중되어 유지관리가 편리하다. • 부식의 우려가 없다	• 대형 덕트와 덕트스페이스가 필요하다. • 넓은 공조실이 필요하다. • 송풍동력이 크다
공기-수방식	• 전공기식에 비해 덕트스페이스가 작다 • 전공기식에 비해 동력비를 줄일 수 있다. • 온도제어가 쉽다. • 존 구성이 쉽다.	• 누수의 우려가 있다. • 배관과 덕트가 복잡하다. • 유닛이 실내공간을 차지하고 소음이 발생한다.
냉매방식	• 개별제어, 개별운전이 가능하다. • 반송동력을 줄일 수 있다. • 덕트스페이스, 기계실 면적이 작다. • 운전취급이 간단하다. • 고장시 다른 기기에 영향이 없다.	• 습도, 청정도, 기류분포 제어가 곤란하다. • 외기냉방을 할 수 없다. • 소음, 진동이 크다. • 내구성이 떨어진다.

1 —— 정풍량 단일덕트방식(CAV : constant air volume single duct system)

정풍량 단일덕트방식(定風量單一덕트方式)은 공기조화기와 공기분배장치로 구성되며, 기계실에 공조기를 설치하고 덕트로 일정량의 공기를 각 실에 보내는 방식이다. 공조방식 중 가장 오래되고 기본이 되는 방식으로 다음과 같은 장점이 있다.

① 온습도 조절, 공기청정, 취기 제거에 있어 고도의 처리능력을 발휘할 수 있다.

② 중앙의 기계실과 거실이 분리됨으로써 실의 방음, 방진처리에 완벽을 기할 수 있다.

③ 외기의 엔탈피가 실내의 엔탈피보다 낮은 경우에 외기의 도입량을 증가시켜 공조부하를 감소시킬 수 있다. 조건이 적합할 경우 **외기냉방**도 가능하다.

④ 외기도입이 부하를 증대시키는 경우 **전열교환기**[1])로 실내배기로부터의 열회수가 가능하다.

⑤ 중앙식인 경우 설비비가 타 방식에 비해 저렴하며 유지관리가 쉽고 확실하다.

⑥ 실내의 설비기구 점유면적이 작다.

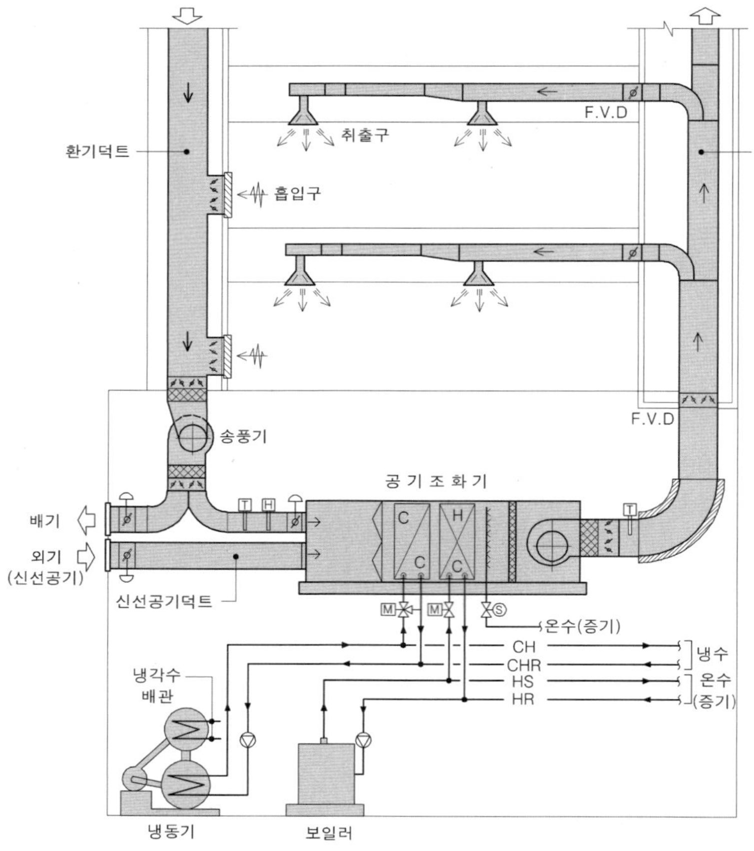

그림 2-82 **정풍량 단일덕트방식**

1) 전열교환기(total heat exchanger) : 조화된 공기 일부를 외부로 배기할 때 외부에서 들어오는 신선공기와 열교환시켜 배기의 열을 회수하는 방식에 이용되는 기기이다. 석면이나 나일론 등 흡수제를 사용하면 제습도시킬 수 있으므로 전열량 교환이 가능하다.

한편, 단점으로는

① 실별, 용도별 부하변동에 대처하기 어렵다.

② 재열장치가 없는 경우 실내습도 조절이 어렵다.

③ 중앙기계실 및 수직덕트 면적이 넓어진다.

이와 같은 특징으로 항온, 항습, 공기청정, 무소음 등 고도의 공조환경을 필요로 하는 클린룸(clean room), 수술실, 방송스튜디오 등에 필수적인 방식이다. 일반적으로 사무소건축의 내부 존, 극장, 오디토리움 등 부하변동이 적은 곳과 엄밀한 온도제어가 필요하지 않은 로비, 엘리베이터, 복도, 전시장, 카페테리아, 마켓 등에 채용된다.

정풍량 단일덕트방식의 단점을 보완한 것으로 각 층마다 공조기를 설치(한 층 면적이 넓은 경우 한 층에 여러 대를 설치)하는 **각층 유닛방식**과 **터미널리히트방식, 존리히트방식** 등이 있다.

2 —— 변풍량 단일덕트방식(VAV : variable air volume single duct system)

열매를 실내로 보내 실내온도를 일정하게 유지하는 데는 두 가지 방법이 있다. 하나는 실내열부하 변동에 따라 송풍량은 일정하게 하고 송풍온도를 변화시키는 **정풍량방식**이고 다른 하나는 송풍공기 온도를 일정하게 하고 송풍량을 변화시키는 **변풍량(變風量)방식**이다.

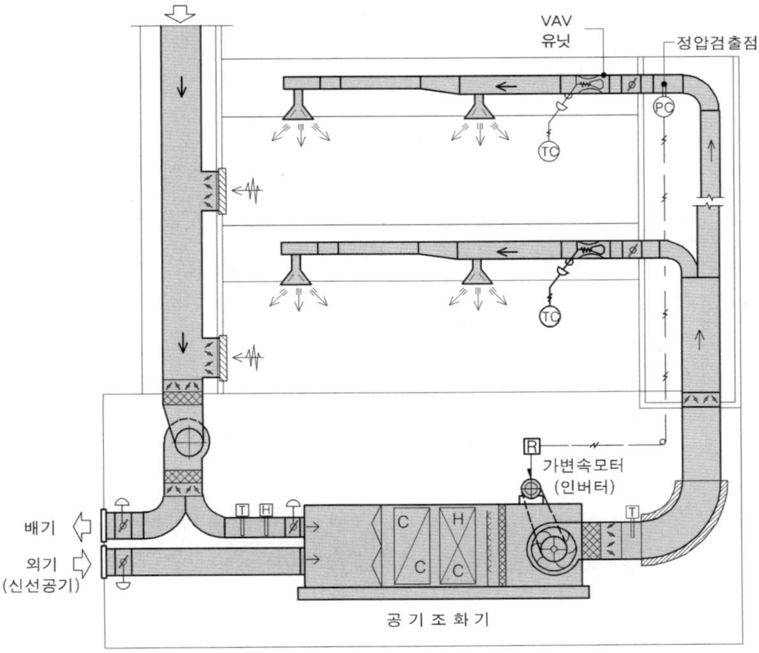

그림 2-83 **변풍량 단일덕트방식**

변풍량 단일덕트방식은 **중앙공기조화장치, 공기반송장치, 가변풍량유닛**으로 구성된다. 이 방식은 각실 제어가 가능하고 동시사용률을 고려하여 기기용량이 결정되므로 설비용량이 작아지고 저부하시 송풍기의 동력이 적게 되어 운전비가 절약된다는 장점이 있다. 그러나 저부하시 송풍량이 감소되어 기류분포가 나빠지며 환기성능이 떨어지는 경우가 있고, 고가의 가변풍량 유닛(terminal unit)이 필요하다는 단점도 있다. 우리나라에서 변풍량방식은 거의 채용되지 않았으나 최근 에너지절약을 위해 채용건물이 늘어나고 있는 추세이다.

3 —— 이중(二重)덕트방식(dual duct system)

그림 2-84와 같이 냉풍, 온풍 두 계통의 덕트를 설치하고 말단의 혼합유닛에서 냉풍, 온풍을 혼합하여 실에 필요한 온습도를 유지하는 방식이다. 단일덕트 정풍량방식과 같은 장점 외에 유닛의 개별제어가 가능하고 냉난방을 동시에 시행할 수 있는 반면 다음과 같은 단점이 있다.

① 냉온풍의 혼합에 따른 열손실과 연중 일정량의 공기를 계속 공급하므로 송풍기 동력이 커진다.

② 덕트의 설비비가 비싸고 설치면적이 크게 된다.

③ 습도의 완전조절이 힘들다.

이와 같은 특징으로 건물의 용도 및 기후특징이 냉난방을 동시에 시행해야 하는 건물, 수술실, 실험실, 식당 등 일정량의 환기가 필요한 실에 채용되나 우리나라에서는 초기투자비와 운전비가 비싸고 기후변화가 뚜렷하여 채용한 예는 거의 없다.

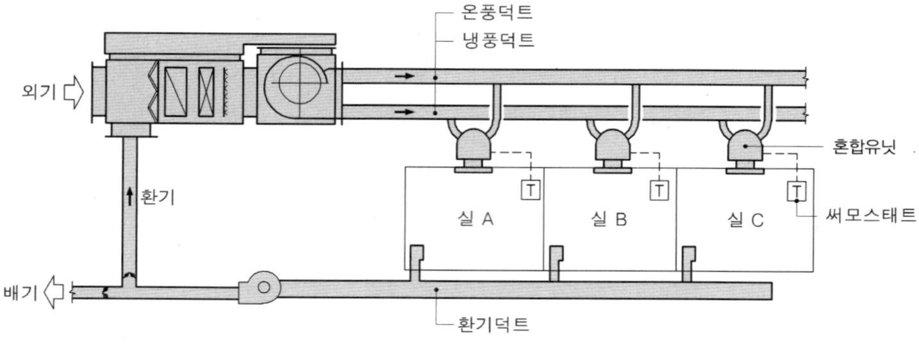

그림 2-84 **이중덕트방식**

4 —— 각층(各層)유닛방식(every floor unit system)

각층 유닛방식은 기계실의 중앙공조기가 건물 전체를 담당하는 단일덕트방식과는 달리 각층에 공조기를 설치하여 층별 제어가 가능하도록 한 방식이다. 재순환공기는 복도를 통해 각층에 있는 기계실로 유입시킬 수 있으므로 환기덕트(returm duct) 없이도 기능을 발휘할 수 있다(복도환기방식). 그러나 각 층에 기계실이 있어 시설비와 유지비가 전덕트방식보다 비싸며 유지관리에도 어려움이 있다. 또 각층의 기계실이 거주역에 인접해 있으므로 소음, 진동에 대한 대비를 철저히 해야 한다.

옥상에 1차 공기(신선공기)조화용 공조기를 설치하는 경우에는 각층에 설치하는 공조기의 용량을 줄일 수 있어 기계실 없이 천장형으로 설치할 수도 있다(그림 2-85).

현재 우리나라에서는 사무소, 호텔, 병원 등 고층건축물에 팬코일 유닛과 병용하여 가장 많이 쓰이고 있는 방식이다.

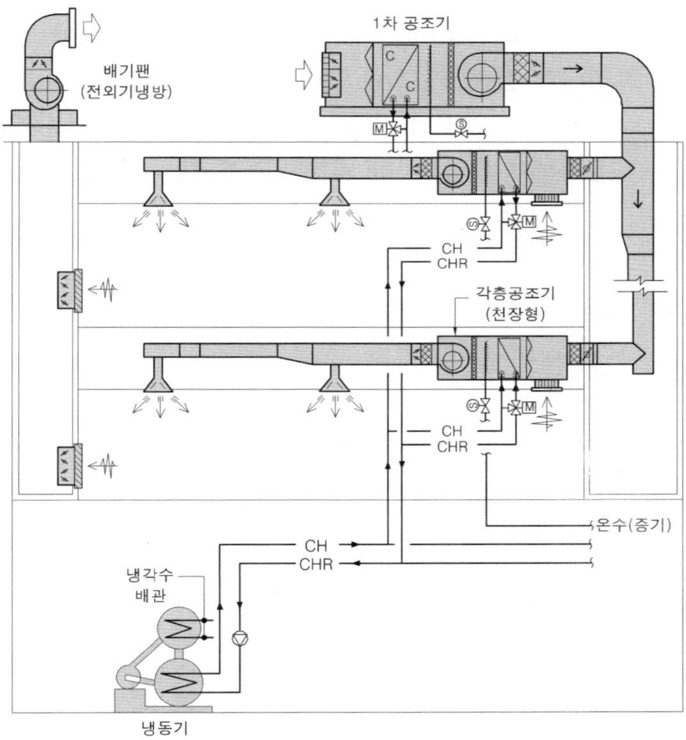

그림 2-85 **각층 유닛방식**

5 —— 팬코일 유닛방식(FCU : fan-coil unit system)

그림 2-34와 같이 전동기 직결의 **소형송풍기, 냉온수코일, 필터**를 내장한 소형 공기조화기(FCU)를 각 실에 설치하여 중앙기계실에서 냉수·온수를 공급하여 필요한 온습도를 유지하는 전수방식의 공기조화방식이다. 이 방식은 2.9.2절에서 설명한 바와 같이 열매배관방식에 따라 2관식, 3관식, 4관식으로 나누며 우리나라에서는 주로 2관식이 쓰이고 있다.

팬코일 유닛방식의 장점은 다음과 같다.

① 각 유닛별 조절이 가능하여 단독 사용실이 많은 건물에 채용되며 각 실의 실내유닛이 단독으로 운전되므로 부분사용이 많은 건물에서는 경제적 운전이 가능하다.

② 전공기방식에 비해 덕트스페이스가 적으며 열매 반송동력비도 절약된다.
③ 장래의 부하 증가에 대해 쉽게 대처할 수 있다.

한편 단점으로는
① 실내에 설치되므로 실내 공유면적(室內共有面積)이 크다.
② 많은 수량의 유닛이 분산 설치되므로 보수관리가 힘들다.
③ 외기공급 및 가습, 제습(除濕)장치가 별도로 필요하다.

6 —— 팬코일 유닛과 덕트병용식(duct and fan-coil unit system)

팬코일 유닛과 전덕트방식의 결점을 보완한 것으로 공기조화기에서 가열, 냉각, 가습, 감습, 청정된 공기를 각 실로 보내고 각 실에 있는 팬코일 유닛은 가열, 냉각, 감습을 행하는 방식으로 공조기는 내부부하와 외기부하를 담당하고 팬코일 유닛은 외피부하를 담당하는 방식으로 호텔, 사무실, 병실 등에 주로 채용된다(그림 2-86).

이 방식의 장점으로는
① 1일 중 부하변동이 많은 외피부하를 FCU가 담당하므로 부하변동에 따른 적응성이 뛰어나다.
② 실별, 용도별 부하변동에 대한 대처가 비교적 쉽다.
③ 계절별 부하변동에 따라 공조기와 FCU를 별도로 운전할 수 있어 경제적이다.
④ 덕트 스페이스가 비교적 작다.

한편, 단점으로는
① 설비비가 고가이고 유지관리가 어렵다.
② 실내기기가 차지하는 공간이 필요하고 심야 사용시 소음이 문제가 된다.

7 —— 유인유닛방식(induction unit system)

이 방식도 팬코일 유닛방식과 같이 실이 많은 건물의 부하변동이 심한 외부부하를 주로 담당하면서 공기조화를 시행하는 방식으로 1차 공기를 처리하는 **중앙식 공조기, 덕트, 유인유닛, 냉온수배관**으로 구성되어 있다(그림 2-87). 유닛과 덕트병용식과 다른 점은 1차 공기가 고속덕트를 통해 유인유닛에 직접 연결된다는 것과 FCU 대신 팬이 없는 유인유닛이 사용된다는 점이다.

이 방식의 장점으로는
① 실이 많은 건물의 복잡한 부하변동에 대하여 개별제어로 다양하게 대응할 수 있다.
② 1차 공기와 2차 냉·온수를 별도로 공급함으로써 재실자의 기호에 맞는 실온을 설정할 수 있다.

③ 1차 공기는 고속덕트로 공급하고 2차 측에 냉온수를 공급하므로 열반송에 필요한 스페이스를 최소화할 수 있다.

④ 중앙공조기는 1차 공기만 처리하므로 소형으로 가능하다.

⑤ 제습, 가습, 공기여과 등은 중앙공기조화기에서, 가열냉각은 유인유닛에서 담당한다.

⑥ 유닛에 동력이 필요 없으므로 수명이 길고 일상점검은 온도조절기와 필터청소뿐이다.

⑦ 송풍량은 전공기식에 비하여 적으므로 열반송 동력이 절감된다.

한편 단점으로는

① 송풍량이 적어 외기냉방효과를 얻기 어려우며 기류분포가 나빠지고 환기효과가 떨어진다.

② 자동제어가 전공기방식에 비하여 복잡하다.

③ 유인공기 압력이 적어 2차 공기에 대한 유효필터 설치가 되지 않는다.

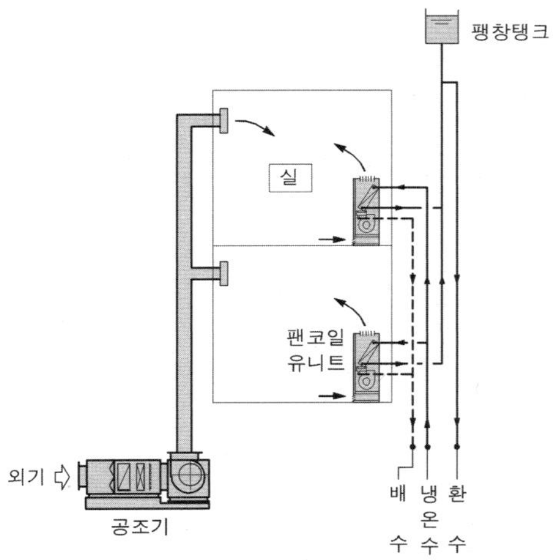

그림 2-86 **팬코일 유닛과 덕트병용식**

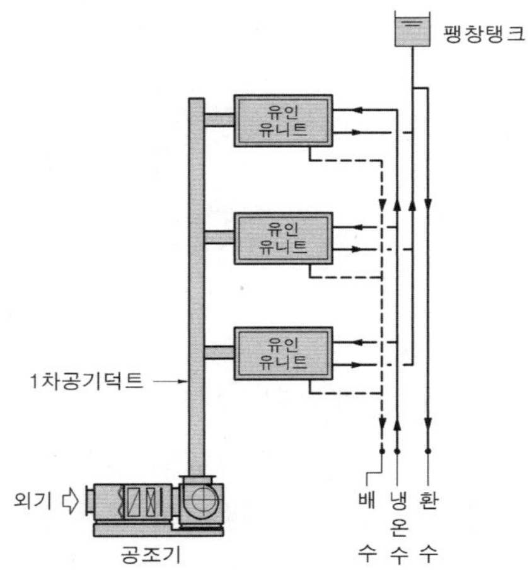

그림 2-87 **유인유닛방식**

8 —— 중앙식 패키지방식(central package unit system)

이 방식은 그림 2-32의 패키지형 에어컨을 사용하여 정풍량 단일덕트방식으로 필요한 온습도, 공기청정도를 유지하는 냉매방식의 공기조화방식이다. 패키지 유닛은 **직팽형 냉동기**와 **송풍기, 에어필터, 가습기, 자동제어기** 등이 내장된 공조기로 공장에서 생산된 것을 말하며, 난방 시에는 가열코일을 내장하여 보일러 열매를 이용하거나 히트펌프로 변환하여 사용한다.

이 방식의 장점으로는

① 공장에서 다량 생산된 제품이므로 가격이 저렴하고 품질이 보증된다.

② 다른 방식에 비하여 기계실면적, 파이프 스페이스, 덕트 스페이스가 작아도 된다.

③ 설치와 조립이 간편하고 공사기간이 짧다.

④ 실내유닛은 보수관리 운전이 간편하며 기존 건물은 물론 증·개축에 따른 유연성이 있다.

한편 단점으로는

① 중앙식에 비해 냉동기와 보일러의 수명이 짧다.

② 방음, 방진에 유의해야 한다.

③ 개별제어가 곤란하다.

이러한 특징 때문에 소규모 건물, 점포, 전산실 등 특수부분에 채용된다.

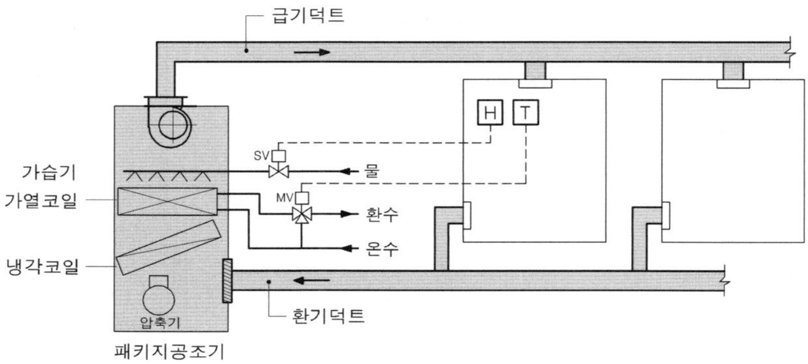

그림 2-88 **중앙식 패키지방식**

9 —— 분산식 패키지 방식(multi-unit system)

분산식 패키지공조기는 1대의 실외기에 여러 대의 실내기를 접속하여 공조하는 방식이다. 최근에는 **멀티유닛형**이라 하여 냉방이 필요한 존과 난방이 필요한 존을 분리하여 중공기 및 공조시 각 존을 별도 계통(그림 2-89)으로 하고 존별로 별도 실외기를 두어 냉매관 3본(액관, 흡입가스관, 토출가스관)과 자동제어장치를 설치하고 난방 존에 있는 각 실내기에는 냉방 존의 냉매액을 도입하여 폐열(응축열)을 회수하여 난방에 이용하고, 냉방 존에는 난방에 쓰이는 냉매증기를 도입하여 에너지의 이용효율을

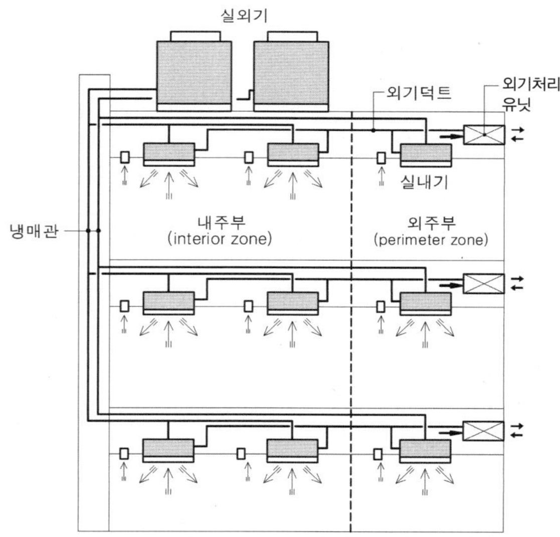

그림 2-89 **멀티유닛방식**

높이는 방법이 시도되고 있다. 실내기는 **천장카세트형, 매입형, 천장부착형, 상치형** 등이 있으며 최근에는 장치가 개발되어 실내기와 실외기의 냉매관은 종전의 직관길이 12m이내에서 직관과 상당길이의 합계 120m, 고저차 50m까지 가능하게 되었다.

10 — 복사 냉난방방식(輻射 冷煖房方式, radiant heating and cooling system)

냉각패널과 덕트방식을 병용한 공기조화방식으로 보통 천장패널이나 바닥 등에 매설한 배관에 냉수 또는 온수를 보내 실외 현열부하를 50~70% 처리하고 동시에 외기를 포함한 실내공기를 공조기로 냉각감습하거나 가열가습하여 실내로 보내 잔여 실내부하와 잠열부하를 처리한다.

이 방식은 유럽 고층건물의 고급사무실에 주로 이용하고 있으나 덕트와 병용하여 사용하지 않은 경우 여름철 패널 면에 결로가 발생할 수 있다.

이 방법의 장점으로는

① 복사열을 이용하므로 쾌감도를 높일 수 있다.
② 냉난방부하를 패널에 의해 제거하므로 덕트면적을 줄일 수 있다.
③ 조명발열이 클 때에는 이것을 수냉식의 조명기구로 처리할 수 있다.
④ 복사부하를 직접제거함으로써 실온의 제어성을 높일 수 있다.
⑤ 구조체의 열용량이 커서 축열을 기대할 수 있다.

한편 단점으로는

① 방열면 및 그에 따르는 배관제어설비가 필요하여 설비비가 비싸고 단열시공이 완벽해야 한다.
② 실의 크기와 모양을 바꾸기 힘들다.
③ 냉방시 결로발생 우려가 있다.
④ 풍량이 적어 공기분포와 환기불량이 초래되기 쉽다.

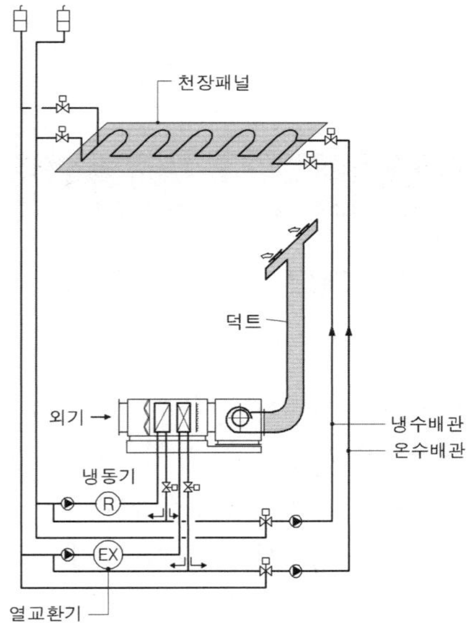

그림 2-90 **복사패널방식**

11 — 특수공조

(1) 클린룸(clean room)

클린룸에는 초고성능 에어필터(HEPA, ULPA)를 사용하여 공기 속에 있는 분진의 미립자, 가스, 세균, 곰팡이 냄새 등을 제거할 수 있도록 전공기방식이 채용되며 실외 또는 인접실과는 차압제어를 해야 한다. **공업용 클린룸**(ICR : industrial clean room)은 반도체산업, 필름공업, 정밀기계공업에서 요구되는 청정작업환경을 만들기 위한 공간이고 **바이오 클린룸**(bio clean room)은 제약공장, 무균실, 수술실 등 생물입자에 대한 청정을 목적으로 하는 곳이다.

청정도 등급단위로는 클라스가 사용되는데 클라스 1은 1ft^{3}의 공기 중에 0.5㎛ 크기 이상(담배연기 0.01~1㎛)의 입자가 1개 이상 포함되어서는 안 된다는 것을 의미한다.

(2) 전산실(電算室)

전산실에는 소형에서 대형에 이르기까지 다양한 컴퓨터가 설치되어 있다.

전산실 공조계획의 특징은

① 24시간 계통과 일반계통이 동시에 적용된다.

② 인간 대상과 시스템 대상이 동시에 적용된다.

③ 발열조건이 다양한 실이 동시에 존재한다.

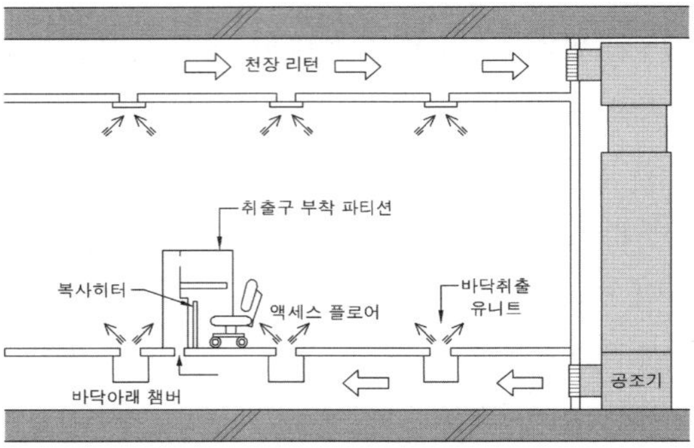

그림 2-91 **전산실 공조방식의 예**

2.12 축열조

2.12.1 개요

공조시스템의 열에너지는 저장이 가능하기 때문에 공조설비에서 축열시스템을 이용하면 전력소비의 평준화를 기할 수 있다. 또 열원기기의 고효율 운전, 열회수 등의 에너지절약도 효과적으로 달성할 수 있을 뿐 아니라 보일러, 냉동기 등 열원기기의 설비용량을 감소시켜 설비비를 절약하고 수전용량 감소 및 값싼 심야전력 이용을 통해 부분부하 운전을 피해 운전효율을 향상시킴으로써 유지비도 줄일 수 있다.

축열시스템은 **열원기기, 열저장장치, 열방출장치**와 이들을 접속하는 **순환회로** 등으로 구성된다. 대개 축열장치의 운전은 심야시간에 **얼음(빙축열)** 또는 **냉수(수축열)**을 생산, 저장하였다가 이를 낮 시간에 냉방열원으로 이용하는데 최근 우리나라에서도 빙축열시스템의 우수성 때문에 축열조 설치가 급증하는 추세에 있다.

축열시스템의 장점은

① 열원기기 설비용량이 경감된다.

② 열원기기의 고효율 운전을 할 수 있다.

③ 저렴한 심야전력을 이용할 수 있다.

④ 열회수 이용이 가능하다.

⑤ 부분공조 및 부하증대에 대응할 수 있다.

⑥ 열원기기의 고장대책에 융통성이 있다.

한편 단점으로는

① 축열조 구축에 비용이 많이 들고 스페이스(빙축열)를 많이 차지한다.
② 열손실이 증대된다.
③ 펌프동력이 증대된다.
④ 수처리비용이 증가한다.
⑤ 인건비가 증가한다.

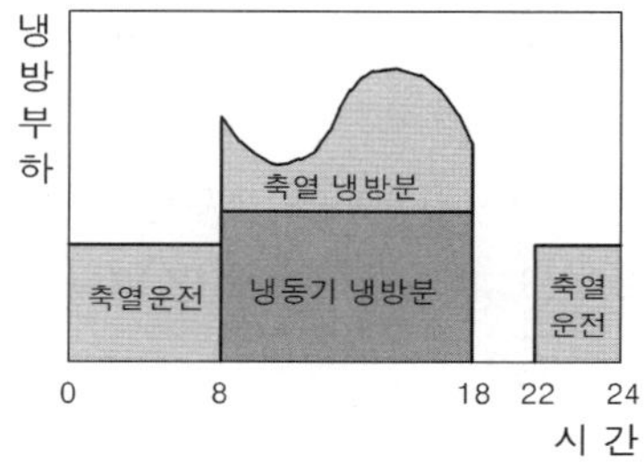

그림 2-92 **축열운전 예**

2.12.2 수축열시스템(水蓄熱, water thermal storage system)

그림 2-93(a)와 같이 축열수조를 사용한 축열시스템으로 건물 기초부분의 이중 슬래브 내를 축열조로 사용하여 냉동기는 축열조의 고온측으로부터 물을 흡입, 냉동기에서 냉각하여 저온측으로 보내어 축열한다. 공조기 등의 기기에는 저온측으로부터 냉수를 공급하여 고온측으로 되돌린다(온수축열조는 반대). 축열조 내의 온도분포를 균일하게 유지하기 위하여 공조기 주위의 제어에는 2방밸브가 사용된다. 또한 냉동기의 안정된 고효율운전을 유지하기 위해 입구온도를 일정하게 유지하는 제어가 필요하다. 그림 2-93(a)는 개방식 배관의 예를 나타낸 것으로, 밀폐식에 비해 펌프양정이 커서 펌프동력이 증가하기 때문에 고층건물에서는 열교환기를 사용하여 밀폐식 배관으로 설치하기도 한다.

2.12.3 빙축열시스템(氷蓄熱, ice thermal storage system)

야간에 심야전력을 이용하여 얼음을 생산한 뒤 축열, 저장하였다가 주간에 이 얼음을 녹여서 현열 및 그 융해열을 이용하여 건물의 냉방에 활용하는 방식으로 그림 2-93(b)는 빙축열 시스템의 구성도를 나타낸 것이다. 열교환기는 건물의 냉방부하측에 냉방열량을 공급하기 위한 것으로 1차측의 브라인액과 2차 냉방부하측의 냉수를 분리시키기 위하여 설치한 것

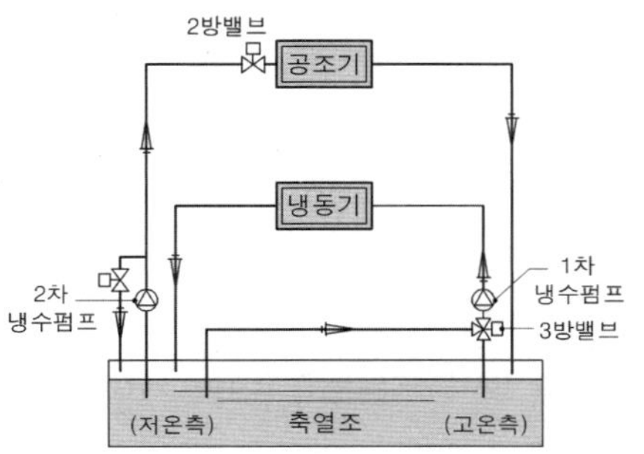

(a) 수축열방식의 기본형

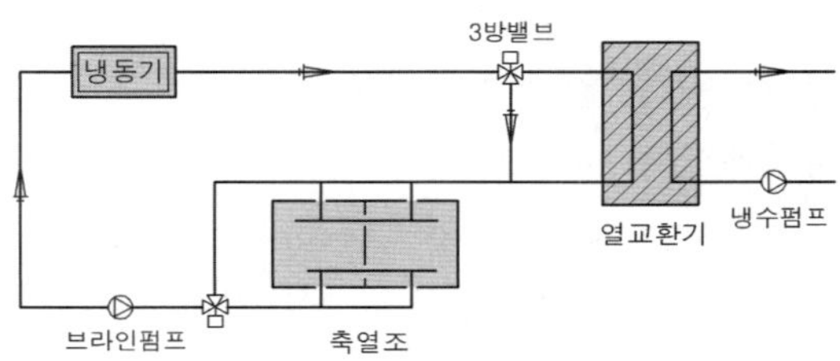

(b) 빙축열방식의 기본형

그림 2-93 **축열시스템의 구성도**

이다. 3방밸브는 축열조로 흐르는 유량을 조절함으로써 브라인액의 온도를 적정하게 유지하는 목적과 제빙운전시 열교환기로 브라인액이 흐르지 않게 하기 위한 교체 3방밸브 등이 사용된다. 빙축열방식은 얼음의 융해열도 이용하기 때문에 수축열방식보다 축열량을 크게 할 수 있고 밀폐식 배관방식이므로 순환펌프 동력비도 절약되나 얼음을 저장하는 공간이 필요하고 부속설비장치가 비싸다.

2.13 지역냉난방

2.13.1 개요

넓은 지역에 산재해 있는 각종 건물, 시설에 중앙열원 플랜트에서 만들어진 열매(냉온수, 증기)를 배관을 통해 공급하는 시설로 규모가 작은 경우 **블록 냉난방**이라고도 한다.

지역난방은 1875년 미국 뉴욕의 록포드에서 보일러에서 만들어진 증기를 배관을 따라 이웃한 몇 개동의 건물에 공급한 것에서 시작되었다. 이후 19세기말부터 미국과 유럽 각지에 화력발전소가 설립되어 증기터빈의 배기와 응축수를 이웃 건물에 공급하여 화력발전소의 종합효율을 올렸다. 이와 같은 방식을 **열병합발전방식**(co-generation system)이라 하며, 우리나라는 1973년에 대한주택공사가 건설한 서울의 반포아파트 단지에 지역난방방식을 최초로 채택하였으며 서울의 목동지구 아파트단지, 부산의 해운대 신시가지는 열병합(熱併合) 발전설비를 채용한 지역난방방식이다. 지역난방은 완벽한 집중투자로 대기오염을 방지할 수 있으며 각 건물에 별도의 기계실이 불필요하고 에너지의 유효이용, 배열(排熱)이용도 가능하게 하며 도시의 방재수준을 향상시키고 인적자원을 절약할 수 있는 특징이 있다.

2.13.2 열매

지역냉난방설비에서는 중앙열원 플랜트에 보일러와 냉동기를 설치하여 **증기-냉수** 혹은 **고온수-냉수**의 열매를 만들어낸다.

증기열매를 쓰는 경우 절대압 800kPa(8.0kg/㎠)의 증기가 가장 많이 사용되고, 온수난방인 경우에는 공급수의 온도 150~220℃, 환수의 온도 70~90℃의 고온수가 사용되나 우리나라에서는 110~120℃의 중온수(中溫水)가 주 열매로 쓰인다.

고온수는 증기에 비해 다음과 같은 장점이 있다.

① 축열량 공급, 환수의 온도차가 크므로 많은 열을 반송할 수 있다.

② 부하변동에 따라 적정수온의 열매를 반송(搬送)하므로 효율이 높다.

③ 시스템이 밀폐식이므로 열손실이 적다.

④ 배관구배에 따른 불편이 없고 고장이 잦은 감압(減壓)밸브, 트랩이 불필요하므로 보수

관리가 쉽다.

⑤ 배관의 부식이 적고 10㎞정도의 배관연장이 가능하다.

한편 단점으로는

① 고층빌딩에 공급할 때 정수압이 크게 되며 필요시 열교환기 2차 펌프 등을 설치해야 한다.

② 온수순환펌프의 동력비가 크게 된다.

③ 장치의 열용량이 크고 간헐운전에 불리하다.

2.14 태양열

2.14.1 개요

태양에너지는 면적당 에너지 밀도가 높지 않고 계절, 지역, 기상상태에 따라 변동도 크지만 엄청난 에너지량, 청정에너지 그리고 지구상의 에너지 밸런스를 깨뜨리지 않는, 특징상 지금의 주 에너지원인 화석연료의 고갈과 환경오염 측면에서 대체에너지로 가장 주목을 받고 있다. 건축에서의 태양열 이용은 그 이용방법에 따라 **자연형**과 **설비형**으로 나눌 수 있으며 설비형 태양열시스템은 **난방**과 **급탕**부분에서 그 이용범위가 점차 확대되고 있으며 특히 급탕의 경우 시스템이 일체화된 공장제품이 시판되고 있다.

2.14.2 태양열시스템의 구조

설비형 태양열시스템은 크게 **집열기, 축열조, 조절부, 보조열원**으로 구성된다. 집열기(集熱器)는 평판형(平板型)과 진공유리관형이 개발되어 있으며 진공유리관형은 높은 온도 (70~150℃)가 필요한 흡수식 냉동기 등 산업부분에 이용되고 있고 건축물에서는 평판형(40~70℃)이 주종을 이룬다.

평판형 집열기는 그림 2-94에서와 같이 **투명덮개, 흡열판, 열매체도관 단열재, 집열기** 등으로 구성되어 있다. 투명덮개는 태양 투과열은 이용하고 2차 복사열은 차단하는 역할을 하고, 동판을 무광흑색으로 도장하여 동판에 부착된 동파이프에 열매를 흐르게 한 흡열판(吸熱板)은 투명덮개를 통과한 태양일사를 흡수하여 열에너지로 변환시켜 열매에 전달하며 단열재는 동판 뒷면과 가장자리의 열손실을 방지한다. 집열기에 모인 태양에너지는 열매에 의해 축열조로 보내지는데 축열조에서 열매와 물을 열교환시켜 그 물을 직접 사용하는 방식이 급탕방법이고 그 물을 필요한 난방부하개소에 보내어 방열하는 방식이 난방방식이다. 조절부는 제어장치로 집열펌프의 자동작동, 열매의 누출감지, 동결방지 등의 기능을 하며 고온측

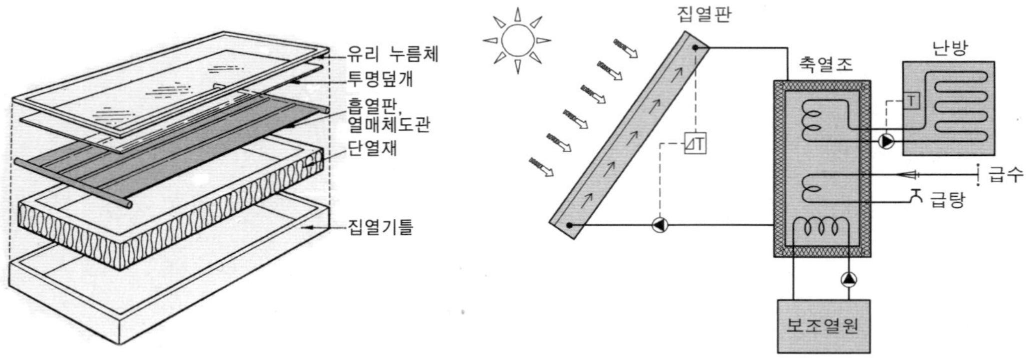

그림 2-94 **평판형 집열기와 태양열시스템 개요도**

수온을 감지함과 동시에 축열조 내 온도를 저온측에서 감지하여 펌프의 작동정지신호를 보낸다.

보조열원은 태양에너지가 간헐적으로 공급되기 때문에 필요한 장치로 태양열만으로 매일 필요부하에 100% 대응하기는 어렵기 때문에 경제성이 성립되는 범위 내에서 보조열원의 사용은 불가피하다. 축열조에 전기히터, 석유보일러, 가스보일러 등의 보조열원을 접속하여 축열조 내의 열매를 적정온도로 유지하는 방식이 주로 채용된다.

2.14.3 태양열 급탕시스템

태양열 이용에서 가장 많이 보급되어 있는 것이 태양열 이용 급탕시스템이다. 주택용으로 가장 일반적인 것은 그림 2-95(a)의 자연순환식 태양열 온수기이다. 집열기에서 가열된 열매는 비중차에 의해 상승하여 축열조로 유입되고, 축열조 내에서는 온도차에 의해 하부에 모인 저온 열매가 압력차에 의해 집열기 쪽으로 하강하여 태양열을 집열한다. 즉 자연대류의 원리에 의해 열매를 가열, 저장하는 시스템이다.

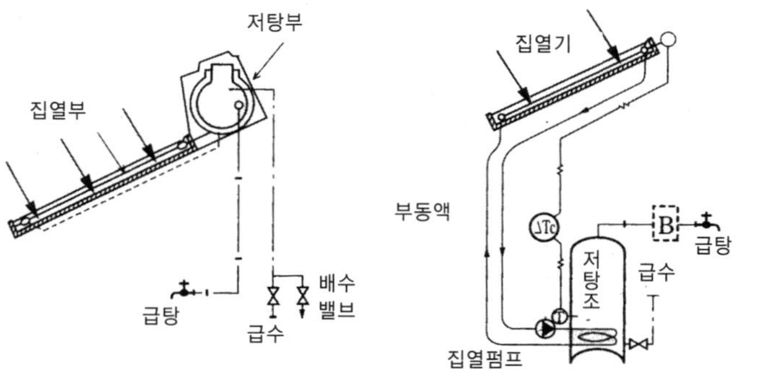

(a) 자연 순환식 태양열온수기 (b) 강제 순환식 태양열급탕시스템

그림 2-95 **태양열 급탕시스템의 구성**

또한 그림 2-95(b)에서와 같이 **집열기, 저탕조, 집열펌프**를 조합한 강제순환식에는 집열기에 부동액 등을 통과시켜 저탕조에서 물과 열교환하는 간접집열방식이 주를 이룬다.

2.15 자동제어장치

2.15.1 자동제어장치의 구성

공기조화장치는 각각 목적이 있는데 그 장치를 보완하여 최종적인 목적을 달성하도록 장치의 운전상태를 상시 계측하면서 장치가 얻을 수 있는 최적목표와 비교판단하여 적절한 조작을 자동적으로 하는 것을 자동제어라 한다. 이를 위하여 설비시스템의 목적을 잘 분석하여 무엇을 계측하여 어떠한 판단기준 아래 무엇을 조작해야 하는지를 잘 검토해야 한다.

자동제어시스템은 제어량의 변화를 검출해내기 위해 설치하는 써모스태트와 같은 **검출부(檢出部)**와 검출부에서의 신호를 목표설정치와 비교(+/-)하여 조작신호를 보내기 위한 **조절부(調節部)**, 조절부의 신호를 직접 시행하는 **조작부(操作部)**로 구성되어 있다.

1 —— 계장의 종류(instrumentations)

시스템의 운전 및 성능관리를 위하여 설치된 **측정장치, 제어장치, 감시장치** 등을 계장(計裝)이라고 하는데 공조설비의 계장은 크게 **단일유닛개별제어**(local control)와 **관련유닛연계제어**(sequential local control)로 구분된다.

단일유닛개별제어란 열교환기, 팬코일 유닛 등 개별기기에 단일 목표를 정하여 제어하는 계장을 말한다. 관련유닛연계제어란 공조기의 냉각코일, 가열코일, 가습기 등 복합기능을 가진 기기들을 실내 온습도를 일정하게 유지한다는 목적에 따라 일련의 제어하는 것과 같이 개별기능의 기기를 조합하여 어떤 단위로 연관시켜 제어하는 계장을 말한다. 목표달성을 위해 상태량을 계측하여 그것을 목표치와 비교 판단해서 연속적으로 제어하는 것을 **피드백 제어**(feedback control)라 하며 위의 두 가지 제어는 피드백 제어방식에 속한다.

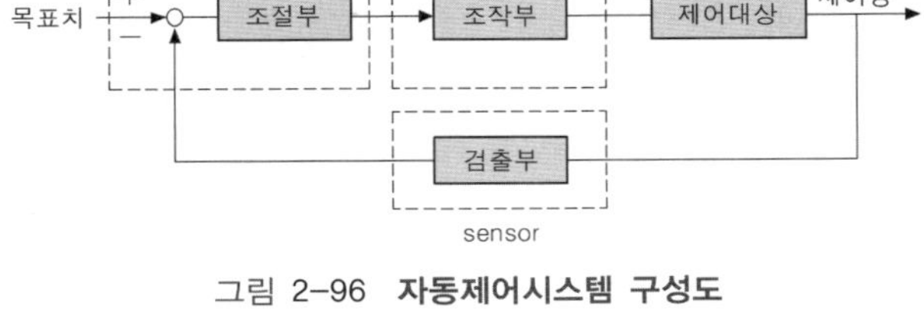

그림 2-96 **자동제어시스템 구성도**

조작부에 필요한 동력에는 신호의 전달과 조작을 전기적으로 행하는 **전기식**과 전자증폭기를 사용한 **전자식**, 압축공기를 이용한 **공기식**이 있으며 최근에는 마이크로프로세스를 이용한 **디지털식**이 이용된다. 전기식과 전자식, 디지털식을 동력원으로 전기를 쓰는 것은 같지만 전자식은 검출조절기구에 전자회로를 쓰기 때문에 전기식에 비해 정밀하고 응답속도도 빠르다. 공기식은 압축공기를 동작에너지로 쓰는 것이며, 이 방식은 간단한 조작기구로 큰 힘을 얻을 수 있다는 특징이 있다.

2 —— 제어동작의 종류

자동제어장치의 제어동작은 조절부에서의 동작신호에 대한 조작부의 응답이며 이 응답은 편차를 해소시키는 프로세스이다. 이를 조작부의 중요작동 특성에 따라 분류하면 다음과 같다.

표 2-81 **자동제어기기의 기능과 특징**

기능과 특징 \ 기기방식	전기식	전자식	디지털식	공기식	전기-공기식
제어정밀도	보통	좋음	좋음	좋음	좋음
검출부의 응답속도	보통	빠름	빠름	보통	빠름
제어동작	2위치 비례	2위치 비례 PI, PID	2위치 비례 PI, PID	비례 PI PID(공업용)	비례 PI PID
보상제어	없음	있음	있음	있음	있음
최적화제어	없음	없음	있음	없음	없음
시퀀스제어	없음	없음	있음	없음	없음
중앙제어와의 협조	없음	없음	있음	없음	없음
고장시 기능유지	없음	없음	있음	없음	없음
원격 설정	없음	있음	있음	있음	있음
구동가능한 조작기	15~150㎜	15~150㎜	15~150㎜	15~300㎜	15~300㎜
방폭성	-	-	-	본질적으로 방폭	부분적으로 방폭
취급 편리성	간단	약간 복잡	약간 복잡	간단	약간 복잡
제어용 에너지원	상용전원	상용전원	상용전원	압축공기	상용전원 압축공기
가격	저	중	고	고	고
적합한 건물규모	소	중	중-대	중-대	중-대

(1) 2위치 동작(二位置動作, on-off action)

조작량을 최대치(on) 혹은 최소치(off)로 하는 동작을 말한다. 이 제어동작에서는 조작부가 2위치(0 아니면 100%)밖에 취하지 않는다.

(2) 단속도 동작(單速度動作, single-speed floating action)

on 스위치 off 스위치 조합으로 조작량을 플로트와 같이 움직여 부하변화에 맞춰 연속적으로 변화시키는 동작을 말한다.

(3) 비례동작(比例動作, proportional control)

조작량이 편차신호에 비례하여 0~100% 연속적으로 변화하는 동작을 말한다. 여기에는 **시간비례동작**과 **위치비례동작**이 있다.

그 외에 **적분동작**(I동작, PI동작) **미분동작**(D동작, PID동작) 등이 있으며, 이들은 고정밀동작에 사용되어 왔지만 최근에는 일반공조용으로도 사용하게 되었다.

3 —— 공기조화설비의 계장

그림 2-97은 단일덕트방식의 공기조화장치에 대한 전기식 자동제어기기계장이다. 여름에는 **써모스태트**(Th : thermostat)의 지령에 의해 냉수코일의 **3방밸브**(three-way valve)의 열림동작을 조작하여 실온을 일정하게 유지한다. 겨울에는 써모스태트의 지령에 의해 증기코일의 2방밸브(two-way valve)를 조작하여 실온을 제어한다. 또한 **휴미디스태트**(H : humidistat)의 지령에 의해 가습기의 **2방밸브**를 조작하여 습도저하를 제어한다. 한 대의 공조기에서 다수의 실로 공기를 보내는 경우에는 대표실을 선택하여 검출부를 설치하거나 환기덕트 내에 설치하여 평균치를 검출한다. 그림 2-98은 단일덕트방식 공기조화장치의 전자식 자동제어기에 의한 계장을 나타낸 것이다.

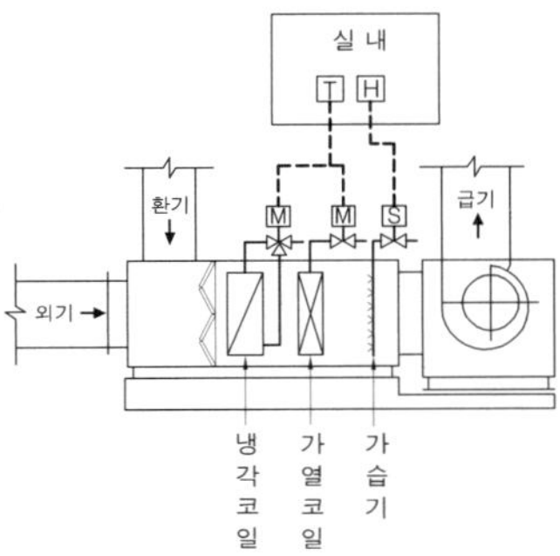

그림 2-97 **단일덕트방식의 제어 예(전기식)**

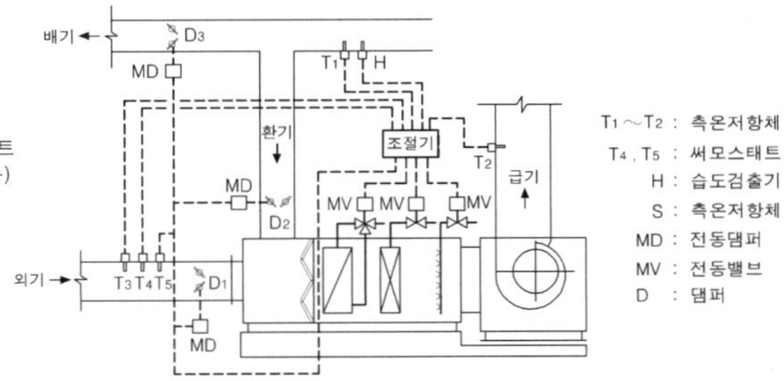

그림 2-98 **단일덕트방식의 제어 예(전자식)**

4 —— **중앙관제장치(centralized monitoring and control system)**

중앙관제장치는 설비기기의 운전상태나 각 실의 온습도, 기기의 운전정지나 설정변경 등의 **조작, 최적제어, 운전관리**에 필요한 데이터 기록이나 집계를 집중적으로 행하는 장치이다.

시스템의 구성요로소로는

(1) **표시 · 조작부** : 집중적으로 감시, 조작을 관리하는 부분이며 표시방법은 기기류의 선택표시, 개별표시, 그래픽표시, CRT표시 등이 있다. 조작방법에는 개별푸시버튼, 코드버튼, 표시램프 겸용 버튼이 있다.

(2) **중앙처리장치** : 센트럴 프로세스 유닛(CPU)이라 불리는 부분이며 시스템 전체의 입출력 제어를 한다. 릴레이 타이머류로 구성된 것에서 마이크로프로세스 미니컴퓨터를 이용한 것까지 여러 가지가 있다. 기억장치를 포함하여 연산기능을 지니고 있어 설비계의 통상 운전관리를 자동적으로 처리하는 기능도 있다.

(3) **주변장치**(기록장치 등) : 조작운전의 기록, 계측치, 상태치의 기록, 이상 내용의 기록, 일보, 월보, 요금산출 데이터 기록 등이 있다.

2.16 방 음

2.16.1 음의 단위

1 —— **음**

음이란 기체, 액체, 고체에 전해지는 소밀파로 공기중에서 파동으로 전달되어 고막을 진동시켜 음으로 지각하게 된다. 음을 나타내는 것으로 **음의 크기, 음의 높이, 음색**이 있으며 이를 음의 3요소라 한다. 크기는 진폭에 의존하며 높이는 주파수, 음색은 주파수 성분과 시간 변동에 의한 것이다. 인간의 가청주파수는 20~20000Hz이고 이 이상의 음을 고주파, 20Hz 이하의 음을 초저주파음이라 한다.

2 —— **dB척도**

(1) 음압(音壓, sound pressure)

음파에 의해 공기진동으로 생기는 대기의 변동으로서 단위면적에 작용하는 힘으로 표시하며, 인간이 들을 수 있는 음압의 범위는 2×10^{-5} Pa(0.0002dyne/㎠)~2×10^{2} Pa(2000dyne/㎠)이다.

음압레벨(SPL : sound pressure level)이란 2×10^{-5} Pa을 기준음압(P_0)으로 하여 어떤 음의 음압(P)이 기준음압(P_0)의 몇 배인가를 다음과 같이 대수(對數)로 표시한 것이다.

$$\mathrm{SPL} = 20\log\frac{P}{P_0}\ \ [\mathrm{dB}] \tag{2.76}$$

(2) 음의 세기(I : intensity, 음의 강도)

음파방향의 수직면에 1초 동안 전파되는 음의 에너지량을 말하고, 음의 세기레벨(IL : intensity level)은 어떤 음의 세기(IL)가 기준음의 세기 10^{-12}W/m²(I_0)의 몇 배인가를 다음과 같이 대수로 표시한 것이다.

$$\mathrm{IL} = 10\log\frac{I}{I_0}\ \ [\mathrm{dB}] \tag{2.77}$$

예를 들어, 처음 음의 세기가 I, 음압레벨이 SPL_1이고, 음의 세기가 $2I$로 바뀌었을 때의 음압레벨을 SPL_2라 하면, 음압레벨의 변화량은 다음과 같다.

$$\mathrm{SPL}_2 - \mathrm{SPL}_1 = 10\log\frac{2I}{I_0} - 10\log\frac{I}{I_0} = 10\log\left(\frac{2I}{I_0}\times\frac{I_0}{I}\right) = 10\times 0.3 = 3\ \ [\mathrm{dB}]$$

이와 같이 음압레벨과 음의 세기레벨은 둘 다 데시벨(dB)단위로 나타낼 수 있다. 데시벨 단위를 사용하는 이유는 음의 자극에 대한 인간의 감각의 절대량에 비례하지 않고 대수에 비례하며, 최저 가청음에서 최고 가청음의 범위는 음의 세기(W/m²)로 나타낸다면 10^{-12}~1까지 나타내어야 하나 dB척도로는 0~120dB의 범위로 나타낼 수 있으므로 편리하기 때문이다.

표 2-82 **데시벨(dB) 구분**

음의 세기 [W/m²]	음압 [Pa]	음의 세기레벨 (=음압레벨)[dB]	실 예	음역구분
10	60	130	제트엔진, 리베팅 해머, 고통을 느낌	유해음역
1	20	120	프로펠러, 고통을 느끼기 시작	
10^{-1}	6.32	110	로크드릴	주의음역
10^{-2}	2	100	금속가공, 고속특급열차 통과시	
10^{-3}	0.632	90	중차량, 진공청소기	안전음역
10^{-4}	2×10^{-1}	80	교통혼잡지역	
10^{-5}	0.0632	70	승용차	
10^{-6}	2×10^{-2}	60	도심 붐비는 거리의 소음	
10^{-7}	0.00632	50	음식점에서의 소음	
10^{-8}	2×10^{-3}	40	부드러운 라디오음악	
10^{-9}	0.000632	30	속삭임	
10^{-10}	2×10^{-4}	20	조용한 주거지역	
10^{-11}	0.0000632	10	살랑거리는 바람소리, 나뭇잎 움직임	
10^{-12}	2×10^{-5}	0	최소 가청치	

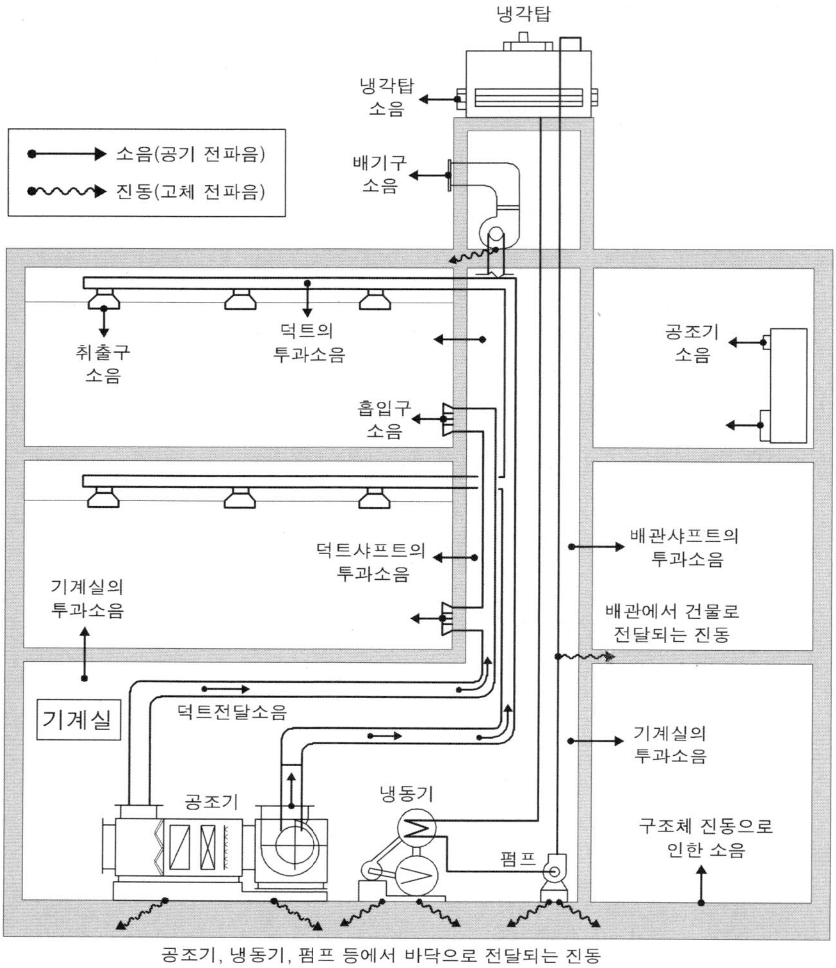

그림 2-99 **소음과 진동의 전파경로**

2.16.2 소음(騷音 : noise)

소음이란 바람직하지 않은 음으로 정의되며 물리적 특성 외에 생리적, 심리적 특성이 있어 각 개인이 느끼는 소음에는 차이가 있다. 그러나 보통 소음계로 측정된 값은 대략 음압레벨과 같으며 음압레벨과 구별하기 위해 dB(A)라고 나타낼 때도 있다.

건축설비에서 소음문제는 기계실에 설치된 **냉동기, 보일러, 펌프, 송풍기** 등에서 발생한 소음이 기계실 벽체를 투과하여 이웃 거실에 전달되는 경우, 기기류의 진동이 기초에서 건물구조체로 전달되어 거실 내의 천장이나 벽을 울리게 하는 경우, **덕트**나 **배관**을 통해 송풍기와 펌프의 소음이 전달되는 경우에 발생한다. 그림 2-99는 소음과 진동의 전파경로를 나타낸 것이고, 표 2-83은 일반적으로 쓰이고 있는 허용소음값을 나타낸 것이다.

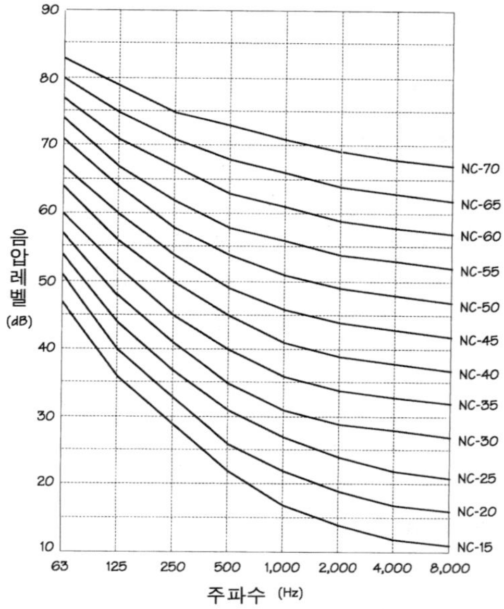

그림 2-100 **NC[1] 곡선**

표 2-83 **실내허용소음**

실 명	소음레벨 (A특성) [dB]	NC값
주택, 아파트		
거실, 침실	30~35	20~25
주방, 작업실, 욕실	40~45	30~35
병 원		
병실, 진료실	35~40	30~35
대기실	40~45	35~40
학 교		
교실	40	30
도서실, 연구실	40~45	30~35
강당, 음악실	35~40	35~40
호텔, 여관		
객실	30	25
복도	35~40	30
사무소		
일반사무실, 제도실	40~45	35~40
회의실	30~35	25~30
응접실	35~40	30~35
계산실	45~55	40~50
상 점	45~55	40~50
음식점	50~55	45~50
체육관, 경기장	45~50	45~50
공회당, 극장	35~40	35~40
음악당	30~35	20
공 장		
經기계실	50~60	45~60
重기계실	60~70	55~65

2.16.3 차음(遮音, sound insulation)

차음이란 음파를 차단해서 반대쪽으로 투과하는 음에너지를 줄이는 것을 말하며 **투과손실**[dB]로 나타낸다. 벽면에 입사하는 음의 강도(에너지)와 반대쪽으로 투과하는 강도의 비를 **투과율**이라 하고 대수함수로 표시하면 입사하는 음압레벨에서 투과한 음압레벨을 뺀 값이 되며 이것을 투과손실(透過損失)이라 한다. 균질한 단일판의 차음성능은 질량법칙으로 나타낸다. 음파가 벽면에 수직으로 입사할 때 투과손실 TL은 다음 식과 같다.

$$TL = 20\log f \cdot m - 43 \ [\text{dB}] \qquad (2.78)$$

f : 음의 주파수 [Hz]

m : 벽의 면밀도 [kg/m²]

여기에서 TL은 주파수와 면밀도의 대수에 비례하며 이를 차음에 대한 **질량법칙**(mass law)이라 부른다. 벽 중량 또는 주파수가 2배로 되면 투과손실은 6dB 증가하는 관계이다.

1) NC : noise criteria의 약자로 소음을 옥타브별로 분석하여 주파수별로 소음대책량을 구하는데 사용하는 값이다.

그러나 실제의 음장에 있어서는 입사각은 0~78° 범위로 계산하여 근사시킨 식

$$TL_m \fallingdotseq TL - 5 \ \ [dB] \tag{2.79}$$

을 이용하는 편이 현실에 가까우므로 **음장입사 질량법칙(音場入射質量法則)**이라고 하는 (2.80)식을 주로 사용하고 있다.

차음효과는 **공진(共振)**과 **일치효과(一致効果)**와 같은 2가지 현상에 의해 감소되며 벽체는 저주파수역인 기본 공진주파수에서 판진동을 일으켜 투과손실이 저하된다. 주변을 지지하는 장방형 간벽의 **기본 공진주파수**는 다음과 같다.

$$f_r = 0.45 \times v_1 \times b[(\frac{1}{l})^2 + (\frac{1}{h})^2] \tag{2.80}$$

b : 벽의 두께(m), l : 벽의 길이(m)
h : 벽의 높이(m), v_1 : 간벽 내 종파의 속도(m/s)

$$v_1 = \sqrt{\frac{E}{\rho(1-\sigma^2)}}$$

E : 영률, ρ : 밀도, σ : 프와송비

대부분의 건물벽체는 5-20Hz의 기본공진 주파수를 갖게 되고 **중고주파수역**에서는 **일치효과**에 의하여 투과손실이 저하된다. 일치효과란 그림 2-101과 같이 벽면에 대해 파장 λ의 평면파가 θ의 각도로 입사하면 벽면 위에 $\lambda_B(\lambda_B = \lambda \sin\theta)$를 파장으로 하는 음압의 강약이 벽면을 따라 이동하기 때문에, 벽체는 굴곡 진동을 하게 되고 그 굴곡파(bending wave)가 벽체를 전파하게 되어 음의 투과가 촉진된다. 이 같은 현상이 일어나는 한계가 되는 주파수를 **한계주파수(限界周波數)**라 하며 다음 식과 같다.

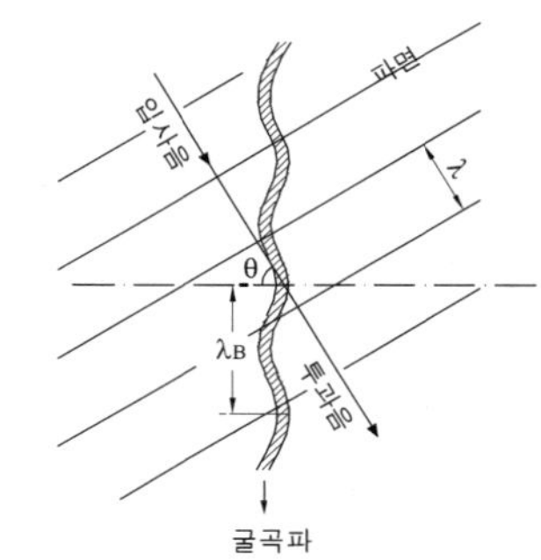

그림 2-101 **일치효과**

$$f_c = \frac{v^2}{2\pi b}\sqrt{\frac{12\rho(1-\sigma^2)}{E}} \tag{2.81}$$

b : 벽의 두께(m),
E : 영률
ρ : 밀도
σ : 프와송비

2.16.4 흡 음(吸音, sound absorption)

흡음이란 음에너지가 어떤 물체에 부딪힐 때 운동에너지 또는 열에너지로 변환되는 것을 말하며 입사된 에너지에 대한 변환(흡수)된 에너지의 비율을 **흡음률**이라 한다. 흡음재는 유리

섬유(glass wool)나 락울(rock wool)처럼 재료 자체에 흡음성능이 있는 재료를 말하며 흡음구조는 천공판처럼 재료 자체의 흡음성능은 거의 없지만 배후공기층과 조합하여 흡음성능을 가지도록 하는 구조를 말한다. 흡음재는 실내에 부착하여 실내소음의 반향을 제어해서 소음을 줄일 수도 있고 이중벽 사이에 삽입하여 벽의 차음효과를 높일 수도 있다. 기계실과 같이 소음이 큰 방의 소음저감대책, 덕트내장과 엘보에 흡음재를 부착한 소음장치의 소음성능은 흡음재의 흡음성능에 의존하며 소음의 효과는 **주파수흡음률**에 비례한다.

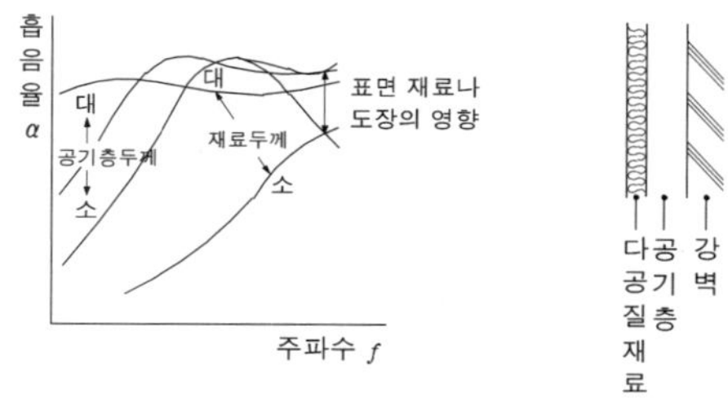

(a) 다공질 흡음재료의 흡음특성

표 2-84 **흡음재료·흡음구조의 구분**

구분	재료의 예
다공질흡음재료·구조	유리섬유, 락울, 연질우레탄폼, 목모시멘트판, 락울 미장흡음판, 유리섬유 미장흡음판
천공판흡음구조	천공석고보드, 천공슬레이트보드, 천공하드 퍼이버보드, 천공금속판
판상흡음구조	합판, 하드 파이버보드, 석고보드, 슬레이트보드, 플라스틱판, 금속판
막상흡음구조	비닐 시트, 폴리에틸렌 시트
기타	커튼, 깔개, 의자, 매단흡음재

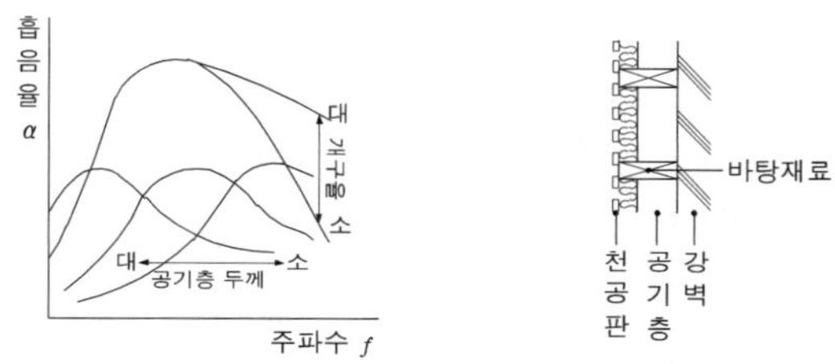

(b) 천공판 흡음구조의 흡음특성

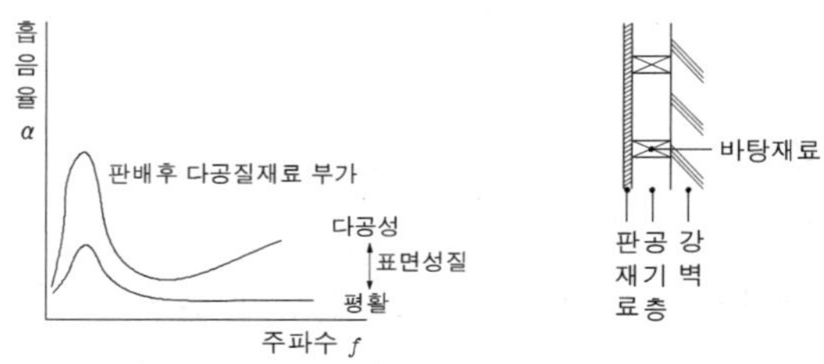

(c) 판상 흡음구조의 흡음특성

그림 2-102 **흡음재·흡음구조의 흡음특성**

2.16.5 송풍계통의 방음

1 —— 송풍기 소음(noise of blower)

송풍기에서 발생하여 덕트를 통해 실내에 도달한 것과 취출구와 흡입구에서 공기흐름에 의해 발생하는 것이 있다. 송풍계의 발생소음 중에서 송풍기가 최대의 발생음원이 되기 때문에 이의 정확한 파워레벨[1]을 얻는 것이 중요하다. 송풍기의 발생소음 PWL[dB]은 실측치를 이

1) 파워레벨(PWL : Power Level) : 음원의 음향출력의 크기를 나타내는 것으로써 음출력 W와트의 파워레벨은 다음 식으로 나타낸다. $PWL = 10\log\frac{W}{10^{12}}$ (dB)

용하는 것이 바람직하며 원심송풍기 및 축류송풍기에 대해서는 실용상 편리한 예측식을 사용하는 것이 편리하다.

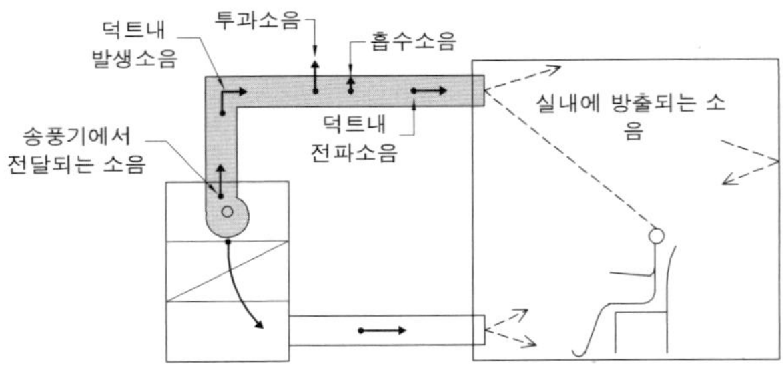

그림 2-103 **송풍계통의 소음전파**

표 2-85 **다익송풍기의 PWL [dB]**

정압효율	옥타브밴드의 중심주파수 [Hz]						
	125	250	500	1000	2000	4000	8000
65% 이상	63~73	63~68	58~63	53~58	48~53	43~48	38~43
50~65%	68~78	68~73	63~68	58~63	53~58	48~53	43~48
30~50%	73~88	73~83	68~78	63~73	58~68	53~63	48~58
30% 이하	예측 불능						

2 — 덕 트(noise in duct)

덕트를 통해 전파되는 소음은 **덕트철판의 진동, 단열재의 흡수, 외부로의 투과** 등을 통해 파워레벨이 감소한다. 또 엘보나 단면적이 변화하는 부분에서 **음의 반사**가 일어나 감쇄되기도 하고 분기부에서 음에너지가 분배되어 파워레벨이 감소하기도 한다. 직관부에서의 소음 감소는 덕트의 형상, 구조, 치수, 판두께 단열재 등에 따라 감소하며 그 값은 표 2-86과 같다.

표 2-86 **직관덕트의 감음량**

덕트치수 [mm]		옥타브밴드의 중심주파수 [Hz]			
		63	125	250	500
		감음량 [dB/m]			
소	152×152	0.7	0.7	0.5	0.3
중	610×610	0.7	0.7	0.3	0.16
대	1830×1830	0.3	0.3	0.16	0.03

표 2-87 **직각엘보의 감음량**

덕트폭 [mm]	옥타브밴드의 중심주파수 [Hz]							
	63	125	250	500	1000	2000	4000	8000
	감음량 [dB]							
127	0	0	0	1	5	7	5	3
254	0	0	1	5	7	5	3	3
508	0	1	5	7	5	3	3	3
1016	1	5	7	5	3	3	3	3

또한, 취출구로부터 실내로 방출되는 소음은 실내에 확산되면서 감쇄하며 감쇄량은 벽면의 크기, 재질, 취출구와 인체의 위치관계에 따라 변화한다.

이외 감쇠량은 그림 2-104에 나타나 있다.

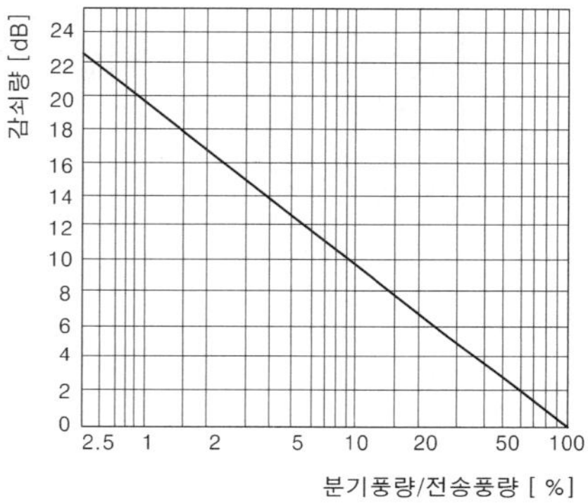

그림 2-104 **분기덕트에 의한 감음량**

3 —— 방음설계(sound insulation design)

송풍기의 파워레벨에서 덕트를 통해 실내로 전달되는 과정에서의 감음량을 뺀 값이 소음레벨이다. 음을 듣는 장소에서의 소음레벨과 소음허용치(표 2-83)와의 차가 필요한 방음량이 되고, 이를 근거로 소음방지대책을 세운다.

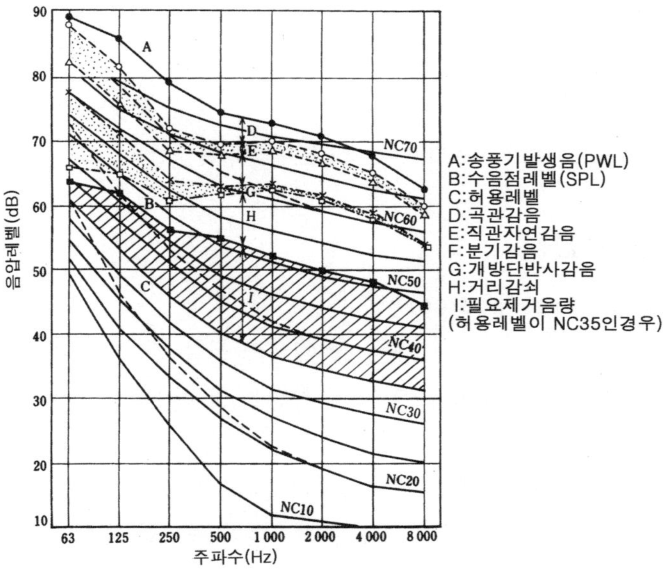

그림 2-105 **소요방음량**

그림 2-105에서 필요방음량은 B곡선과 C곡선의 차로 표시된다. 이 소음량은 그림 2-106과 같은 각종 방음장치에 의해 감음되며 그림 2-107은 소음기의 설치 예를 나타낸 것이다.

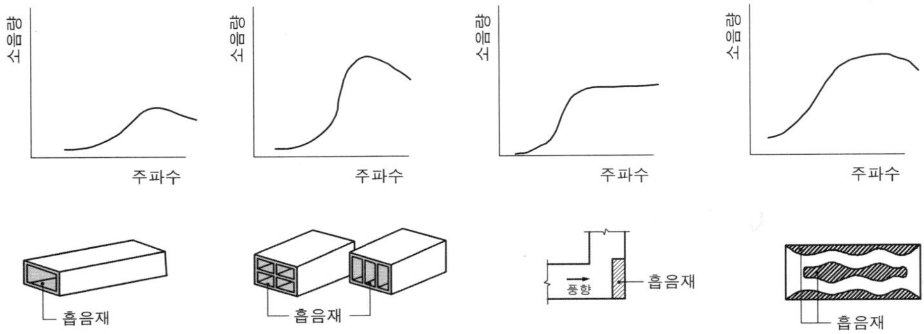

(a) 덕트내장형 (b) 셀형, 플레이트형 (c) 엘 보 (d) 파 형

그림 2-106 **각종 소음기의 특성**

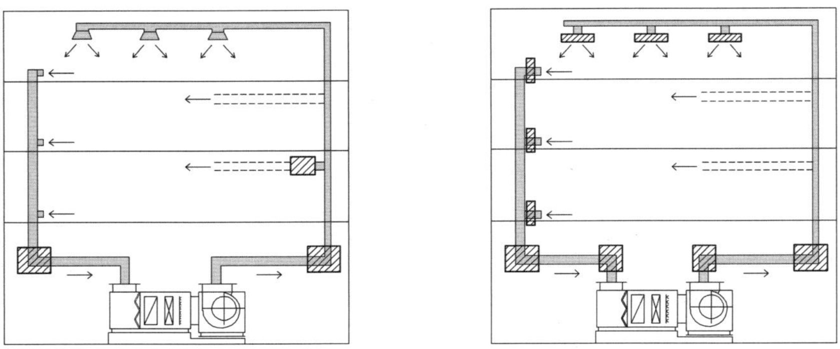

(a) 저속덕트 (b) 고속덕트

그림 2-107 **소음기 설치 예**

2.16.6 배관계통의 방음

1 —— 발생음(發生音, noise source)

배관계의 중요 발생음에는 펌프, 수전, 배관 등에서 발생한 음과 펌프의 진동이 기초로부터 건물구조체로 전달되어 수음실(受音室)의 벽과 천장을 통하여 진동시켜 음을 방출하는 고체전달음(固體傳達音)이 있다.

배관계에서는 물이 흐를 때 발생하는 진동에 의한 고체 전달음이 문제가 된다. 배관계의 발생소음은 수압이 높을수록 커지기 때문에 압력조정이 중요한 대책이 되며 밸브류들이 발생음을 일으키는 경우도 있다.

2 —— 방음설계(防音設計)

펌프실의 공기 전달음을 차단하기 위해서는 필요한 차음성능(遮音性能)을 지닌 벽구조를 설치하고, 고체 전달음을 차단하기 위해서는 펌프 본체에서 건물구조체로의 전달경로 차단을 위해 기기기초에 방진지지를 해야 한다.

배관에 대해서는 펌프에서의 진동을 차단하기 위하여 방진부속을 통해서 배관을 한다. 배관은 방진이음을 설치해도 관내에서 물을 경로로 한 전달과 흐르는 물에 의한 진동이 발생하기 때문에 건물구조체를 통과하는 부분의 진동차단이 필요하다.

배관을 건물에 지지하는 경우에는 **방진고무**로 지지한다. 관내의 수중을 전달하는 전달음으로 **압력맥동**이 있으며 이를 방지하기 위하여 저소음형 펌프를 사용하지만 필요한 경우에는 **펌프 사일런서**(압력맥동흡수장치)를 설치한다(그림 2-108).

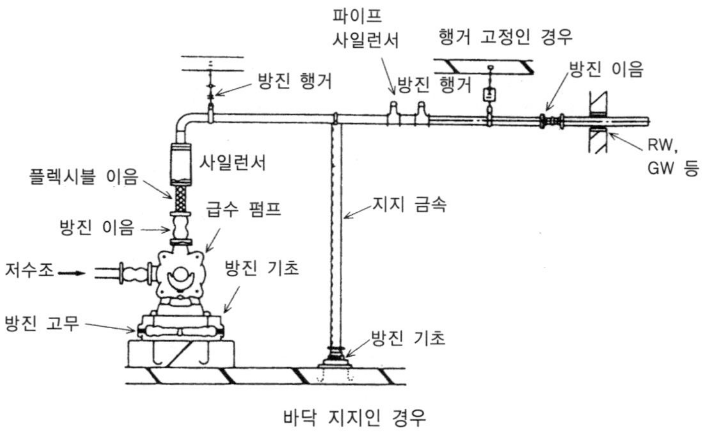

그림 2-108 **배관계통의 전달음대책**

2.16.7 공동주택의 방음

1 —— 발생음

공동주택에서의 주요 발생소음으로 변기에서 발생하는 소음과 급배수소음이 있다. 급배수계통에서 발생되는 소음의 종류는 표 2-88, 급배수소음의 발생원인은 표 2-89와 같다.

표 2-88 **급배수소음의 종류**

구 분	소음의 종류
급수계통 발생음	• 급수기구를 통한 배출음 및 관내 유속음 • 위생기구 또는 수면을 두드리는 음 • 매립배관에서의 고체전달음 • 급수관계통에서의 수격작용에 의한 소음
배수계통 발생음	• 변기의 세정음 및 배수음 • 욕조나 세면기의 배수음 • 배수입관에서의 유수음 • 싱크, 다용도 배수음
기 타	• 우수의 유수음

표 2-89 **급배수소음의 발생원인**

구 분	설 비	발생원인	관계인자
진동발생원	급배수설비 자체	유수진동	유속, 유량, 구성재료
	배 관	트랩진동	트랩구조, 통기상태, 유량
		낙하수격진동	유수낙하속도, 유량, 배관재질
		공기흡입진동	통기상태, 유량, 관경
진동전달경로	배 관	설비에서 전달	접합방법, 재질
		배관에서 전달	재질, 관경, 관두께, 접합방법
	건축구조체	설비에서 전달	부착방법, 질량, 강성
		배관에서 전달	배관방법, 재질
		구조체에서 전달	재료구조
공기음발생원	급배수설비 자체	유수진동음	구성재질, 구조
		트랩진동음	구조, 크기
	배 관	낙하수직진동음	재질, 관두께
		공기흡입진동음	재질, 관두께
	건축구조체	구조체진동	면절, 질량, 강성, 감쇠특성
	마감재	마감재진동	면적, 질량, 강성, 감쇠특성

표 2-90 **변기종류별 음향특성 ***

변기종류	피크소음레벨 [dB]	등가소음레벨 [dB]
사이펀제트식	64.3	60.4
사이펀식	63.7	60.4
절수형	63.4	59.5

* 아래층 화장실에서 측정한 값

위층 화장실에서 발생하는 소음원이 아래층에 미치는 영향을 크기 순으로 나열하면, 변기배수소음 → 욕조급수소음 → 변기급수소음 → 세면기배수 → 세면기급수 → 욕조배수소음 순이다. 위층 화장실 변기소음은 천장에서 벽체나 파이프 샤프트를 통해 세면기나 욕조배수구, 욕실바닥배수구로 전달되는 것과 화장실의 배기구에서 덕트를 통해 인근 화장실 배기구로 전달되는 것이 있다.

변기 종류별 음향특성은 표 2-90과 같이 인근 화장실에서는 소음레벨차가 크지 않으나 동일 세대 내에서는 절수형 변기가 약 2dB 작아지는 것을 알 수 있다.

2 —— 방음설계

변기발생소음을 차단하기 위해 현재 사용하고 있는 방법으로는 변기 하부에 발포고무로 방진처리하는 것(그림 2-109, 표 2-91)과 배수관에 덮개형 차음재를 부착(그림 2-110, 표 2-92)하는 것이 있다. 현재 대부분의 공동주택 화장실 배관방식이 천장배관방식이 아닌 바닥위 배관방식으로 시공하게 되면 아래층으로 전달되는 배수소음이 약 11dB 정도 감소하게 되어 방음상 유리하지만 화장실 바닥이 높아지고 구배를 주기 위해 정밀시공이 요구되며 누수시 구조체에 문제가 발생할 우려도 있다.

표 2-91 **변기하부 방진처리에 따른 음향성능**

변기하부 방진상태	피크소음레벨			등가소음레벨		
	사이펀제트식	사이펀식	사이펀식 (절수형)	사이펀제트식	사이펀식	사이펀식 (절수형)
방진고무 없음	64.2	63.7	63.5	60.6	60.9	59.8
3㎜ 발포고무	64	63.6	63.3	60.5	60.3	59
8㎜ 발포고무	64	63.8	63.4	60.1	60.2	59.8

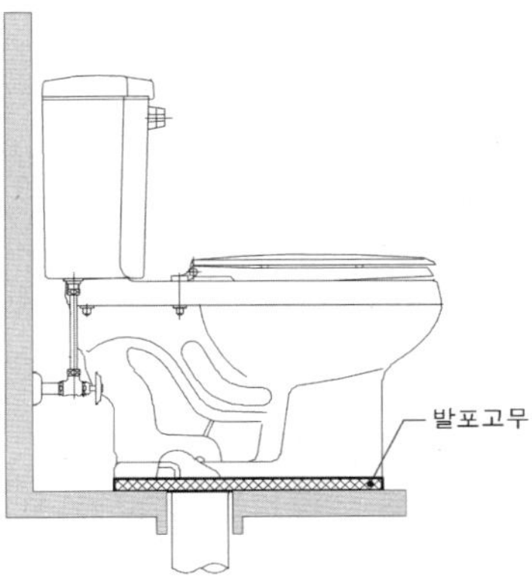

그림 2-109 **변기하부 방진처리 단면**

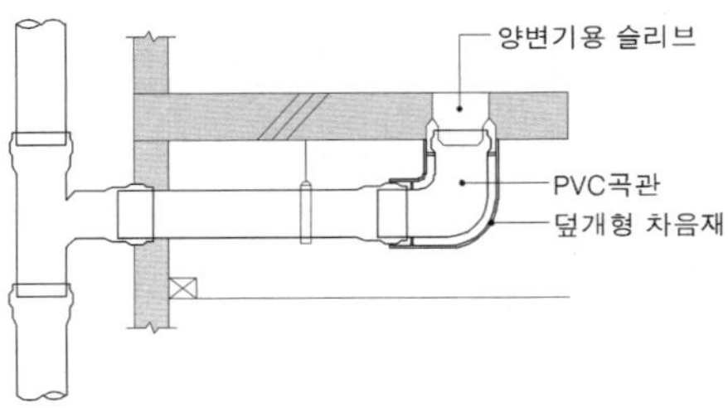

그림 2-110 **덮개형 차음재의 형태 및 설치부위**

표 2-92 **주철제 곡관의 음향성능**

배수관 길이	배수관 공법	피크소음레벨 [dB]	등가소음레벨 [dB]
배수관 길이가 약 110cm인 경우	PVC파이프+주철제곡관	54.9	57.8
	PVC파이프+방음보온통	54.8	57.7
	PVC 나배관	58.7	61.7
배수관 길이가 약 60cm인 경우	PVC파이프+주철제곡관	56.3	59.0
	PVC파이프+방음보온통	56.7	60.3
	PVC 나배관	60.6	64.2

2.17 방 진

2.17.1 진동(振動, vibration)

건물내 거실에 영향을 미치는 설비기기 소음은 고체 전달음인 경우가 많다. 그림 2-111은 설비기기의 진동전달과 고체 전달음의 발생을 나타내고 있다.

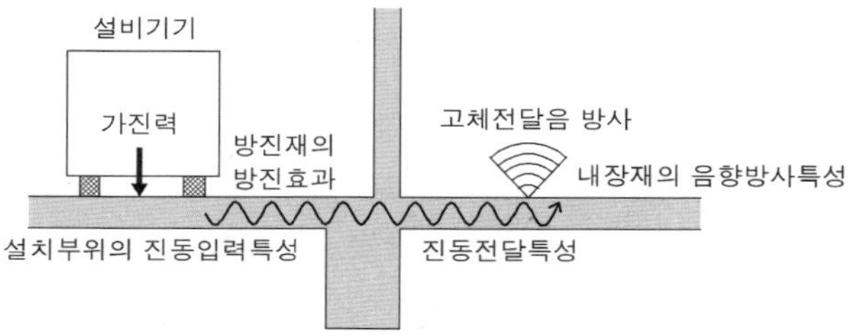

그림 2-111 **설비기기의 진동전달, 거실내장의 고체 전달음 방사**

① 설비기기가 회전기기라면 회전부의 불균형으로 인한 불평행력으로, 왕복기기라면 가동부의 관성력으로 인한 가진력이 발생하며 이들은 설비기기에 진동을 발생시킨다.
② 설비기기가 바닥에 직접 접해있다면 가진력은 설치바닥에 직접 입력되고, 방진재를 통하여 설치되어 있으면 방진효과의 영향을 받는 힘이 설치한 바닥에 입력된다.
③ 설치바닥에서 발생하는 진동은 건물구조체 등을 통하여 거실 구조체에 도달하는데 구조체의 종류, 길이, 형상, 전달거리에 따라 도달량이 다르다.
④ 건물구조체에 도달한 진동은 내장재로 전달되어 고체 전달음이 되어 거실 내에 방출한다.

보통 공조장치에 의한 구조체의 진동은 비교적 적어 인체에 직접 영향을 미치는 진폭으로 되는 경우는 적으나 바닥, 벽, 천장과 같은 벽체의 판진동으로 실내에 방사되는 소음이 문제가 되는 경우가 많다.

2.17.2 방진공법(防振工法)

1 —— 방진재료(防振材料)

방진재료는 진동절연을 하기 위해 스프링 정수가 적고 적당한 감쇄계수를 가지며 기계적 강도와 내구성도 실용상 충분한 것이라야 한다. 방진재료로는 금속스프링, 방진고무, 공기스프링이 주로 사용된다.

2 —— 방진기초(防振基礎, vibration isolation base)

기기와 기초상판 사이에 방진재를 삽입하고 고유진동수를 적게 함으로써 바닥으로의 전달력을 줄이는 것이다. 이런 경우 바닥의 진동에 대한 영향은 작지만 기기의 진폭에는 영향을 줄 수 있으므로 수직방향 이외의 방향에 대해서도 조사해야 한다.

중요 설비기기의 방진공법은 그림 2-112, 2-113과 같다.

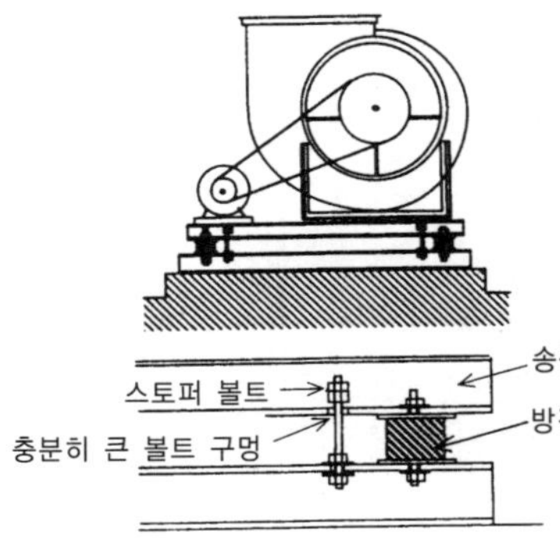

그림 2-112 **송풍기 방진 예**

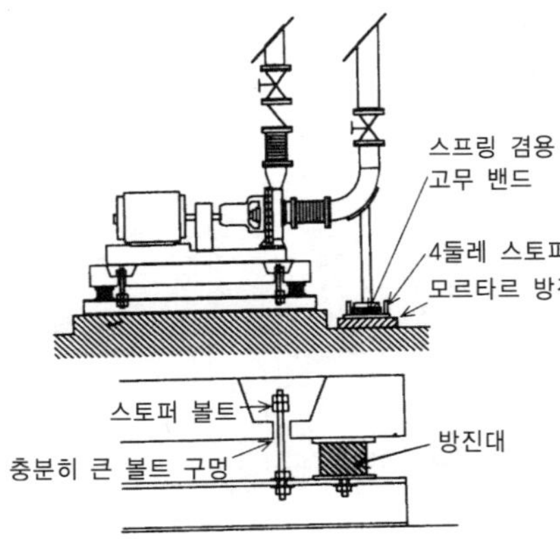

그림 2-113 **펌프 방진 예**

2.18 공기조화설비 설계 예

2.18.1 건물개요

① 명　칭 : A 빌딩(임대사무소)

② 소재지 : 부산

③ 구　조 : 철근콘크리트조

④ 규　모 : 연면적 3460㎡ / 지하1층, 지상9층 / 기준층 바닥면적 456㎡

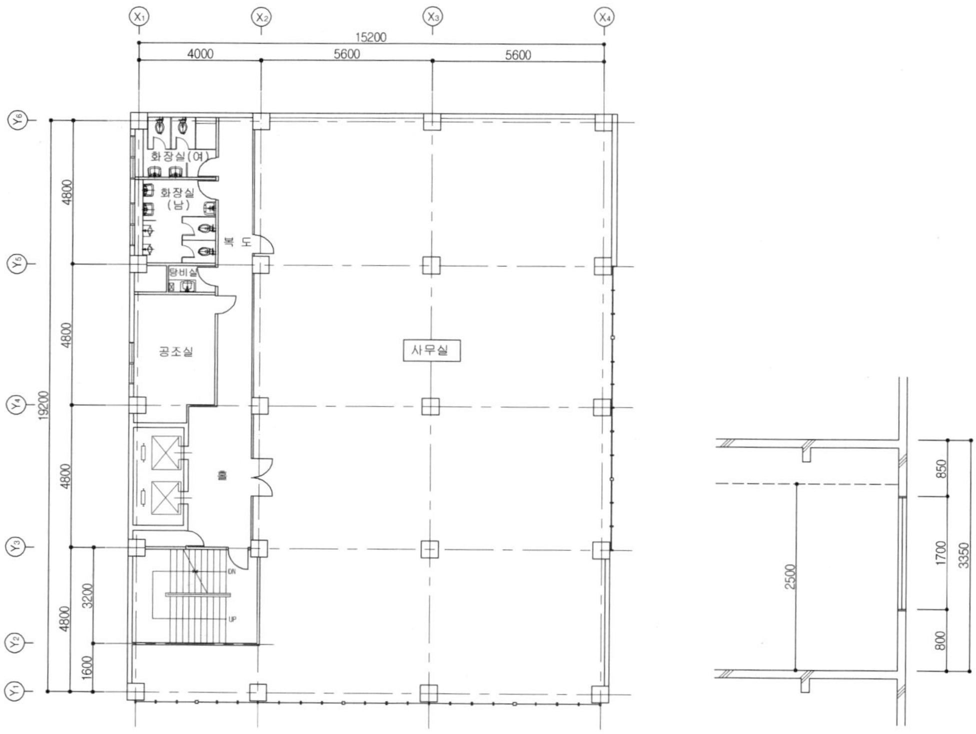

(a) 기준층 평면도　　(b) 기준층 단면도

그림 2-114 **A빌딩 기준층**

2.18.2 공조설계계획

① 임대사무실이므로 층별 운전이 가능하도록 층별로 존을 나누고 덕트 스페이스를 고려하여 공기-수(air-water)방식을 채택한다.

② 각층에 공조실을 두어 AHU를 설치하고 사무실 외벽 창측에는 FCU를 배치한다. 냉방 시에는 AHU가 내부부하와 잠열부하를 FCU가 외피부하를 담당하도록 하고 난방 시에는

FCU가 현열부하의 40%, AHU가 현열부하의 60%와 잠열부하, 실내공기청정, 가습을 담당하도록 설계한다.

③ 환기는 복도환기방식(corridor return system)으로 하여 환기덕트를 생략한다. 신선외기는 공조실에서 직접 유입하도록 하고 각층 배기와 화장실 배기는 옥상으로 배출한다.

④ 화장실은 3종 환기방식으로 하여 항상 부압상태(負壓狀態)로 유지될 수 있도록 하며 복도측에서 공기가 유입될 수 있도록 한다.

⑤ 공조기의 가열코일과 가습기에는 보일러에서 생산된 저압증기를 공급하고 냉각코일에는 냉동기에서 만들어진 냉수를 공급한다. 이때 냉수는 냉동기 → 송수헤더 → 2차 순환펌프→공조기(냉각코일) → 환수헤더 → 1차 순환펌프→냉동기의 순으로 순환된다.

⑥ 난방시 FCU에는 보일러에서 만들어진 증기를 이용하여 열교환기에서 온수를 생산하여 공급한다. 이때, 온수는 보일러 → 열교환기 → 송수헤더 → 2차 순환펌프 → FCU → 환수헤더 → 1차 순환펌프→열교환기의 순으로 순환된다.

2.18.3 부하계산

(1) 설계조건

표 2-93 부산지방의 실내외 설계조건

설계조건		온 도		상대습도 ϕ [%]	절대습도 x [kg/kg(DA)]	엔탈피 i [kJ/kg]
		건구온도 t [℃]	습구온도 t' [℃]			
여름	외기	30.7	26.2	70	0.0197	81.26
	실내	26	18.7	50	0.0105	52.91
겨울	외기	−5.3	−7.7	46	0.0011	−2.58
	실내	20	13.8	50	0.0073	38.55

(2) 벽체 구조

표 2-94 벽체구조와 열관류율

벽체	구조도	각부 재료	열관류율		
			두께 d [m]	열전도율 λ [W/m · K]	열저항 $r(=d/\lambda)$ [㎡ · K/W]
지붕	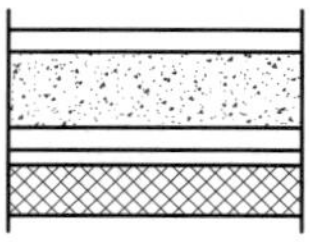	외부열전도저항			0.043
		모르타르	0.03	1.4	0.021
		콘크리트	0.12	1.6	0.075
		모르타르	0.03	1.4	0.021
		공기층			0.086
		폴리우레탄	0.05	0.028	1.786
		내부열전도저항			0.086
		K=1/2.118=0.47			2.118
기준층 외벽	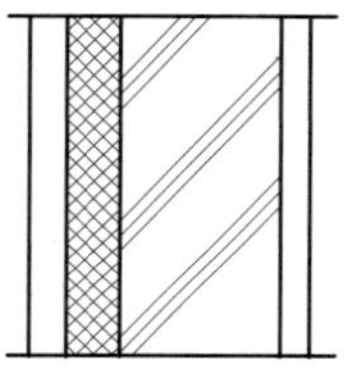	외부열전도저항			0.043
		화강석	0.03	3.5	0.009
		글라스울	0.05	0.04	1.25
		콘크리트	0.10	1.6	0.063
		석고보드	0.024	0.14	0.171
		내부열전도저항			0.11
		K=1/1.646=0.48			1.646
바닥	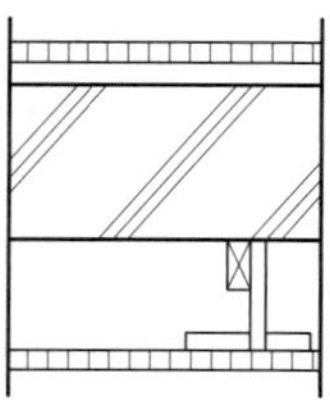	외부열전도저항			0.043
		리놀륨	0.005	0.186	0.027
		모르타르	0.015	1.4	0.011
		콘크리트	0.15	1.6	0.094
		공기층			0.086
		텍스	0.012	0.22	0.055
		내부열전도저항			0.086
		K=1/0.402=2.49			0.402
칸막이 벽	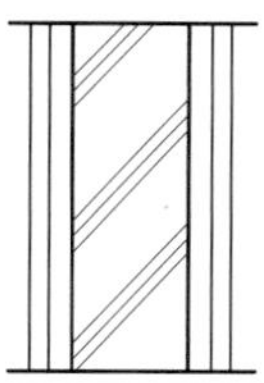	내부열전도저항			0.11
		플라스터	0.003	0.79	0.004
		모르타르	0.015	1.4	0.011
		콘크리트	0.100	1.6	0.063
		모르타르	0.020	1.4	0.014
		플라스터	0.003	0.79	0.004
		내부열전도저항			0.11
		K=1/0.316=3.16			0.316

표 2-95 냉난방부하 계산서

실 명			기준층(2~8층), 최상층, 1층			방 위	남향		계 통		
바닥면적			(14×24)+(2×5)=346m²			실용적	346×2.5=865m³				
계산기준			냉 방 부 하					난 방 부 하			참고
			면 적	관류율	온도차/상당온도차	일사량/단위열량	취득열량	온도차	방위계수	손실열량	
태양복사열	유리	E	–								
		S	19×1.7=32.3			278	① 8979				표 2-16
		W	12×1.7=20.4			326	① 6650				표 2-16
		N	–								
관류열량	유리	E	–								
		S	32.3	3.7	4.7		② 562	25.3	1.0	② 3024	표 2-17
		W	20.4	3.7	4.7		② 355	25.3	1.1	② 2101	표 2-17
		N	–								
	외벽	E	2×2.5=5.0	0.61	14.4		③ 44	25.3	1.05	③ 81	표 2-14 (2.26)식 (2.40)식
		S	19×0.8=15.2	0.61	16.5		③ 153	25.3	1.0	③ 235	
		W	12×(2.5+0.8) =39.6	0.61	12.7		③ 307	25.3	1.1	③ 672	
		N	19×2.5=47.5	0.61	8.8		③ 255	25.3	1.1	③ 806	
	지붕(최상층)		346	0.47	36.1		④ 5871	25.3	1.0	④ 4114	
	바닥(1층)		346	2.49	2.35		⑤ 2025	12.7	1.0	⑤ 10942	그림 2-20 (2.29)식
	칸막이		24×2.5=60 (출입문 무시)	3.16	2.35		⑥ 446	12.7	1.0	⑥ 2408	그림 2-20 (2.29)식
극간풍	SH		865×0.5 =433m³(여름)	1.2	4.7		⑦ 678	25.3		⑦ 14590	표 2-19 (2.34)식
	LH		865×2 =1730m³(겨울)	2501	0.0092		ⓐ 2767	0.0062		ⓐ 7452	표 2-19 (2.35)식
인체	SH		346×0.2=69명			70	⑧ 4830				표 2-20
	LH					45	ⓑ 3105				
조명	–		346×50W/m² =17.3kW				⑨ 17300				표 2-21
현열부하	외피부하	기준층	㉮ = ①+②+③+⑦				17983	㉮ = ②+③+⑦		21509	
		최상층	㉯ = ㉮+④				23854	㉯ = ㉮+④		25623	
		1층	㉰ = ㉮+⑤				20008	㉰ = ㉮+⑤		32451	
	내부부하		㉱ = ⑥+⑧+⑨				22576	㉱ = ⑥		2408	
잠열부하			㉲ = ⓐ+ⓑ				5872	㉲ = ⓐ		7452	
전열부하	기준층		㉮+㉱+㉲				46431	㉮+㉱+㉲		31369	
	최상층		㉯+㉱+㉲				52302	㉯+㉱+㉲		35483	
	1층		㉰+㉱+㉲				48456	㉰+㉱+㉲		42311	

표 2-96 냉난방부하 집계표

구 간	바닥면적 [㎡]	냉방부하 [W]			난방부하 [W]		
		현열부하	잠열부하	전열부하	현열부하	잠열부하	전열부하
기준층	346×7	40559×7	5872×7	46431×7	23917×7	7452×7	31369×7
최상층	346	46430	5872	52302	28031	7452	35483
1 층	346	42584	5872	48456	34859	7452	42311
합 계	3114	372927	52848	425775	230309	67068	297377

2.18.4 AHU 설계(기준층)

AHU는 냉수코일, 증기가열코일, 증기분사식 가습장치로 구성되어 있고, 냉방시 내부부하와 잠열부하를 담당하도록 설계한다.

1 —— 냉방용량

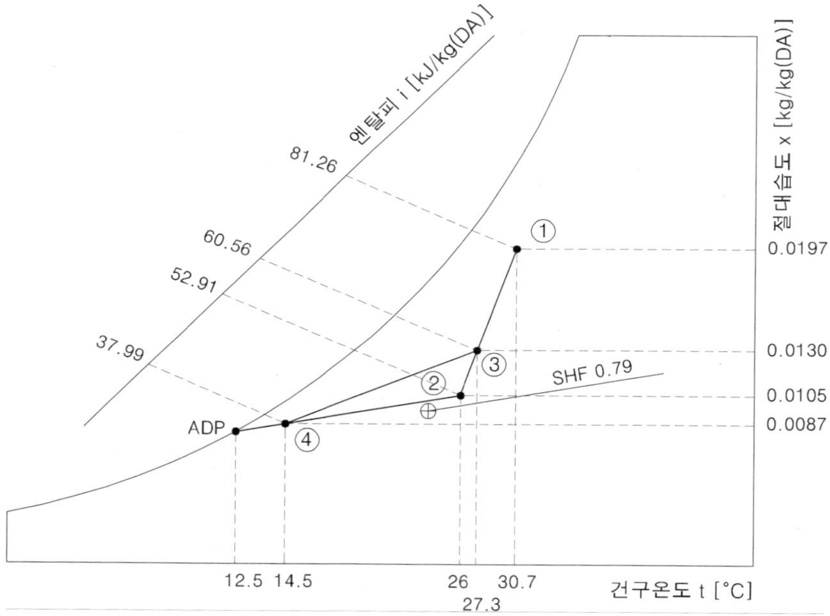

그림 2-115 **냉방시 공기의 상태변화**

내부부하는 22576W(81274kJ/h), 잠열부하는 5872W(21139kJ/h)이므로

① 현열비

$$SHF = \frac{81274}{81274 + 21139} = 0.79$$

② 송풍량

ADP가 12.5℃이므로 송풍공기 온도를 14.5℃로 하면, i_4=37.99, x_4=0.0093이고, 송풍량은 (2.21)식에서

$$G=\frac{81274}{(26-14.5)}=7067\ [\text{kg/h}]$$

$$Q=\frac{81274}{1.2(26-14.5)}=5889\ [\text{m}^3/\text{h}]$$

③ 외기량

표 2-22에 의해 신선외기량을 1인당 25㎥/h로 하면,

$$Q_F=25\times 64\text{명}=1600\ [\text{m}^3/\text{h}]$$

$$G_F=1600\times 1.2=1920\ [\text{kg/h}]$$ (전체 송풍량 7067kg/h의 27%)

④ 혼합공기 (2.17)식에서

$$i_3=81.26\times 0.27+52.91\times 0.73=60.56,\ t_3=27.3,\ x_3=0.0130$$

⑤ 공조기의 냉각부하[그림 2-12(b) 참조]

$$q_T=7067(60.56-37.99)=159502\ [\text{kJ/h}]$$

⑥ 외기부하

$$q_F=1920(81.26-52.91)=54432\ [\text{kJ/h}]$$

⑦ 검토

현열부하 + 잠열부하 + 외기부하 = 81274 + 21139 + 54432 =156845kJ/h는 공조기 냉각부하 $q_T=159502$kJ/h에 대하여 −1.7%의 오차범위 내에서 일치한다.

2 —— 난방용량

AHU가 현열부하의 60%, 잠열부하 100%를 담당하는 것으로 설계하면,

현열부하 23917×0.6=14350W(51660kJ/h), 잠열부하는 7452W(26827kJ/h)이다.

① 현열비

$$SHF=\frac{51660}{51660+26827}=0.66$$

② 송풍공기

송풍량은 냉방 시와 같고 송풍온도는 (2.20)식에 의해

$$t_5 = t_2 + \frac{q_s}{G} = 20 + \frac{51660}{7067} = 27.3 \ [℃]$$

송풍공기의 상태점 ⑤는 실내공기의 상태점 ②에서 SHF 0.66선을 그었을 때 송풍공기온도선과 만나는 점이다. $i_5 = 50.0$, $x_5 = 0.0088$

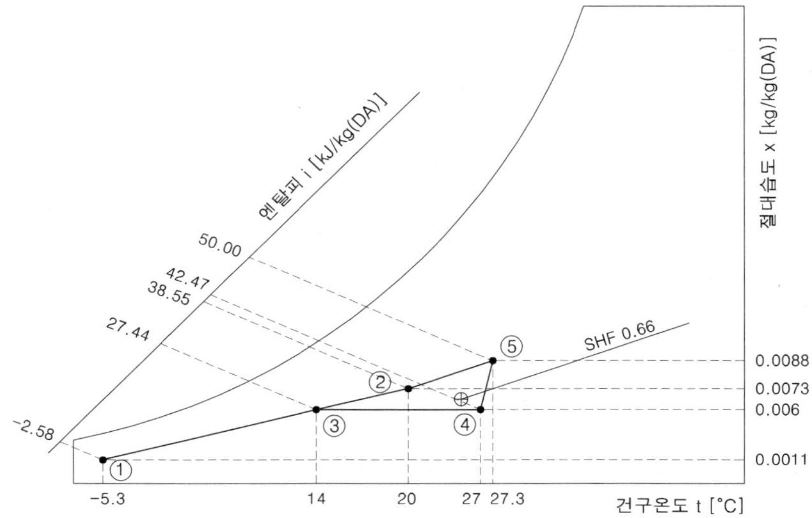

그림 2-116 **난방시 공기의 상태변화**

③ 혼합공기

$$i_3 = -2.58 \times 0.27 + 38.55 \times 0.73 = 27.44, \ t_3 = 13.2, \ x_3 = 0.005$$

④ 열수분비는 2700kJ/kg이므로, 상태점 ⑤에서 열수분비와 평행하게 그은 선이 상태점 ③에서 그은 수평선과 만나는 점이 상태점 ④가 된다.

$$i_4 = 42.47, \ t_4 = 27.0, \ x_4 = 0.006$$

⑤ 가열기에 의한 가열량 (그림 2-12(a) 참조)

$$q_S = G(i_4 - i_3) = 7067(42.47 - 27.44) = 106217 \ [\text{kJ/h}]$$

⑥ 가습기에 의한 가열량 : $q_L = G_S(i_5 - i_4) = 7067(50.0 - 42.47) = 53215 \ [\text{kJ/h}]$

⑦ 공조기의 가열량 : $q_T = 106217 + 53215 = 159432 \ [\text{kJ/h}]$

⑧ 외기부하 : $q_F = G_F(i_2 - i_1) = 1920 \times (38.55 - (-2.58)) = 78970 \ [\text{kJ/h}]$

⑨ 가습량 : $L = 7067(0.0088 - 0.006) = 20 \ [\text{kg/h}]$

⑩ 검토 : 현열부하 + 잠열부하 + 외기부하 $= 51660 + 26827 + 78970 = 159432 \ [\text{kJ/h}]$는 공조기 난방용량 $q_T = 159432$ kJ/h과 -1.2% 오차범위이다.

3 —— 송풍기 선정

표 2-97 **급기팬 · 환기팬 선정**

구분		급기휀		환기휀	
공조풍량		6179m³/h		5729m³/h	
기내정압			표 2-44, 표 2-66에서		
	참바(5mmAq/개)	1개	5mmAq		
	냉각코일(15mmAq/개)	1개	15mmAq		
	가열코일(6mmAq/개)	1개	6mmAq		
	필터(10mmAq/개)	1개	10mmAq		
	소계		36mmAq		
	안전율(10%)		3.6mmAq		
	계		39.6mmAq		
	결정		40mmAq		
기외정압			표 2-44, 표 2-66에서		
	덕트(0.1mmAq/m)	36m	3.6mmAq	55m	5.5mmAq
	취출구/흡입구(5mmAq/개)	1개	5mmAq		5mmAq
	챔버(5mmAq/개)	1개	5mmAq	1개	5mmAq
	외기취입/취출구(5mmAq/개)	1개	5mmAq	1개	5mmAq
	외기저항(5mmAq/개)				5mmAq
	소계		18.6mmAq		25.5mmAq
	안전율(10%)		1.86mmAq		2.55mmAq
	계		20.46mmAq		28.05mmAq
	결정		25mmAq		30mmAq
정압손실		65mmAq		30mmAq	
전동기	축마력	식(2-57) (표 2-53)에서 (103×65/6120×0.7) ×1.15=1.8kW→2.2kW		식(2-57) (표 2-53)에서 (95×30/6120×0.5) ×1.15=1.07kW→1.5kW	
선정	형 식	양흡입, 익형		편흡입, 다익	
	수 량	1대		1대	
	규 격	#3 DS		#3 SS	
	사 양	6179m³/h×65mmAq×2.2kW		5729m³/h×30mmAq×1.5kW	

* 1) 덕트길이는 덕트 상당길이(덕트길이의 20%로 계산)를 포함한 값이며
급기덕트 길이=29.7m, 환기덕트길이=42m임

4 —— 덕트설계

① 취출구는 실내공기 분포에 대한 성능과 의장성을 고려하며, 복도환기방식(Corridor return system)을 적용함에 따라 환기팬으로의 공기를 유입하기 위해 벽면 하부에 루버를 설치하도록 한다.

② 덕트배치는 간선덕트방식으로 하며, 덕트와 취출구는 플렉시블 덕트로 연결하고 그 길이는 1.2m를 넘지 않도록 한다.

③ 등마찰저항법으로 하며 단위마찰저항 R은 0.1mmAq/m로 한다.

④ 신선외기덕트와 배기덕트는 전외기 공조가 가능하도록 그 크기를 정한다.

⑤ 덕트의 부속품

ⓐ 덕트계통의 풍량조절을 위하여 분기부에 풍량조절댐퍼를 설치한다.

ⓑ 공조실이 사무실과 인접하여 있으므로 소음 및 진동에 특별히 유의하도록 하며, 덕트의 굴곡부에는 가이드 베인, 소음엘보를 설치하도록 한다.

⑥ 화장실 환기량은 환기회수법으로 산정하며 환기횟수 = 10회/hr를 적용한다.

ⓐ 환기량(3.2×6.0×2.3)×10회/h=441 → 450×9층 = 4050 [m³/h]

ⓑ 정압계산 덕트((35×1.2)×0.1mmAq/m), 흡입구(5mmAq), 방화댐퍼(1mmAq), 외기취출구(5mmAq), 외기저항(5mmAq), 안전율(10%) 계 = 22.2mmAq → 25mmAq

ⓒ 배기팬 축마력

(67.5×25/6120×0.5)×1.15 = 0.63kW → 0.75kW

⑦ 덕트치수의 결정은 그림 2-42, 표 2-40을 이용한다.

표 2-98 급기 · 배기 덕트치수

구간	풍량 [m³/h]	마찰저항 [mmAq]	원형 덕트직경 [cm]	장방형 덕치수 [mm]
ab	2746	0.1	41	550 × 250
bc	1373		32	400 × 200
cd	687		25	300 × 200
be	1373		32	400 × 200
ef	687		25	300 × 200
ag	3433		45	700 × 250
gh	1373		32	400 × 200
hi	687		25	300 × 200
gj	2060		37	500 × 250
jk	1373		32	400 × 200
kl	687		25	300 × 200
jm	687		25	300 × 200
AHU-챔버	6179		56	800 × 400
신선외기덕트	6179		56	550 × 500
배기덕트	5729		54	600 × 400
화장실 배기덕트	450		21	250 × 150

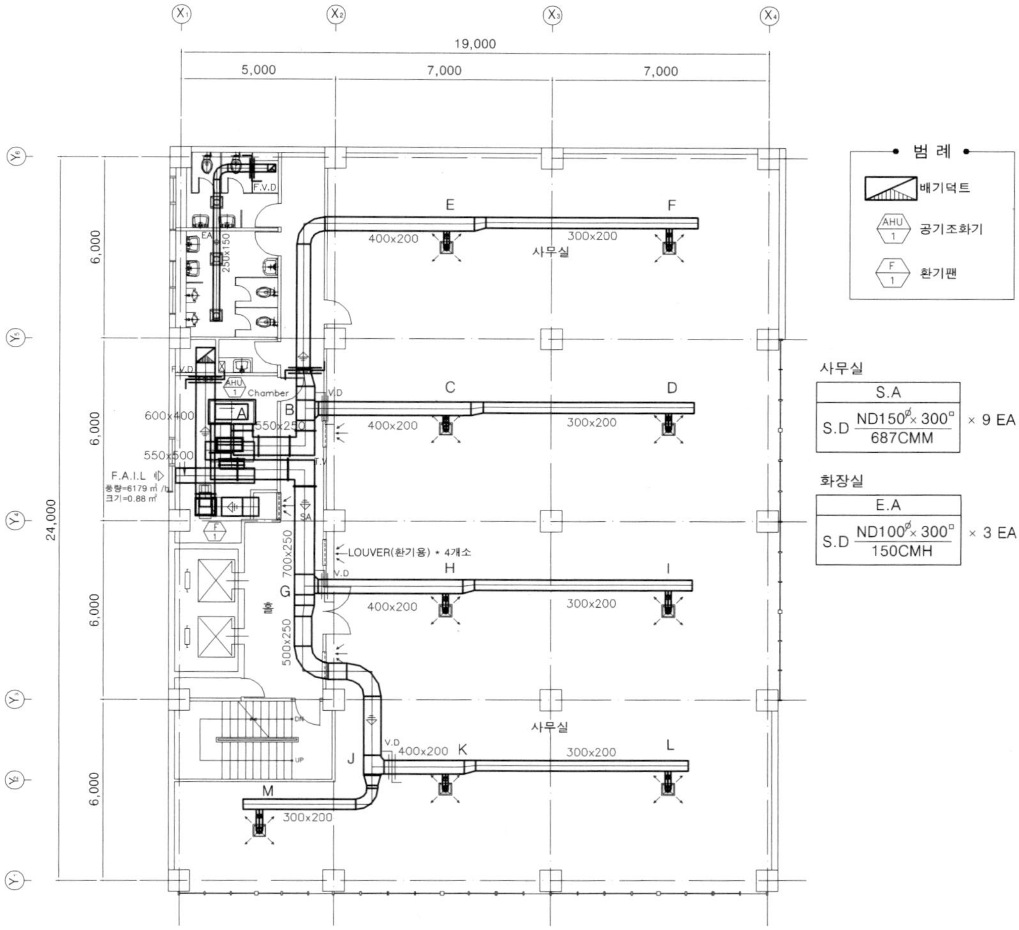

그림 2-117 **기준층 공조덕트 평면도**

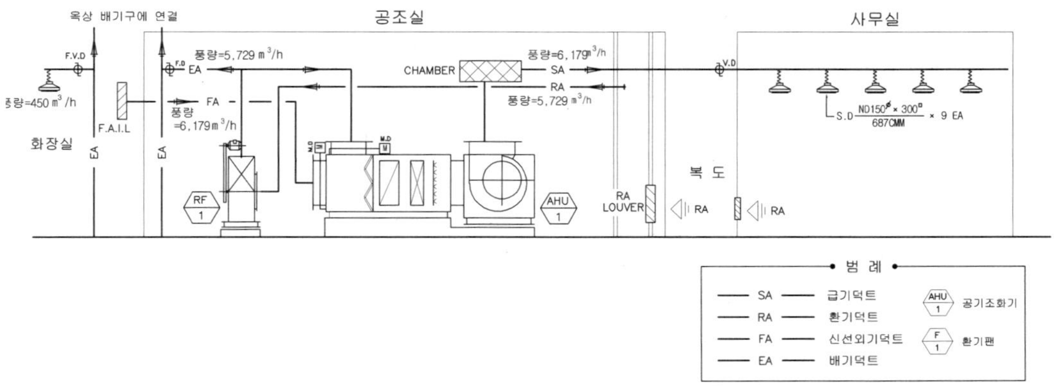

그림 2-118 **공조덕트 흐름도**

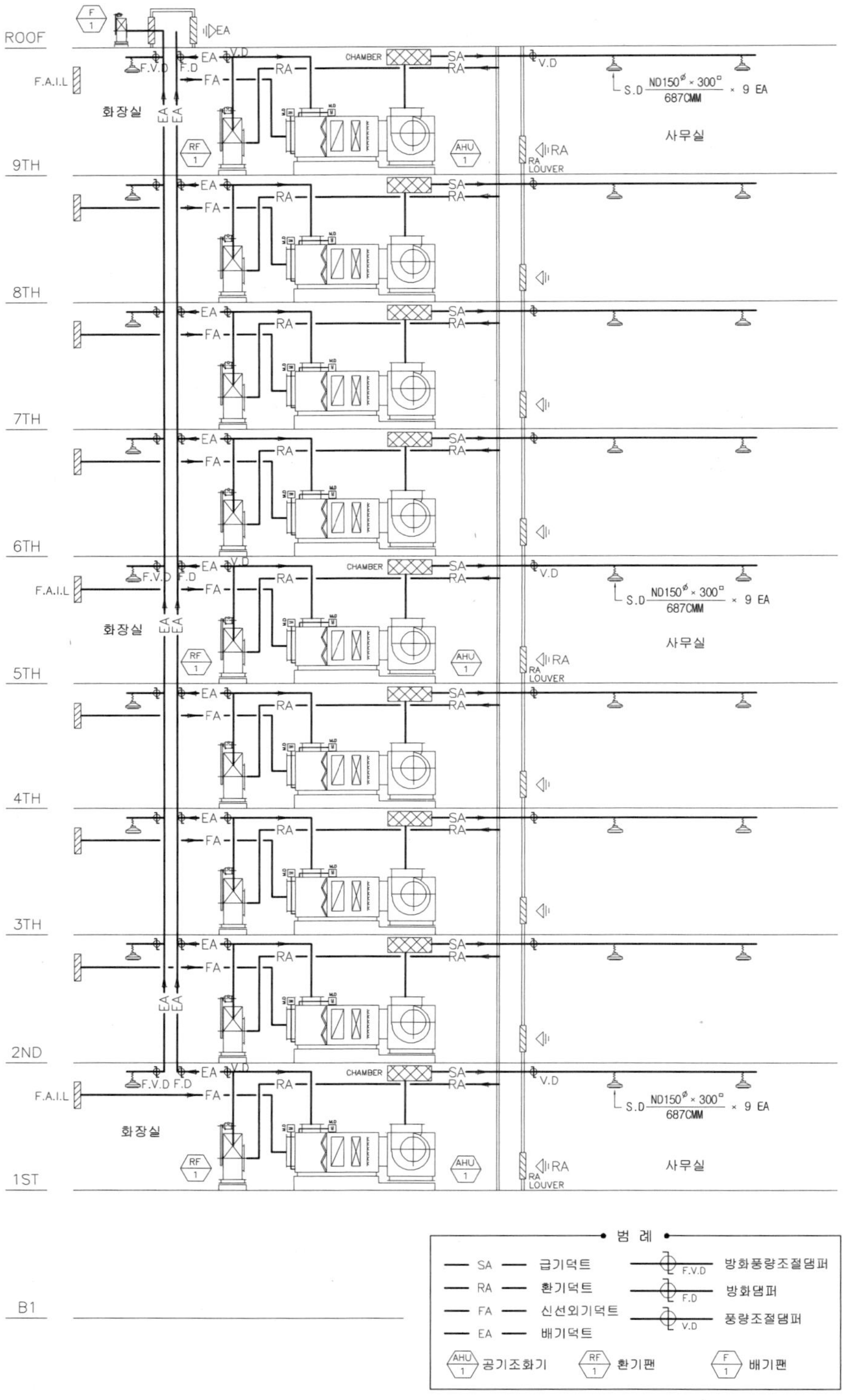

그림 2-119 **공조덕트 계통도**

표 2-99 증기배관 관경

배관	구간	EDR	관경	비고	배관	구간	EDR	관경	비고
증기입상관	aA	63	50	표 2-59 "E"	환수관	Aa'	63	32	표 2-60 "M"
	ab	120	65			a'b'	120	40	
	bc	177	65			b'c'	177	50	
	cd	234	80			c'd'	234	50	
	de	291	80			d'e'	291	50	
	ef	348	80			e'f'	348	50	
	fg	405	90			f'g'	405	50	
	gh	462	90			g'h'	462	50	
	hi	534	100			h'i'	534	50	
증기주관	ij	534	100		환수주관	i'j'	534	50	

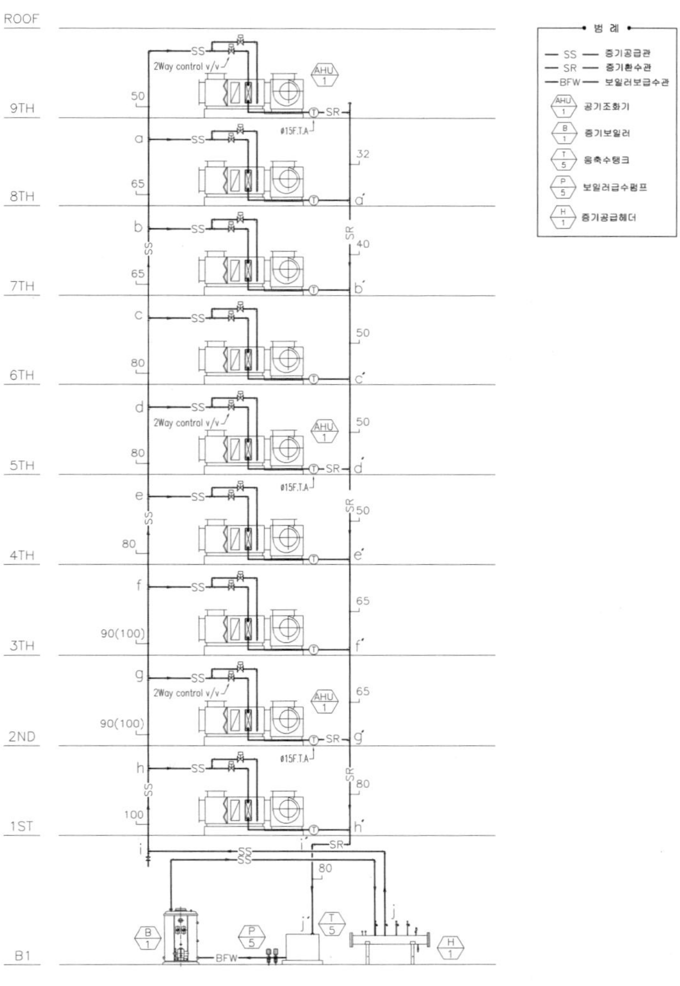

그림 2-120 **증기배관 계통도**

제3장

직접난방

3.1 — 난방계획

3.1.1 난방방식의 분류

직접난방이란 방열기나 복사패널과 같은 방열장치를 실내에 설치하고 **증기, 온수, 온풍**과 같은 열매를 직접 방열장치에 공급하여 방열면에서 발산하는 열로 난방하는 방식이다. 직접난방은 간접난방에 비해 설비가 간단하고 유지관리도 용이하지만, 실내 습도조절과 공기청정도(空氣淸淨度) 유지에 어려움이 있다.

직접난방은 방열기(放熱器)를 실내에 배치하여 대류(對流)와 복사(輻射)의 형태로 방열하므로 방열기의 방열특성에 따라 난방실의 온열환경(溫熱環境)이 달라지게 된다. 방열기의 대류방열률이 높고 방열면 온도가 높은 것일수록 실내의 수직온도차(垂直溫度差)가 커지며 복사방열률이 높고 방열면 온도가 낮을수록 실내 수직온도차가 작아진다. 복사난방을 하는 실은 그림 3-1과 같이 실내 수직온도분포가 균일하고 평균실온이 타 방식보다 낮아 손실열량을 줄일 수 있으며 상대습도가 저하되지 않아 겨울철 실내습도 부족으로 인한 문제를 줄일 수 있다. 온풍난방방식(溫風暖房方式)은 온풍로에서 연료를 연소시켜 공기를 직접 가열한 후 송풍기로 송풍하는 방식으로 실내 열환경 쾌적도(快適度)가 다소 떨어진다.

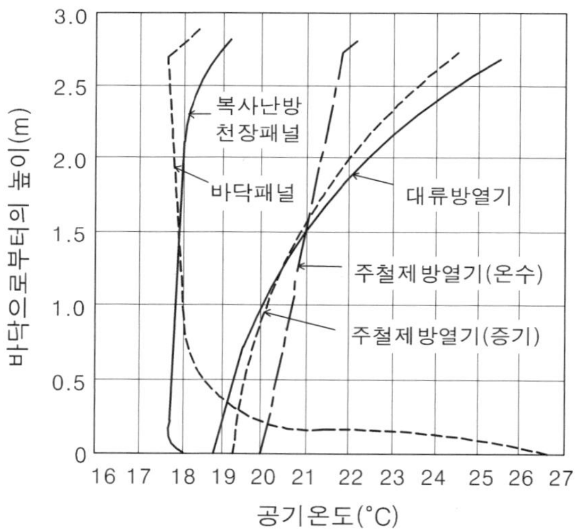

그림 3-1 **각종 난방방식에 따른 수직온도**

표 3-1 직접난방방식의 비교

	중 앙 식 난 방					개 별 난 방	
	증기난방	보통온수 난 방	저온복사난방	코일식 온풍난방	온풍로식 온풍난방	FF형 온풍식	스토브
열 매	증기	온수	온수	공기	공기	공기	공기
열매온도 [℃]	100~110	40~80	40~60	30~40	50~80	30~40	50~80
방열체	방열기	방열기	바닥, 천장	없음	없음	방열기	방열기
예 열 시 간	짧다	중간	길다	짧음	가장 짧음	짧음	짧음
습 도	저하	저하	저하 적음	조정가능	조정가능	조정가능	조정불가능
환 기	불가능	불가능	불가능	가능	가능	가능	불가능
소 음	스팀해머	없음	없음	있음	있음	있음	없음

3.1.2 방열기(放熱器)

1 —— 방열기의 용량표시법

방열기의 방열능력을 표시하는 방법에는 발열량을 W(kcal/h)로 나타내는 것과 상당방열면적(相當放熱面積 : EDR㎡)으로 나타내는 것이 있다. **상당방열면적**은 방열기의 전방열량을 **표준방열량**으로 나누어 얻어지는 값으로 (3.1)식과 같다.

$$\text{상당방열면적 EDR㎡} = \frac{Q}{q_o} \ [\text{m}^2] \tag{3.1}$$

Q : 방열기의 전방열량 [W], [kcal/h]

q_o : 방열기의 표준방열량 [W/㎡], [kcal/㎡ · h]

여기에서, 증기, 온수용 방열기의 표준방열량은 표 3-2와 같다.

표 3-2 표준방열량 q_o

열매	표준방열량		표준상태온도	
	kcal/㎡ · h	W/㎡	열매온도 [℃]	실내온도 [℃]
증기	650	756	102	18.5
온수	450	523	80	18.5

열매가 증기인 경우 방열면적 1EDR㎡당 응축수량 W는 대기압 하에서 100℃ 물을 100℃의 수증기로 만들 때 필요한 열량(증발잠열)이 2257kJ/kg(539kcal/kg)이므로 다음과 같이 구할 수 있다.

$$W = \frac{\text{방열기의방열량}}{\text{증기의증발잠열}} = \frac{650\text{kcal/m}^2\cdot\text{h}}{539\text{kcal/kg}} = 1.21\ [\text{kg/m}^2\cdot\text{h}] \tag{3.2}$$

$$W = \frac{\text{방열기의방열량}}{\text{증기의증발잠열}} = \frac{756\text{W/m}^2 \times \dfrac{3600}{1000}}{2257\text{kJ/kg}} = 1.21\ [\text{kg/m}^2\cdot\text{h}] \tag{3.2SI}$$

2 —— 방열기의 종류와 성능

방열기는 외부와 면한 창 아래측에 설치하여 찬 외기에 의한 콜드드래프트 현상을 방지하도록 한다. 방열기는 길이는 길고 높이는 낮은 형태로 분산하여 배치할수록 온도분포를 균일하게 하여 실내 열환경 쾌적도를 높일 수 있다.

주철제(鑄鐵製) 방열기[그림 3-2(a)]는 가장 많이 사용되었으나 치수가 크고 무거우며 내압성능(최고사용압력 200kPa(2kg/㎠))이 떨어져, 최근에는 소형이고 경량이면서 내압력이 높은 **강판제(鋼板製) 방열기**[그림 3-2(b)]가 많이 사용되고 있다.

표 3-3 **방열기의 종류**

방열기	대류형 방열기	컨벡터(convector) 베이스보드방열기(base board heater)
	복사형 방열기	주철제방열기(radiator) 강판제방열기(pressed radiator)
	유닛히터(unit heater)	

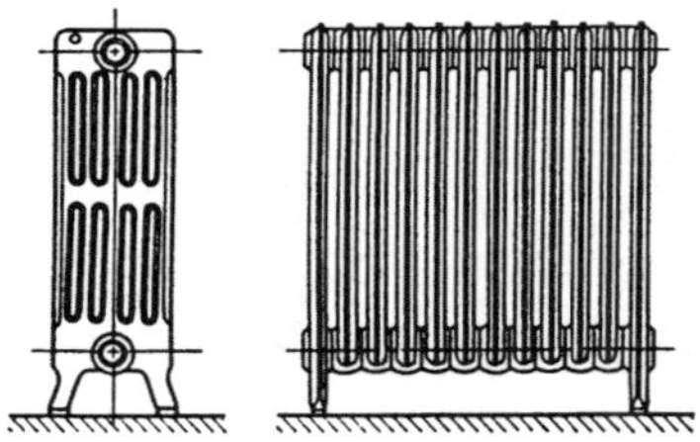

(a) 주철제 방열기(5세주)

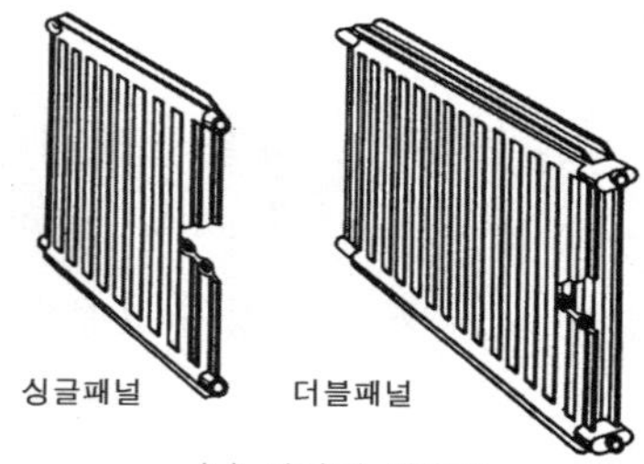

(b) 강판제 방열기

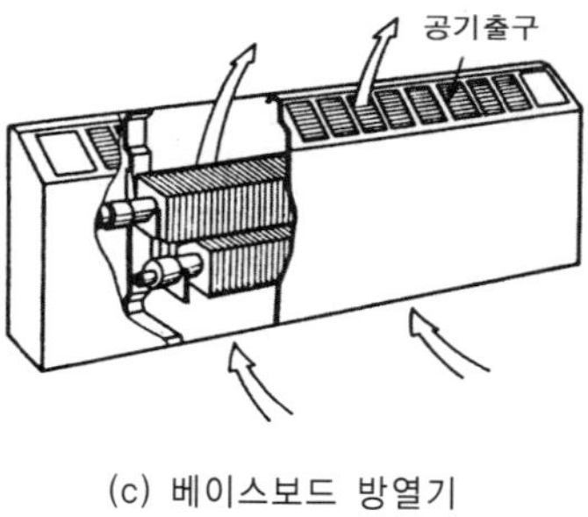

(c) 베이스보드 방열기

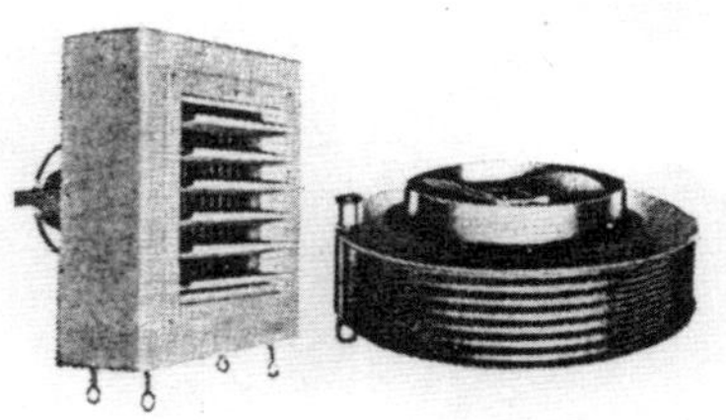

(d) 유닛히터

그림 3-2 **각종 방열기**

강판제 방열기는 주철제 방열기와 마찬가지로 복사열의 비율이 높지만(표 3-3) 수명이 짧은 단점이 있다. **컨벡터**는 주위 공기의 대류작용으로 방열하는 기구로 방열 엘레먼트(알루미늄핀을 붙인 강관 또는 동관)를 케이싱 내에 설치한 것과 노출한 것 두 가지 형태가 있다. 대류에 의한 방열 위주인 방열 엘레먼트에 증기나 온수를 통과시켜 난방하기 때문에 고층이나 높은 압력의 열매에 적당하다. **베이스보드방열기**[그림 3-2(c)]는 높이가 낮아 실내 벽 아래 걸레받이 부분을 따라 길게 설치하므로 단위길이당 방열량은 크지 않지만 실내온도 분포가 균일해지고 실내공간이 넓어 보인다. **유닛히터**[그림 3-2(d)]는 송풍기에 의해 강제 대류방식으로 발열하는 방열기로 공장이나 수영장 등 소음이 큰 문제가 되지 않은 장소에 국부적으로 설치하여 설비비와 운전비를 절약할 수 있다.

표 3-4 **방열기의 방열특성**

방열기의 종류	복사방열률[%]	대류방열률[%}
주철제 방열기	30~40	60~70
강판제 방열기	40~50	50~60
컨벡터	10~20	80~90
팬 컨벡터	5 이하	95 이하
바닥복사 패널(저온)	55 전후	45 전후
천장복사 패널(고온)	70 전후	30 전후

3 —— 방열기 부속품

(1) 방열기밸브

방열기 내에 유입되는 증기나 온수의 유량 조절을 목적으로 하며 증기용으로는 스톱밸브(stop valve)가, 온수용으로는 마찰저항이 적은 콕크(cock)식이 많이 사용된다. 또, 유체의 방향에 따라 다르나 주로 그림 3-3과 같은 앵글밸브(angle valve)가 많이 쓰인다.

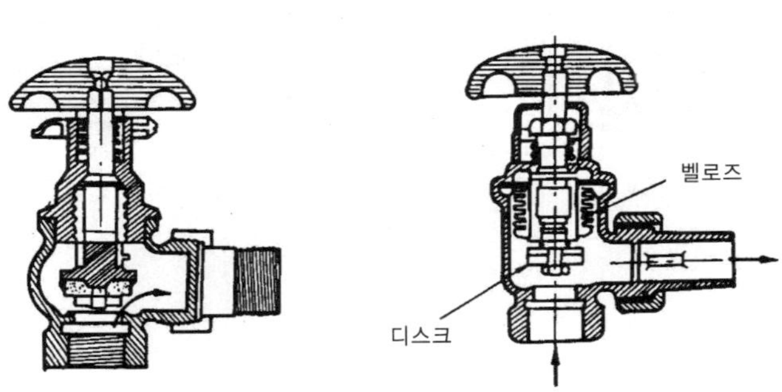

(a) 온수용 (b) 증기용

그림 3-3 **방열기밸브**

(2) 공기빼기밸브(air vent valve)

방열기 안이나 배관 도중에 공기가 있으면 열매의 흐름에 지장을 주게 되고 배관이나 방열기를 부식시키기도 하며 방열기 상단에 공기막을 형성하면서 방열효율을 떨어뜨리기도 한다. 이를 방지하기 위하여 시스템 최상단이나 방열기에 부착하여 공기를 빼는 기구를 공기빼기밸브라고 한다. 공기빼기밸브는 수동식과 자동식(AAV : automatic air vent valve)이 있으며 증기난방용 방열기에는 방열기의 중간에, 온수난방용 방열기에는 방열기의 상단에 부착한다.

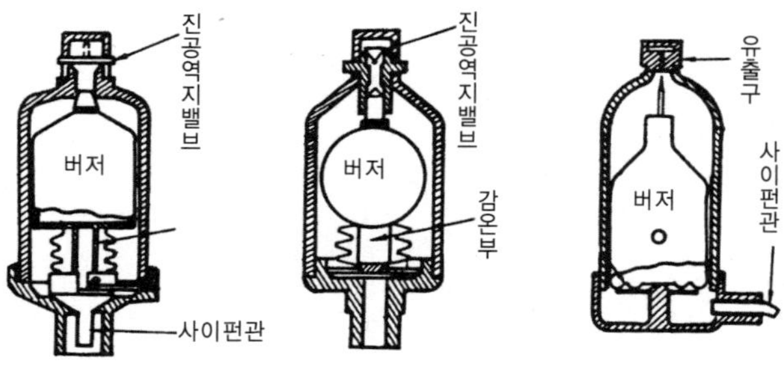

(a) 배관용 (b) 배관용 (c) 방열기용

그림 3-4 **각종 공기빼기밸브(자동식)**

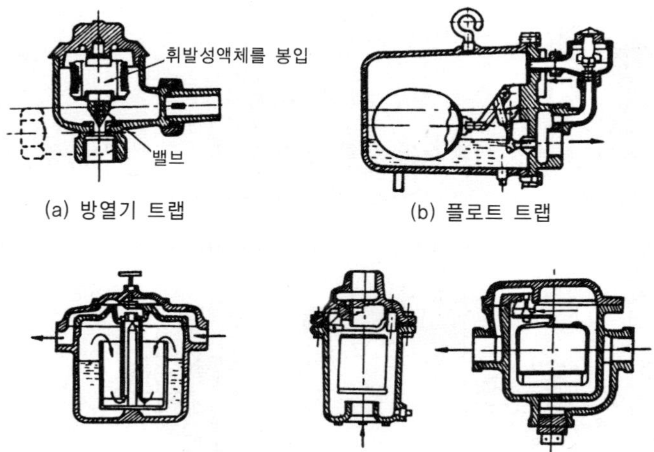

(a) 방열기 트랩 (b) 플로트 트랩

(c) 직립형 버킷 트랩 (d) 도립형 버킷 트랩

그림 3-5 **증기트랩**

(3) 증기트랩(steam trap)

방열기 출구에 부착하여 방열기에서 나오는 증기는 막고 응축수와 공기는 배출시키는 기구로 방열기에는 그림 3-5(a)와 같은 열동(熱動)트랩이 쓰인다. 열동트랩 안으로 온도가 낮은 응축수가 들어오면 벨로우즈가 냉각되면서 수축하여 밸브가 열리게 되고, 온도가 높은 증기가 들어오면 벨로우즈가 가열되면서 팽창하여 밸브가 닫히게 되는 원리이다.

증기트랩에는 열동트랩 외에 고압증기배관계 말단이나 증기사용세탁기, 증기탕비기(蒸氣湯沸器) 등에 많이 사용되는 **버킷트랩**(bucket trap)과 저압증기용의 기기부속트랩으로 다량의 응축수를 처리할 수 있는 **플로트트랩**(float trap) 등이 있다.

3.2 — 증기난방

3.2.1 증기난방(蒸氣暖房, steam heating system)의 특징

보일러로 물을 가열하여 증기를 발생시키고 증기를 **공급관**(증기관)을 통해 **방열기**로 보내면 방열기에서 증기의 증발잠열로 주위의 공기를 가열하는 방식이다. 증발잠열을 방열한 증기는 응축수가 되고 그 응축수는 **트랩**에서 증기와 분리되어 환수관(응축수관)으로 유입, 보일러로 되돌아간다.

증기난방의 장점으로는

① 온수난방에 비해 예열시간이 짧고 증기순환이 빠르다.

② 증기의 증발잠열량이 커서 열의 운반능력이 크므로 방열면적과 관경을 온수난방보다 줄일 수 있어 설비비가 온수난방보다 저렴하다.

③ 한랭지(寒冷地)에서는 동결위험이 온수난방에 비해 적다.

한편, 단점으로는

① 방열온도가 높아 실내 쾌감도가 떨어지고 화상의 위험이 있다.

② 난방부하의 변동에 따른 방열량 조절이 곤란하다.

③ 설계시공이 불량하거나 간헐난방(間歇暖房)을 할 때는 스팀해머현상에 의해 소음이 발생하고 배관계통이 손상되기 쉽다.

④ 배관재료로 흑관(黑管 : steel pipe)이 쓰이고 장치내 열매의 온도가 높으면서 관 내부가 습윤상태(濕潤狀態)여서 부식으로 인해 장치의 수명이 짧다.

⑤ 보일러 취급에 기술을 요한다.

3.2.2 증기난방 배관법

1 —— 분기지관(分岐枝管, branch pipe)

증기난방 배관법에는 증기보일러에서 나온 **횡주관**을 건축물의 최하층이나 지중 파이프피트 내에 설치하고, 횡주관에서 **입상관**(立上管, up riser)을 분기하여 각 방열기로 열매를 공급하는 **상향공급방식**과 건축물의 최상층에 횡주관을 설치하고 횡주관에서 **입하관**(立下管, down riser)을 분기하는 하향공급방식이 있다. 이 때, 분기관은 열팽창으로 발생하는 응력을 흡수하기 위해 3~4개의 엘보를 사용하는 **스위블이음**으로 배관한다. 또, 방열기에 열매를 공급하는 방열기지관도 스위블이음(swivel joint)으로 배관해야 한다.

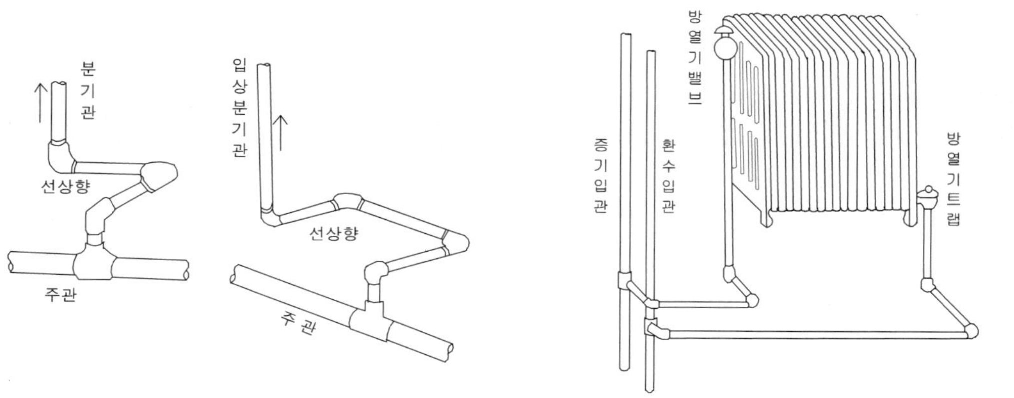

(a) 입관분기법 (b) 방열기 지관 배관법

그림 3-6 **분기관 배관법**

2 — 배관 구배

증발잠열을 주위 공기로 방열한 증기는 응축수가 되고, 이 응축수는 가능한 빨리 보일러로 다시 돌아가야 한다. 그렇지 않은 경우 응축수가 증기의 흐름을 방해하게 되고 스팀해머작용으로 소음을 발생시키기도 한다. 따라서 증기는 필요개소에 빨리 공급하고 응축수는 보일러로 빨리 환수시키기 위해 증기관과 환수관에는 표 3-5와 같은 일정한 구배가 필요하다.

표 3-5 **증기배관의 표준구배**

배 관	구배의 방향	구배
증기관	순구배(順句配) 역구배(逆句配)	1/250 이상 1/50 이상
환수관	순구배	1/250 이상
방열기 지관	역구배	1/24~1/50

3 — 관말트랩(E.T.A : end trap assembly)

관내에 발생하는 응축수와 공기를 배제하기 위해 증기관의 말단에는 그림 3-7(b)와 같이 관말트랩을 설치하여 증기난방의 기능을 원활하게 해야 한다. 분기입상관이 길 경우에는 그림

3-7(a)와 같이 배관하고 냉각레그(cooling leg)[1]에는 보온피복을 하지 않는다. 3-7(c)는 고압증기 배관의 경우로 환수관은 증기주관과 환수관 내의 압력차에 의해 결정되는 높이 H 이내에 설치하도록 한다.

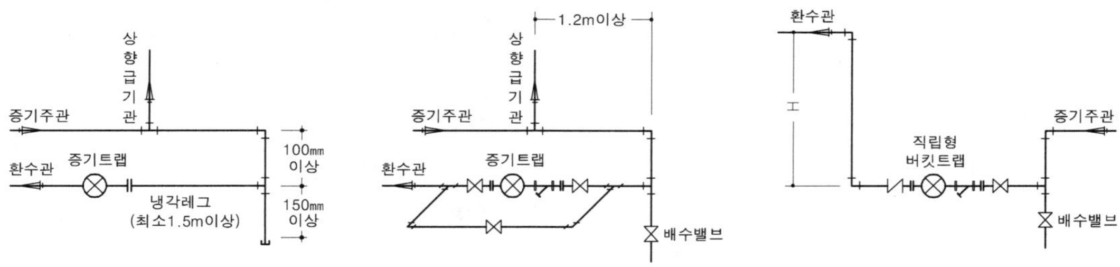

(a) 냉각레그 (b) 관말트랩 (c) 고압증기배관의 환수관

그림 3-7 **배관방식과 관말트랩장치**

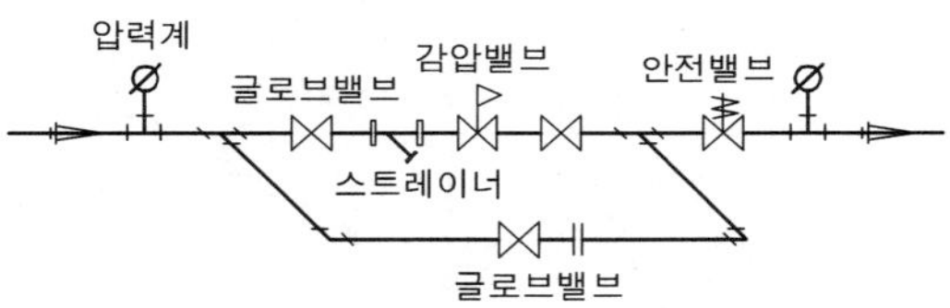

그림 3-8 **감압밸브장치**

4 —— 감압밸브장치(P.R.V.A : pressure reducing valve assembly)

난방설비의 규모가 큰 경우나 저압증기난방이지만 고압증기가 필요한 경우에는 그림 3-8과 같은 감압(減壓)밸브장치를 설치하여 고압증기를 저압으로 감압하여 사용하도록 한다.

5 —— 리프트 피팅(lift fitting)

저압증기 진공환수식에서는 그림 3-9(a)와 같이 배관하여 환수를 1.5m 정도 인상할 수 있다. 환수관의 길이가 길거나 배관 장애물이 있는 경우, 또 방열기의 위치가 환수관보다 낮을 때 사용하며 2단, 3단을 하는 경우 약 5m까지 인상할 수 있다.
고압증기관을 유닛히터에 접속할 경우 그림 3-9(b)와 같이 배관한다.

1) 냉각레그(cooling leg) : 증기관 끝에서부터 트랩에 이르는 부분의 배관을 말하며, 관내의 증기를 냉각시켜 응축시키기 위해 1.5m 이상 설치한다.

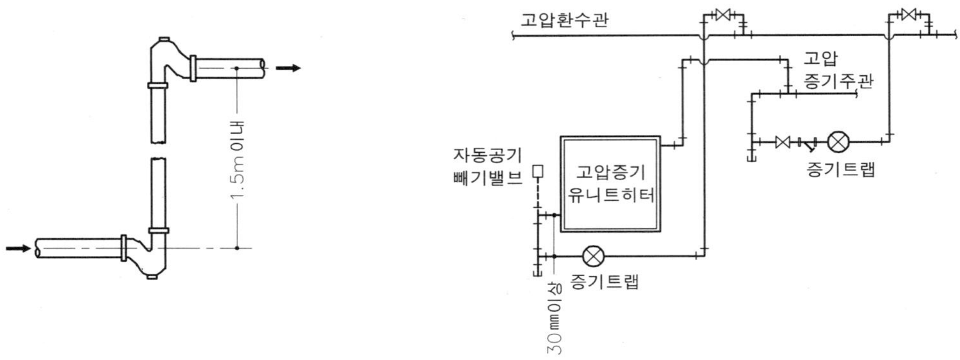

(a) 리프트 이음

(b) 유닛히터와 증기배관 접속

그림 3-9 **리프트 이음**

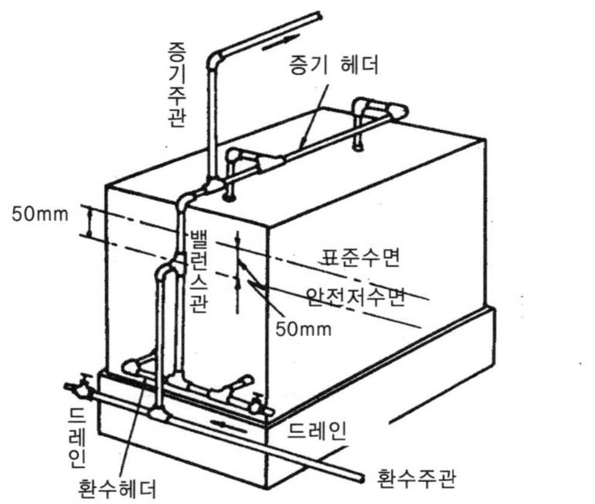

그림 3-10 **하트포트 연결법**

6 —— 하트포드 연결법(hartford connection)

저압증기 난방장치에서 보일러 하단에 환수관을 직접 접속하면 보일러 내의 증기압력에 의해 보일러 내의 수면이 안전수위 이하로 내려가거나 환수관의 일부가 파손되어 보일러 내의 물이 유출되면서 위험수위에 이르게 되는 경우가 발생하게 된다. 이를 방지하기 위해 그림 3-10과 같이 환수관과 증기관을 밸런스관(balancing pipe)을 통해 연결하고 급수지점을 안전저수면(安全低水面)보다 높은 곳에 접속시키는 배관법을 **하트포드 연결법**이라 한다. 이 방법은 환수주관에 침적된 찌꺼기가 보일러 내로 유입되는 것도 막아준다.

3.3 — 온수난방

3.3.1 온수난방(溫水暖房, hot water heating system)의 특징

온수난방은 보일러로 가열한 온수를 배관을 통해 방열기로 공급하여 난방하는 방식이다.

온수난방의 장점으로는

① 난방부하의 변동에 따라 공급열매(물)의 온도를 조절할 수 있으므로 실내를 적정온도로 유지할 수 있다.

② 예열시간(豫熱時間, preheating period)은 길지만 열용량이 커서 동결의 우려는 적다.

③ 방열기의 온도가 높지 않아 실내공기 분포가 균일하고 쾌감도가 높다.

④ 열매온도가 높지 않아 배관 열손실이 적고 과열상태가 되지 않아 연료소비량이 적다.

⑤ 고장이 잦은 트랩이 필요 없고 적정 배관인 경우 소음이 적다.

⑥ 방열기와 배관은 냉방용으로도 사용가능하다.

⑦ 보일러 취급이 쉽고 간단하다.

한편, 단점으로는

① 예열시간이 길다

② 동일발열량에 대해 방열면적과 관경이 커서 설비비가 많이 든다.

③ 한랭지에서 난방 휴지시간이 길면 동결의 위험이 있다.

3.4 — 복사난방

3.4.1 복사난방(輻射煖房, panel heating system)의 특징

저온식 복사난방은 방을 구성하는 구조체인 바닥, 벽, 천장에 온수관을 매입하여 이들 벽면을 가열면으로 이용, 복사열로써 난방하는 방법이다.

복사난방의 장점으로는

① 바닥 복사난방의 경우 두한족열(頭寒足熱)이 되어 쾌감도가 높다

② 실내의 온도분포가 균등하여 열이 실내 상방으로 가지 않고 낮은 온도로 난방효과를 거둘 수 있으므로 손실열량이 적다.

③ 실내공기의 대류가 적으므로 바닥면에 있는 먼지 등의 상승이 적어 위생적이다.

④ 공장, 호텔, 백화점 로비 등 층고가 높은 개방공간에서도 난방효과를 얻을 수 있다.

⑤ 기온이 비교적 낮아도 난방효과를 얻을 수 있으므로 상대습도를 낮추지 않고 난방할 수 있다.

한편, 단점으로는

① 부하 변동에 따른 실내온도 조절이 어렵다.
② 배관이 매립되어 고장개소의 발견과 수리가 어렵다.
③ 예열시간이 길어 주간 난방실에는 비경제적이다.
④ 시공비가 많이 들며 열손실을 막기 위해 단열층이 필요하다.
⑤ 바닥하중의 증대로 건축물의 각 구조부재가 커진다.

이상과 같은 장단점으로 인하여 주택, 아파트, 병원병실, 호텔 등 쾌적성을 요구하는 종일난방(終日暖房)에 유리하다.

3.4.2 복사난방의 분류

가열코일의 매입 위치에 따라 다음과 같이 분류할 수 있다.

1 —— 바닥 복사난방

복사난방의 가열면으로 실의 바닥을 쓰는 것이며 가장 일반적으로(유럽 제외) 사용하는 방법이다. 표면온도는 건축 바닥마감재료를 보호하기 위해 일정온도(33℃)를 넘지 않도록 해야 하므로 넓은 방열면이 필요하다.

2 —— 천장 복사난방방식

천장면에 온수코일을 매입하거나 천장면 자체를 철판으로 조립 그 내부에 온수를 통과시켜 난방하는 방식으로 표면온도는 50℃ 전후이며 주로 유럽에서 고급사무실 등에 많이 사용된다.

3 —— 벽 복사난방방식

벽에 코일을 매립하여 난방하는 방식이다. 가구, 장식물 등으로 방열면으로 이용가능한 면적이 작다.

3.4.3 패널(panel)의 구조

복사난방의 가열면을 **패널**이라고 하고 그 구조는 그림 3-11과 같다. 그림 (a), (b), (c)는 콘크리트 바닥패널, (d)는 목조 바닥패널의 구조를 나타낸 것이다. 패널의 보온재로는 **코르크판, 우레탄폼, AE 콘크리트** 등을 사용하고 우리나라에서는 스티로폼 판재를 많이 사용하고 있으나, 이는 50℃ 이상의 열에는 사용이 금지되어 있으므로 온수배관이 매립되어 있는 복사패널에는 부적합하다. 잡석층은 팽창수축시 응력을 흡수하고 단열효과 및 축열효과를 거둘 수 있으나 최근에는 건물자체의 단열성과 기밀성이 커져 온수온도가 낮아지는 경향이 있고, 건물이 고층화되면서 자체하중을 줄이기 위해 잡석층 대신 AE콘크리트를 쓰고 있다.

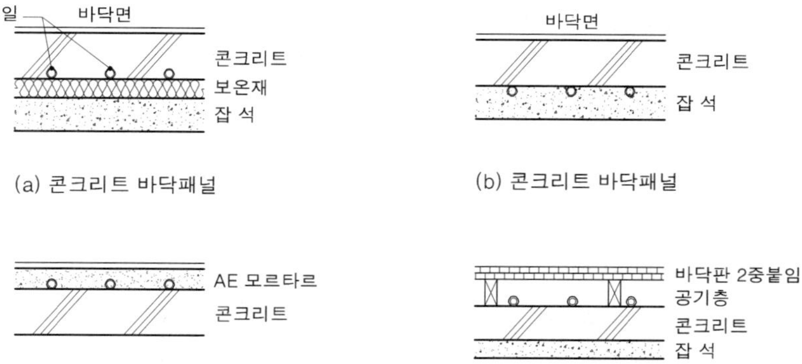

(a) 콘크리트 바닥패널　(b) 콘크리트 바닥패널　(c) 중간층 콘크리트 바닥패널　(d) 목조 바닥패널

그림 3-11 **패널의 구조**

3.4.4 파이프코일의 배관방식

그림 3-12와 같이 **그리드코일**(grid coil)방식과 **밴드코일**(band coil) 방식이 있다. 그리드코일방식은 코일 각 부분의 온수온도와 유량이 일정하고 마찰저항이 적어 이상적이나 이음부위가 많아 누수의 위험이 높다. 밴드코일은 온수온도가 방열면을 지날수록 점점 낮아지고 마찰저항이 커지는 결점이 있으나 누수의 염려가 없고 시공이 간편하다.

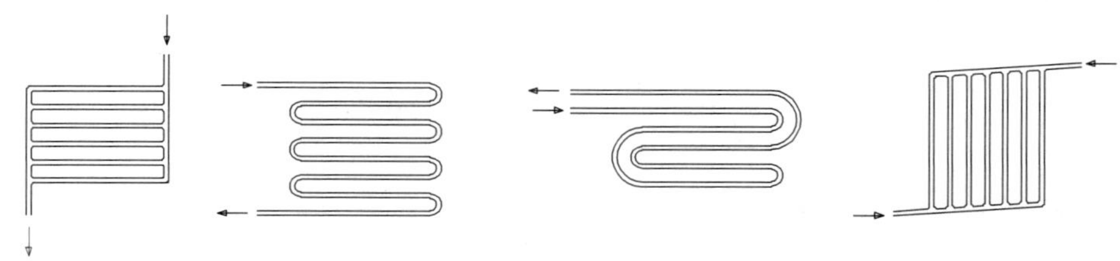

(a) 그리드 코일　(b) 벤드 코일　(c) 벤드코일　(d) 벽면 그리드 코일

그림 3-12 **파이프코일**

배관재료는 **강관**과 **동관, 합성수지관**(PE관)을 많이 사용하고 있으나 강관(鋼管)은 관의 부식속도가 빠르고 설비비가 비싸 최근에는 거의 사용하지 않고, 동관(銅管)은 열전도율이 크고 수명은 길지만 가격이 비싼 단점이 있어 우리나라에서는 대체 매설관으로 합성수지관을 많이 사용하고 있다. 합성수지관(合成樹脂管)은 간헐난방 시에는 배관의 열전도율에 문제가 있으나 종일난방에는 열전도율이 방열량과는 무관하다는 학계의 연구보고와 실제 사용결과에 따라 온돌난방(복사난방)의 주 배관재료로 쓰이고 있다.

3.4.5 복사난방배관법

그림 3-13과 같이 밴드코일방식인 경우 배관길이가 길어 실별 배관마찰저항차가 생기므로 주로 **역배관방식**(reversed return piping system)을 써서 급수, 환수길이를 전체적으로 균등하게 배관한다. 최근에는 대체적으로 순환펌프를 이용하여 강제순환방식을 채용하고 있으며 에너지 절약상 공동주택에서는 정유량 조절밸브를 사용하는 것을 의무화하고 있다. 패널구배는 수평으로 하거나 1/200~1/300 역구배로 하고 배관 상단부에 공기정체 방지용으로 에어벤트밸브(air vent valve)를 설치한다. 배관계통의 최상단에는 팽창탱크를 두고 모든 배관계통의 구배는 팽창탱크를 향하도록 한다. 팽창탱크는 물의 팽창에 의한 응력흡수가 제일의 목표이지만 그 외 공기빼기 및 배관계통내 보충수 보급기능도 가지고 있다.

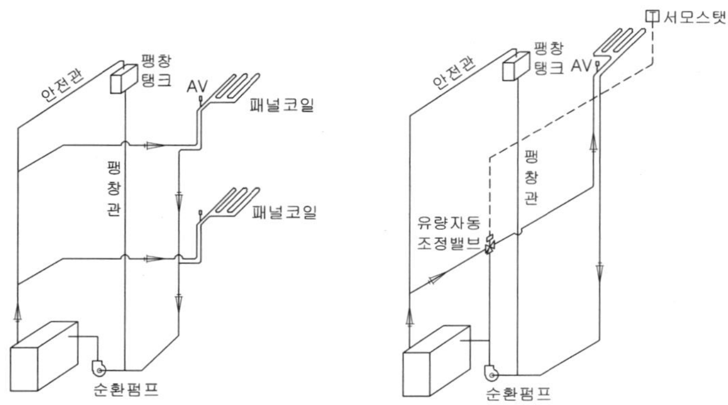

그림 3-13 **복사난방배관계통**

3.4.6 설계시 주의사항

① 패널 표면온도는 높을수록 복사열량이 커지지만 건축마감재료의 보호 및 쾌적감을 고려하여 표 3-6과 같이 한다.

② 그림 3-14와 같이 공기빼기밸브를 패널 최상단에, 환수헤더가 있는 경우에는 환수헤더에 설치하고 코일 배관구배는 수평이나 1/200~1/300 역구배로 한다.

③ 급수헤더 및 보일러 주변 배관에는 그림 3-14와 같이 각 코일에 유량제어밸브(게이트밸브)를 설치하여 각 코일유량 및 온수온도를 조절한다.

④ 바닥매설관은 관경 20~25A의 아연도강관, 3/8~5/8B의 동관, 20~25A의 합성수지관을 사용한다.

⑤ 배관은 매설관경과 배관깊이에 따라 20~30cm 간격으로 설치한다.

⑥ 매설깊이는 관경의 1.5~2.0배 정도로 실의 용도 및 표면재료에 따른다.

표 3-6 **패널표면온도**

방열면의 종류	허용최대온도 [℃]
플라스터 마무리 천장	43
플라스터 마무리 벽	43
일반적인 방의 바닥	29
통로의 바닥	43
강판패널(증기)	82
강판패널(온수)	71

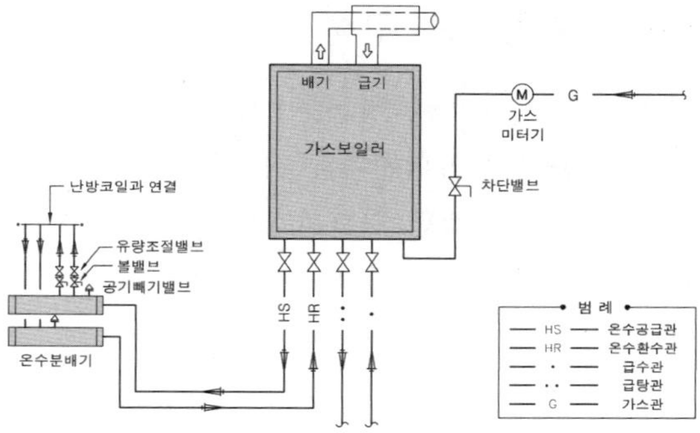

그림 3-14 **보일러 주변 배관**

3.5 — 온풍난방(warm air heating system)

3.5.1 온풍난방(溫風暖房, warm air heating system)의 특징

온풍난방은 열원기(溫風器, warm air furnace)로 가열한 공기를 직접 실내로 공급하여 난방하는 방식이다. 따라서 중간에 1차 열매(증기, 온수)와 2차 열매(공기) 사이의 열교환장치가 불필요하며 시스템이 간단하고 공장 대량생산으로 설비비가 저렴하여 기존 건물에 간단히 설치할 수 있다.

온풍난방의 장점으로는

① 열효율이 높고 연료비가 적게 든다.

② 설치면적이 작고 설비비가 적게 든다.

③ 설치가 쉽고 보수관리가 용이하다.

④ 열용량이 작아 예열시간이 짧다.

⑤ 공기정화, 습도조절이 가능하다.

한편, 단점으로는

① 송풍기 등에 의한 소음이 크다

② 거주역인 바닥부분의 온도는 낮고 실 상부의 온도는 높아 쾌감도가 낮다.

③ 풍량이 적을 때 실내 상하온도 분포가 고르지 못하다.

따라서 학교, 체육관, 강당과 같은 건물이나 기존 실내에 적용하면 그 특징을 살릴 수 있다.

3.5.2 온풍기의 구성

온풍기는 그림 3-15와 같이 구성되어 있으며 전원과 연료공급관을 접속하기만 하면 즉시 소정의 능력이 발휘된다. 열풍을 직접 취출시키는 방식과 덕트접속방식이 있으며 소형건물에서는 열풍을 직접 취출시키는 방식을 채용하는 것이 일반적이다. 가습장치가 필요한 경우에는 급수배관이 연결되어야 한다.

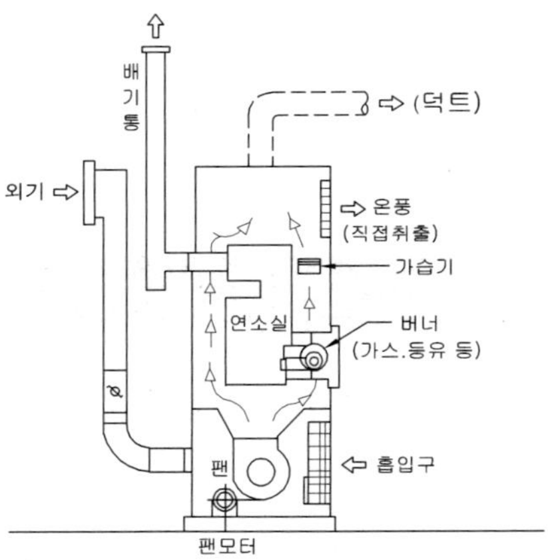

그림 3-15 **온풍기**

제4장

환기제연설비

4.1 — 환기설비

4.1.1 환기계획

환기(換氣, ventilation)란 실내의 오염된 공기를 옥외의 청정한 공기로 교체하는 것을 의미하며 쾌적한 열환경에 대한 요구와 위생상의 요구를 충족시킬 수 있어야 한다.

열환경에 대한 요구는 거주공간의 **온도, 습도, 기류**를 쾌적한 상태로 유지하고자 하는 것이고, 위생상의 요구는 인간의 호흡기능에 필요한 공기를 공급하는 것과 **유해물질**(분진, 유해가스, 세균), **불쾌물질**(연기, 악취)을 함유한 공기를 배출하는 것이다.

창이나 그 밖의 개구부를 통하여 유입되는 **극간풍**(틈새바람)과 창문을 열어놓고 외부로부터 바람을 유입하여 실내공기의 흐름을 크게 하는 **통풍(通風)**, 기계의 힘을 이용하여 강제적으로 실내공기를 유출입시키는 것 모두가 환기에 속한다. 외기를 그대로 도입하는 것만으로 항상 실내환경이 양호해지는 것은 아니지만 어느 정도의 범위로 변동해도 지장이 없는 실내환경 조건에 대해서는 외기를 그대로 도입해도 유효하다.

1 —— 환기방식(換氣方式)

(1) 자연환기와 기계환기

환기를 일으키는 원동력에 따라 환기방식을 분류하면 실내 주위의 바람에 의한 **공기압력**과 실내외의 **온도차**에 의해 발생하는 압력차를 이용한 자연환기와 기계력을 이용한 기계환기(강제환기)로 나눌 수 있다.

송풍기를 설치하여 환기하는 기계환기는 송풍기의 설치방법에 따라 다음 세 종류로 나뉜다.

① **제1종 환기** : 급기와 배기 모두 송풍기를 이용하는 것으로 가장 확실한 환기를 기대할 수 있다.

② **제2종 환기** : 급기만 송풍기로 하고 급기에 따른 높은 실내압력에 의해 자연적으로 배기되는 방식이다. 실내압이 주위압보다 높기 때문에 오염된 공기가 실내로 들어오는 것을 막아야 하는 클린룸과 수술실 등에 적용하는 방식이다.

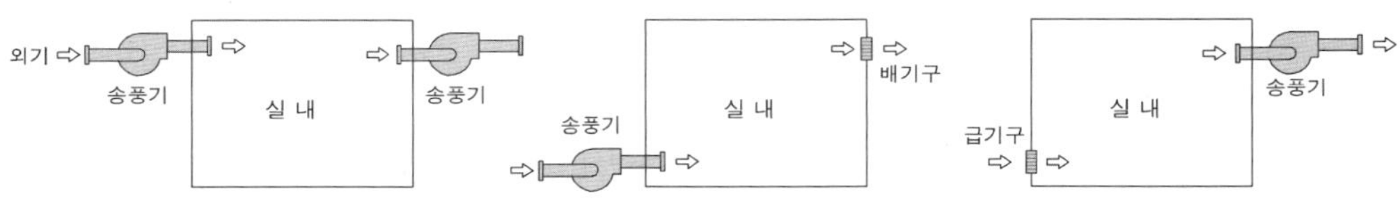

(a) 제1종환기 (b) 제2종환기 (c) 제3종환기

그림 4-1 **기계환기의 종류**

③ **제3종 환기** : 배기에만 송풍기를 사용하는 방식으로 실내의 압력이 외부보다 낮기 때문에 외부로부터 실내로 공기가 유입된다. 이 방식은 실내공기가 인근에 확산되면 나쁜 영향을 끼치는 화장실, 주방, 화학공장의 방사능 취급실 등에 적용하는 방식이다.

(2) 전반환기(全般換氣)와 국소환기(局所換氣, 局部換氣)

열, 수증기, 먼지 등 유해물질의 발생원이 널리 분포되어 있거나 이동하여 실 전체를 환기하는 것이 **전반환기**이고, 발생원이 고정되어 있는 경우 적합한 장치를 설치하여 부분적으로 환기하는 것이 **국소환기**이다. 일반적으로 전반환기에 비해 국소환기가 처리풍량이 적기 때문에 에너지를 절약할 수 있다.

2 —— 필요환기량

실내공기 환경을 양호한 상태로 유지하기 위한 최소 도입외기량을 필요환기량(必要換氣量)이라 하고 단위시간당 공기체적(m^3/h)으로 나타낸다.

필요환기량은 $\dfrac{\text{오염물질발생량}}{\text{실내허용농도} - \text{외기농도}}$이므로, 각각의 **오염물질발생량**과 **실내허용농도, 외기농도**를 알면 필요환기량을 계산할 수 있다. 여기에서 실내허용농도는 표 4-3 및 표 2-1 공기조화설비의 실내환경 기준에서 찾을 수 있다.

(1) CO_2농도에 의한 필요환기량

실내공기 오염은 대부분 재실자에 의해 발생하므로 재실자수를 가장 확실히 추정할 수 있고 검출방법이 간단한 CO_2농도를 실내공기의 오염 정도를 알아보는 지표로 사용하는 것이 일반적이다.

환기인자 CO_2에 의한 필요환기량은 (4.1)식과 같다.

$$Q_f = \frac{K}{P_a - P_o} \tag{4.1}$$

K : 실내 CO_2 발생량 [m^3/h]

P_a : 실내 CO_2 허용농도 $0.001 m^3/m^3$ (실내연소기구가 있는 경우에는 $0.005 m^3/m^3$)

P_o : 외기 CO_2 농도 $0.0003 m^3/m^3$

(4.1)식으로 작업 정도에 따른 필요환기량을 산출하면 표 4-1과 같다.

표 4-1 작업 정도에 따른 필요환기량

계산 채용 CO_2 토출량 [㎥/h · 인]	계산 에너지대사율 RMR *	작업 정도	필요환기량 [㎥/h · 인]		
			CO_2 허용한도 0.10%	CO_2 허용한도 0.15%	CO_2 허용한도 0.20%
0.013	0	안 정 시	18.6	10.8	7.6
0.022	0.8	극경작업	31.4	18.3	12.9
0.030	1.5	경 작 업	43.0	25.0	17.6
0.046	3.0	중등작업	65.7	38.3	27.1
0.074	5.5	중 작 업	106	61.7	43.7

*RMR : relative metabolic ratio의 약자로 인체의 기초대사에 대한 노동대사의 비율

(2) 냄새제어에 대한 필요환기량

표 4-2는 냄새강도를 감각적 스케일로 나타낸 것이다. 냄새는 여러 종류가 있지만, 일반 거실에서는 체취(體臭)와 담배냄새를 그 대상으로 하고 있다. 그림 4-2는 체취를 제어하는 데 필요한 환기량을 나타낸 것이고, (4.2)식은 담배연기에 대한 냄새강도를 표 4-2의 강도지수 2 이하로 유지하기 위해 필요한 환기량 Q를 산출하는 계산식이다.

$$Q = \frac{W}{35.3} \quad [\text{m}^3/\text{h}] \qquad (4.2)$$

W : 담배 연소량 [mg/h]

위의 식에서 담배 1개의 연소량이 980mg이고, 60%를 연소시킬 때, 냄새강도 2 이하로 유지하기 위한 필요환기량은 16.6㎥/h이 된다.

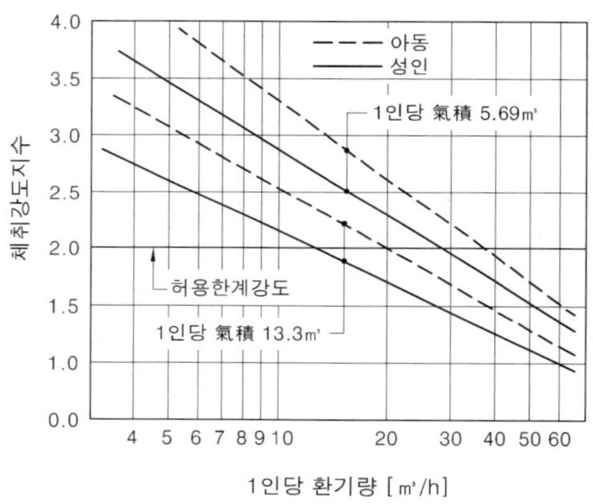

그림 4-2 체취제어에 필요한 환기량

표 4-2 냄새평가 감각스케일

냄새 강도지수	示 性 語		설 명
0	무 취	none	지각할 수 없음
1/2	지각한계	threshold	상당히 약하지만 훈련된 사람은 지각할 수 있음
1	명 확	definite	보통사람들이 지각할 수 있지만 불쾌하지 않을 정도의 농도
2	가벼움	moderate	쾌적하지는 않지만 불쾌한 정도는 아닌 농도. 실내의 허용한계농도
3	강 함	strong	불쾌함
4	상당히 강함	very strong	상당히 불쾌함
5	참기 어려움	overpowering	구역질이 날 정도

(3) 부유분진(浮遊粉塵) 농도에 의한 필요환기량

실내부유분진은 여러 인자에 의해 발생하지만 보통은 담배연기가 부유분진의 주원인이 된다. 외기 부유분진 농도가 0.05mg/m³, 담배에 의해 발생하는 먼지가 18mg/개·h일 때, 부유분진 허용농도 0.15mg/m³를 만족시키기 위한 필요환기량은 (4.2)식에서 180m³/h가 된다. 환기량이 30m³/h인 경우 1인 평균 0.17개/h의 담배연소량에 대하여 부유분진 허용농도 0.15mg/m³가 유지된다.

$$Q_f = \frac{K}{P_a - P_o} \tag{4.2}$$

K : 실내부유분진 발생량 [m³/h]

P_a : 실내부유분진 허용농도 [mg/h]

P_o : 외기부유분진 농도 [mg/m³]

(4) 법규에 규정한 필요환기량

우리나라 다중이용시설에 대한 실내공기질 기준은 표 4-3, 필요환기량은 표 4-4와 같다.

표 4-3 다중이용시설등의 실내공기질 기준(환경부령, 다중이용시설 등의 실내공기질관리법 시행규칙)

<table>
<tr><th rowspan="2">오염물질
다중이용시설</th><th colspan="5">유지기준</th><th colspan="5">권고기준</th></tr>
<tr><th>미세먼지 (㎍/m³)</th><th>이산화탄소* (ppm)</th><th>폼알데하이드 (㎍/m³)</th><th>총부유세균 (CFU/m³)</th><th>일산화탄소 (ppm)</th><th>이산화질소 (ppm)</th><th>라돈 (Bq/m³)</th><th>총휘발성유기화합물 (㎍/m³)</th><th>석면 (개/cc)</th><th>오존 (ppm)</th></tr>
<tr><td>지하역사, 지하도상가, 여객자동차터미널의 대합실, 철도역사의 대합실, 공항시설 중 여객터미널, 항만시설 중 대합실, 도서관·박물관 및 미술관, 장례식장, 목욕장, 대규모점포, 영화상영관, 학원, 전시시설, 인터넷컴퓨터게임시설제공업 영업시설</td><td>150 이하</td><td rowspan="3">1,000 이하</td><td rowspan="3">100 이하</td><td></td><td rowspan="2">10 이하</td><td rowspan="2">0.05 이하</td><td rowspan="3">148 이하</td><td>500 이하</td><td rowspan="3">0.01 이하</td><td rowspan="2">0.06 이하</td></tr>
<tr><td>의료기관, 보육시설, 국공립 노인요양시설 및 노인전문병원, 산후조리원</td><td>100 이하</td><td>800 이하</td><td>400 이하</td></tr>
<tr><td>실내주차장</td><td>200 이하</td><td></td><td>25 이하</td><td>0.30 이하</td><td>1,000 이하</td><td>0.08 이하</td></tr>
</table>

* 도서관, 영화상영관, 학원, 인터넷컴퓨터게임시설제공업 영업시설 중 자연환기가 불가능하여 자연환기설비 또는 기계환기설비를 이용하는 경우에는 이산화탄소의 기준을 1,500ppm 이하로 한다.

표 4-4 다중이용시설의 필요환기량(건축물의 설비기준 등에 관한 규칙)

다중이용시설 구분		필요 환기량 [㎥/인 · h]	비고
지하시설	지하역사	25 이상	
	지하도상가	36 이상	매장(상점) 기준
문화 및 집회시설		29 이상	
판매 및 영업시설		29 이상	
의료시설		36 이상	
교육연구 및 복지시설		36 이상	
자동차 관련 시설		27 이상	
그 밖의 시설(찜질방 · 산후조리원)		25 이상	

표 4-5 거실 이외 각 실의 필요환기량

실 명	환기횟수 [회/h] 배기기준	실 명	환기횟수 [회/h] 배기기준
기계실, 오일탱크실	4~6	주방(영업용, 대)	40~60
수조실	3~4	주방(영업용, 소)	30~40
분전반실	3~4	배선실	6~8
배터리실	10~15	세탁실	20~40
변전실, 엘리베이터기계실	8~15	건조실	4~15
		서고, 차고	4~6
화장실(사용빈도 대)	10~15		
화장실(사용빈도 소)	5~10		
욕실(창 없음)	3~5		
탕비실	6~10		

4.2 — 제연설비

4.2.1 제연설비(除煙設備)의 목적

연기란 연소재의 열분해에 따른 생성물 중 미립자가 공기중으로 확산되는 상태를 말하는데 화재진행 과정에 따라 연소물질에서 발생하는 **일산화탄소(CO)**, **이산화탄소(CO_2)**, **시안화수소(HCN)**, **염화수소(HCl)**, 기타 유해가스를 포함하게 된다. 연기가 가득한 장소에서는 피난경로를 찾기 힘든 시각적 피해, 공포심과 같은 심리적 장애, 연소물질에서 발생하는 유독성 가스에 의한 질식치사 등이 발생하게 되므로 화재시 발생하는 연기를 제어하기 위해 방연설비와 제연설비가 필요하다.

표 4-6 화재에 의한 연소생성 가스와 독성

생성가스	치사량	증 상
산소(O_2) 결핍	6 %	정신, 근육활동 저하, 호흡곤란
이산화탄소(CO_2)	20 %	산소결핍 유인, 약한 자극, 호흡곤란
일산화탄소(CO)	13000 ppm	산소의 혈류 저해, 관절장애, 의식불명
시안화수소(HCN)	270 ppm	세포호흡 정지, 현기증, 의식불명
염산(HCI)	1300~2000 ppm	눈, 기도의 점막 자극, 기도 파괴에 의한 질식

1 —— 방연설비(防煙設備)

화재시 발생하는 연기, 가스 등의 확산을 방지하기 위한 구획을 **방연구획**이라 하며 다음과 같이 분류된다.

(1) 면적구획(面積區劃)

배연효과를 높이고 피난을 안전하게 하기 위한 것으로 500㎡ 이하로 제한하고 있다.

(2) 용도구획(用途區劃)

화재의 위험성이 높은 용도 부분과 다른 부분을 구획하는 것으로 면적제한과 별도로 구획된다.

(3) 피난구획(避難區劃)

피난의 안전성을 높이기 위한 것으로 거실과 복도, 복도와 계단전실, 전실과 피난계단 등 피난 시 안전을 높이고 무사히 탈출하기 위한 구역이다.

(4) 수직구획(垂直區劃)

건축물의 계단, 덕트, 엘리베이터 샤프트 등은 **굴뚝효과**[1])로 인해 급속한 연기의 상승경로

1) 굴뚝효과(煙氣効果, stach effect) : 건물 내외의 온도차에 의한 부력차로 인하여 공기가 건물 안의 계단 실용을 통해 자연환기 되는 현상으로 고층 건물에서 겨울철에 발생하기 쉽다.

가 되기 쉬우므로 화재 시 이를 차단하기 위해 건물을 수직으로 관통하는 공간을 구획하는 것을 말한다. 이 구역에는 연기감지장치에 연계된 **방화문, 방화댐퍼** 등의 작동이 필요하다.

2 —— 제연설비

방화구획 내의 연기, 가스 등을 배제하는 설비로 연기를 신속히 배출하여 재실자가 안전하게 피난할 수 있도록 하는데 그 목적이 있다. 따라서 제연설비는 일정한 건물의 거실 통로부분, 특별피난 계단에 부속된 방, 비상용 엘리베이터의 승강로비, 지하상가 및 지하도, 지하층이나 창이 없는 주차장 등 피난에 관계된 곳에 설치된다.

(1) 자연제연방식

자연배연은 직접외기에 면한 창 등의 개구부를 통해 부력으로 배연하는 것으로, 바닥면적의 1/50 이상의 배연상 유효개구면적(有效開口面積)이 확보되면 된다. 이 방식은 천장이 높고 배연구 높이가 높을수록 효과가 크며 전원이 필요하지 않은 반면, 외기의 풍향과 풍력의 영향을 받는다.

(2) 기계제연방식

① 흡인기계방식(吸引機械方式) : 기계적으로 강제배연하는 방식이므로 계획대로 확실하게 배연할 수 있다. 다만, 비화재실에서 배연을 하면 배연실에 연기를 끌어들이게 되므로 적당한 급기통로를 확보할 필요가 있다. 장시간 높은 온도의 연기를 배출할 수 없으므로 어떤 단계에서 방화댐퍼를 닫는 등 덕트를 통한 화재 확산의 검토가 필요하다.

② 가압배연방식(加壓排煙方式) : 목적으로 하는 방에 외기를 강제적으로 송풍하여 실내 압력을 높여 연기가 침입하는 것을 막는 방식이다. 이 방식은 목적으로 하는 방의 밀폐도가 높지 않으면 충분한 압력을 얻을 수 없다.

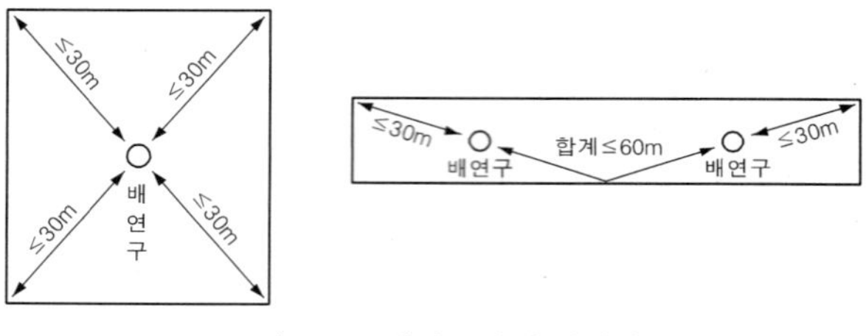

그림 4-3 **배연구의 수평거리**

배연구는 연기를 유효하게 배출할 수 있도록 천장으로부터 80㎝ 이내의 상부에, 배연구획의 각 부분부터 배연구까지의 거리가 30m 이내가 되도록 설치한다. 배연풍량은 120m^3/min 이상 방연구획 1m^2당 1m^3/min 이상 필요하다. 지하도는 300m^3의 구획마다 5m^3/s, 특별피난계단의 부속실, 비상용 엘리베이터의 승강로비는 4m^3/s가 필요하다.

제5장

전기설비

5.1 — 전기의 기본사항

5.1.1 전기설비의 개요

전기에너지는 빛, 열, 음, 동력원, 정보전달 수단 등으로 변환되어 여러 분야에서 활용되고 있다. 특히 최근에는 국제화, 정보화시대로 사회활동이 다양해지면서 전기에너지의 이용분야가 급속도로 확대되고 있어 단 몇 초 동안의 정전으로도 사회활동이 정지되고 마는 사태에 이르게 되었다.

전기를 빛에너지로 변환하여 생활공간, 사회활동 공간에 필요한 조명설비와 사람들의 이목을 집중시키기 위한 신호등, 네온사인, 스포트라이트 등에 이용하고, 열에너지로 변환하여 제철소의 용광로, 각종 생산과정에서의 열원, 건물의 난방열원, 온수기 등에서 이용하며 동력에너지로 변환시켜 공장의 생산, 운송설비, 교통시설, 공기조화설비, 급배수설비, 소화설비의 펌프설비, 기타 엘리베이터, 셔터, 자동문, 사무기기, 가정용 전기기기 등 수없이 많은 곳에 이용하고 있다. 최근에는 정보전달수단으로 전기가 변환되어 전신, 전화, 인터넷, 확성장치, 방송설비 등 시청각설비의 정보전달 및 공장의 자동화, 품질관리를 위한 각종 제어설비의 제어계측신호 전달, 건물의 공조, 조명설비의 제어신호, 방재설비의 각종 신호로 쓰이고 있으며, 최첨단기술의 각종 데이터통신의 전송수단으로도 쓰이고 있다.

5.1.2 전압, 전류, 저항

물은 수압이 높은 곳에서 낮은 곳으로 흐르고, 그 수량은 수압이 클수록 많아지고 저항이 클수록 적어진다. 전기의 흐름도 이와 같은 성질을 가지는데 전기에서 수압에 해당하는 것을 전압(電壓), 수량에 해당하는 것을 전류(電流), 전기가 흐르는 통로를 회로(回路)라 한다. 이때, 전류는 전기회로 두 지점 사이의 전압차가 클수록 증가하고 저항이 클수록 감소한다. 전압을 V(Volt) 전류를 I(ampare), 저항을 R(ohm)이라 할 때, 직류의 경우

$$V = IR \text{ [V]} \tag{5.1}$$

이며, 이를 **옴(ohm)의 법칙**이라 한다. 전선저항 R은 전선길이 l이 길수록 커지고 전선의 단면적 S가 클수록 작아진다.

$$R = \rho \frac{l}{S} \text{ [}\Omega\text{]} \tag{5.2}$$

ρ : 도체재료의 저항률 또는 고유저항으로 20℃에서 동은 1/58=0.0172Ω · ㎟/m, 철은 0.10~0.21Ω · ㎟/m이다.

5.1.3 직류와 교류

전류가 항상 한 방향으로 일정량 흐르는 경우를 직류(直流, DC : direct current)라 하며 순

간순간 그 방향과 흐르는 양이 변하는 것을 교류(交流, AC : alternating current)라 한다. 일반건축물의 전등, 동력, 전열과 같은 전기설비에는 **교류전기**가 이용되고 전화 등 통신설비나 고급 엘레베이터의 전원에는 **직류전기**가 쓰인다.

교류는 그림 1-1과 같이 사인곡선을 그리며 변화하는데, 전류가 어떤 상태에서 출발, 차츰 변화하여 최초의 상태로 되돌아올 때까지의 행정을 **사이클**(cycle)이라 하며 1초간의 사이클수를 **주파수**라 한다. 우리나라에서는 60cycle[Hz]의 교류전기를 쓰고 있다.

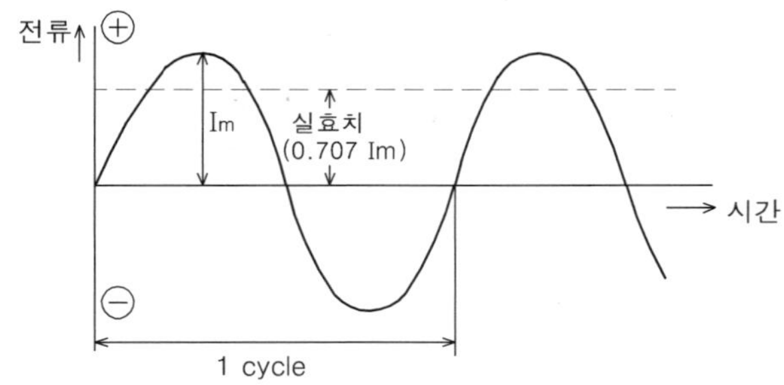

그림 5-1 **교류의 파형**

표 5-1 **전압과 전류의 예**

전압[V]의 예	전류[A]의 예
건전지 1개 0.75~1.5	인체의 최소감지전류 0.001(1mA)
연축전지 1개 1.8~2.05	배전반용 교류전압계 0.02(20mA)
정격 20W 형광램프 방전개시 전압 약 80	100V용 20W 형광등 0.25
일반 전등선 100	100V용 100W 백열전등 1
전경 40W 형광램프 정격전압, 200	100V용 600W 전기솥 6
일반동력선의 선간 전압	100V용 200W 단상유도전동기 8.5
고압배전선로의 전압 3,300 또는 6,600	200V용 0.75kW 3상유도전등기의 전부하전류 3.8
네온관 등의 최고전압 15,000	아크용접기의 아크전류 100~500
특별고압 전선로의 전압 11,000, 22,000~66,000	번개전류 수만
초고압 송전선로의 전압 20만~50만	

교류에는 2선의 전선으로 송전하는 **단상**(單相, single phase)과 3선의 전선으로 송전하는 **3상** 두 종류가 있는데, 단상교류는 전등, 전열기, 소형 전동기에 쓰이고 3상교류는 1마력(HP) 이상의 동력에 주로 사용된다. 3상교류의 3선 중 2선에서 전기를 따서 2선으로 하면 단상이 된다.

직류의 경우 전류를 제한하는 요소는 저항뿐이지만, 교류는 저항 외에 **인덕턴스**(inductance)[1]와 콘덴서(condenser)의 **정전용량**(靜電容量)이 교류회로의 전류를 제한하는 요소가 된다.

1) 인덕턴스(inductance) : 교류회로에 코일이 있는 경우, 전류의 강도가 변할 때, 자기유도에 의해 기전력이 생기는 현상.

5.1.4 전력

전동기(電動機, motor)를 이용하면 일을 할 수 있고, 전열기(電熱器)를 이용하면 열을 얻을 수 있으며, 전등(電燈)으로는 빛을 얻을 수 있다. 이와 같이 전기는 에너지로 변환시킬 수 있는데 이 에너지 단위를 **전력**이라 하고 Watt(W) 또는 Kilowatt(kW)로 나타낸다. 전기가 하는 일의 양을 **전력량**이라 하며 단위는 Wh 혹은 kWh로 표시한다. 즉 1kW의 전력이 1시간 동안 하는 일의 양이 1kWh이다.

전동기의 전력단위로는 마력(馬力, HP : horse power)을 쓰고, 1마력은 약 0.75kW(1HP ≒0.75kW)이다. 또, 각종 전열기의 발열량은 1kW당 3600kJ/h(860kcal/h)이다.

전력 W와 전류 I, 전압 V는 직류, 단상교류, 3상교류에서 각각 다음과 같은 관계를 가진다.

① 직류

$$W = VI \tag{5.3}$$

② 단상교류

$$W = VI \times \text{역률}^{1)} \tag{5.4}$$

③ 3상교류

$$W = \sqrt{3}\, VI \times \text{역률} \tag{5.5}$$

(5.1)식에서 $V = IR$이므로, 전력은 다음과 같이 나타낼 수도 있다.

$$W = I^2 R = \frac{V^2}{R} \tag{5.6}$$

표 5-2 역률

종 별	역률(PF)
백열전등	1.0
형광등	0.7
전열기	1.0
소형 모터 1/8~1/2HP	0.6~0.7
모터 1~10HP	0.8~0.85

1) 역률(PF : power factor) : 교류회로에서 전력을 공급할 때의 유효전력과 피상전력의 비.

5.2 — 조명설비

5.2.1 조명에 관한 기초

1 —— 빛의 단위

(1) 광속(光束, F : luminus flux)

광원으로부터 나오는 빛다발의 양을 말하며 단위는 루멘(lm : lumen)이다. 1lm은 1m²의 평면상에 평균 1lx의 조도를 주는 빛의 양을 말한다.

(2) 광도(光度, I : luminus intensity)

광원의 세기로, 점광원에 의한 발산광속(發散光束)의 입체각(立體角)밀도로 나타낸다.

$$I = \frac{F}{\omega} \tag{5.7}$$

I : 광도[cd]
F : 광속[lm]
ω : 입체각 라디안[1)][sr]

1 sr에서 1 lm의 광속이 나올 때의 강도를 **1 칸델라**(cd : candela)라 한다(1 칸델라는 실용상 1 촉광과 거의 같다).

(3) 조도(照度, E : intensity of illumination)

피사체의 밝기를 말하며 단위면적당의 입사광속으로 표시한다. 1cd의 광원으로부터 1m 떨어진 수직면상의 조도를 **1 룩스**[lx : lux]라 하며 2m 떨어진 수직면상의 조도는 1/4룩스이다. 조도 E는 다음 식과 같다.

$$E = \frac{F}{S} \text{ [lx]} \tag{5.8}$$

$$E = \frac{F}{S} = \frac{I\omega}{S} \cdot \frac{S}{R^2} = \frac{I}{R^2} \text{ [lx]} \tag{5.9}$$

F : 광속 [lm]
I : 광도 [cd]
S : 면적 [m²]
R : 구의 반지름 [m]

---

1) 입체각(立體角 : steradian) : 반경 R인 구의 중심을 정점으로 한 원뿔의 밑면적을 S라 할 때, 이 원의 단위입체각 $\omega = \frac{S}{R^2}$, 이 원뿔의 총합계, 즉 구의 입체각 $\omega = \frac{\text{구의 표면적}}{\text{반지름}^2} = \frac{4\pi R^2}{R^2} = 4\pi$이다.

(4) 휘도(輝度, Brightness)

발광면의 밝기 정도를 말하며 발광면의 단위투영면적당 발산광도를 표시한다. 휘도의 단위는 **니트**(nt : nit, cd/m^2) 혹은 **스틸브**(sb : stilb, cd/㎠)이다.

예제 1 —— 40W 백열전구의 전광속이 410lm일 때, 2m 떨어진 수직면의 조도를 구하라.

▶ 풀이

(5.7)식에 의하여 $I=\frac{F}{\omega}=\frac{410}{4\pi}\fallingdotseq 32\ [cd]$

(5.9)식에 의하여 $E=\frac{I}{R^2}=\frac{32}{2^2}=81\ [lx]$

---

2 —— 빛의 성질

빛은 전파, 자외선(紫外線, ultraviolet ray), X선과 같이 전자파(電磁波)의 일종으로 그 파장에 따라 각각 고유의 성질을 가진다. 전자파 파장의 단위는 Å($1Å=10^{-10}$m[1])이며, 우리 눈이 감지할 수 있는 빛의 파장은 4000~7800Å의 범위로 파장이 짧을수록 푸른 계통, 길수록 붉은 계통의 색을 나타낸다.

광원의 에너지는 광원의 종류에 따라 그 분포가 달라진다. 백열전구(白熱電球)는 파장이 긴, 즉 붉은 부분의 에너지가 많기 때문에 광원이 붉게 보이고 형광등(螢光燈)은 푸른 부분의 에너지가 많기 때문에 푸르게 보인다. 광원의 색을 나타내는 표준으로 **색온도**가 사용되며 색온도는 어떤 광원의 색을 그것과 같은 색을 발하는 완전흑체의 절대온도[K]로 나타낸 것이다.

3 —— 광원(光源, light source)

조명의 종류, 목적에 따라 **광원의 효율, 광원색, 연색성**[2], **점등특성** 등을 고려하여 적합한 광원을 선택하여 사용해야 한다.

인공조명 광원으로서의 전등에는 용도에 따라 여러 종류가 있으며, 일반조명용으로 과거에는 백열전구가 많이 사용되었으나 현재는 형광등이 널리 사용된다. 높은 조도를 필요로 하는 공장이나 옥외등으로는 수은등을 이용하고 광고, 전시, 표시 등 특수조명에는 이에 따른 특수등이 사용되고 있다.

(1) 백열등(白熱燈, incandescent lamp)

높은 융해점을 가지며 화학변화가 잘 일어나지 않는 텅스텐을 필라멘트로 한 전등으로 전류를 통하면 3000℃의 고온으로 가열되어 온도복사에 의한 발광체가 된다. 텅스텐 필라멘

---

1) $1nm=10^{-9}m=10Å$

2) 연색성(演色性) : 조명에 따라 물체의 색깔이 달라 보이는 광원의 성질로 광원이 백색에서 멀어질수록 연색성은 떨어진다.

트의 증발에 의한 수명단축과 **흑화현상(黑化現象, anode spot)**[1]을 막기 위해 아르곤, 질소 등 화학적으로 안정된 가스를 유리구에 봉입하여 사용하고 있다. 유리구를 투명으로 하면 발산광속이 많아 효율은 좋으나 휘도가 커져서 눈부심이 있기 때문에 이것을 방지하기 위하여 주로 내면을 흐리게 처리하고 있다. 백열전구는 색온도가 낮기 때문에 자연광에 비해 붉은 빛, 즉 장파장의 비율이 높고 발생열이 많다. 정격전압 100V의 백열전구에 120V의 전압의 전류가 흐를 때 광속은 120%로 증가하지만 수명은 20%로 낮아진다.

할로겐전구는 석영유리(순도가 높은 유리)구에 불활성가스로 할로겐 원소[2]를 봉입한 것으로 유리구 벽의 흑화현상을 줄이고 효율, 광속유지율, 수명단축을 개선한 전구이다. 연색성은 좋으나 휘도가 높고 열방사량이 많은 단점이 있다. 현재 악센트 조명, 고천장 조명, 스튜디오 사진용, 점포의 스폿조명용, 자동차용, 비행장용 등으로 사용범위가 확대되고 있다.

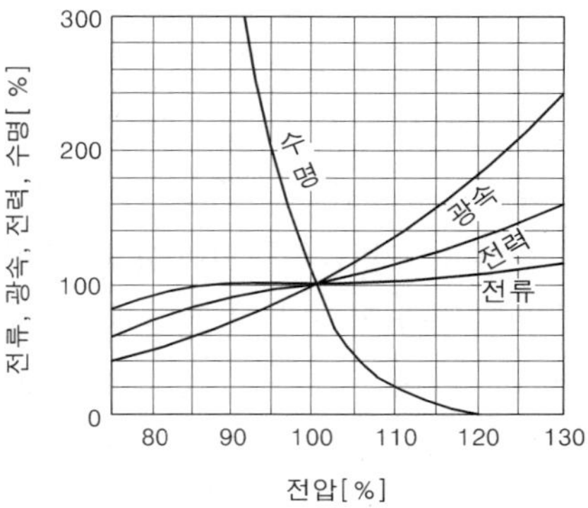

그림 5-2 **전류의 특성곡선**

표 5-3 **백열전구의 초기특성 및 수명(KS C 7501)**

형 식	정격전압 [V]	초기특성			수명1/2일 때의 효율 [lm/W]	수명 [h]
		소비전력 [W]	광속 [lm]	효율 [lm/W]		
L 100V 10W		10±1.0	76±14	7.6±0.6	6.5 이상	1200
L 100V 20W		20±2.0	175±32	8.7±0.7	7.3 이상	1200
Ld 100V 30W		30±3.0	330±59	11.0±0.9	10.1 이상	900
L 100V 30W		30±3.0	290±52	9.7±0.8	8.8 이상	900
Ld 100V 40W		40±4.0	500±90	12.5±1.0	11.3 이상	900
L 100V 40W		40±4.0	440±79	11.0±0.9	10.0 이상	900
Ld 100V 60W		60±6.0	830±149	13.9±1.1	12.7 이상	900
L 100V 60W	100	60±6.0	760±137	12.6±1.0	11.5 이상	900
Ld 100V 100W		100±10.0	1570±283	15.7±1.3	14.1 이상	900
L 100V 100W		100±10.0	1500±270	15.0±1.2	13.5 이상	900
L 100V 150W		150±15.0	2450±441	16.4±1.3	14.8 이상	900
L 100V 200W		200±20	3450±621	17.3±1.4	15.3 이상	900
L 100V 200W		300±30	5500±990	18.3±1.5	15.8 이상	800
L 100V 500W		500±50	9900±1782	19.7±1.6	16.9 이상	800
L 100V 1000W		1000±100	21000±3780	21.0±1.7	17.4 이상	800

1) 흑화현상(黑化現象, anode spot) : 조명등에 있는 필라멘트의 전자방사물질이 비산되어 전극부분의 램프 내벽에 부착되면서 생기는 검은 무늬
2) 할로겐 원소 : 화학주기율 표의 7족에 속하는 플루오트(F), 염소(Cl), 브롬(Br), 요오드(I) 등을 말한다.

(2) 형광등(螢光燈 fluorescent lamp)

1938년 미국 GE Co.에서 주광색 형광등을 개발한 후 급속히 사용범위가 확대되고 계량되어 왔다. 유리 튜브 내에 도포한 형광물질에 따라 여러 가지 색상의 램프가 있으며 일반 조명용으로서는 백색(W : white light)과 주광색(D : daylight)이 사용되고 있다.

형광등의 발광은 형광현상(fluorescence)에 의한 것으로 튜브 내면에는 수은증기가 봉입되어 있다. 튜브 끝에 있는 필라멘트에 전류가 통하면 전자가 수은증기를 매체로 흐르고 이때 수은증기가 방전을 일으켜 자외선을 발하게 되며, 이 자외선이 튜브에 도포된 형광물질에 조사되어 가시광선이 발생한다. 형광등의 기본구조는 그림 5-3과 같이 **점등관**(點燈管, glow atarter)에 전류가 흐르면 점등관 내부의 바이메탈(bimetal)의 작용으로 전류의 단락이 반복되며, 이때 **안정기(安定器, ballast)**의 유도작용으로 형광튜브 양극간에 높은 전압이 생겨 방전하게 되며 이로 인해 가시광선이 발생한다. 또한 안정기는 점등이 된 후에는 저항의 역할을 하여 전류가 많이 흐르는 것을 막아준다. 안정기에는 초크코일이 사용되므로 역률이 나빠 **콘덴서**를 접속하여 역률을 개선해 준다. 등기구에 따라 점등관 대신에 수동으로 스위치를 개폐하여 전압을 높이는 방식도 쓰이고 있다.

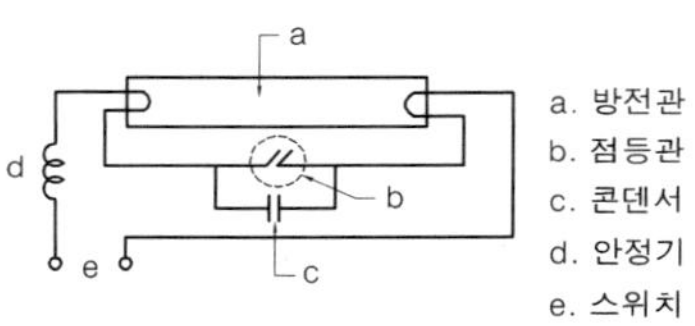

(a) 회로도

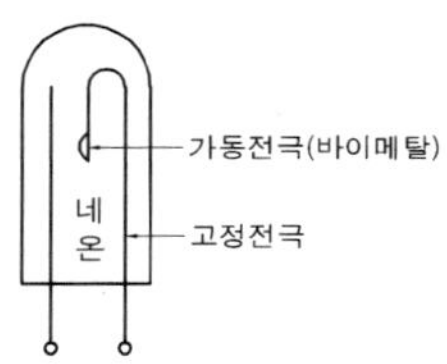

(b) 점등관 ("b"부분 확대)

그림 5-3 **형광등의 점등기구**

형광등의 특징은 다음과 같다.

① 효율이 높다. 형광등의 효율은 종류와 크기에 따라 다르나 백열등의 4~5배의 광속을 발산하며 효율은 50~96 lm/W이다.

② 광색이 자연광에 가깝다.

③ 백열등의 수명이 약 1000시간인데 비해 형광등의 수명은 5000~7500시간으로 수명이 길다.

④ 광원이 커서 사용상 불편한 점이 있으나 이로 인하여 휘도(0.5~1.0cd/㎠)[1]가 낮아 눈부심이 적다.

⑤ 불빛이 흔들린다.

⑥ 점등시 높은 전압을 얻기 위해 조명기구에 부속기기가 필요하고 등 값도 비싸다.

⑦ 낮은 기온(5℃ 이하)에서는 점등이 어렵다.

1) 인간 눈의 휘도 한계는 0.5cd/㎡이다.

⑧ 전파잡음이 발생되므로 이를 방지하기 위해서는 라디오나 텔레비전을 형광방전등과 3m 이상 띄운 거리에 위치시켜야 한다.

표 5-4 **형광등의 특성(KS C 7601)**

형 식	정격전압 [V]	초기특성			동정특성 전광속 [lm]
		방전개시 전압 [V]	관전류 [A]	전광속 [lm]	
FL-10D	100	94 이하	0.230±0.030	350±60	300
FL-10W	100	94 이하	0.230±0.030	390±60	340
FL-15D	100	94 이하	0.340±0.030	500±80	430
FL-15W	100	94 이하	0.340±0.030	560±90	480
FL-20D	100	94 이하	0.375±0.030	800±140	670
FL-20W	100	94 이하	0.375±0.030	900±150	750
FL-30D	100	94 이하	0.620±0.060	1200±190	1030
FL-30W	100	94 이하	0.620±0.060	1400±220	1200
FL-40D	200	180 이하	0.435±0.040	2000±300	1700
FL-40W	200	180 이하	0.435±0.040	2300±360	1950

(3) 수은등(水銀燈, mercury lamp)

수은등은 2중유리관 내부에 수은증기를 봉입하고 상하 전극간을 방전시켜 발광하게 하는 등으로 봉입수은 증기압에 따라 저압수은등, 고압수은등, 초고압수은등으로 나뉜다. 형광등은 저압수은등에 속하는 것으로 다량의 2,537Å 파역의 자외선을 방사하므로 자외선이 통과할 수 있는 순수 유리튜브를 사용하면 살균등(殺菌燈, sterilizing lamp)으로 이용할 수 있다. 고압수은등은 약 1기압의 수은량이 봉입되어 있고 점등 7~10분 후에 발산광속이 최대가 된다. 300W정도의 고압수은등이 주로 사용되고 효율은 40~65%로 높다. 연색성이 나쁘고 광색이 푸른빛을 띠기 때문에 실내보다 가로조명용이나 공장조명용으로 사용한다. 고압수은등을 백열전등과 W수로 1 : 2의 비율로 혼용하면 주광색(晝光色, day light) 가까운 색을 얻을 수 있어 경기장의 야간조명에 이용하고 있다.

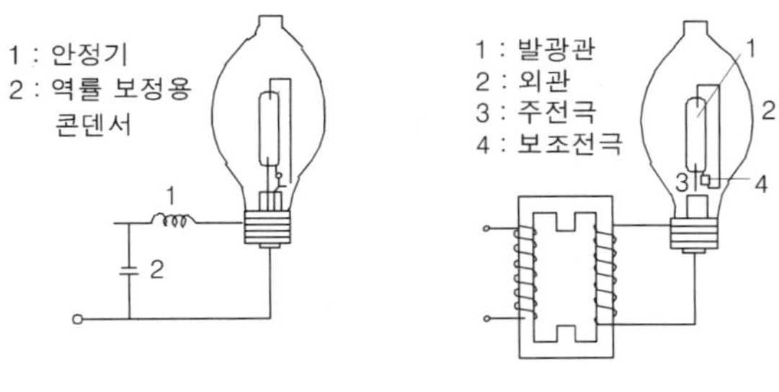

그림 5-4 **고압수은등의 구조와 점등방법**

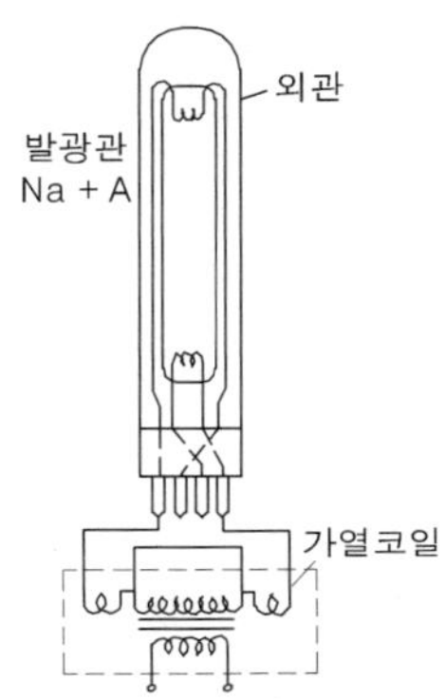

그림 5-5 **나트륨등의 구조**

(4) 나트륨등(sodium lamp)

나트륨증기의 방전으로 방사되는 나트륨의 황색광(5,896Å)으로 5500Å부근에서 높은 효율의 광을 얻을 수 있다. 나트륨등에는 그림 5-5와 같이 적당량의 나트륨금속과 희석가스가 봉입되어 있다. 등의 효율은 95~150 lm/W이며 발광효율이 가장 좋아 유지비가 적게 들지만 연색성이 나쁘고 설비비가 많이 든다. 가로등, 터널조명, 먼지가 많은 곳의 조명에 사용된다.

(5) 네온등(neon lamp)

네온을 저압으로 봉입한 1.5W 정도의 소형 전구와 가늘고 긴 유리관에 수mmHg 정도의 저압가스를 봉입하고 고압전기를 통하면 방전하는 네온관으로 분류된다. 소형 전구는 종야등(終夜燈), 표시등(表示燈)으로 이용되고 네온관은 간판이나 광고 등에 널리 사용된다. 네온관의 소요전력은 관길이 1m당 10~20W, 초기 점등 시에는 1m당 100~2000V의 고압을 필요로 한다. 증압용 변압기를 이용하여 1000V 이상으로 전압을 높여 사용하고 있으며 네온관에 봉입하는 가스에 따라 여러 가지 색상을 얻을 수 있다.

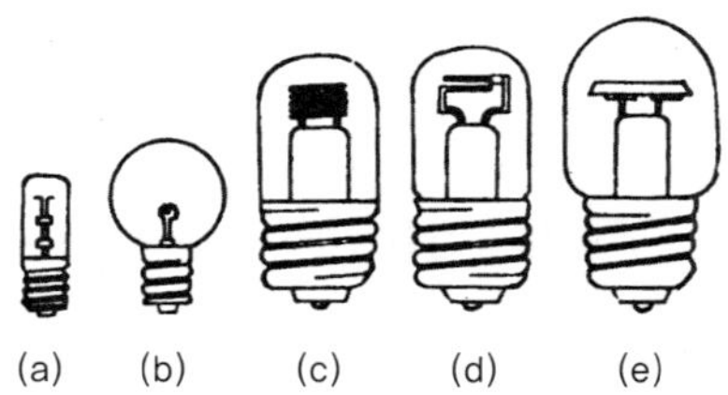

그림 5-6 **각종 네온전구**

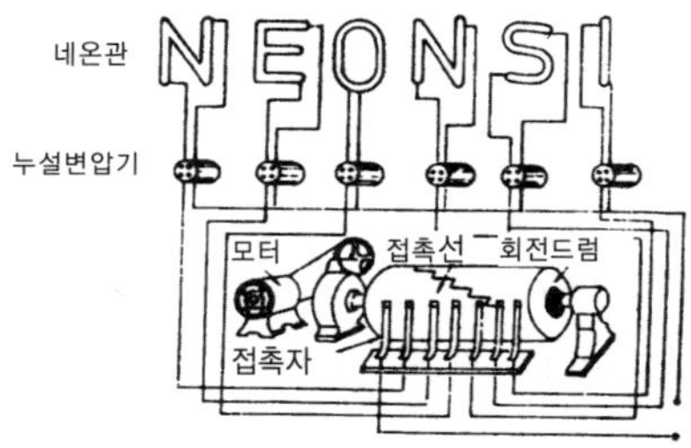

그림 5-7 **네온사인 점멸장치**

5.2.2 조명방법

1 —— 조명조건

조명조건은 조명의 종류와 목적에 따라 달라진다. 조명은 대상물을 잘 볼 수 있도록 하는 것을 주목적으로 하는 **명시조명**과 **분위기와 의장적인 효과를 목표로 하는 조명**이 있다. 명시조명(明視照明)은 사무실, 학교, 공장, 교통로, 주택 가사업무가 이루어지는 장소에, 분위기 조성을 주목적으로 하는 조명은 상점, 백화점, 음식점, 여관, 극장, 경기장, 오락장, 주택 일부에 적합한 조명방식이다.

표 5-5는 이 두 가지 조명의 목적을 달성하기 위한 요건이다. 명시조명의 필요요건은 적절한 조도, 적당한 광색, 눈부심이 적을 것, 광선의 방향과 광량이 적당할 것, 주위의 휘도와 작업장소의 휘도대비가 적당할 것 등이다.

표 5-5 조명의 요건

항 목	명시조명	분위기 조성을 목표로 하는 조명
1. 조도	경제적인 면이 허락하는 한에서 높은 조도로 한다.	반드시 조도가 높을 필요는 없다.
2. 조도의 균일성	가능한 균일하게 하는 것이 좋다.	중점적으로 조도를 배분한다. 강조하고 싶은 곳은 밝게, 주위는 어둡게 한다.
3. 눈부심	가능한 적게 한다.	어떤 장소를 강조하기 위해서는 어느 정도의 눈부심이 있어도 좋은 경우가 있다.
4. 방향성	그림자가 생기지 않은 적당한 방향과 확산광	입체감을 강조하기 위해, 특히 강한 방향성을 가지는 것도 있다.
5. 빛의 질과 색	열선, 자외선을 수반하지 않는 것으로, 광색은 표준주광에 가까운 것으로 한다.	실내 마감색을 고려하면서 광원의 빛색을 선정하고, 실내반사광과 합성된 각종 색감(정숙감, 정열감, 따뜻함, 시원함 등)을 만들어 낸다.
6. 등기구의 형태와 배치	등기구의 의장은 가능한 단순, 명쾌한 것으로 하고 배치는 눈에 거슬리지 않으면서 2, 3, 4를 만족하도록 한다.	2,3,4를 고려하면서 간접, 반간접, 직접 등의 조명방식을 선정하고, 이에 따라 실의 높이와 폭의 외견상 느낌을 바꾸는 것도 가능하다.
7. 효율과 경제성	경제적인 측면에서 고효율의 광원과 기구를 사용한다.	상황에 따라 다르겠지만, 동일한 경제조건에서도 최고의 분위기를 조성하는 것을 목표로 한다.
8. 점멸과 조광	경제적인 측면에서 유효한 점멸을 가능하게 한다.	조명효과에 변화를 주는 의미에서 광의 점멸, 조광을 충분히 구사한다.

2 —— 조명방식과 조명기구

조명방식은 광선의 방향, 조명기구의 용도, 재료, 배열방법 등에 따라 그림 5-8과 같이 분류할 수 있다.

직접조명방식은 가장 간단한 방식으로 조명률[1])이 높아 경제적이며 벽, 천장 등에 의한 반사율의 영향이 적은 장점이 있으나 기구에 따라 눈부심을 일으키기도 하고 강한 음영이 생길 우려가 있다. **간접조명방식**은 조도가 균일하며 음영이 적게 생기는 장점이 있으나 조명률이 낮고 천장, 벽 등의 반사율, 색조에 영향을 많이 받으며 설비비가 비싸다.

천장, 벽, 기둥 등 건축물의 내부에 조명기구를 붙여서 건물의 내부 및 마감의 일체를 만들어 조명하는 방식을 **건축화 조명**이라 하며 그림 5-9에 그 예를 들고 있다.

천장에 등기구를 배치하여 실내 전체를 동일조도로 하는 **전반확산조명**과 특정 작업면에 높은 조도를 필요할 때 부분적으로 조명하는 **국부조명**이 있으며 전반조명의 조도는 국부조명조도의 1/10 이상으로 한다. 경제적인 조명방식으로 전반, 국부조명을 병용한 조명방식이 널리 이용되고 있다.

1) 조명률(utilization factor) : 광원에서 방사된 총광속과 작업면에 도달하는 유효광속의 비

	조명 기구의 형태	응용방법 예	배　　광
(a) 직 접 조 명	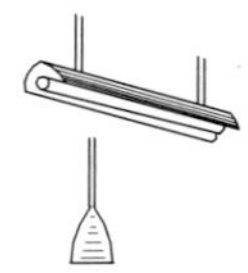		↑ 10 – 0 ↓ 90 – 100
(b) 반직접 조 명	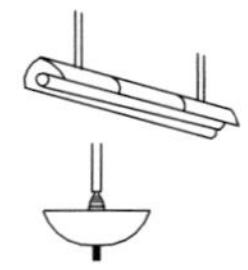	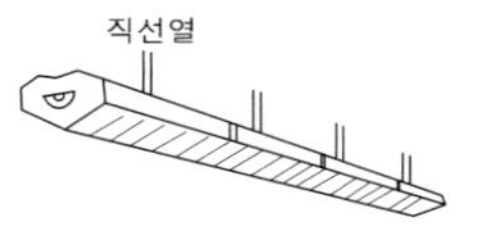	↑ 40 – 10 ↓ 60 – 90
(c) 전반확산 조 명	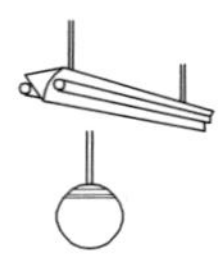	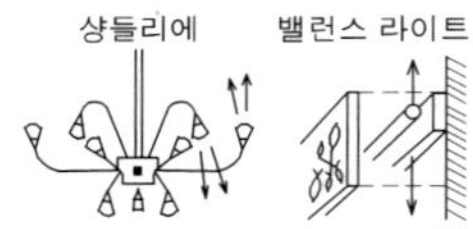	↑ 60 – 40 ↓ 40 – 60
(d) 반간접 조 명	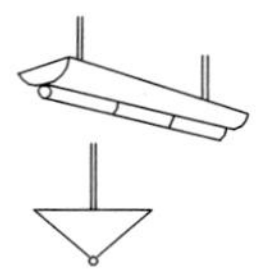	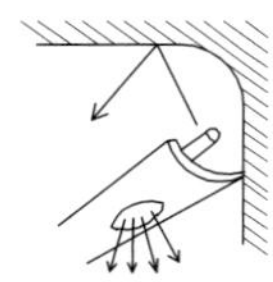	↑ 90 – 60 ↓ 10 – 40
(e) 간 접 조 명	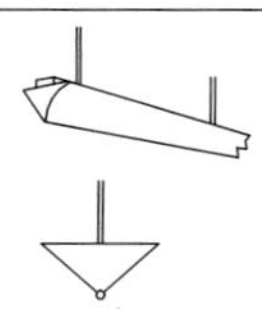	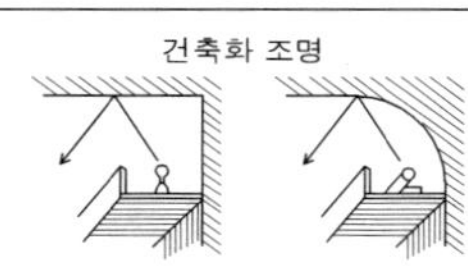	↑ 100 – 90 ↓ 0 – 10

그림 5-8 **조명방식의 분류**

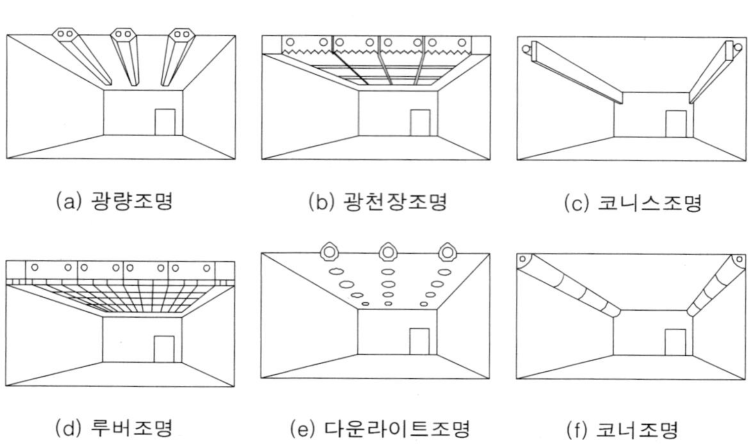

(a) 광량조명　(b) 광천장조명　(c) 코니스조명

(d) 루버조명　(e) 다운라이트조명　(f) 코너조명

그림 5-9 **건축화 조명**

5.2.3 조명설계법

1 —— 조명설계순서

조명설계는 물체를 명확하게 보이게 하고 조도, 휘도, 눈부심, 그림자, 분광분포를 생활환경과 행동양식에 알맞게 조절하여 눈의 피로를 줄이고 정신적, 육체적으로 쾌적한 환경을 만드는데 그 목적이 있다.

조명설계 순서는 다음과 같다.

(1) 소요조도(所要照度) 결정

방의 종류, 용도에 따라 소요조도를 결정한다. 실별 소요조도는 표 5-7과 같다.

표 5-6 조도단계

조도단계	표준조도 [lx]	조도범위 [lx]
aaa	1000	1500~700
aa	500	700~300
a	200	300~150
b	100	150~70
c	50	70~30
d	20	30~15
e	10	15~7
f	5	7~3
g	2	1~1.5

표 5-7 거실용도에 따른 조도기준

거실의 용도구분 \ 조도		바닥에서 85㎝ 높이의 수평면조도 [ℓx]	조도단계
1. 거주	독서, 식사, 조리	150	a
	기타	70	b
2. 집무	설계, 제도, 계산	700	aaa
	일반사무	200	a
	기타	150	a
3. 작업	검사, 시험, 정밀검사, 수술	700	aaa
	일반작업, 제조, 판매	300	aa
	포장, 세척	150	a
	기타	70	b
4. 집회	회의	300	aa
	집회	150	a
	공연, 관람	70	b
5. 오락	오락 일반	150	a
	기타	30	c
기타 명시되지 않은 것		1 또는 5에 유사한 기준 적용	

(2) 조명방식(照明方式) 결정

조명목적에 맞춰 직접조명, 반직접조명, 전반확산조명, 반간접조명, 간접조명 등 조명방식을 선정한다.

(3) 광원(光源) 선정

조명목적과 조명방식에 맞게 백열등, 형광등 등 광원의 종류를 선정한다.

(4) 광원의 높이와 간격 결정

① 광원의 높이는 그림 5-10과 같다.

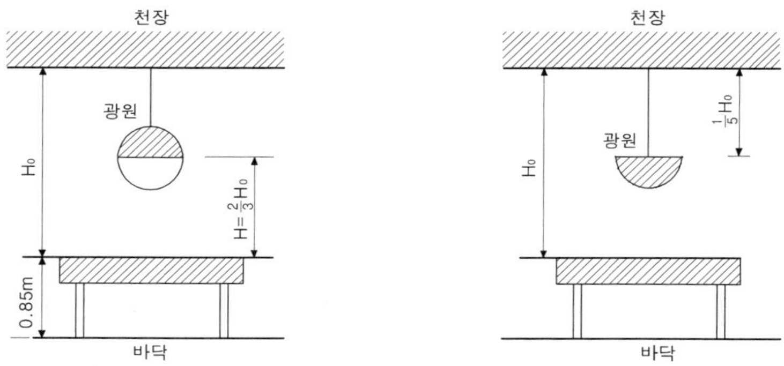

(a) 직접 및 반직접 조명($H=\frac{2}{3}H_0$)　　(b) 간접 및 반간접 조명($H=H_0$)

그림 5-10 **조명방식에 따른 광원 높이**

② 광원의 간격

광원의 높이를 H, 광원 상호간의 간격을 S, 벽과 광원의 간격을 S_o라 하면,

$$S \leqq 1.5H \tag{5.9}$$

$$S_o \leqq \frac{H}{2}\text{(벽면에서 작업하지 않는 경우)} \tag{5.10}$$

$$S_o \leqq \frac{H}{3}\text{(벽면에서 작업할 때)} \tag{5.11}$$

(5) 실지수(室指數) 산정

$$\text{실지수} = \frac{XY}{H(X+Y)} \tag{5.12}$$

X : 실의 가로길이 [m]
Y : 실의 세로길이 [m]
H : 광원의 높이 [m]

(6) 조명률(照明率) 결정(표 5-10)

$$\text{조명률} \leqq \frac{\text{작업면의광속}}{\text{광원의총광속}} \tag{5.13}$$

(7) 감광보상률(感光補償率, depreciation factor)

결정(표 5-10) 조명기구는 사용기간이 지나면서 작업면의 조도가 점차 감소하게 된다. 이러한 감소를 예상하여 소요광속에 여유를 두는데, 그 정도를 감광보상률(D)이라 하며 그 역수를 유지율 또는 보수율(保守率, M : maintenance factor)이라 한다. 등기구가 간단한 직접조명방식에서는 D=1.8~2.0 정도로 설정한다.

(8) 광속 계산

$$F = \frac{A \cdot E \cdot D}{U \cdot N} = \frac{A \cdot E}{U \cdot N \cdot M} \quad (5.14)$$

F : 사용광원 1개의 광속 [lm]
E : 작업면의 평균조도 [lx]
A : 실의 면적 [m²]
N : 광원의 개수
U : 조명률
M : 유지율

(9) 광원의 수 및 광원의 크기를 결정

(10) 조도 분포, 휘도 등 재검토

(11) 점멸방법 검토

(12) 스위치 콘센트 등 배치

(13) 배선설계

표 5-8 실지수의 분류기호표 (표 5-10 참조)

실지수	5	4	3	2.5	2	1.5	1.25	1	0.8	0.6
기 호	A	B	C	D	E	F	G	H	I	J

표 5-9 실내면의 반사율

재 료	반사율	재 료	반사율
진회벽(흰색)	0.60~0.80	창호지	0.40~0.50
흰색 벽	0.60	밝은색 벽돌	0.15
엷은 크림색 벽	0.50~0.60	회색 텍스	0.40
진한색의 벽	0.10~0.30	콘크리트	0.25
목재(백목)	0.40~0.60	흰색 페인트	0.60~0.80
목재(노란 니스칠)	0.30~0.50	엷은색 페인트	0.35~0.55
흰 타일	0.60	진한색 페인트	0.10~0.30
리놀륨	0.15	검은색 페인트	0.05

표 5-10 일반조명기구의 조명률, 감광보상률

배 광	기구의 예	감광보상률D			반사율 천장	0.75			0.50			0.30	
설치간격		보수상태			벽	0.5	0.3	0.1	0.5	0.3	0.1	0.3	0.1
		상	중	하	실지수	조명률 U [%]							
간 접	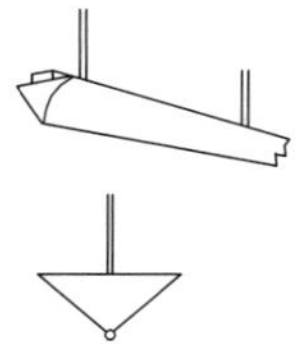	전 구			J	16	13	11	12	10	08	06	05
 ↑0.80 ↓0					I	20	16	15	15	13	11	08	07
		1.5	1.8	2.0	H	23	20	17	17	14	13	10	08
					G	28	23	20	20	17	15	11	10
					F	29	26	22	22	19	17	12	11
		형광등			E	32	29	26	25	21	19	13	12
					D	36	32	30	26	24	22	15	14
S≤1.2 H					C	38	35	32	28	25	24	16	15
		1.6	2.0	2.4	B	42	39	36	30	29	27	18	17
					A	44	41	39	33	30	29	19	18
반 간 접	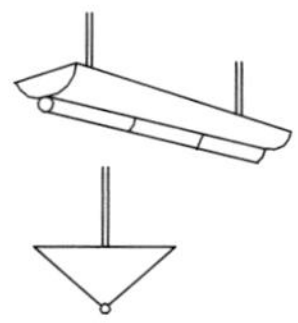	전 구			J	18	14	12	14	11	09	08	07
 ↑0.70 ↓0.10					I	22	19	17	17	15	13	10	09
		1.4	1.5	1.8	H	26	22	19	20	17	15	12	10
					G	29	25	22	22	19	17	14	12
					F	32	28	25	24	21	19	15	14
		형광등			E	35	32	29	27	24	21	17	15
					D	39	35	32	29	26	24	19	18
S≤1.2 H					C	42	38	35	31	28	27	20	19
		1.6	1.8	2.0	B	46	42	39	34	31	29	22	21
					A	48	44	42	36	33	31	23	22
전 반 확 산	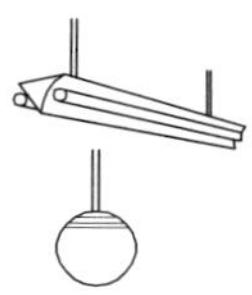	전구			J	24	19	16	22	18	15	16	14
 ↑0.40 ↓0.40					I	29	25	22	27	23	20	21	19
		1.4	1.5	1.7	H	33	28	26	30	26	24	24	21
					G	37	32	29	33	29	26	26	24
					F	40	36	31	36	32	29	29	26
		형광등			E	45	40	36	40	36	33	32	29
					D	48	43	39	43	39	36	34	33
S≤1.2 H					C	51	46	42	45	41	38	37	34
		1.4	1.5	1.7	B	55	50	47	49	45	42	40	38
					A	57	53	49	51	47	44	41	40
반 직 접		전구			J	26	22	19	24	21	18	19	17
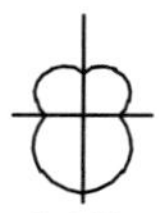 ↑0.25 ↓0.55					I	33	28	26	30	26	24	25	23
		1.3	1.5	1.7	H	36	32	30	33	30	28	28	26
					G	40	36	33	36	33	30	30	29
					F	43	39	35	39	35	33	33	31
		형광등			E	47	44	40	43	39	36	36	34
					D	51	47	43	46	42	40	37	37
S≤ H					C	54	49	45	48	44	42	42	38
		1.3	1.5	1.8	B	57	53	50	51	47	45	43	41
					A	59	55	52	53	49	47	47	43
직 접	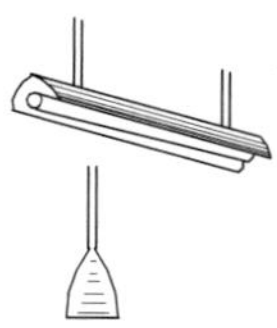	전구			J	34	29	26	34	29	26	29	26
 ↑0 ↓0.75					I	43	38	35	42	37	05	37	34
		1.3	1.5	1.7	H	47	43	40	46	43	40	42	40
					G	50	47	44	49	46	43	45	43
					F	52	50	47	51	49	46	48	46
		형광등			E	58	55	52	57	54	51	53	51
					D	62	58	56	60	59	56	57	56
S≤ 1.3H					C	64	61	58	62	60	58	59	58
		1.5	1.8	2.0	B	67	64	62	65	63	61	62	60
					A	68	66	64	66	64	66	64	63
직 접	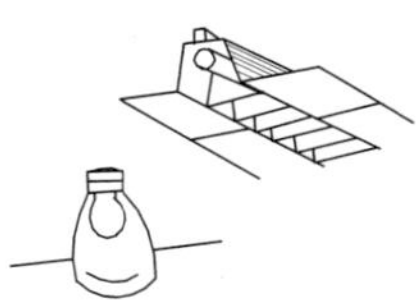	전구			J	63	63	32	29	27	32	29	27
 ↑0 ↓0.60					I	29	27	39	37	35	39	36	35
		1.4	1.5	1.7	H	36	34	42	40	39	41	40	38
					G	40	38	45	44	42	44	43	41
					F	42	41	48	46	44	46	44	43
		형광등			E	50	49	47	49	48	46	47	46
					D	54	51	50	52	51	49	50	49
S ≥ 0.9H					C	55	53	51	54	52	51	51	50
		1.4	1.6	1.8	B	56	54	54	55	53	52	52	52
					A	58	55	54	56	54	53	54	52

예제 2 — **12×18m인 일반사무실의 조명설계를 실시하라. 단, 천장의 높이는 3.8m이고, 6m마다 기둥이 서 있다. 기둥 사이에 30cm의 보가 있으며 천장은 6m×6m 간격으로 6개 구역으로 나누어져 있다. 반사율은 천장이 75%, 벽이 50%, 바닥이 10%이다.**

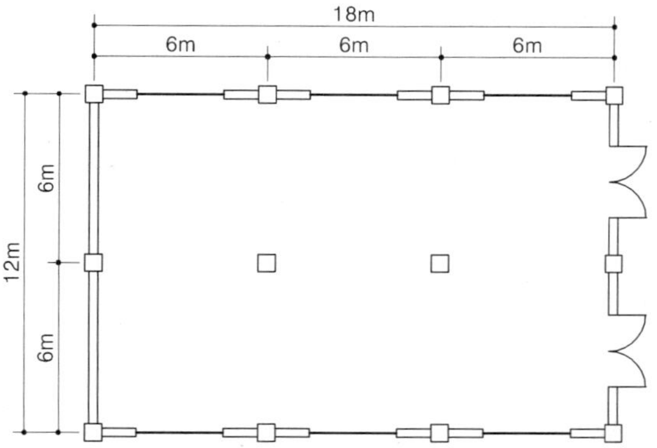

그림 5-11 **예제 2 문제**

풀이

(1) 실의 조건

표 5-11 **예제 2 실의 조건**

실의 가로길이 X	실의 세로길이 Y	실의 면적 A	바닥~천장 높이 Z	반사율		
				천장	벽	바닥
12m	18m	216㎡	3.8m	0.75	0.5	0.1

(2) 수평면 조도

표 5-7 조도기준에서 수평면 조도 E는 200lx 이다.

(3) 전등

- 백열전구인 경우 - 젖빛유리 외구(반직접)
- 형광등인 경우 - 40W 2등식 루버 붙임(반직접)

(4) 광원의 높이 H

직접조명방식을 채택하여 본 예제에서는 천장에 바로달기로 한다.

바닥위 85cm 지점의 작업면에서부터 천장까지의 높이이므로,

$H = 3.8 - 0.85 = 2.95 \fallingdotseq 3$ [m]

(5) 광원의 최대간격

직접조명일 경우, 광원 상호간의 간격 S는 (5.9)식에서

$S \leqq 1.5H$이므로, $S \leqq 4.5$ [m]이다.

벽면에서 작업을 하지 않는 경우, 벽과 광원의 간격 S_o는 (5.10)식에 의해

$S_o \leqq 1.5$이다.

(6) 실지수

(5.12)식에 의해

$$\text{실지수} = \frac{XY}{H(X+Y)} = \frac{12 \times 18}{3(12+18)} = 2.5$$

이므로, 표 5-8에서 분류기호 D에 해당한다.

(7) 조명률 U

표 5-10에서 반직접조명, 천장반사율 0.75, 벽반사율 0.5, 실지수 D로부터 조명률 U는 0.51이다.

(8) 감광보상률 D

표 5-10에서 보수상태 상의 값 $D=1.3$으로 한다.

(9) 소요광속 계산

(5.14)식에서 $NF = \frac{A \cdot E \cdot D}{U} = \frac{216 \times 200 \times 1.3}{0.51} = 110000$ [lm]

(10) 전등 위치, 개수, 크기 결정

① 백열전구

$S = 3\text{m}$, $S_0 = 1.5\text{m}$이므로, 백열전구의 필요개수$N = 4 \times 6 = 24$개이다.

이때, 전구 1개당 필요광속 $F = 110000/24 = 4580$[lm]이다.

표 5-3에서 300W 5500lm을 선택한다.

② 형광등

표 5-4에서 FL-40W(백색 3500K)의 광속 $F = 2300$[lm]이고, 2등식이므로 기구당 총광속은 4600lm이다. 따라서 필요기구수 $N = 110000/4600 = 24$개이다.

(11) 초기조도 E'와 실제조도 E

① 백열전구

$$E' = \frac{5500 \times 24 \times 0.51}{216} = 312 \text{ [lx]}$$

$$E = \frac{E'}{D} = \frac{312}{1.3} = 240 \text{ [lx]}$$

② 형광등

$$E' = \frac{4600 \times 24 \times 0.51}{216} = 260 \text{ [lx]}$$

$$E = \frac{E'}{D} = \frac{260}{1.3} = 200 \text{ [lx]}$$

(12) 소요전력

① 백열전구

$300 \times 24 = 7200$ [W]

$7200/216 = 33.3$ [W/㎡]

② 형광등

100V 40W 2등용 기구의 총전력은 105W이므로,

$105 \times 24 = 2520$ [W]

$2520/216 = 11.7$ [W/㎡]

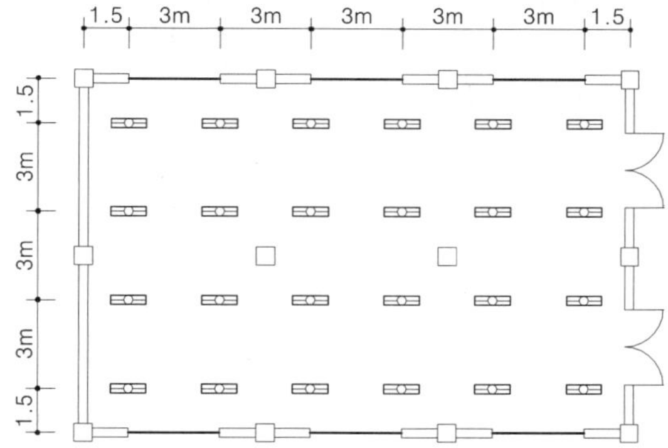

그림 5-12 **예제2 풀이 - 형광등**

5.3 — 전원설비

5.3.1 개설

전원설비에는 전력회사의 전력을 받아 부하설비에 공급하는 **수전(受電), 변전설비(變電設備)**와 정전시를 대비한 **자가 발전설비(自家發電設備)** 등의 **예비전원(豫備電源)**이 있다. 전력을 공급받는 경우에는 건물의 사용전력용량 규모에 따라 **저압, 고압** 또는 **특고압**으로 수전한다. 사용전력용량이 50kW 미만인 경우에는 저압전력 220V로, 말단부하전압과 동일한 전압으로 공급된다. 부하용량이 50kW 이상 중용량 또는 대용량인 경우에는 고압인 6.6kV 또는 22.9kV로 되어 이 전원을 부하전압에 맞도록 감압하는 시설인 **수변전설비**가 필요하다. 상용 수변전설비가 정전되었을 때는 중요 부하설비와 전기설비를 원격제어(遠隔制御, remote control)하거나 비상용 무정전 전등을 점등하는 **비상용 발전기설비**와 전화, 방송, 전기시계, 화재감지기 등 **비상제어용(非常制御用) 조작전원**, 컴퓨터 전원의 무정전용(無停電用) 직류부하인 **축전지설비(蓄電池設備, sotrage battery system)**가 필요하다. 이와 같은 전력공급원 시설인 **수변전설비, 발전설비** 및 **축전지설비**를 **전원설비**라 한다. 건축전기설비에서는 발전설비와 축전지설비는 방재용(防災用)도 겸하여 설치되고 있으며 소화용이나 비상용 동력이 있을 경우에는 이들 시설설비가 의무화 되고 있다. 그림 5-13은 전원설비계통이다.

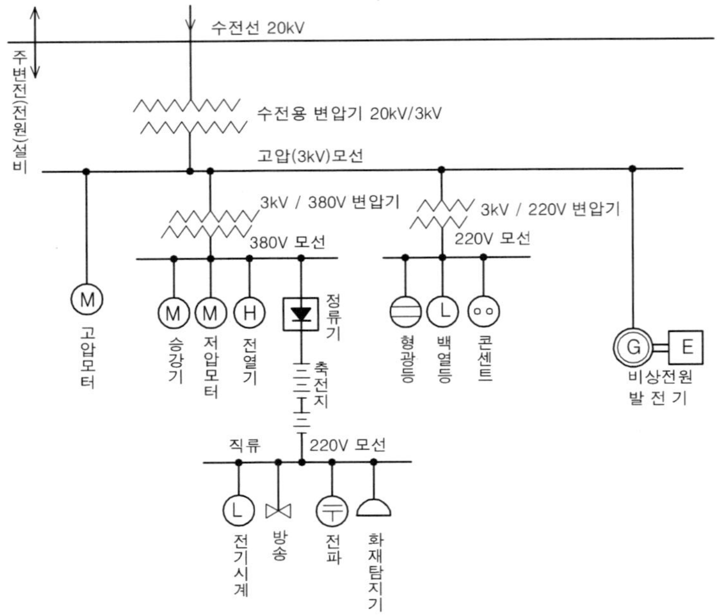

그림 5-13 **전원설비 계통도**

5.3.2 수변전설비

1 ── 기본설계

수전점에서 변압기 1차측까지의 기기구성을 **수전설비**라 하고 변압기에서 전력부하설비의 배전반까지를 **변전설비**라 한다. 변전설비 설계 시에는 최대전력을 예측하여 수변전기기의 용량과 배선용량을 결정해야 한다.

① 설비용량을 각 부하별(전등, 일반동력, 냉방능력, 전력)로 산출한다.
② 최대수용 전력에 따라 수전전압 및 수전방식을 결정한다.
③ 주회로 결선방식을 결정한다.
④ 변전설비의 형식을 선정한다.
⑤ 제어방식을 결정한다.
⑥ 변전실의 위치와 면적을 결정한다.
⑦ 기기의 배치를 결정한다.

2 ── 부하용량 추정

표 5-12는 각종 건물의 부하설비 및 변압기의 부하밀도를 나타낸 것이며 부하설비 용량은 (5.15)식으로 구한다.

표 5-12 **부하설비 변압기의 부하밀도**

용 도	전등 [W/㎡]	일반동력 [W/㎡]	냉방동력 [W/㎡]	전부하 [W/㎡]	수전변압기 용량 [VA/㎡]
사무소	36.5	59	36.9	112.7 60~200	123.3 60~220
점포 · 백화점	62.0	72.2	43.3	156.4 60~280	171.7 80~300
호텔	37.6	53.3	26.5	109.0 40~160	106.4 60~200
주택	50.9	13.9	28.0	66.8 10~140	63.5 20~160
학교	26.9	15.0	18.3	39.9 20~140	39.0 20~140
병원	47.1	63.5	45.5	145.4 40~240	139.0 60~200

$$\text{부하설비용량} = \text{부하밀도}[\mathrm{VA/m^2}] \times \text{연면적}\ [\mathrm{m^2}] \tag{5.15}$$

3 —— 설비용량

부하설비 용량을 그대로 수전용량으로 하면 과대한 설비가 되기 때문에 수용률, 부등률, 부하율을 고려해서 최대설비 용량을 구한다.

(1) 부하율(負荷率, load factor)

변전설비 용량은 최대수요전력에 의해 정해지는데 항상 최대전력을 사용하는 것은 아니므로 변전설비가 얼마나 유효하게 사용되었는가를 나타낼 목적으로 어떤 기간 중에 있어서 평균수용 전력과 최대수용 전력과의 비를 알 필요가 있다.

$$\text{부하율} = \frac{\text{평균전력}[\mathrm{kW}]}{\text{최대수용전력}[\mathrm{kW}]} \times 100\ [\%] \tag{5.16}$$

(2) 수용률(需用率, demand factor)

수용장소에 설비된 전기기기류의 정격용량의 합계를 부하설비용량이라 하며, 전기기기 전체가 동시에 사용되는 일은 드물어 수용설비가 이용되고 있는 비율을 알기 위해 수용가의 최대수용전력과 부하설비 용량과의 백분율을 나타낸 것이다.

$$\text{수용률} = \frac{\text{최대수용전력}[\mathrm{kW}]}{\text{부하설비용량}[\mathrm{kW}]} \times 100\ [\%] \tag{5.17}$$

(3) 부등률(不等率, diversity factor)

변압기의 간선에서의 최대수요전력은 각 부하군의 최대수요전력의 합보다 작은 값이 되는데 이를 부등률이라 한다. 부등률은 보통 1보다 큰 값을 갖는데 부하의 성질, 계절에 따라 다르나 부등률이 클수록 설비의 이용도가 높아져서 유리하다.

$$부등률 = \frac{개개의최대수용전력의합계[kW]}{합계부하의최대수용전력[kW]} \times 100\ [\%] \qquad (5.18)$$

표 5-13 각종 부하의 수용률 개략치

부하의 종류	수 용 률	
	백화점, 점포	사무소 빌딩
전등부하	75~100	45~80
동력부하	40~60	40~55
냉방부하	45~60	55~85
총합	45~65	40~60

4 —— 수전방식의 결정

수전방식은 건물의 전기설비계획에서 기본이 되는 중요사항으로 전력공급의 신뢰성이나 변전설비 배전방식에 크게 영향을 받는다. 최대계약전력(最大契約電力)과 표준전압의 관계는 표 5-14, 건물규모와 수전방식은 표 5-15와 같다. 수전방식은 전력회사와 협의를 거쳐 결정하는 것이며 다음과 같은 방식이 있다.

표 5-14 최대계약전력과 공급 표준전압 [kV]

전압	3	6	10	20(22.9)	30, 60	70, 100	140
최대 계약전력		2000kW 미만		2,000kW 이상 10,000kW 미만	10000kW 이상 50000kW 미만		50,000kW 이상

표 5-15 건물의 규모와 수전방식

건물	수전전압 [kV]	회로수 및 수전방식
소규모	6	1회선
중규모	6	1~2회선
	22	2회선 스포트 네트워크 2~3회선
대규모	22	스포트 네크워크 3~4회선
	66	2회선

(1) 1회선 수전

가장 간단한 방식으로 중소규모 건물에 널리 이용되며 경제적이지만 정전시 복구시간이 길어 신뢰도가 낮다.

(2) 본선-예비 2회선 수전

1회선보다 신뢰도는 높으나 예비선 전력인입과 기본전기요금이 증가되어 설비비와 경상비가 많이 든다.

(3) 루프수전

신뢰도가 높고 추가 전기요금이 없어 경제적이지만 근처에 루프수전 수용가가 없으면 채용할 수 없다.

(4) 스포트 네트워크 수전

전력회사에서 추천하는 방식이지만 설비비가 많이 든다.

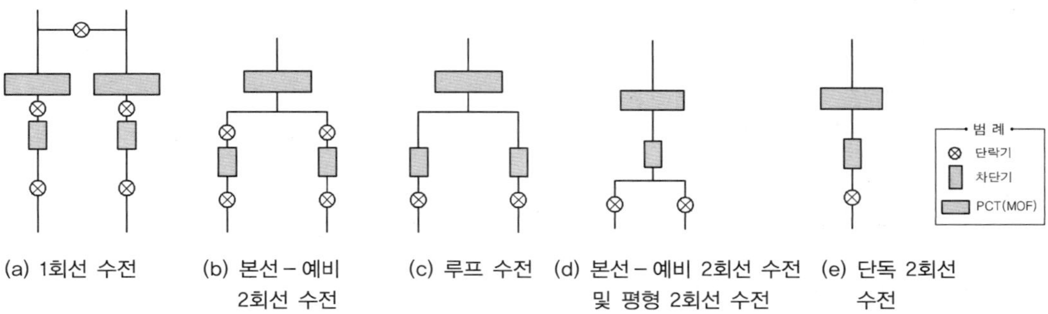

그림 5-14 **수전방식의 기본형(20㎾ 이상)**

5.3.3 변전실

1—— 변전실의 형식

변전실은 옥외식과 옥내식이 있으며 시설형식으로 노출형과 큐비클형(cubicle type)이 있다. 건물에서는 원칙적으로 옥내식으로 한다. 특고압수전의 경우 옥내에서는 넓은 면적과 높은 층고가 필요하기 때문에 시설비가 많이 든다. 노출형은 변전실에 **변압기, 차단기, 단로기, 계기용 변압기** 등을 적절히 배치한 수변전설비로 천장고가 충분히 확보되지 않을 때 기기는 받침대를 쓰지 않고 직접 바닥 위에 설치하되 보호철망으로 안전성을 확보해야 한다. 최근에는 차단기, 단로기(斷路器, D.S), 계기용 변성기, 모선 등의 주 회로기기와 감시제어에 필요한 기기를 금속상자 내에 수납한 **큐비클식** 수변전설비를 주로 사용하므로 기기의 보전상 좋고 사고의 확대가 방지되며 점유면적이 작아 안전을 기할 수 있다.

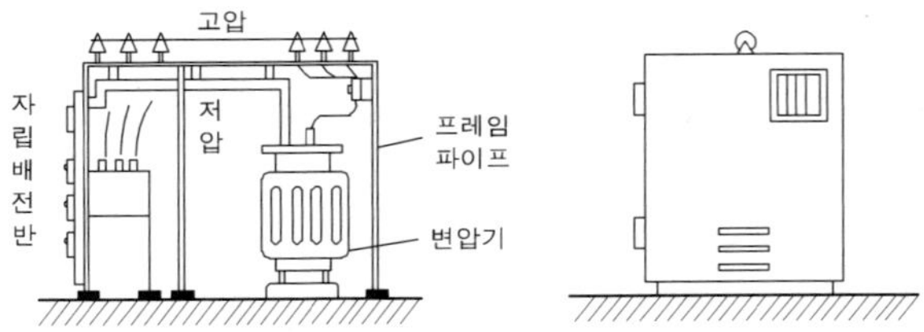

(a) 프레임 조립식 노출형　　(b) 큐피클형

그림 5-15 **변전설비의 시설형식**

2 —— 변전실의 구조, 배치 및 필요면적

(1) 변전실의 위치

① 가능한 부하중심에서 가까운 곳을 선정하여 전력손실 배선비를 줄이고 전압강하를 방지한다.

② 외부에서 송전선을 인입하기 쉬운 곳

③ 기기의 반출입이 쉬운 곳

④ 습기와 먼지가 적고 침수 우려가 없는 곳

⑤ 주위에 화재, 폭발 등의 위험성이 적고 염해, 유독가스 등의 발생이 적은 곳

⑥ 천장높이가 충분하고(천장 밑에서 1~1.5m) 면적이 기기배열에 충분할 것(벽에서 0.4m 이상 이격)

⑦ 건물의 기타 동력 설비와 인접한 곳

(2) 변전실의 구조

① 내화구조로 할 것

② 채광, 통풍, 환기시설을 갖출 것

③ 누수의 우려가 없는 곳

④ 바닥하중 500~1000kg/㎡, 바닥용 콘크리트 슬래브두께 20~30㎝로 할 것

(3) 변전실의 배치

옥내변전실은 배전전압과 부하밀도에 따라 집중식, 중간식, 분산식으로 배치한다. 건물규모가 큰 것은 중간식과 분산식을, 규모가 작은 건물은 집중식을 택한다.

$$\text{변전실필요면적} = 3.3\sqrt{\text{전기설비용량[kW]}}\ [\text{m}^2] \quad (5.19)$$

최근에는 다음식이 널리 이용되고 있다.

$$A = K \cdot W^{0.7} \quad (5.20)$$

A : 변전실 면적 [㎡]

K : 상수 0.4~1.3 (평균 0.98)

W : 변압기용량 [kVA]

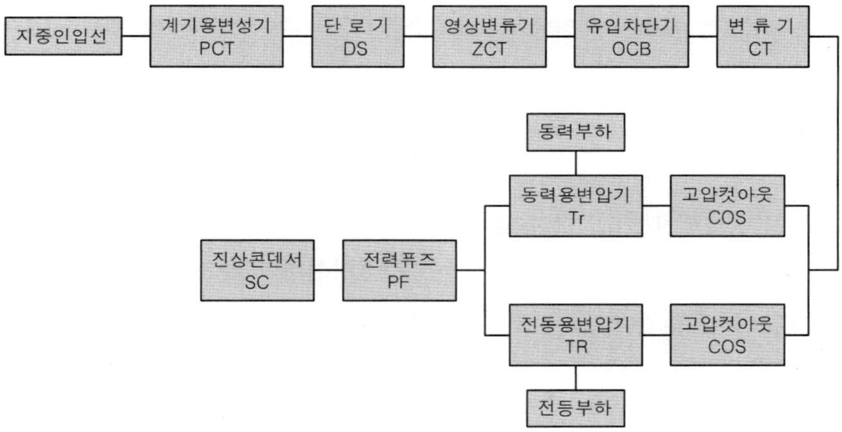

그림 5-16 **변전실의 주요기기**

3 —— 변전설비용 기기

(1) 변압기(變壓器, transformer)

수변전설비의 모체가 되는 설비로서 절연 및 냉각방식에 따라 **유입변압기**와 **H종 절연건식변압기**가 있다. 가장 일반적인 것은 유입변압기이며, 최근에는 불연성과 내열성이 뛰어나고 보수점검이 용이한 H종 절연건식변압기의 사용범위가 확대되고 있다.

(2) 차단기(遮斷器, breaker)

전로를 자동적으로 차단하여 기기를 보호하는 기기로 여러 종류의 차단기가 있으나 유입차단기(OCB : oil circuit breaker)와 가스차단기(GCB : gas circuit breaker), 공기차단기(ACB : air circuit breaker), 자기차단기(MCB : magnetic circuit breaker), 진공차단기(VCB : vacuum circuit breaker)가 많이 쓰인다.

(3) 콘덴서(condenser)

부하에 병렬로 회로에 삽입하여 역률개선, 전압조정 등에 쓰인다.

(4) 배전반(配電盤, switch board)

변전기기 및 회로의 감시, 제어 등을 합리적으로 하기 위해 필요한 계기, 스위치 등을 한 개소에 모은 것이다. 변전소의 규모에 따라 간단한 수직반에서 중앙감시반에 이르기까지 여러 종류가 있다. 구성요소로는 계기, 표시등, 조작개폐기, 보호릴레이, 경보장치 등의 감시 제어용 기기와 차단기, 단로기 등이 있다.

(5) 계기용 변성기(計器用變成器, instrument transformer)

고전압 대전류를 취급하기 때문에 계측이나 제어를 위해 수전되는 전압, 전류를 저전압이나 저전류로 변성하여 계측이나 제어를 한다. 계기용 변압기(PT : potential transformer), 계기용 변류기(CT : current transformer), 영상 변류기(ZCT : zero-phase current transformer) 등이 있다.

5.3.4 예비전원설비

1 —— 축전지설비(蓄電池設備, storage battery)

상용전력의 공급이 중단되었을 때를 대비하여 **축전지설비**와 **자가발전설비**가 필요하다. 축전지설비는 **축전지, 제어장치, 충전(充電)장치**로 구성되며 상용전원이 정전되었을 때 자가발전설비가 가동하여 정격전압을 확보할 때까지의 중간전원으로 사용하는 경우가 많다.

축전지는 안정된 직류전원으로서 **전기기기의 조작용 전원, 정전시의 비상조명용 전원** 등에 널리 쓰이고 있다. 축전지는 양극과 전해액에 따라 **연축전지**와 **알칼리축전지**가 있다. 연축전지(鉛蓄電池)는 단자전압이 2V이며 경제적이나 수명이 짧고, 알칼리축전지는 단자전압이 1.2V이고, 기계적 강도가 강하며 충전시간이 짧고 수명이 길지만 가격이 비싸다. 100V의 전압을 필요로 하는 경우는 연축전지 50개 알칼리축전지 84개를 각각 직렬로 연결하며 용량은 암페이시(Ah)로 표시한다. 축전지는 정전 후 충전하지 않고 30분 이상 방전할 수 있는 용량이 필요하며, 축전지가 공급해야 할 부하는 **비상등, 신호등, 표시등, 차단기 투입조작전류, 공기압축기용 전동기, 단전기** 등이다. 축전지실은 변전실의 배전방식에 근접시키되 독립실로 하고 연축전지인 경우 증류수나 황산용기 등을 비치할 수 있는 장소와 배수설비가 필요하며 건축상 고려할 점은 다음과 같다

① 직사일광을 피한다.
② 실내마감은 내산성으로 한다.
③ 배수시설과 환기장치가 필요하다.
④ 천장높이는 2.6m 이상 확보해야 한다.
⑤ 진동이 없는 곳이어야 한다.

2 —— 자가발전설비(自家發電設備)

자가발전설비는 소방법, 건축법 규제를 받아 건물용도, 건물규모에 따라 설치의무가 생긴다. 보통 비상용으로 설치되므로 이용되는 기회가 적어 발전기 용량은 최소한으로 해야 하며, 비상사태 발생 후 10초 이내에 기동하여 규정전압을 유지하며 30분 이상 전력공급이 가능해야 한다. 발전기 기관으로 **가솔린기관, 디젤기관, 가스터빈기관** 등이 있다. 디젤기관은 장시간 운전의 경우에는 가솔린 기관에 비해 유리하나 **냉각용 급수관**과 **배수관설비, 배기관설비, 저유조설비** 등을 필요로 한다. 가스터빈기관은 도시가스를 사용, 소형경량이며 공랭식이 주종을 이루며 진동과 소음이 적은 우수성 때문에 가격은 비싸지만 사용범위가 점차 넓어지고 있다. 발전기의 전류는 주로 교류이며 200kVA 이하는 주로 100V, 200V저압이고

그 이상은 400V급의 전압이다. 디젤기관 발전기의 주요규격은 표 5-16과 같다.

표 5-16 **디젤기관 발전기**

발전기용량 [kVA]	20	50	75	100	150	250	500	750	1000
원동기출력 [PS 이상]	25	60	100	130	180	300	600	900	1200
회전속도 [rpm]	1500~1800	1500~1800	1500~1800	1500~1800	1500~1800	1500~1800	900~1500	720~1500	720~1500
시동방식	전기식 · 공기식						공기식		
사용연료	경유					경유 · A중유			A중유
냉각방식	라지애터식 · 수냉식			수냉식					
압력수조 [ℓ]	200	200	200	200	500	500	500	1000	1000

3 ── 발전기실의 위치 선정

발전기실의 위치를 선정하는데 있어서 다음 사항에 유의해야 한다.

① 변전기실과 평면적, 입체적으로 충분히 관련되어 있을 것(기기는 벽면으로부터 0.8~1.0m 띄워 설치할 것)
② 고온다습하지 않을 것
③ 기기의 반출입(搬出入)에 편리할 것
④ 발생소음이 외부에 영향을 미치지 않을 것
⑤ 실내의 환기가 충분하고 기관 배기가 용이할 것
⑥ 냉각수 또는 냉각용 공기를 쉽게 얻을 수 있을 것

표 5-17 **원동기 이용효율 비교**

항 목		디젤엔진	가스엔진	가스터빈
연료		경유 · A중유	가스	등유 · 경유 · A중유 · 가스
시동시간		10초 이내	15초 이내	40초 이내
속도변동률		보통	보통	양호
보수점검		부품이 많아서 어렵다		부품이 작기 때문에 디젤엔진, 가스엔진보다 쉽다.
진 동		왕복운동을 하기 때문에 진동이 크다.		회전운동을 하기 때문에 진동이 적다.
이용효율	발전효율	33~38%	30~34%	15~20%
	열효율	30~40%	30~40%	40~60%

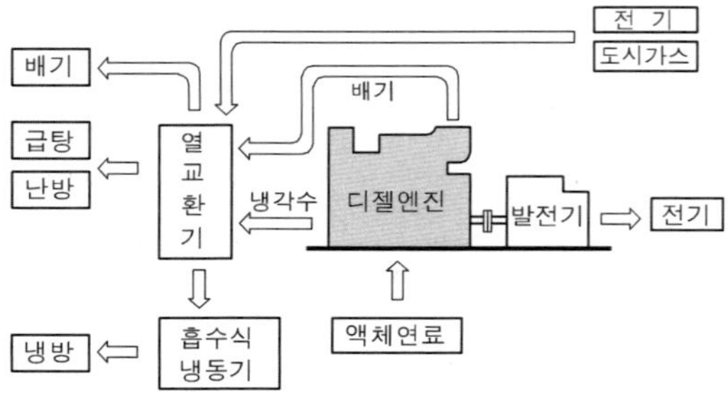

(a) 디젤엔진 시스템

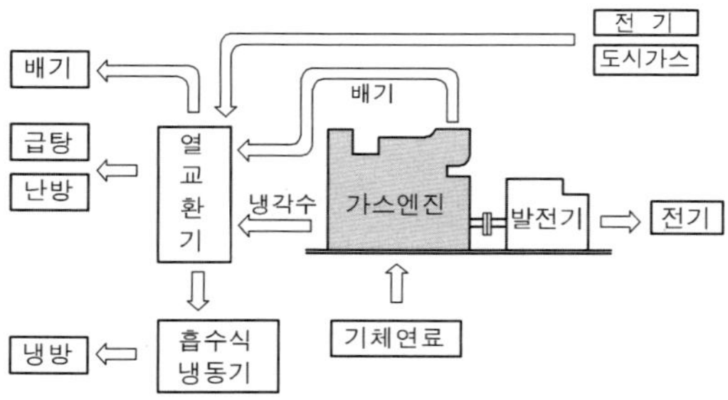

(b) 가스엔진 시스템

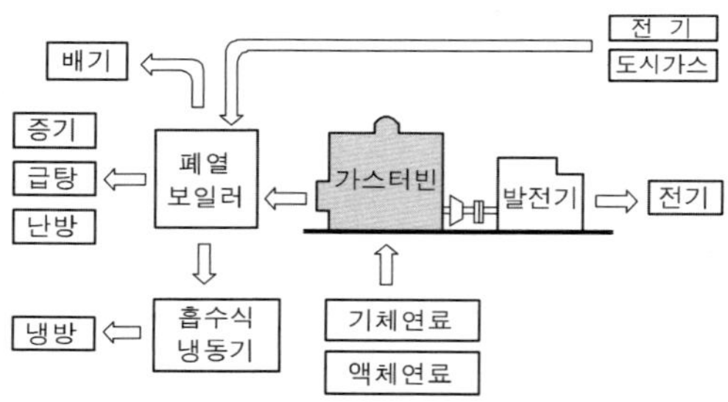

(c) 가스터빈 시스템

그림 5-17 **코제너레이션 시스템의 구성 예**

4 —— 열병합발전설비(熱併合發電設備, cogeneration system)

디젤엔진, 가스엔진, 가스터빈엔진을 이용하여 발전할 때 발생하는 배열을 난방, 냉방, 급탕 등의 열원으로 이용하는 시스템이다.

이 시스템의 특징은

① 발전과 동시에 엔진으로부터의 배열을 이용하므로 에너지 자원 절약이 가능하다.

② 상용전원과 병렬운전하므로 전원의 공급신뢰도가 높다.

③ 발전설비의 고효율 운영이 가능하다.

이 시스템의 전력수요와 열수요의 조합이 적절할 경우, 에너지 이용 효율이 70~80% 정도가 된다.

5 —— UPS 설비

UPS(uninterruptible power supply)는 **교류 무정전 전원장치**라고 하며 컴퓨터, OA기기 등 전원의 신뢰성을 요구하는 기기에 대해 순간의 전압강하와 충전 등에 의한 오작동을 방지하는 것이다. UPS는 전동기 및 발전기에 이용하는 **회전용**과 인버터에 이용하는 **정지형**이 있으며 최근에는 정지형이 그 주류를 이룬다. 정지형은 회전형에 비해 과부하에는 약하나 소형, 저소음으로 보수가 쉬운 장점이 있다.

5.4 — 배전설비

5.4.1 개설

전력을 발생시키는 것을 **발전**, 전력을 수송하는 것을 **송전**, 수요지에서 분배하는 것을 **배전**이라 한다. 발전소에서 온 전력을 적당한 전압으로 승압 또는 강압시켜서 보내는 곳이 변전소이다. 송전, 배전시 전압의 종류는 다음과 같다.

① 저압 : 직류 750V 이하, 교류 600V 이하

② 고압 : 직류 750~7000V, 교류 600~7000V

③ 특고압 : 7000V 초과

5.4.2 배전방식

1 —— 간선(幹線)

건물의 인입 개폐기에서부터 분기점에 설치된 분기 개폐기까지의 배선을 말하며 간선의 배전방식은 그림 5-19와 같다.

(1) 평행식(平行式)

단독배선으로 각 분전반마다 배선하는 방식으로 큰 용량의 부하 또는 넓게 분포되어 있는 경우에 사용한다. 배선이 복잡하고 배관공사비는 많이 들지만 전압강하가 평균화되고 사고발생시 그 범위를 적게 할 수 있다.

(2) 수지상식(樹枝狀式 , 나뭇가지식, branching system)

한 개의 간선이 각각의 분전반을 거쳐 가며 배선하는 방식으로 소규모 건물에 적합한 방식이다. 배선비는 경제적이지만 간선의 굵기가 변하는 접속점에 보안장치가 필요하다.

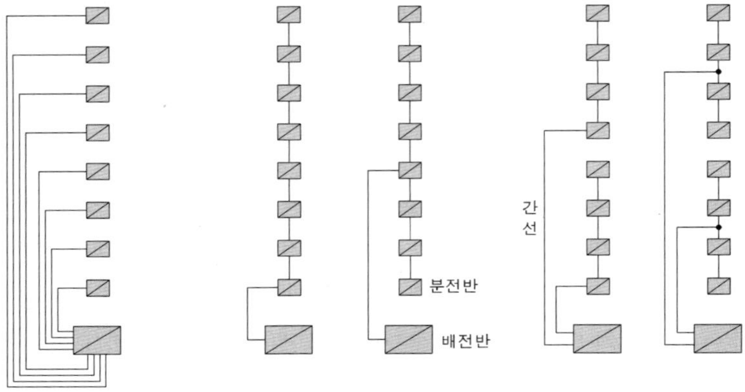

(a) 평행식　　(b) 수지상식(나뭇가지식)　　(c) 병용식

그림 5-18 **간선의 배선방식**

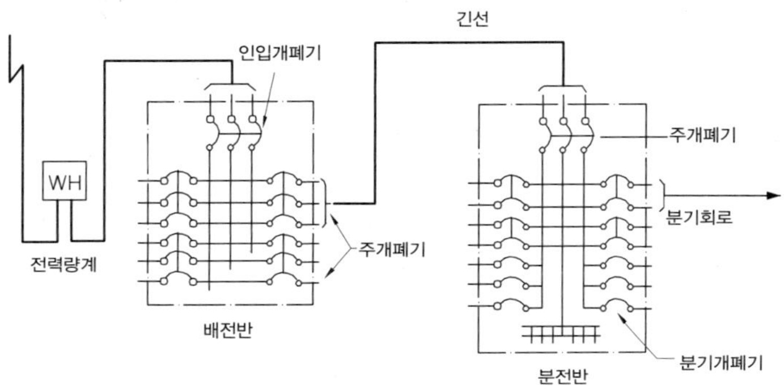

그림 5-19 **배전반, 분전반의 명칭**

(3) 병용식(併用式)

부하중심 부근에 분전반을 설치하여 각 부하에 배전하는 방식으로 수지상식과 평행식의 단점을 보완한 것으로 가장 많이 쓰이는 방식이다.

2 —— 분전반(分電盤, panel board)

분전반은 간선과 분기회로를 연결하는 역할을 하는 설비로 **주개폐기, 분기회로용 분기개폐기, 자동차단기** 등을 모아 강판제 캐비닛 속에 설치한 것이다. 개폐기로는 **나이프 스위치**나 **노퓨즈 브레이크**가 사용된다. 분기회로 수는 20회선 이하 정도이고 분전반 용량은 배선방식에 따라 달라지나 40kW 이하이다. 분전반의 위치를 결정할 때는 다음 사항에 유의해야 한다.

① 가능한 부하의 중심에 둔다.(1000㎡ 마다 1개소)

② 조작이 안전하고 간단할 것(주택-부엌, 현관, 사무소-출입구에 가까운 복도나 홀)

③ 간선의 인입 및 분기회로에 가까운 곳

④ 고층건물인 경우 파이프 샤프트 근처
⑤ 가능한 한 한 층에 한 개소
⑥ 전화단자함이나 소화전박스 등과의 상호관계를 고려한다.

3 —— 분기회로(分岐回路, branching circuit)

분기회로는 고장시 피해를 줄이고 신속하게 보수할 수 있도록 하여 전기설비기기들을 안전하게 하기 위해 회로를 분기한 것이다. 건물 내의 저압간선에서 분기하여 전기기기에 이르는 저압옥내선, 분전반에서부터의 전기회로가 포함된다. 분기회로의 결정시 유의해야 할 사항은

① 계단등, 복도등, 비상구유도등은 가능한 동일회로로 한다.
② 습기 찬 장소의 아웃렛은 기타회로와 별도로 한다.
③ 전등, 콘센트회로는 15A이내로, 전열기 전용회로는 암페어 수에 따라 20A, 30A, 50A로 한다.
④ 장래 증설 또는 칸막이 변경 등을 고려한다.
⑤ 중전선(어스선) 이외의 각선의 전류가 대략 같아지도록 부하평형을 이룬다.
⑥ 분기회로의 전선길이는 30m 이하, 전선의 굵기는 8㎟ 이하, 전선관의 크기는 28㎜ 이하를 사용하도록 한다.

5.4.3 배선방식(전기방식)

수용가의 옥내배선에 사용되는 교류전기방식의 종류는 다음과 같다.

1 —— 단상2선식(單相二線式, single phase two-wire system)

보통 일반주택 등의 소규모 건물에 이용되는 것으로 220V가 대부분 적용되고 있으며 최대 사용전력 30kW 정도의 배전선에 사용된다.

2 —— 단상3선식(單相三線式, single phase three-wire system)

회로전압은 200V로 하고 한편에서는 100V 전원으로 할 수 있는 방식이며 중규모 이상의 건물의 간선으로 이용된다. 중전선(어스선)과 본선과는 110V, 본선 2개를 연결하면 220V를 얻을 수 있다. 3kW의 일반전등, 40W 이하의 형광등, 0.75kW 이하의 단상전등기 등과 같이 용량이 비교적 큰 부하의 배선과 30~50kW 정도의 배전선에 사용하는 방식이다.

3 —— 3상3선식

일반 빌딩이나 공장의 동력(전동기)의 전원으로 이용하는 방식이다(0.2~37kW).

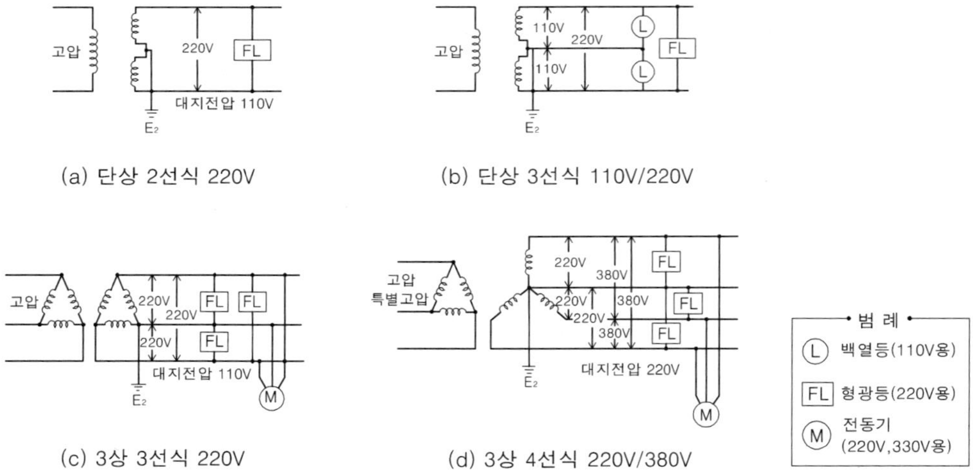

(a) 단상 2선식 220V　　(b) 단상 3선식 110V/220V

(c) 3상 3선식 220V　　(d) 3상 4선식 220V/380V

그림 5-20 **전기방식**

표 5-18 전기방식과 전선 동량(銅量) 비교

전기방식	동일전압공급 (선간전압) [V]	동일전압 공급시 전류치 [%]	전선 동량(銅量) 비교 [%]			주요 사용처
			전압강하 기준	허용전류 기준	전력손실 기준	
단상2선식	100	100	100	100	100	형광등, 사무기기, 단상전동기, 상점·빌딩·대형 주택전동기(37kW까지), 건물의 동력회로, 대형빌딩·공장의 간선회로
단상3선식	100	50	37.5	53	37.5	
3상3선식	100	57.7	75	65.7	75	
3상4선식	100/173	33.3	33.3	38.5	33.3	

4 —— 3상4선식(208/120V)

이 방식은 208/120V, 440/254V, 220/380V의 3종이 있으며 3상동력과 단상전등 부하에 전력을 공급할 수 있다. 440/254는 한국전력에서는 공급하지 않고 자가용설비에 사용하는 형식이다.

예제 3 —— 백열전등 10kVA에 단상2선식 100V로 공급하는 경우와 100/200V로 공급하는 경우 의 부하전류를 구하여라.

풀이

(5.3)식에서 단상 2선식 부하전류

$$I=\frac{W}{V}=\frac{10\times 1000\,VA}{100}=100A$$

100/200V 단상3선식 부하전류는

$$I = \frac{10 \times 1000\,VA}{200} = 50A$$

즉, 전압이 높으면 전류가 적어도 되어 전선의 굵기가 가늘어도 된다.

5 —— 배선설계

(1) 인입선(引入線)

건물내 전선 인입방식에는 공중, 지중, 공중과 지중 세 가지가 있다. 저압가공 인입선은 케이블을 사용하는 경우를 제외하고는 옥외용 비닐절연전선(OW)[1] 이상의 절연효력이 있는 지름 2.6㎜의 **경동선(硬銅線, hard-drawn copper wire)**[2] 또는 이와 동등 이상의 강도 및 굵기의 것을 사용해야 한다. 단 길이가 15m 이하인 경우에는 2.0㎜의 경동선을 사용해도 된다. 가공인입선은 건물의 종류, 전기방식, 전선 종류에 따라 보안상 지장이 없는 높이에 설치해야 한다.

표 5-19 가공인입선의 설치점 높이

전압 및 전압방식	전선종류	설치점의 지상높이
100V 단상2선식 100/200V 단상3선식	옥외용 비닐절연전선	2.5m 이상
200V 3상3선식	인입용 비닐절연전선 비닐절연전선, 고무 절연전선, 케이블 고압절연전선	2.5m 이상
	옥외용 비닐절연전선	3.5m 이상

인입구 가까이에는 **인입개폐기, 보안장치, 적산전력계** 등을 시설하는데 전력계는 습기, 먼지 진동이 없고 검침하기 쉬운 곳에 설치해야 한다.

(2) 간선과 분기회로

1개의 간선에는 많은 분기회로가 포함되어 있으므로 전력공급 측면에서 간선이 분기회로보다 훨씬 큰 범위라는 것을 알 수 있다. 따라서 간선의 고장은 분기회로의 고장보다 그 피해가 크므로 간선은 높은 신뢰도를 갖도록 설계해야 한다. 간선은 전등, 콘센트, 사무기기 등에 전력을 공급하는 **전등간선**과 펌프, 공조기, 엘리베이터 등에 전력을 공급하는 **동력간선**이 있다. 전등간선의 용량은 사용전력량에서 최대사용전류를 산정하여 결정한다. 사용전

---

1) OW : outdoor weather proof polyvinyl chloride insulated wire의 약자
2) 경동선(硬銅線, hard-drawn copper wire) : 가요성이 적은 동의 단선으로 된 전선

력량은 표 5-20을 이용하여 가상 표준부하와 간선의 점유면적을 곱하고 여기에 수용률을 고려하여 (5.17)식으로 구한다.

간선은 신뢰도가 중요하기 때문에 설계시 전선의 **허용전류**와 전선의 **허용압력강하**를 고려하고 그 값은 회로의 공칭전압값(公稱電壓値)의 2% 이내로 한다.

분기회로의 전선 최소굵기는 표 5-21에 의한 것이 원칙이며 분기회로의 최대수구수는 표 5-22와 같다.

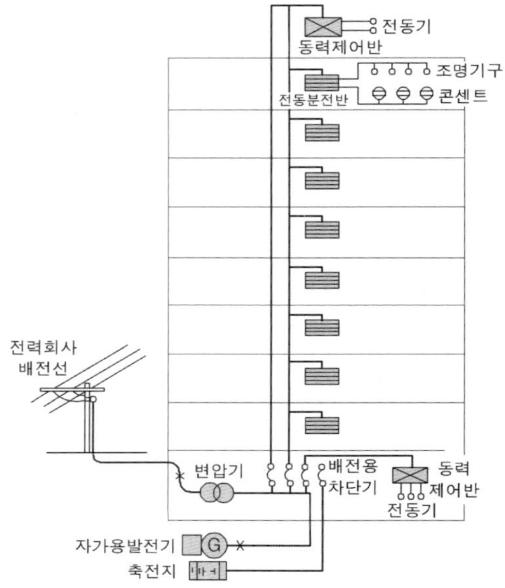

그림 5-21 **간선 설명도**

(3) 전선 결정

전선은 용도에 따라 **절연전선, 코드, 케이블**로 분류할 수 있다. 코드는 가는 연동선(軟銅線)을 여러 가닥 꼬아 묶음으로 만들고 비닐이나 면, 고무 등으로 절연한 것으로 전기기구를 접속하는데 쓰이는 것이다.

표 5-20 **전등간선의 표준부하**

<table>
<tr><th colspan="2">건 물 종 류</th><th>표준부하 [VA/㎡]</th><th>전등, 소형전기기 · 기구 용량의 합계가 10kVA 이하인 경우의 수요율 [%]</th><th>전등, 소형전기기 · 기구용량의 합계가 10kVA를 초과한 부분에 대한 수요율 [%]</th></tr>
<tr><td colspan="2">공장, 공회당, 사원, 교회, 극장, 영화관</td><td>10</td><td>100</td><td>100</td></tr>
<tr><td colspan="2">호텔, 여관, 병원
음식점, 공중목욕탕
학교</td><td>20</td><td>100</td><td>50
100
70</td></tr>
<tr><td colspan="2">사무소, 은행
주택
아파트, 상점, 미용실</td><td>30</td><td>100</td><td>70
50
100</td></tr>
<tr><td colspan="2">창고</td><td>5</td><td>100</td><td>50</td></tr>
<tr><td rowspan="2">① 상기건 물중 본란에 해당하는 부분은 따로 계산해서 더한다. (주택, 아파트 제외)</td><td>복도, 계단, 수세실, 창고, 저장실</td><td>5</td><td colspan="2" rowspan="2">상기 수요율은 ①, ② 계산분을 더한 합계 VA수에 적용한다. 대형기구는 따로 구해서 더한다.</td></tr>
<tr><td>강당, 관객석</td><td>10</td></tr>
<tr><td colspan="5">② 표준부하에 의해 산출된 수치 외에 가산해야 하는 VA수
ⓐ 주택, 아파트(1세대당) 1000 500VA
ⓑ 상점의 쇼윈도우 1m당 300VA
ⓒ 옥외 광고등, 전광사인, 네온사인등의 VA수
ⓓ 극장, 영화관, 나이트클럽 등의 무대조명, 영화관 등의 특수전등부하의 VA수</td></tr>
</table>

표 5-21 **분기회로의 전선굵기**

분기회로의 종류	분기회로일반		
	종 별		전선굵기 [㎜ 이상]
15A 분기회로	전선길이 20m 이하 전회로		직경 1.6
	전선길이 20m 초과 30m 이하	최초의 수구 또는 수구에 이르는 분기점까지	직경 2.0
		기 타	직경 1.6
	전선길이 30m 초과	수구 1개에 이르는 경우 제외	직경 2
20A 분기회로	10m 이하(10m 초과)		직경 2(2.6)
30A 분기회로	10m 이하(10m 초과)		직경 2.6(3.2)
50A 분기회로	–		단면적 14㎟ 이상
50A 초과 분기회로	–		최대사용전류 이상의 허용전류를 가지는 전선

표 5-22 **분기회로의 최대수구 수**

분기회로의 종류	종 류	분기회로의 최대수구 수	
		주택 · 아파트	기타
15A 분기회로	전등수구 전용	제한 없음	제한 없음
	전등수구와 콘센트수구 병용	제한 없음	전등제한 없음 콘센트 6
	콘센트 전용	제한 없음	10 *
20A 분기회로 30A 분기회로 40A 분기회로	대형 전등수구 전용 콘센트 전용	제한 없음 1	
50A 초과 분기회로	1개의 정격전류가 50A를 초과하는 전기사용 기계 기구 전용으로 한 개만 시설		

* 영업용 기기를 사용하는 점포 내 콘센트 2개 이하로써 다른 방과의 병용이 불가

케이블은 다시 캡타이어 케이블[1)], 전력 케이블, 제어케이블로 구분할 수 있다. 캡타이어 케이블은 공장, 무대, 의료, 수중조명, 농업용 기계에 쓰이며, 전력케이블은 선이 외상을 받지 않고 물, 가스, 화학약품 등의 침투가 방지되기 때문에 절연전선보다 안전도가 높고 시공이 간단하여 지중전선, 가공전선 등에 널리 쓰이고 있다.

전선을 형태에 따라 분류하면, **단선**과 **연선**으로 나눌 수 있고, 단선은 지름[㎜], 연선은

1) 캡타이어 케이블(captire cable) : 전선의 일종으로 강인차 캡타이어 고무피복 케이블로 가는전선을 여러 개 사용하여 가요성을 높인 것.

[㎟]으로 나타낸다.

전선이나 케이블의 굵기는 **기계적 강도, 허용전류, 전압강하** 세 가지 조건을 만족하도록 결정해야 한다. 기계적 강도는 공사상 불안하지 않는 강도를 유지하는 것으로 저압의 옥내 배선에서는 직경 1.6㎜ 동선의 강도 이상을 가진 전선의 굵기여야 한다. 허용전류는 부하전류에 의한 발열로 전선, 케이블의 절연피복에 영향이 없는 굵기로 해야 하고 회로에 전기가 흐르면 IR에 해당하는 전압강하가 생기는데 이 한도를 1~2% 이하로 하기 위한 굵기이다. 전압강하의 계산식은

① 단상 2선식

$$\Delta E = \frac{35.5 \cdot L \cdot I}{1000A} \tag{5.21}$$

② 3상 3선식

$$\Delta E = \frac{30.8 \cdot L \cdot I}{1000A} \tag{5.22}$$

③ 단상 3선식 및 3상 4선식

$$\Delta E' = \frac{17.8 \cdot L \cdot I}{1000A} \tag{5.23}$$

ΔE : 각 선간의 전압강하 [V]
$\Delta E'$: 외측선과 각상의 1선과 중심선가의 전압강하 [V]
A : 전선의 단면적 [㎡]
L : 전선 1본의 길이 [m]
I : 전류 [A]

예제 4 —— **분전반에서 25m 거리에 2kW의 교류단상 200V 에어컨용 콘센트를 설치하고 전압강하가 2%(4V) 이내가 되도록 전선굵기를 결정하라. 배선방법은 금속관공사로 한다.**

풀이 공조기의 역률을 100%로 보고, (5.4)식에서 $I = \frac{W}{V} = 10$[A]이므로, (5.21)식에서

$$A = \frac{35.6 \cdot L \cdot I}{1000\Delta E} = \frac{35.6 \times 25 \times 10}{1000 \times 4} = 2.23 \text{ [㎟]}$$

표 5-23에서 금속관내 전선수가 3본 이하인 경우를 살펴보면, 2.0㎜일 때 허용전류가 24A이므로, 간선의 굵기는 2㎜ 이상이면 된다.
따라서 계산에서 얻은 2.14㎟는 전압강하의 측면에서나 허용전류의 측면에서나 모두 만족하고 기계적 강도는 1.6㎜보다 크므로 문제가 없다.
표 5-24에서 전선관의 굵기는 19㎜이면 된다.

표 5-23 **전선의 허용전류 표**

도체 \ 전선종류		허용전류 [A]			
구분	직경 또는 공칭단면적	VV케이블 3본 이하	IV전선을 동일관 등에 넣는 전선 수		
			3 이상	4	5~6
단선	1.2mm	(13)	18	(12)	(10)
	1.6	19	19	17	15
	2.0	24	24	22	19
	2.6	33	33	30	27
	3.2	43	43	38	34
연선	5.5mm²	34	34	31	27
	8	42	42	38	34
	14	61	61	55	49
	22	80	80	72	64
	38	113	113	102	90
	60	150	152	136	121
	100	202	208	187	167
	150	269	276	249	221
	200	318	328	295	262
	250	367	389	350	311
	325	435	455	409	364
	400	–	521	469	417
	500	–	589	530	471

주) 1. VV케이블 : pvc insulated pvc sheathed power cable의 약자
2. IV케이블 : indoor pvc insulated wire의 약자
3. VV케이블, 전선관등에 절연물의 최고허용온도가 60℃인 IV전선등을 넣는 경우에 적용한다.
4. 주위온도는 30℃ 이하로 한다.

표 5-24 **연전선관의 크기 선정**

전선크기		전 선 본 수									
단선 [mm]	연선 [mm²]	1	2	3	4	5	6	7	8	9	10
		전선관의 최소크기(관을 부르는 방법)									
1.6		19	19	19	25	25	25	25	31	31	31
2.0		19	19	19	25	25	25	31	31	31	31
2.6	5.5	19	19	25	25	25	31	31	31	39	39
3.2	8	19	25	25	31	31	31	39	39	39	51
	14	19	25	31	31	39	39	51	51	51	51
	22	19	31	31	39	51	51	51	51	63	63
	38	25	39	51	51	51	63	63	63	75	75
	60	25	51	51	63	63	75	75	75		
	100	31	63	63	75	75					
	150	39	63	63							
	200	51	75	75							

표 5-25 **전선 최대항장 표**

전선 [A]	단선 [㎜]					연선 [㎟]															
	1.2	1.6	2	2.6	3.2	14	22	30	38	50	60	80	100	125	150	200	250	325	400	500
	전선 최대항장[m]																			
1	36	129	204	345	522	888	1400	1850	2370	3050	3800	5030	6430	8000	9800	12500	16100	20600	25700	31200
2	18	65	102	172	261	444	701	926	1180	1520	1900	2510	3210	4000	4900	6260	8070	10300	12800	15600
3	12	43	68	115	174	296	46	617	788	1020	1270	1670	2140	2660	3270	4170	5380	6870	5850	10400
4	9	32	51	86	131	222	351	463	592	762	951	1260	1610	2000	2450	3130	4030	5150	6410	7810
5	7.2	26	41	66	104	178	280	370	473	609	760	1000	1290	1600	1960	2500	3230	4120	5130	6250
6	6	22	34	57	87	148	234	309	394	508	634	837	1070	1330	1630	2080	2690	3440	4280	5201
7	5.1	18	29	46	75	127	200	264	338	436	543	618	918	1140	1400	1790	2310	2950	3660	4460
8	4.5	16	26	43	65	111	175	231	296	381	475	628	803	1000	1230	1560	2020	2580	3210	3900
9	4	14	23	38	58	99	156	206	263	339	422	558	714	888	1090	1390	1790	2290	2850	3470
12	3	11	17	29	44	74	117	154	197	254	317	419	535	666	816	1040	1340	1720	2140	2600
12	2.6	9.2	15	25	37	63	100	132	169	218	272	359	469	570	700	894	1150	1470	1830	2230
15	2.4	8.6	14	23	35	59	93	123	158	203	253	335	428	533	653	834	1080	1370	1710	2080
16		8.1	13	22	33	55	88	116	148	190	238	314	401	500	612	782	1010	1290	1600	1950
18		7.2	11	19	29	49	78	103	131	169	211	279	357	444	544	695	896	1150	1430	1740
25		5.2	8.2	14	21	36	56	74	95	122	152	201	257	320	392	500	645	825	1030	1250
35		3.7	5.8	9.9	15	25	40	53	68	87	109	144	184	223	280	357	461	580	733	893
45		2.9	4.5	7.7	12	20	31	41	53	68	84	112	143	178	218	278	359	458	570	694

예제 5 —— **부하전류 50A, 단상 2선식 200V로 매입전선관 속에 넣어 공급하는 경우 전선의 굵기를 구하라.**

풀이 단상2선식이므로 매입전선관(conduit pipe)내 전선은 2본이다.
표 5-23에서 3본 이하의 값을 적용하면 42A(8㎟), 61A(14㎟)이므로 14㎟이 필요하다. 표 5-24에 의해 매입전선관의 굵기는 25㎜로 해야 한다. 이 경우 허용전류에 의해 허용전류가 선정하였으므로 실제로는 전압강하를 고려할 필요가 있다.

4 —— 전기배선의 보호

저압전기배선을 보호하여 화재나 감전 등의 전기사고를 방지해주는 **과전류보호기**, **열동계전기**, **누전차단기**가 있다.

(1) 과전류보호기(過電流保護器, overcurrent protection system = 自動遮斷器)

옥내배선에서 일어나는 과전류는 대개 다음의 경우이다.

① 과부하전류(보통 상용전류의 6배 이하)

② 단락전류(보통 상용전류의 10배 이하)

이와 같은 과전류에 대해 전선 및 기계기구를 보호하기 위해 과전류보호기를 설치해야 하며, 과전류보호기에는 **퓨즈브레이크**, **서킷브레이크**, **노퓨즈브레이크** 등이 있다.

(2) 누전차단기(漏電遮斷器, earth leakage circuit breaker)

전기회로를 구성하는 전선과 전기기기의 절연상태 부실로 인해 누전이 발생했을 때, 감전이나 누전부분의 발열로 인한 화재가 발생하는 것을 막기 위해 누전차단기를 설치해야 한다. 누전차단기 설치의무 개소는 다음과 같다.

① 60V를 초과하며 금속상자 내에 있는 저압기계기구로 사람이 쉽게 접촉하기 쉬운 것.
② 300V를 초과하는 저압전기회로
③ 주택 옥내 대지전압 150V를 초과하고 300V 이하의 저압전기회로
④ 대지전압 150V를 초과하는 이동형 혹은 운반용 전동기기, 그 외 화약고 내의 전기배선, 바닥열선 전기난방의 전기회로, 풀용 전기조명회로에 설치해야 한다.

그림 5-22 **누전차단기**

5.4.4 배선공사

1 —— 배관공사(配管工事)

배선공사중 가장 기본적인 공사방법은 포설된 전선관 내에 전선을 통과시키는 방법으로 콘크리트 내에 매입하는 방법과 노출하는 배관법이 있다. 전선관으로는 **경질비닐관**과 **금속관**이 쓰이고, 금속관의 경우 1회로의 전선 전부를 관내에 통과시키기 때문에 전선의 과열로 인한 화재의 위험성이 있고 배관공사가 힘들지만 기계적 외력에 강하여 전선의 인입교체가 쉽다. 경질비닐관을 전선관으로 이용할 경우 절연성과 내식성이 우수하고 중량이 가볍고 시공이 용이하나 열에 약하고 기계적 강도가 낮은 단점이 있다.

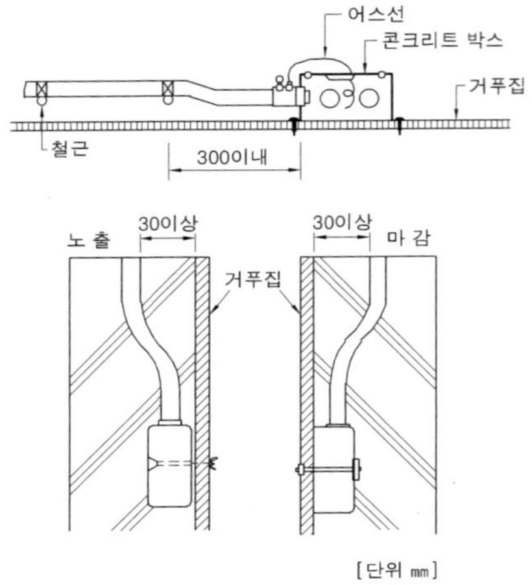

그림 5-23 **배관공사예(콘크리트 매입)**

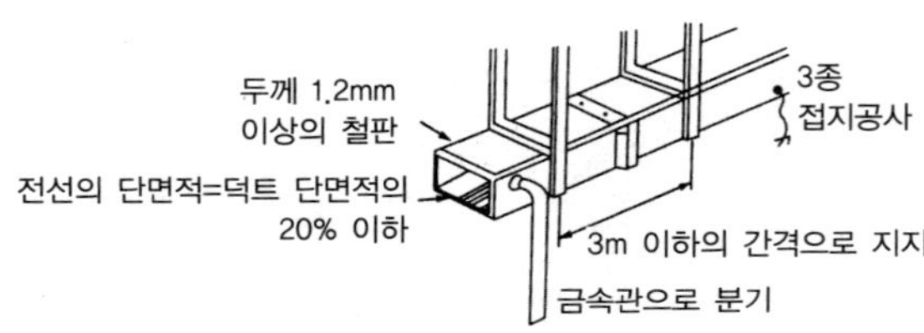

그림 5-24 **금속덕트공사**

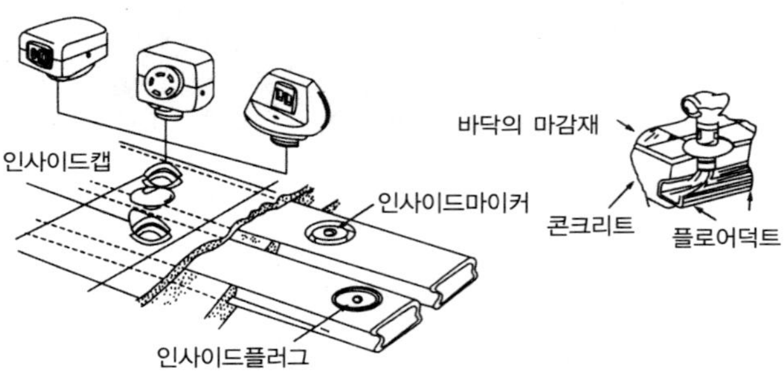

그림 5-25 **플로어덕트공사**

2 —— 덕트공사(duct wiring)

전선을 철재 덕트 속에 넣고 시설하는 공사로 **금속덕트공사, 버스덕트공사, 라이닝덕트공사**가 있으며 천장이나 벽면 샤프트 속에 노출시켜 설치한다. 금속덕트공사는 덕트 내의 전선은 분기점 이외에서는 이음부분이 없어야 하며 큰 공장의 동력이나 대형건축물에 사용한다.

3 —— **플로어덕트공사(floor duct work)**

은행, 회사 등의 사무실에 전기스탠드, 선풍기, 컴퓨터 등의 **강전류 전선**과 전화선, 신호선 등의 **약전류 전선**을 콘크리트 바닥에 매입하고 여기에 바닥면과 일치한 **플로어콘센트**를 설치하여 이용하도록 한 것이다. 일반적으로 플로어덕트 오븐을 설치하여 한편은 강전류 전선, 다른 한편은 약전류 전선을 수용하고 그 교차점에서는 접속함을 사용하여 접선 접촉이 되지 않도록 한다.

5.5 — 방재설비

화재와 관련된 전기설비에는 화재의 조기 발견과 처리를 위한 **자동화재경보설비, 비상용 조명장치, 유도등, 방재용 전원**의 확보 등이 있다.

5.5.1 자동화재경보설비

화재경보설비는 **감지기, 수신기, 경보장치**로 구성되며, 연동장치로써 **비상방송, 방화문, 방화댐퍼, 옥내소화전** 등이 있다.

1 —— **감지기(感知器, fire detector)**

감지기에는 **열감지기**와 **연기감지기**가 있다. 열감지기는 기능에 따라 **차동식, 정온식, 보상식**이 있고 열효과의 검출방법에 따라 **스폿형**과 **분포형**이 있다.

연기감지기는 천장고 8m 이상의 천장에 설치하고, 계단, 경사로, 복도, 통로, 엘리베이터 승강로, 파이프 샤프트 등 열감지기 설치가 적용되지 않은 장소에 설치한다.

천장고 8m 미만의 장소에는 차동식 혹은 정온식 감지기를 설치하며 1개당 감지범위는 감지기의 종류, 감도, 설치높이에 따라 결정된다.

그림 5-27은 국내에서 유일하게 생산되는 **차동식 스폿형 감지기**와 그 구조를 나타낸 것이다.

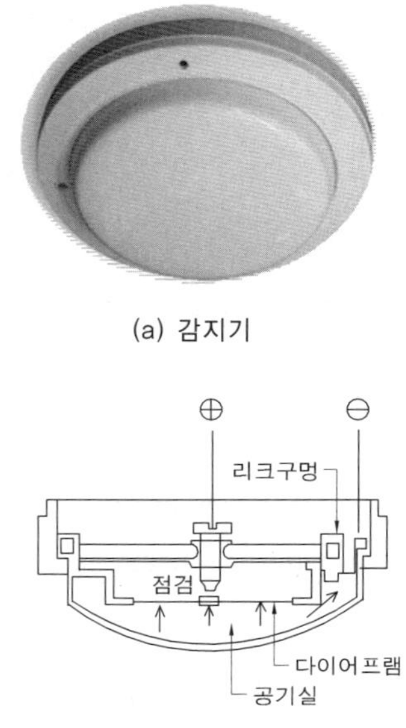

(a) 감지기

(b) 감지기 구조

그림 5-26 **차동식 스폿형 감지기**

2 —— **수신기(受信機, fire alarm dontrol panel)**

수신기는 감지기에 연결되어 화재발생시 화재등이 켜지고 경보음이 울리도록 하며, 연락전화, 소화펌프기동장치 등과 연결되어 피난과 소화활동을 신속히 하도록 하는 기기이다. 각 화재지역을 표시함으로써 전 회선의 표시창을 갖는 방법과 신호선을 공통으로 가져 중계기로 선별하여 수신하는 방법이 있다.

3 —— 비상경보기(非常警報器, emergency alarm)

화재발생시 음향(벨, 사이렌) 또는 음성(비상방송)에 의해 경보하며 동시에 전화회선으로 소방기관에 통보한다. 기동장치, 음향장치, 표식설비(標識設備), 스피커, 스피커 조작부 등으로 구성되어 있다.

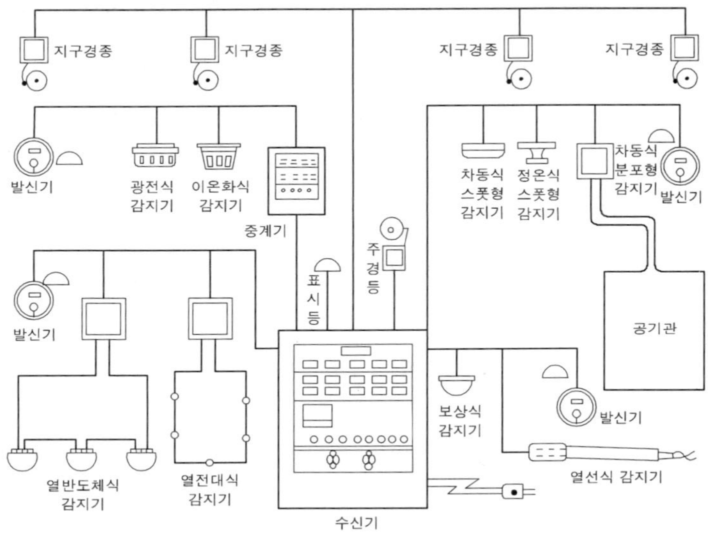

그림 5-27 **자동화재탐지설비의 전체 구성도**

5.5.2 비상용 조명장치

화재나 기타 사고가 발생하는 경우, 피난시 정전 등에 의한 혼란을 방지하고 질서 있게 피난할 수 있도록 하는 최소한의 조명을 확보하는 조명장치이다. 일반전원이 단전되었을 때 바닥면에 1lx(형광등은 2lx) 이상의 조도를 예비전원으로 30분간 계속 유지할 수 있어야 하며 **예비전원, 조명기구, 전기부분**으로 구성되어 있다.

1 —— 조명기구(照明器具, illuminator)

비상용 조명기구의 필요요건은 다음과 같다.

① 조명기구는 140℃ 온도 속에서 1lx 이상의 조도로 30분 이상 유지하는 것으로 주요구조부가 불연재로 된 것.

② 예비전원으로 즉시 점등하는 광원을 가진 조명기구

③ 전원내장기구는 일반 전원이 끊겼을 때 자동적으로 내장축전지로 전환되고 일반 전원이 회복되었을 때 원상복구될 수 있는 것.

2 —— 전원(電源)

전원에는 일반(상용)전원과 비상전원이 있다.

(1) 일반(상용)전원(一般電源)

전력회사에서 공급받는 교류, 축전지에서 공급받는 직류, 직류를 변환한 교류로 비상용 조명기구에 상시 공급할 수 있는 전원이다.

(2) 예비전원(豫備電源, stand-by power)

충전장치를 갖는 축전지로서 충전하지 않고 30분간 계속 조명기구를 점등시킬 수 있는 용량의 것(축전지설비-30분 용량), 축전지설비(10분 용량)와 비상용 조명설비 자가발전장치(45초내 시동), 비상용 조명장치의 자가발전설비(10초내 시동) 등이 있다.

3 —— 전기배선(電氣配線)

전기배선은 내열규제를 받지만 전원내장기구를 쓰는 경우에는 일반전원이면 되고 내열규제를 받지 않는다.

5.5.3 방재센터(중앙관리실)

1 —— 개요

방재센터는 건축법에서 **"중앙관리실"**이라 하며, 방재설비를 집중적으로 감시, 제어하는 실로 화재시 지휘의 중심이 되고 화재상황, 피난상황 등을 파악 대응지령을 내리며, **자동화재경보설비, 비상경보설비, 소화전설비, 스프링클러설비** 등의 소방용 설비의 감시설비를 한다.

높이가 31m를 초과하는 건축물로서 비상용 엘리베이터 설치의무 건축물 또는 지하층을 제외한 층수가 5층 이상이고 연면적 20000㎡ 이상의 건축물에는 방재센터를 설치해야 한다.

2 —— 설치장소

방재센터는 피난층마다 또는 피난층의 직상·직하층에 설치해야 하며 관리사무실, 수위실, 기타 해당 건축물의 관리자가 항상 근무하는 장소로 한다.

3 —— 특수배선

(1) 특수배선장소

특수배선이 필요한 장소로는 다음과 같다.

① 분진(粉塵)이 많은 장소 특히 폭발성 분진, 또는 화약류의 분말이 존재하는 장소, 가연성 분진이 있는 장소, 기타 분진이 많아 전기공작물의 방열을 저해하거나 절연(絕緣)성능을 약화시키거나 개폐구조의 성능을 손상시킬 우려가 있는 장소 등을 말한다.

② 가연성 가스가 존재할 가능성이 큰 장소나 상온에서 기체상태이고 공기와 혼합상태가 어떤 비율 이상이 되는 경우는 점화원이 있으면 폭발을 일으킨다. 프로판가스의 분배, 저장장소, 도료공장 및 작업장, 고무풀공장, 주류조제공장, 위험물저장고의 내부 등이다.

③ 흥행장의 저압공사 극장, 영화관, 공회당 등 무대 기타 특수설비를 가진 장소, 쇼윈도우, 쇼케이스 등이다.

(2) 특수배선공사시 유의사항

① 배선용 전선망은 후관(厚管)전선관을 사용한다.

② 복스 기타의 부속품은 마모, 부식 등의 손상이 없는 패킹으로 분진 침입을 막도록 한다.

③ 피치가 5선 이상의 나사끼움으로 접속한다.

④ 전동기 접속부분의 배선에는 방진, 방폭형 플렉시블 피팅을 사용한다.

⑤ 특수 케이블을 쓰는 경우를 제외하고는 관, 기타 방호장치에 수납하고 인입구에 전선이 손상될 우려가 없어야 한다.

5.5.4 피뢰침설비(避雷針設備, lighting rod system)

피뢰침설비는 낙뢰에 대한 피해를 줄이고 뇌격전류를 흡수하여 신속히 대지로 방류하여 건축물 등을 보호하는 데 그 목적이 있다.

1 —— 각종 피뢰방식

(1) 돌침방식(突針方式)

뇌격 선단이 뾰족한 금속도체 부분에 잘 떨어지는 원리를 이용하여 건축물 근방에 접근한 뇌격을 흡인하게 되어 선단과 대지 사이를 접속한 도체를 통하여 뇌격전류를 대지로 안전하게 방류하는 방식이다.

(2) 수평도체방식(水平導體方式)

보호하고자 하는 건축물의 상부에 수평도체를 가설하고 이에 뇌격을 흡인하게 한 후 인하도선을 통해 뇌격전류를 대지에 방류하는 방식이다. 대표적인 예로 송전선의 가공지선을 들

수 있다.

(3) 케이지방식(cage system)

피보호물 주위를 적당한 간격의 그물눈을 가진 도체로 포위하는 방식으로 가장 완벽한 피뢰방식이다.

2 —— 접지공사(接地工事, grounding earth)

피뢰침설비에서 가장 중요한 것은 접지공사라 할 수 있으며, 그 중요사항은 다음과 같다.

① 전극은 두께 1.4mm, 면적 0.35㎡ 이상의 동판 또는 이와 동등이상의 접지효과가 있는 봉상(棒狀) 혹은 띠 모양의 금속체를 사용한다. 이 전극을 3.0m 이상의 깊이에 수직으로 매설하고 항상 습한 장소에 매설하고 전극의 주위에는 모르타르를 충진한다.

② 피뢰침의 종합접지저항은 10Ω 이하이고 제1종 접지를 한다.

③ 접지극은 전하포화(電荷飽和)가 일어나기 어려운 장소를 선정하여 매설한다.

④ 접지극을 병렬로 하는 경우에는 간격을 2m 이상으로 하고 접지극은 각 인하도선마다 1개 이상씩 접속한다.

⑤ 도선은 전동선, 전화선 또는 가스관 등으로부터 1.5m 이상 간격을 두어야 한다.

3 —— 피뢰침설비의 구조

(1) 돌침(突針)

돌침은 피보호물이 60° 보호각도 범위에 들어가도록 설치하고 돌침의 끝부분은 피보호물에서 25cm 이상 돌출시켜 풍압력에 견디는 것으로 한다. 재료는 일반적으로 지름 12mm 이상의 동봉을 사용한다.

(2) 돌침의 지지금속(支持金屬)

이 재료는 황동광이나 경동관을 사용한다. 지지금속의 높이가 1m 미만인 경우에는 두께 1.5mm, 바깥지름 25mm 이상의 것을, 높이가 1m 이상인 경우에는 두께 2.0mm, 바깥지름 28mm 이상의 것을 사용한다. 철관을 사용할 경우에는 두께 3.0mm 이상, 바깥지름 25mm 이상의 것을 사용한다.

(3) 피전도선(避電導線)

① 피보호물의 바깥둘레를 따라 잰 인하도선(引下導線, down conductor)의 간격은 50m를 넘어서는 안 된다. 동선의 경우 30㎟ 이

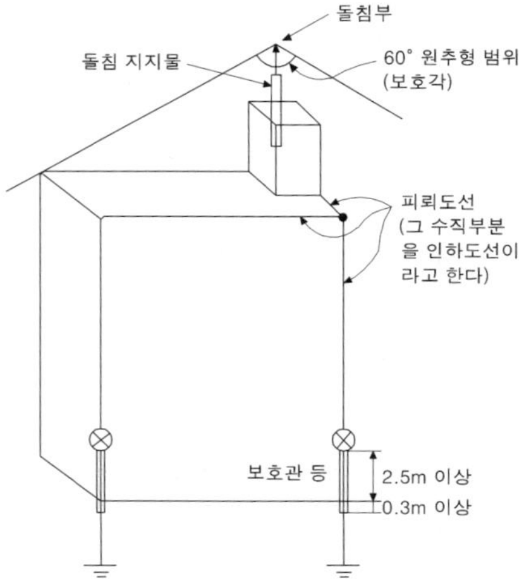

그림 5-28 **피뢰설비의 각부 명칭**

상, 알루미늄선은 50㎟ 이상으로 한다. 또, 동관인 경우 0.8㎜ 이상, 알루미늄관인 경우 2㎜ 이상 두께를 가진 관을 사용해야 한다.

② 도선을 옥내로 인하하는 경우 사람이 쉽게 접촉할 수 없도록 울타리를 설치하거나 피복시설을 해야 한다.

③ 인하도선이 지상에서 지중으로 들어가는 부분에는 지상 2.5m 이상 되는 곳에서부터 지하 0.3m 이상 되는 곳까지 기계적으로 피복 보호한다.

④ 피뢰도선은 가급적 도중 접속을 피한다.

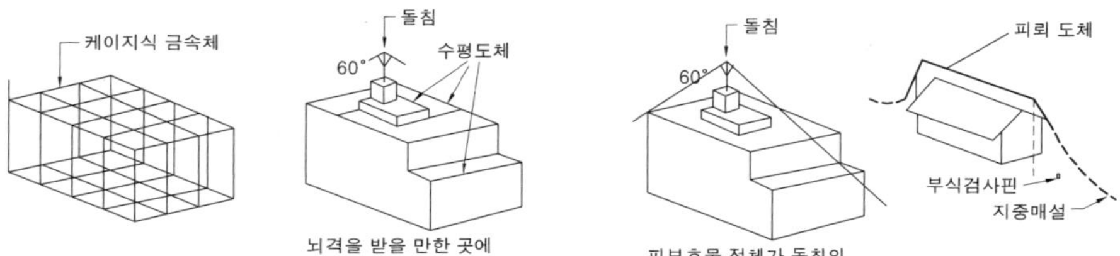

(a) 완전 보호 (b) 중강 보호 (c) 보통 보호 (d) 간이 보호

그림 5-29 **피뢰설비의 4등급**

5.5.5 접지설비

건축물에서의 전기감전과 전기기구의 피해 방지를 위해 전기기계기구는 원칙적으로 대지에서 절연되어야 한다. 접지공사의 저항값과 선의 굵기는 표 5-27에 나타내었다.

제3종 접지공사 및 특별 제3종 접지공사를 시행해야 하는 금속체가 다음 중 하나에 적합한 경우에는 접지공사를 시행한 것으로 간주한다.

① 제3종 접지공사를 시행해야 하는 금속체와 대지 사이가 전기적 및 기계적으로 확실하게 연결되어 있고, 그 사이 전기저항값이 100Ω 이하인 경우

② 특별 제3종 접지공사를 시행해야 하는 금속체와 대지 사이가 전기적 및 기계적으로 확실하게 연결되어 있고, 그 사이의 전기저항값이 10Ω 이하인 경우

표 5-26 **기계기구의 구분에 따른 접지공사 적용**

기계기구 구분	접지공사
400V 이하 저압용	제3종 접지공사
400V 초과 저압용	특별 제3종 접지공사
고압용 또는 특별고압용	제1종 접지공사

표 5-27 **접지공사별 접지저항값과 접지선 굵기**

접지공사 종류	접지 저항값 [Ω]	접지선의 굵기
제1종 접지공사	10Ω 이하	지름 2.6mm 이상
제2종 접지공사	변압기의 고압측 또는 특별고압측 선로의 1선 지락전류의 암페어 수로 150(변압기 고압측의 전로와 저압측 전로와의 혼탁으로 저압전로의 대지전압이 150V를 넘는 경우, 2초 이내에 자동적으로 고압전로를 차단하는 장치를 설치한 경우에는 300)을 나눈 값과 같은 Ω 수	지름 4mm(고압전로 또는 제143조 제1항에 규정하는 특별고압 가공전선로의 전로와 저압전로를 변압기로 결합하는 경우에는 지름 2.6mm)
제3종 접지공사	100Ω 이하	지름 1.6mm 이상
특별 제3종 접지공사	10Ω 이하	-

5.6 — 통신정보설비

5.6.1 개설

통신 · 정보분야의 급속한 기술혁신은 정보이용의 편리성과 정보품질의 향상에 기여하여 사회구조 자체를 고도정보화, 다기능화, 고속화하기에 이르렀다. 건축설비는 이러한 사회동향에 밀접하게 관련되어 있으므로 건축물의 계획 시점에서부터 고도 정보시스템을 도입하거나 도입 대응할 수 있도록 충분한 배려를 해야 한다. 이는 건물의 운영관리 이용과 더불어 정보시스템의 유기적 기능을 도모하므로 생산성 향상, 쾌적한 환경에도 크게 기여할 수 있기 때문이다.

통신정보설비는 **연락, 표시, 통보**에 관한 정보를 **음성, 영상, 기호**로 제공하는 설비이므로 사용전압이 낮고 동작전류가 적은 전기회로와 기구로 정보를 취급하여 전력에 의해 기능을 발휘하는 전원공급, 조명, 전열, 동력 등의 제어용 약전설비와는 다르다. 최근 집적회로의 기술과 컴퓨터 기술에 따른 정보, 통신기술의 고도화가 급속도로 진행되어 건물 내의 통신정보의 혁신적인 변화가 기대되고 있다.

5.6.2 전화설비

1 —— 전화기(電話機, telephone handset)

통신정보설비 중에서 대표적인 설비로 모든 분야에서 일상화되어 있는 통신수단으로 전화회선망의 디지털화에 따라 다양한 다기능 전화기를 자유롭게 설치하는데 이르렀다. 전화설비는 전기설비의 배관과는 별도로 시설하지만 전원이 필요하므로 필요개소에서 수전할 수 있도록 해야 하며, 전화국의 국선은 제외하게 되므로 건축설비에서 전화설비는 자영설비에 속한다. 빌딩 내 전화설비의 전체적인 구성도는 그림 5-30과 같다.

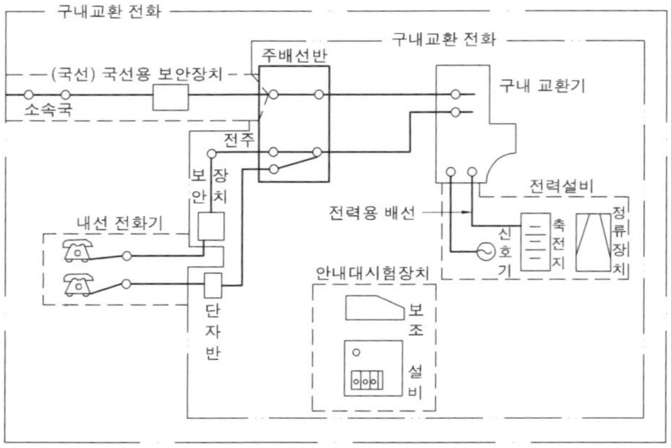

그림 5-30 **전화설비의 구성**

2 —— 전화교환기(電話交換機, PBX : private branch exchange)

전화교환설비는 외부에서 오는 전화교환 신호를 접속하거나 내부간의 신호를 접속할 때 필요한 설비로 자동구내교환기를 PBX라 한다. PBX는 **보안설비, 단자함, 전력설비, 배선반 기타 부속장치**로 구성되어 있고 현재 사용하고 있는 전화교환기는 디지털 PBX가 대부분이다. 고도정보화 사회로의 진전과 디지털 기술의 발달로 전화교환기의 기능이 종전에 비해 비약적으로 향상되어 종전 전화계에서 현재는 비전화계에 이르기까지 다양한 통신이 가능해지고 있다. 이는 디지털 PBX가 컴퓨터와 같은 고속연산장치와 대용량 기억장치로 구성되어 프로그램 수순에 따라 실행하는 **축적프로그램** 제어방식의 교환기능을 가지기 때문이다. 종래의 음성교환기능 외에 텔렉스(telex), 팩시밀리(facsimile), 컴퓨터 등 각종 사무기기에 연결하여 음성과 데이터 정보를 통합하여 처리하는 정보통신 네트워크시스템의 중추적 역할을 하고 있다. 이와 같은 디지털 PBX는 전화교환 수단에 그치지 않고 고도의 지성과 지능을 가진 기계가 되어 사무활동의 역할도 하게 되었으며, 공중회선에 있는 **종합서비스 디지털망**(ISDN : integrated services digital network)의 출현으로 앞으로 비약적 향상이 기대된다.

디지털 PBX의 특징은 다음과 같다.

① 디지털 다기능 전화기를 이용하여 전화기와 디지털 PBX를 디지털 회선에 직접 연결하여 종래보다 적은 전화배선수로 전화기의 다기능화가 가능하다.

② 기업 내 통신시스템을 디지털 전용선에 연결시켜 효율적이고 양질의 통신시스템을 구축할 수 있다.

③ 각종 네트워크의 데이터 통신망에 접속하여 다양한 네트워크 간의 상호변환장치 기능이 가능하다.

④ 종래의 하나의 데이터 단말로부터 복수의 다른 컴퓨터의 연결사용이 가능하다.

3 —— 전화교환기실

(1) 기기배치

중소용량의 교환설비는 구성기기 전체를 기계실에 설치하고 대용량인 것은 중계대와 축전지를 각각 다른 실에 설치한다. 최근의 디지털 PBX는 고성능에 소형화되어 사무실 한편에 설치하는 경우도 많다.

(2) 중계실의 위치, 구조

교환실의 위치는 직사일광과 습기, 부식성 가스의 침입이 없고 외부로부터의 진동과 소음 영향이 적은 장소여야 한다. 이외 필요조건은 다음과 같다.

① 기계설치(교환기 본체, 전력설비)의 바닥하중은 500kg/㎡ 이상이 되어야 한다.

② 환기가 잘되는 장소가 필요하다.

③ 온도는 5~40℃, 습도는 15~80%의 범위를 유지해야 한다.

④ 직사일광, 특히 서측 일사를 받지 않는 장소가 좋다.

⑤ 교환기 등 중요기기는 바닥, 벽 등의 보강 지지대로 견고하게 설치되어야 한다.

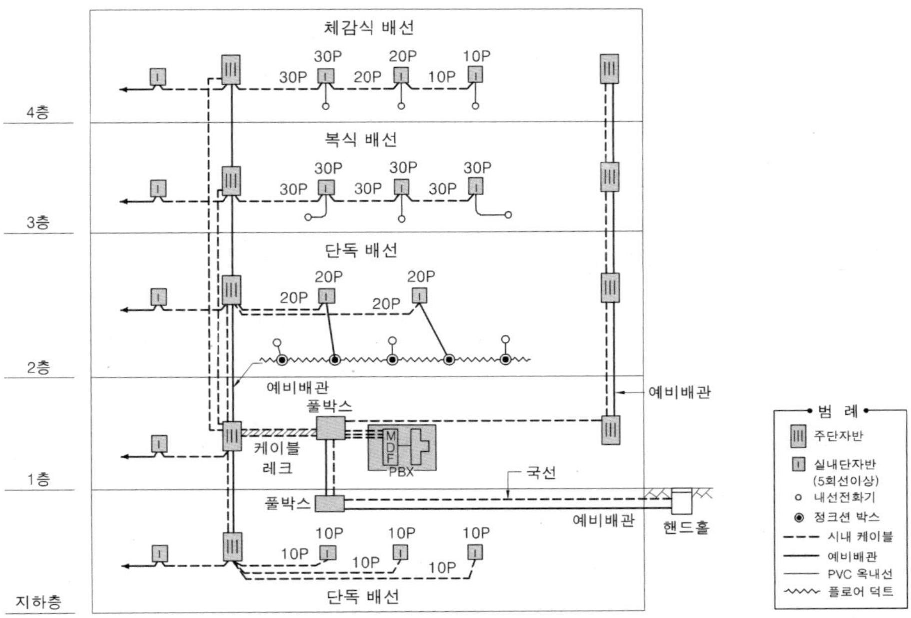

그림 5-31 **전화배선 계통도**

(3) 배선

전화설비는 기존의 음성에 의한 전화뿐만 아니라 통신시스템 전체를 대상으로 할 필요가 있다. 건물 외부는 공중통신시스템 네트워크로 하고 내부는 **사무자동화설비**(OA), **빌딩자동화설비**(BA)들과 종합적으로 연계하여 **정보통신 네트워크**의 배선설비를 해야 한다. 즉 전화설비의 배선은 종래의 구내 전화전용전선 이외에 광(光)케이블 및 동축(同軸)케이블을 이용하기 때문에 간선샤프트, 배선경로, 바닥배선 방법 등을 고려할 필요가 있다.

5.6.3 인터폰설비

인터폰은 사설전화로 구내 특정 상대간의 연락용 전화이다. 전화설비의 내선과 같은 사용방법이지만 국선에는 접속할 수 없다. 형식으로는 **전화기형**과 **복스 스피커형**이 있고, **유선식**, **반송식**, **무선식**이 있으며 결선방식에 따라 분류하면 **모자식**, **친자식**, **상호식**, **복합식 인터폰 배선계통**방식이 있다. 모자식은 1개의 모기(母機)에 임의 대수의 자기(子機)를 접속한 방식으로, 배선방식은 간단하지만 사용빈도가 많은 장소에는 적합하지 않다. 상호식은 모기를 경유하지 않고 각기가 직접 상대를 선택하여 통화할 수 있으며 배선수가 많아진다.

용도상으로 일반주택의 도어폰이나 특수용도의 너스콜, 엘리베이터용, 공장용, 오디오모니터용 등이 있다.

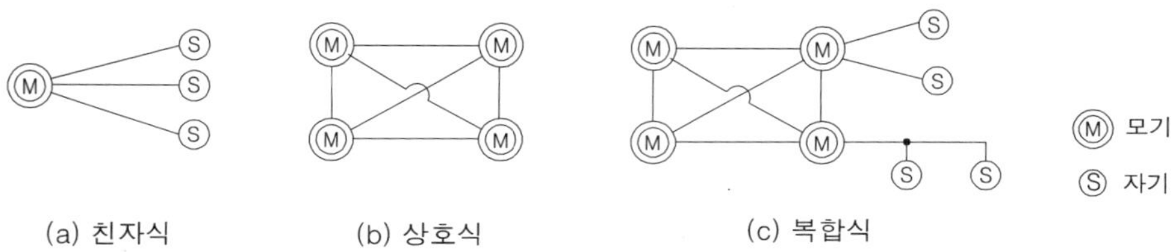

그림 5-32 **인터폰 배선계통방식**

5.6.4 텔레비전 공동시청 설비

전 채널의 텔레비전 전파를 공동안테나로 수신하여 **증폭기**, **분배기**, **분기기** 등의 기기를 통해 다수의 수신기에 텔레비전 방송신호를 공급하는 시스템으로 다음과 같은 형태가 있다.

1 —— 건물용 공동수신시스템

일반건물, 공동주택에서 옥상에 공동수신안테나를 설치하여 각 세대로 방송신호를 분배하는 시스템으로 분배방식은 그림 5-33과 같다.

2 —— 전파장애용 공동수신시스템

고층건물에 의한 전파차단장애, 전파반사에 의한 전파장애를 개선하기 위한 시설로 고층건물의 옥상에 수신안테나를 설치하여 동축케이블로 전파장애 피해자에게 분배한다.

3 —— 변방지 공동수신시스템

지형적 제약에 의한 수신 곤란 지역에서 산의 정상 등 수신하기 좋은 지점에 안테나를 설치하여 분배한다.

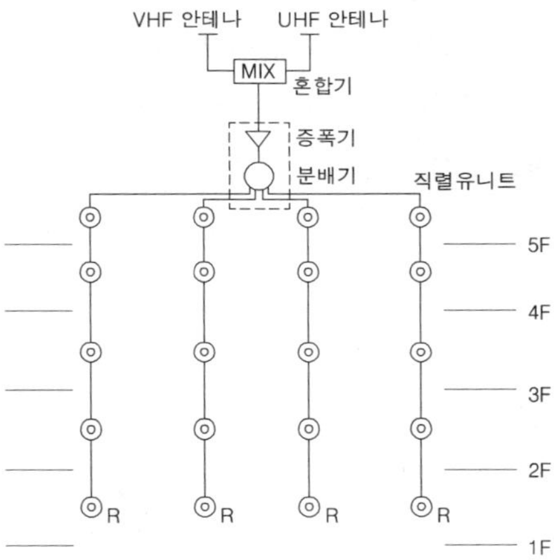

그림 5-33 **수신분배방식 예**

5.6.5 방범신호설비

범죄예방과 피해 최소화를 위한 각종 방범기기와 시스템이다. 여기에는 침입방지장치, 침입발견장치, 방범감시제어장치가 있다.

1 —— 침입방지장치(侵入防止裝置)

기밀누설 방지, 안전관리 강화, 방범업무 효율화를 목적으로 **전기잠금장치**, **자기가이드**, **지문**, **인상등**, **개인식별장치**가 있다.

2 —— 침입발견장치(侵入發見裝置)

텔레비전 카메라 · 모니터 텔레비전 · 비디오 텔레비전에 의한 **ITV장치**, 집음 마이크장치에 의한 감시, 대상개소의 **이상검출장치**가 있다. 이상검출용 단말기기에는 대표적으로 진동스위치, 마그넷스위치, 적외선 빔 초음파탐지기, 열선감지기 등이 있다.

3 —— **방범감시제어장치(防犯監視制御裝置)**

전기자물쇠 제어시 제어동작을 기록하여 이상 발생시 통보기능을 하며 방범감시반은 수위실, 중앙감시실, 방재센터 내에 설치한다.

5.6.6 ITV설비

ITV(industrial television)란 텔레비전 카메라를 산업용, 공업용, 상업용으로 이용하여 특정한 장소에 한정하여 사용하는 텔레비전 방식으로 공공 텔레비전방송(broad-casting)과 달리 폐회로 텔레비전(CCTV : closed circuit television)이다.

ITV설비에는 카메라와 수상기를 1 : 1로 조합한 단순한 것에서부터 다수의 카메라와 수상기에 제어기능을 부과하여 녹화장치와 조합한 복잡한 장치도 있다. 건물설비에 있어서는 방범경비와 설비기기의 감시용, 운전 · 보수관리의 합리화, 절약화에 이용하고 있다.

5.6.7 LAN설비

1 —— **LAN의 개요**

LAN(local area network)은 구내통신망 또는 기업통신망이라고 불리는 디지털화된 사설 네트워크를 말한다. 고도정보화 사회로의 진전에 따른 사무자동화(OA : office automation)에 의한 기업활동의 변화와 전기통신의 자유화에 따라 기업이 요구하는 통신시스템은 전화, 데이터통신, 화상통신 등이 통합된 종합통신시스템, 즉 LAN을 자유로이 구축하여 효용성을 극대화하는 방법을 시도하고 있다.

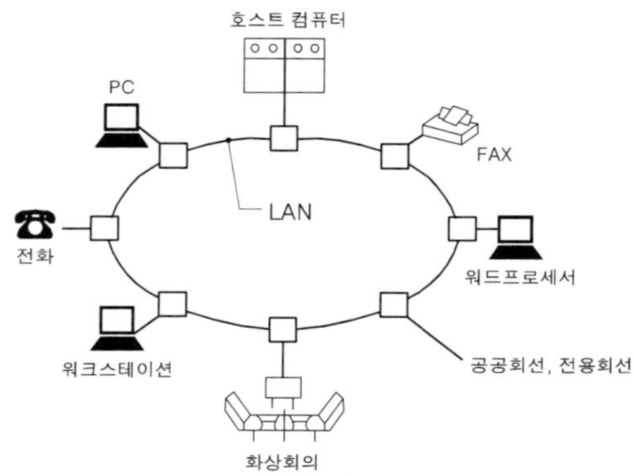

그림 5-34 LAN

2 —— **LAN의 특징**

① LAN은 동일 건물이나 동일 구역 내에 한정된 네트워크이므로 기술적, 제도적 규제 없이 자유로운 발상에 의해 네트워크가 구축된다.

② 한정된 구역의 통신이므로 비교적 간단한 전송수단으로 컴퓨터간의 고속통신과 다채로운 미디어의 통신이 실현되고 있다.

③ 전송효율이 높은 동축케이블과 광섬유케이블이 통로배선으로 사용되어 케이블의 배선조건이 적고 배선소요 스페이스도 줄일 수 있다.

5.6.8 CATV설비

1961년 국영 텔레비전 방송이 시작되면서 난청지역 해소를 목적으로 공동수신방식이 필요하게 되었다. 이 방식을 CATV(common antenna television)라 일컫게 된 것이 시초로 이 시스템의 규모가 확대되어 다시 community antenna television을 의미하는 약자로도 쓰이게 되었다. 최근에는 공동수신과 재방송 이외 cable telecommunication video의 의미를 가지게 되었으며 그 구성도는 그림 5-35와 같다.

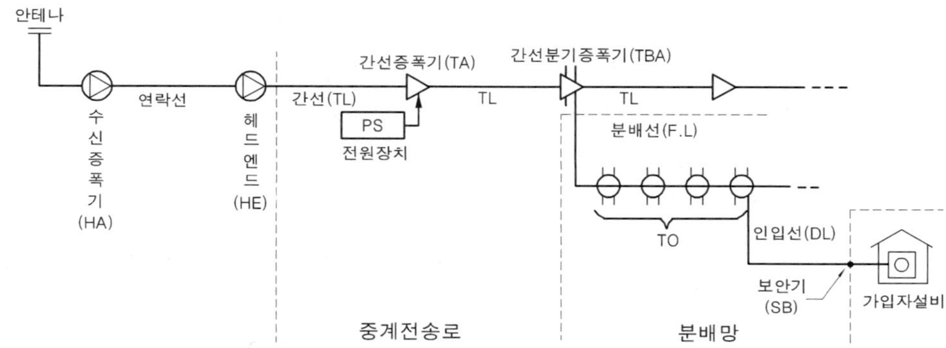

그림 5-35 **CATV 설비 구성도**

5.6.9 BA, FA

1 —— 건물자동화(建物自動化, BA : building automation)

건축설비의 감시제어장치로 쓰이는 마이크로컴퓨터의 고성능화로 건축규모에 관계없이 이용범위가 확대되고 있고, 감시제어 시스템의 기능발달로 설비 전체의 최적제어와 자동화, 관리업무의 자동화가 가능하게 되었다. 또, 건물거주자에게 쾌적하고 편리하며 안전한 거주환경을 제공함과 동시에 건축주나 건물관리자에게는 에너지절약, 요금계산 등 건물의 운영관리에 많은 도움이 되고 있다.

첨단정보 빌딩(inteligent building)의 출현으로 종래 일반건축물의 설비에 부과된 자동제어시스템을 중심으로 한 방범시스템과 자동화재경보기 등 방재시스템에 디지털 PBX와 감시제어시스템을 상호연계하여 통합시스템화 하는 경향으로 나아가고 있다. 또한 기업 내에서는 경영관리컴퓨터, 생산관리컴퓨터, 판매관리컴퓨터, 기계제어용 컨트롤러, 입출력기기시스템 등이 있다. 여기에 LAN을 연계하여 기업 전역을 결합한 광역정보통신망으로 통합을 시도하는 경향이 일반적인 추세이다.

2 —— 제조업자동화(製造業自動化, FA : factory automation)

LAN의 기원을 제조업의 공업용 컴퓨터 네트워크에서 찾을 수 있는 것에서 알 수 있듯이 제조업에서의 자동화시스템은 건축물보다 오랜 역사를 가지고 있다. 최근 사회적 다양화, 전자기술의 진보, 기업간 경쟁을 바탕으로 판매정보, 생산정보, 설계제조기술 정보시스템의 융합으로 관리비와 간접비를 극소화하려는 목적으로 FA는 융합시스템화 되고 있으며 궁극적으로 무인화를 목표로 하고 있다.

5.6.10 위성방송설비

1 —— 개요

지상 약 35900km 상공에 인공위성을 쏘아 올리고, 이것으로 전파의 반사(수동 위성) 또는 증폭(능동 위성)중계를 해서 무선통신을 하는 것을 **위성통신**이라 하고, 보통 임계주파수 이상으로서 감쇠가 적은 1~10GHz대(전파의 창)의 주파수를 사용한다.

국제통신에서는 인텔샛(INTELSAT : 국제 상업위성통신기구)이 주관하여 여러 개의 각종 위성을 쏘아 올려 텔레비전 방송의 국제 중계 등, 다른 통신수단으로는 곤란한 통신서비스를 현재와 같이 실현시켰다. 한편, 각국은 자체 통신위성을 쏘아 올림으로써 각 도시 상호간의 전화중계 외에 데이터통신, 텔레비전 전화, 팩시밀리, 텔렉스, FM방송 등의 전송중계에도 사용하고 있다. 그 밖의 항공기나 선박과 육상 간의 공중전화, 업무통신 등에도 보급되고 있다.

위성의 높이가 높아질수록 지상국과 위성간의 거리가 멀어져서 전송에 거리는 시간이 길어진다. 이것은 텔레비전, 전신, 데이터 전송, 팩시밀리, FM방송 등의 편도전송의 경우에는 지장이 없으나 전화에 의한 상호통화의 경우에는 상대편의 응답이 돌아올 때까지 시간이 걸리는 결점이 있고, 또 자기의 음성이 수신 측에서 반사해 오는 메아리의 지연시간이 길어져서 명료도를 저하시키는 원인이 된다.

2 —— 위성통신(衛星通信)

인텔샛의 정지위성은 우주 상공에 배치되어 지구국에 발사한 전파를 중계한다. 지구국의 송신출력은 50~20kW 정도의 마이크로파이고 중계전파의 주파수를 달리하여 지상으로 보낸다. 우리나라의 지구국은 충남 금산에 있으며, 태평양과 인도양 상공에 있는 통신위성과 중계를 한다.

3 —— 위성방송 수신(衛星放送受信)

인텔샛 위성통신은 국제간의 전화나 TV 중계를 허락된 할당 시간에만 사용할 수 있는 제약을 받으며, 또한 개인이 직접 수신할 수 없다. 위성방송은 자기나라가 소유한 통신위성을 방송중계용으로 사용하고 위성으로부터 발사하는 중계전파를 개인이 직접 수신할 수 있게 하는 것이다.

위성방송을 지상방송과 비교하면, 국내 어느 곳에서라도 수신할 수 있고 우주로부터 발사되는 전파는 높은 각도로 지상에 도래하기 때문에 지형이나 고층빌딩의 영향이 적다. 또한 수신에 사용하는 파라볼라 안테나는 예리한 지향 특성을 가지므로 빌딩 등에 의한 반사파의 영향이 적어져서 고스트(ghost) 없는 깨끗한 영상을 수신할 수 있다. 그리고 음성신호를 PCM 다중방식으로 전송하면 다양한 고품질의 음악 프로그램을 선택적으로 수신할 수 있고, 또한 음성 이외에 디지털 정보를 전송하기도 한다. 건물에서의 위성방송 수신장치는 그림 5-36과 같다.

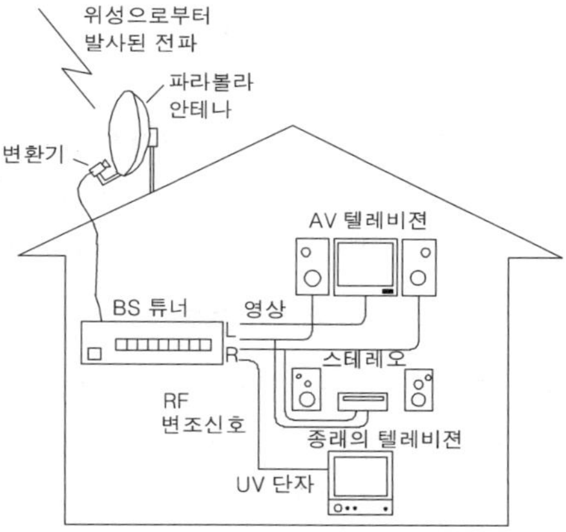

그림 5-36 **위성방송의 수신장치**

5.7 — 운송설비

5.7.1 개설

건축물의 대형화, 고층화 추세에 따라 엘리베이터, 에스컬레이터와 같은 건물 내 운송설비는 필수사항이 되었다. 또한 건물 내 입체 주차장설비와 송기관설비, 콘베이어벨트설비는 서류, 물자의 운송수단이 되었다.

5.7.2 엘리베이터설비

1 —— 엘리베이터의 기능과 구조

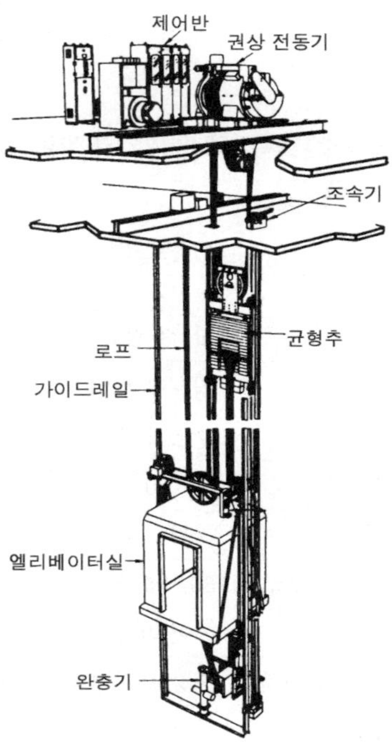

그림 5-37 **엘리베이터 구조**

엘리베이터는 상부 엘리베이터 기계실에 **권상기**(卷上機)를 설치하고 권상로프로 승강기 케이지를 상하로 이동시키며 케이지의 반대측에 **평형추**를 매달아 권상기의 동력을 줄인다. **전동발전기**에 따라 **교류전원**에 의한 것과 **직류 가변전압** 엘리베이터가 있다. **속도조절기**는 케이지의 속도가 정격의 120%를 초과하면 전원을 차단하며(조속기), 40% 이상이 되면 **비상정지장치**가 레일을 붙잡아 케이지를 정지시킨다(비상정지장치). **종점스위치**는 최상층 및 최하층에 있어 정지되지 않은 경우에 작동한다. 만일 사고 시에 종점스위치도 고장이 날 경우 **제한스위치**가 작동하여 전동기를 정지시킴과 동시에 **전자브레이크**를 작동 급정지시킨다. 이들 장치가 모두 고장이 났을 때는 최하층 슬래브에 있는 **완충기**가 낙하 시 충격을 줄여준다.

2 —— 엘리베이터의 종류

엘리베이터는 표 5-28과 같이 분류할 수 있다. **비상용 엘리베이터**는 피난 및 소화 목적으로 사용되는 것으로 케이지를 피난층 또는 직상, 직하층에 불러서 사용하는 것이다. 케이지와 방재센터를 연락하는 전화, 소화기, 구출활동에 대비하여 개방운전을 할 수 있는 장치를 설치해야 한다. 구동전원은 예비전원을 설치하고 정격속도는 60m/min 이상이 되게 한다. 승강로비에는 예비전원에 의한 조명장치를 설치해야 한다.

표 5-28 엘리베이터의 종류

기 어	기어부착(기어드)	웜기어로 전동기의 회전을 감속하여 권상기를 구동한다.
	기어 없음(기어레스)	직류 가변전압형으로 사용하여 웜기어 없이 직류전동기로 권상기를 구동한다.
전동기	교류식	3상교류유도전동기를 사용한다.
	직류가변전압	직류전동기를 사용한다.
속 도	저속	케이지의 승강속도 45m/min 이하(교류2단 또는 1단 사용)
	중속	케이지의 승강속도 45~95m/min(교류2단 또는 직류기어 붙임)
	고속	케이지의 승강속도 100m/min 이상(직류기어 없음)

표 5-29 교류 엘리베이터와 직류 엘리베이터 비교

구 분	교류 엘리베이터	직류 엘리베이터
기동	기동토크가 작다	임의의 기동토크를 얻을 수 있다.
속도조정	속도를 임의로 선택할 수 없고 속도제어도 할 수 없다. 부하에 따른 속도변동이 있다.	속도를 임의로 선택할 수 있고, 속도제어도 가능하다. 부하에 따른 속도변동이 없다.
승강감	직류에 비해 떨어진다.	원활하게 가감속할 수 있어 승강감이 좋다.
착상오차	수㎜의 오차가 생긴다.	1㎜이내의 오차가 생긴다.
전효율 [%]	40~60	60~80
가격	저렴	교류의 1.5~2.0배
속도 [m/min]	30, 45, 60	90, 105, 120, 150, 180, 210, 240
감속기	기어식(웜기어)	기어레스식
기계실 면적	승강로 단면적의 2배	승강로 단면적의 3~3.5배
용도	중층건물	고층건물

3 —— 케이지의 바닥면적과 적재하중

① 승용엘리베이터의 경우 적재하중이 정해지면 정원을 산출하고 바닥의 내 · 외부 치수를 구하여 승강로 크기를 산출한다(65kg/인).

② 승강로의 치수는 케이지와 추의 크기 및 배치방법, 출입문의 방식에 따라 결정된다.

③ 승강로 피트는 완충기의 기능을 충분히 발휘할 수 있는 깊이로 한다.

4 —— 엘리베이터의 안전장치

여러 가지 사고에 대응하여 작동하는 안전장치가 승객용 엘리베이터는 물론, 화물용 엘리베이터에도 완비되어 있으므로 엘리베이터는 안전한 운송설비라 할 수 있다.

이들 안전장치에 대해서는 제작공장에서 충분한 시험과 검사를 하고 설치 후에는 소정의 관계기관 검사에 합격한 것을 확인한 다음에 사용하며, 이때 일정한 보수점검을 실시해야 하고 매년 1회 시행하는 정기검사에 합격해야 한다.

(1) 전기적 안전장치

① **주접촉기** : 정전, 저전압 또는 각부의 고장시 주회로를 차단한다.

② **과부하 계전기** : 과부하 전류에 대한 보호장치로서 엘리베이터의 전원을 차단한다.

③ **전자 브레이크** : 전동기의 토크 소실이 생겼을 때 엘리베이터를 정지시킨다.

④ **승강스위치** : 물이 완전히 닫히지 않을 때는 운전불능이 된다.

⑤ **비상정지 버튼** : 케이지 안에 있는 것으로 비상시에는 급정지시킨다.

⑥ **안전 위치** : 케이지 위에 있는 것으로 보수점검 때 사용한다.

⑦ **슬로우다운 스위치(스토핑 스위치)** : 최종 계층에서 케이지를 자동적으로 정지시킨다.

⑧ **파이널 리밋 스위치** : 스토핑 스위치가 작동하지 않을 때, 제2단위 작동으로 주 회로를 차단한다.

⑨ **도어 안전스위치** : 자동 엘리베이터에 있어서 닫히고 있는 문에 몸이 접촉되면 다시 문이 열린다.

⑩ **비상벨과 전화기** : 고장 난 경우, 케이지 안과 기계실이나 전기실에 신호를 보내거나 통화를 한다.

(2) 기계적 안전장치

① **도어 인터로크 장치** : 승장스위치와

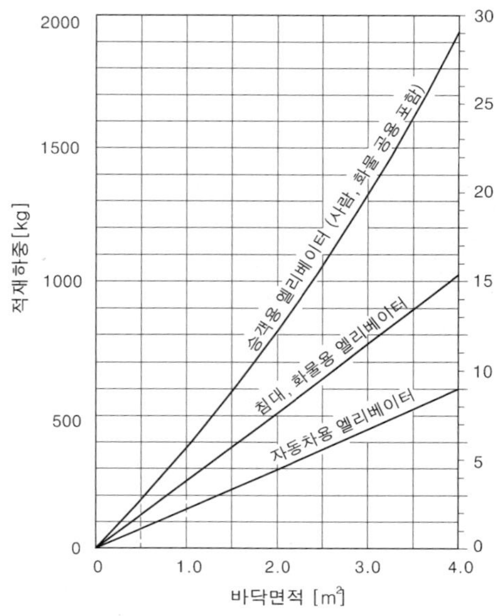

그림 5-38 **케이지 바닥면적과 적재하중**

동시에 작동하여 밖에서 문이 열리지 않는다.

② **조속기(調速機)** : 케이지가 과속했을 때 작동한다.

③ **비상정지(非常停止)** : 일반적으로 조속기의 작동에 따라 레일을 잡고 케이지의 낙하를 멈추게 한다.

④ **완충기(緩衝器)** : 비상정지장치가 작동하지 않아 케이지가 미끄러져 떨어지거나 초과부하로 브레이크가 듣지 않아 케이지가 미끄러져 떨어질 때 승강로 밑바닥에 격돌하는 것을 방지한다.

⑤ **구출구(救出口)** : 케이지가 층계 중간에 정지했을 때 승객을 케이지 천장으로부터 탈출시킨다. 구출구를 열면 엘리베이터가 정지하는 전기적 인터로크 장치가 필요하다.

⑥ **수동핸들** : 전동기의 축 끝에 들어 있으며 브레이크를 늦추어 인력으로 케이지를 바닥면까지 움직인다.

5.7.3 에스컬레이터설비

에스컬레이터는 수송능력이 400~600명/h인 엘리베이터에 보다 10여 배 이상의 수송능력을 가지므로 백화점 등 승객이 많은 건물에 적합하며 속도는 30m/min 이하가 원칙이다. 에스컬레이터의 구조는 그림 5-39와 같이 상부에 전동기가 있으며 기어에 의해 감속하여 계단을 구동한다. 전동기의 용량의 7.5~11kW의 것이 대부분이다.

표 5-30 **에스컬레이터의 수송능력**

폭 [mm]	수송력 [인/h]
1,200	8,000
900	6,000
800	5,000
600	4,000

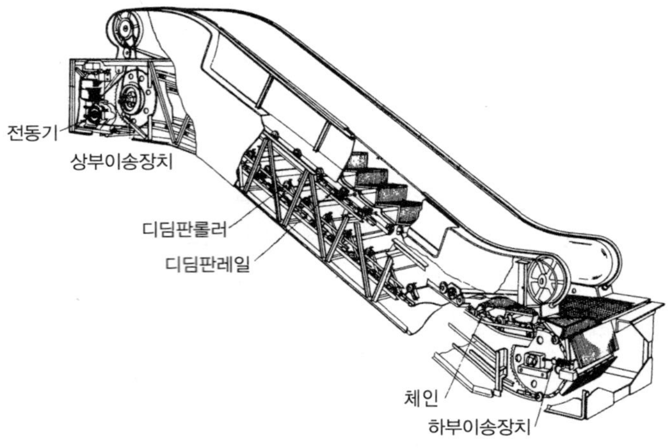

그림 5-39 **에스컬리이터 구조**

5.8 ― 배선기구 및 도식기호

5.8.1 배선, 배관재료

1 ―― 전선

일반적으로 사용하는 중요전선은 표 5-31, 그림 5-40과 같다.

전선에 사용하는 도선에는 **단선**과 **연선**이 있으며, 단선은 선이 굵어 잘 굽혀지지 않으므로 사용목적에 따라 가는 선을 여러 가닥 꼬아서 연선으로 만들어 쓰고 있다. 이 중 옥내배선은 600V **비닐절연전선**이 주로 전선관공사에 사용되고 있다. 방재설비에는 **내열전선** 또는 **내화케이블**, 전화설비에는 **전화용 통신케이블**이 사용되고 있으며 고도 정보화시스템 통신설비에는 **동축케이블, 광섬유케이블**이 사용되고 있다.

2 ―― 전선관 및 그 부속품

전선관에는 그 재료와 형태에 따라 **금속제, 합성수지제, 가요전선관** 등이 있다.

표 5-31 절연전선의 종류

명 칭	구조, 주용도	도체 사이즈	사용전압
600V 비닐절연전선 (IV) KSC 3302	연동선 또는 경동선의 단선 또는 연선을 비닐피복한 것으로 일반전기공작물이나 전기기기의 배선에 사용된다.	0.5~5.0㎜ 0.9~500㎟	600V 이하
600V 이종비닐절연전선 (HIV)	연동선 또는 경동선의 단선 또는 연선을 내열비닐피복(75℃)한 것으로 내열성이 요구되는 장소에 사용된다.	0.8~5.0㎜ 0.9~500㎟	600V 이하
옥외용 비닐절연전선 (OW) KSC 3313	연동선 또는 경동선의 단선 또는 연선을 내후성이 좋은 비닐로 피복한 것으로 내압가공전선로로 사용한다.	2.0~5.0㎜ 14~100㎟	
인입용 비닐절연전선 (DV) KSC 3315	연동선 또는 경동선의 단선 또는 연선을 비닐피복한 다심의 전선으로 가공인입선에 사용한다.	2.0~3.2㎜ 8~60㎟	600V 이하
고압 인하용 가교 폴리에틸렌 절연전선 (PDC) KSC 3324	고압가공선보다 변압기의 1차 측에 이르는 고압가공 인하선으로 사용한다.	2.0~3.2㎜ 5.5~30㎟	6.6kV
고압기기내 배선용 EP 고무절연전선 (KIP) KSC 3829	6.6kV의 큐비클식 수전설비 내의 배선, 또는 전기실내의 고압배선에 사용한다.	8~250㎟	6.6kV
600V 규소고무 절연 유리편조 전선(KGB) KSC 3337	연동선으로 내열성이 있는 규소고무로 절연하고 그 위에 글라스계로 편조한 것으로 고온의 장소에 사용한다.	1.25~250㎟	600V

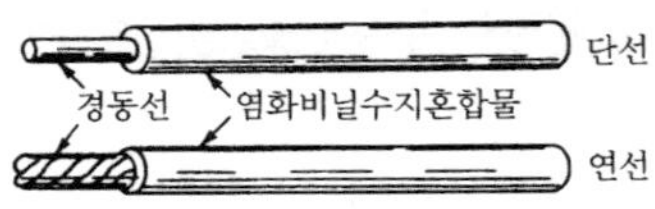

(a) 옥외용 비닐 절연 전선

(b) 인입용 비닐 절연 전선

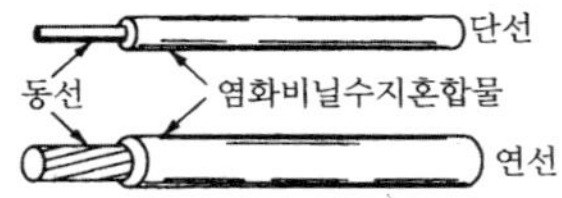

(c) 600V 비닐 절연 전선

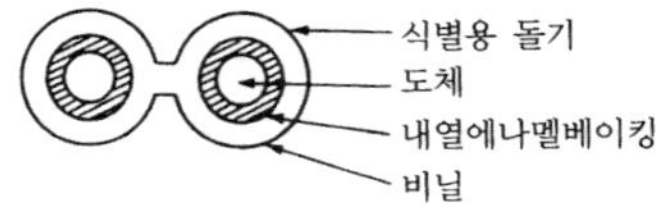

(d) 600V 2종 비닐 절연 전선

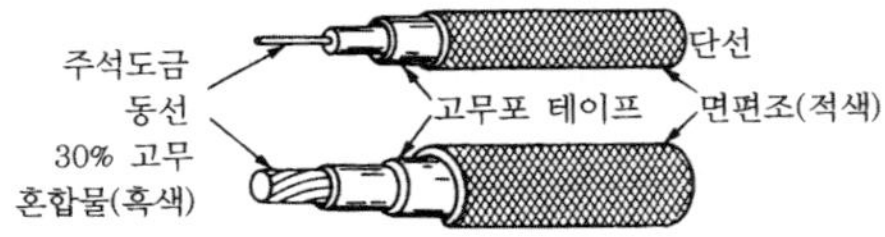

(e) 600V 고무 절연 전선

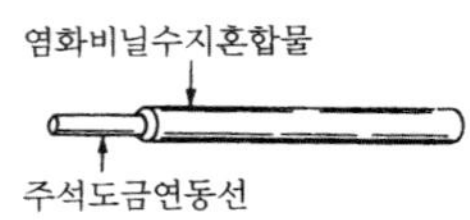

(f) 1,000V 형광방전등용 전선

그림 5-40 **절연전선 종류**

(1) 금속관(金屬管, metallic conduit)

전선이 외부로부터 받는 손상을 방지하기 위해 설치한 것으로 주로 강관이며, 일반건물에서는 두께가 얇은 박강전선관이 주로 사용되며 다른 배관 호칭과 달리 바깥지름의 근사치를 홀수로 표시한다.

(2) 합성수지관(合成樹脂管, plastic pipe)

경질염화비닐관으로 공사 시에 열을 가하여 전선관을 굽혀 사용한다. 기계적 충격과 중량물에 의한 압력에 약하지만 가볍고 가격이 저렴하여 많이 사용되고 있다. 안지름의 근사치를 짝수로 표시한다.

(3) 금속제 가요전선관(金屬製可撓電線管, flexible metal conduit)

한 박판을 나선형으로 감아서 사용하며 엘리베이터 펌프 등의 동력설비에 사용된다.

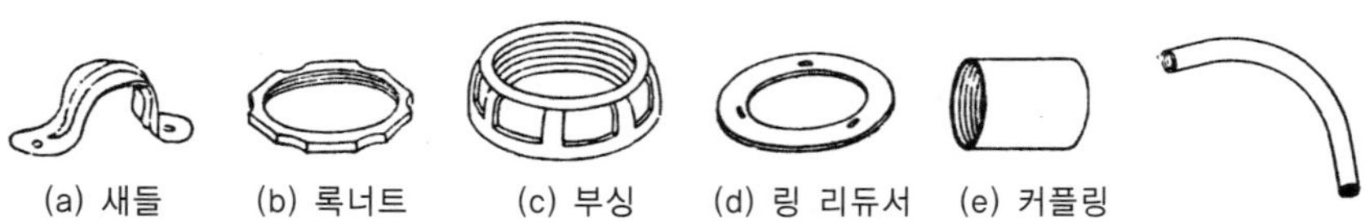

(a) 새들 (b) 록너트 (c) 부싱 (d) 링 리듀서 (e) 커플링

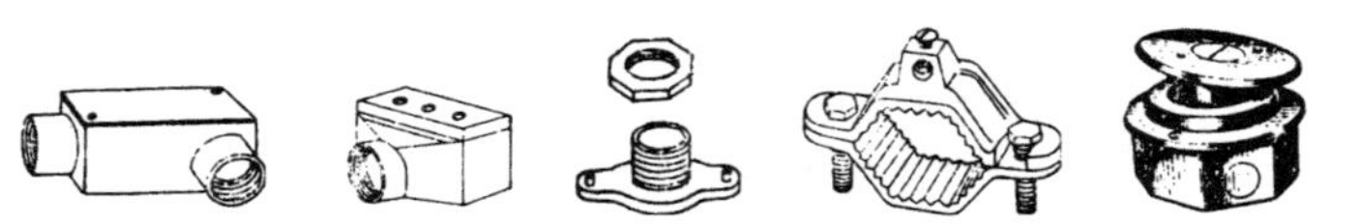

(g) 유니버설 엘보 (h) 터미널 캡 (i) 픽스처 스터드 (j) 접지 클램프 (k) 플로어 박스

그림 5-41 **금속전선관 부속품**

(4) 전선관 부속품(電線管附屬品, conduit fittings)

전선관 공사시 사용되는 부속품으로 금속관 공사에는 새들, 록너트, 부싱, 링 리듀셔, 커플링, 노말밴드, 유니버셜 엘보, 터미널 캡, 픽스터 스터드, 접지 클램프, 플로어 박스, 커넥트 등이 있으며 합성수지관 공사에 사용되는 것으로 커넥트, 커플링, 노멀밴드, 터미널 캡 등이 있다.

(5) 박스 박스류에는 콘크리트 박스, 아웃렛 박스, 시리즈 박스, 노출 박스 등이 있다.

3 —— 배선기구

(1) 스위치(switch), 콘센트(consent)

스위치는 부착방법에 따라 매입형, 노출형, 특수부착형(도어 스위치)이 있고 옥내용, 옥외용, 방수형 등이 있다. 템블러 스위치, 푸시버튼 스위치, 로터리 스위치, 풀 스위치, 펜던트 스위치, 캐노피 스위치, 3로 스위치, 오토메틱 스위치, 마그네틱 스위치, 리모콘 스위치 등 그 형태와 용도, 구조가 다양하다.

콘센트는 부착방법에 따라 매입형과 노출형이 있으며 일반옥내용과 옥외용, 방수형 등이 있다.

표 5-32 **콘센트 필요개수 [개/㎡]**

등급	사무소	기계실	복도(홀)	주방
A	0.15	0.08	0.08	0.1
B	0.08	0.05	0.05	0.08
C	0.05	0.02	0.02	0.05

표 5-33 **주택의 콘센트 필요개수(내선규정에서)**

방의 크기 [평]	표준적인 설치개수	바람직한 설치개수
1.5	1	2
2.25	2	2
3	2	3
4	3	4
5	3	5
6	3	5
부엌	2	4

주) 1. 콘센트는 삽입구 수가 2개 이상의 것이라도 1개로 간주한다.
2. 콘센트는 삽입구 수가 2개 이상인 것을 설치하는 것이 바람직하다.
3. 부엌에는 배기팬용의 콘센트를 별도로 1개 추가한다.

그림 5-42 **스위치, 콘센트**

가정용 전기기구의 종류가 많아지면서 주택의 콘센트 개수도 많아지는 경향이 있다. 접지를 필요로 하는 부하(세탁기, 전자렌지)에 대한 콘센트는 접지단자가 부속된 것을 사용하고, 방수나 방폭이 필요한 개소에는 각각 그 요구에 따른 콘센트를 설치해야 한다. 콘센트는 사무실이나 입식 생활공간에는 바닥 위 30㎝ 높이, 좌식 생활공간에는 15㎝ 높이에 설치하고 수술실과 주차장에는 1.0m 이상 높이에 설치해야 한다.

스위치에는 한 개의 조명기구를 2개소 이상의 장소에서 점멸하고 싶을 때 사용하는 3로 스위치, 4로 스위치 등이 있다. 또, 개인이 사용하는 방에는 실내측, 공용이 사용하는 경우에는 실외측에 설치하는 경우가 많고 바닥위 1.2m 전후 높이에 설치한다.

(2) 접속기(接續器, adaptor)

접속기는 옥내배선과 전등코드의 접속, 코드와 코드의 접속, 전구와 코드의 접속, 전기기구와 코드의 접속 등에 사용하며 로제트, 코드-커넥트, 소켓, 리셉터클, 테이블 탭 등이 있다.

(3) 개폐기(開閉器, switch)

옥내배선에서 전로를 조작하거나 보수하기에 편리하도록 하기 위해 각종 개폐기를 설치하며 나이프 스위치, 커버나이프 스위치, 컷아웃 스위치 등이 있다.

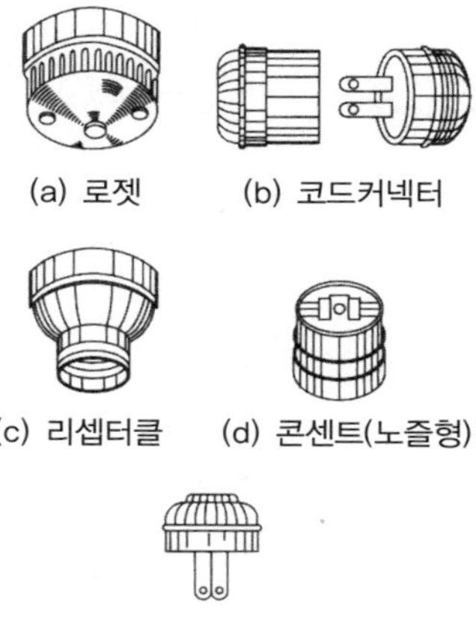

(a) 로젯 (b) 코드커넥터 (c) 리셉터클 (d) 콘센트(노즐형) (e) 플러그

그림 5-43 **접속기**

(a) 나이프 스위치 (b) 커버나이프 스위치 (c) 컷아웃 스위치

그림 5-44 **개폐기**

5.8.2 전기설비용 도시기호

KSC 0301 에 의한 전기설비의 각종 도시기호는 그림 5-45와 같다.

명	칭	심 벌
1. 전등 심벌	샹들리에	(CH)
	형광등 (20W X 1)	
	형광등 (20W X 2)	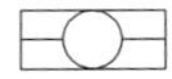
	형광등 (20W X 3)	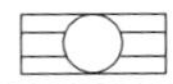
	백등 (백열등)	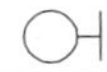
	비상용 조명등	
	외등	
2. 콘센트 심벌	콘센트	
	콘센트 (3극)	 3P
	콘센트 (방수용)	 WP
	비상 콘센트	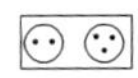
3. 기기 심벌	전동기	(M)
	발전기	(G)
	전열기	(H)
	선풍기 (환기선풍기 포함)	(∞)
	룸 에어컨디셔너	RC
	축전지	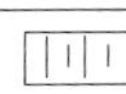
	콘덴서	
4. 전선	천장은폐배선	
	노출배선	
	바닥은폐배선	
	지중매설선	
	전선수 표시 (3가닥)	
	전선접속 표시	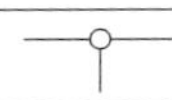
	접지	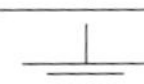
5. 분배전반 심벌	배전반 또는 분전반	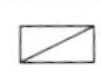
	전등용	
	동력용	
6. 기타	개폐기	S
	적산전력계	WH

그림 5-45 **전기설비용 도시기호**

찾아보기

ㅅ

저자약력

임정명(林正明)

- 서울대학교 건축공학과 졸업
- 건축사
- 現 부산대학교 건축공학과 명예교수

[譯書]

『태양, 바람 그리고 빛(건축계획단계에서의 활용)』, 화영사, 1994.

SI단위 **건축설비**

2013년 9월 10일 개정판 1쇄 발행
2022년 1월 20일 개정판 5쇄 발행

저 자	임 정 명
발 행 인	강 해 작
발 행 처	기 문 당
주 소	서울시 성동구 무학봉 28길 4-1
전 화	02) 2295-6171(代)~5
팩 스	02) 2296-8188
출판등록	1976. 10. 7(1-44)
홈페이지	http://www.kimoondang.com
I S B N	987-89-6225-540-9 93540

SAREK PSYCHROMETRIC CHART

BAROMETRIC PRESSURE : 101.325 kPa
SEA LEVEL
COPYRIGHT 2013
THE SOCIETY OF AIR-CONDITIONING AND REFRIGERATING ENGINEERS OF KOREA

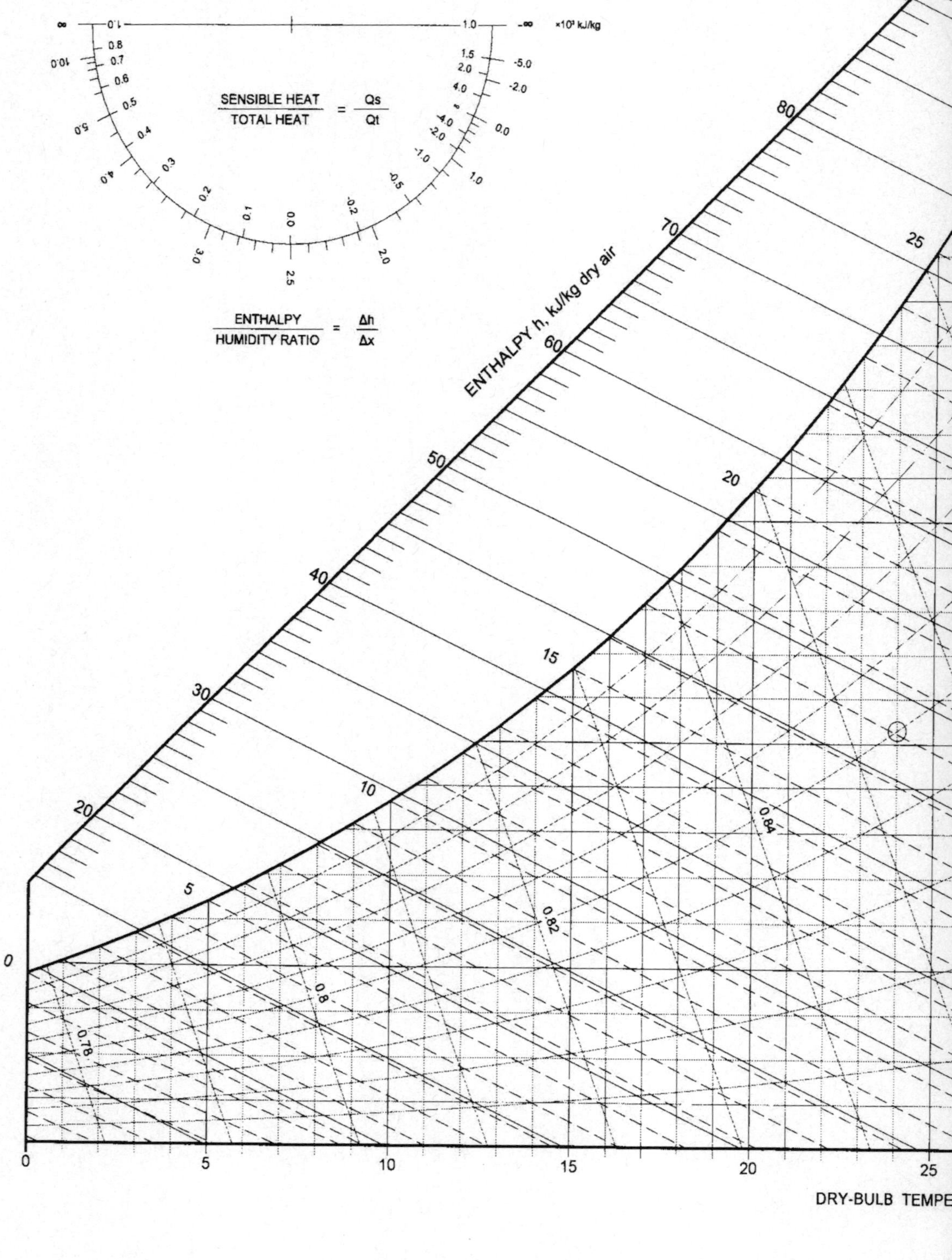

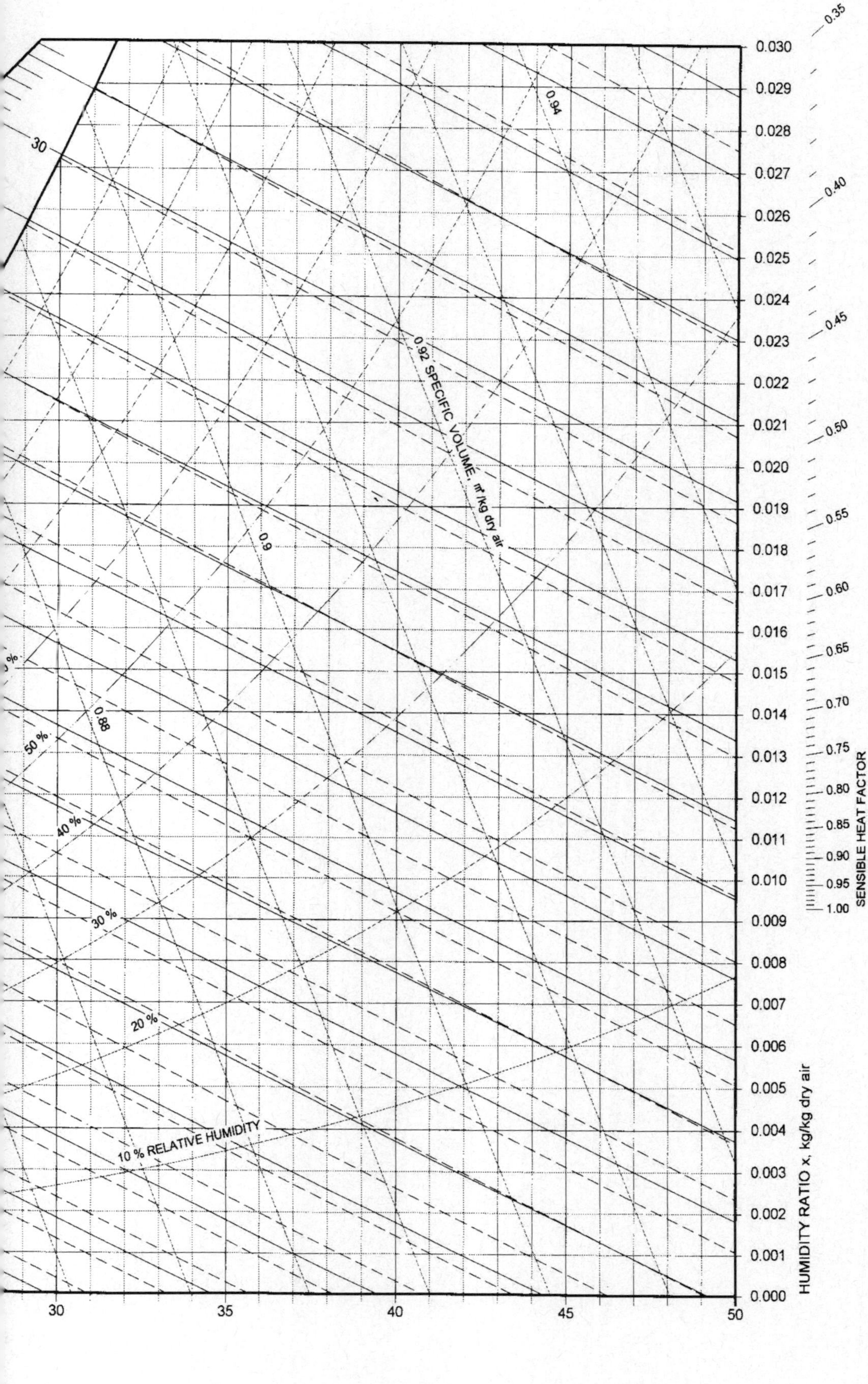

0.94
0.92 SPECIFIC VOLUME, m³/kg dry air
0.9
0.88
50 %
40 %
30 %
20 %
10 % RELATIVE HUMIDITY
30
0.030
0.029
0.028
0.027
0.026
0.025
0.024
0.023
0.022
0.021
0.020
0.019
0.018
0.017
0.016
0.015
0.014
0.013
0.012
0.011
0.010
0.009
0.008
0.007
0.006
0.005
0.004
0.003
0.002
0.001
0.000
HUMIDITY RATIO x, kg/kg dry air
0.35
0.40
0.45
0.50
0.55
0.60
0.65
0.70
0.75
0.80
0.85
0.90
0.95
1.00
SENSIBLE HEAT FACTOR
30
35
40
45
50